方大千　方荣伟　编著

# 常用电气设备
# 选用与实例

化学工业出版社
·北京·

**图书在版编目（CIP）数据**

常用电气设备选用与实例/方大千，方荣伟编著．—北京：化学工业出版社，2017．10
ISBN 978-7-122-30522-0

Ⅰ．①常…　Ⅱ．①方…②方…　Ⅲ．①电气设备
Ⅳ．①TM92

中国版本图书馆CIP数据核字（2017）第212798号

责任编辑：高墨荣　　文字编辑：孙凤英
责任校对：宋　玮　　装帧设计：刘丽华

出版发行：化学工业出版社
（北京市东城区青年湖南街13号　邮政编码100011）
印　　刷：北京京华铭诚工贸有限公司
装　　订：北京瑞隆泰达装订有限公司
850mm×1168mm　1/32　印张15¼　字数436千字
2018年1月北京第1版第1次印刷

购书咨询：010-64518888（传真：010-64519686）　售后服务：010-64518899
网　　址：http://www.cip.com.cn
凡购买本书，如有缺损质量问题，本社销售中心负责调换。

**定　　价：68.00元**

# 前言

电气工作者离不开电气设备的选择与使用。电气设备性能的发挥，安全、可靠、经济地运行，与设备的正确选型和正确使用密切相关。

电气设备浩如烟海，型号规格繁多，性能各异，要正确选型，实属不易。电气设备选择不当，不但达不到使用要求，还会给生产安全带来巨大的隐患，也可能造成资源浪费。因此，在选型时必须十分慎重。为了帮助和指导电气工作者正确选择和使用电气设备，特此编写了本书。

本书较详细地介绍了常用电气设备的选择和使用规范及要求。所涉及的设备有变压器，电焊机，电动机，电容器，高、低压电器，风机、水泵、起重设备，变频器、软启动器及PLC，电加热设备，机床电器，蓄电池，电工仪表和热工仪表等。

本书在编写中充分注意电气设备的新产品、新技术、新标准、新规范的应用，突出常用电气设备的选择要点和使用方法。本书内容简明实用、配有实例、信息量大，查找使用方便，故能大大提高使用者的工作效率，是一本实用的工具书。

本书由方大千、方荣伟编著，方欣、许纪明、方成、方立、朱征涛、张正昌、方亚敏、朱丽宁、张荣亮、许纪秋、刘梅、卢静、那宝奎、费珊珊、孙文燕、张慧霖为本书的出版提供了帮助。全书由方大中、郑鹏审校。

由于水平有限，书中难免有不足之处，希望读者批评指正。

编著者

# 目录

## 第6章 继电保护用继电器 201

## 第10章 机床电器 381



## 第11章 蓄电池 413

# 第1章 变压器

## 1.1 变电所设计

### 1.1.1 变、配电所对土建设计的要求

变、配电所各房间对土建设计的要求见表1-1。

表1-1 变、配电所各房间对土建设计的要求

| 房间名称 | 高压配电室(有充油设备) | 高压电容器室 | 油浸变压器室 | 低压配电室 | 控制室 | 值班室 |
|---|---|---|---|---|---|---|
| 建筑物耐火等级 | 二级 | 二级(油浸式) | 一级 | 二级 | | |
| 屋面 | 应有保温、隔热层及良好的防水和排水措施 | | | | | |
| 顶棚 | 刷白 | | | | | |
| 屋檐 | 防止屋面的雨水沿墙面流下 | | | | | |
| 内墙面 | 邻近带电部分的内墙面只刷白,其他部分抹灰刷白 | | 勾缝并刷白,墙基应防止油浸蚀,与有爆炸危险场所相邻的墙壁内侧应抹灰并刷白 | 抹灰并刷白 | | |
| 地坪 | 水泥压光 | 水泥压光,采用抬高地坪方案,通风效果较好 | 低式布置采用卵石或碎石铺设,厚度为250mm;高式布置采用水泥地坪,应向中间通风及排油孔作2%的坡度 | 水泥压光 | 水磨石或水泥压光 | 水泥压光 |

续表

| 房间名称 | 高压配电室（有充油设备） | 高压电容器室 | 油浸变压器室 | 低压配电室 | 控制室 | 值班室 |
|---|---|---|---|---|---|---|
| 采光和采光窗 | 宜有自然采光，允许用木窗，能开启的窗应设置纱窗，第一层开向变电所范围以外的窗应加保护网，其窗台高度应不小于1.8m，靠近带电部分处的窗应为固定窗，在空气污秽或风沙大的地区，不宜设置可开启的窗 | 可设采光窗，其要求与高压配电室相同 | 不设采光窗 | 允许用木窗 | 允许用木窗，能开启的窗应设置纱窗，在寒冷或风沙大的地区采用双层玻璃窗 | |
| 通风窗 | 允许用木制百叶窗加保护网（网孔不大于10mm×10mm），防止小动物进入 | 通风窗用百叶窗并设有网孔不大于10mm×10mm的铁丝网 | 车间内变压器室的通风窗应为非燃烧材料制成，其他变压器室则允许用木制。出风窗应有防止雨、雪进入的措施，进风窗应有防止小动物进入的措施<br>门上的进风窗可采用百叶窗，内设网孔不大于10mm×10mm的铁丝网，当进风有效面积不能满足要求时，可只装设网孔不大于10mm×10mm的铁丝网 | | | |

续表

| 房间名称 | 高压配电室（有充油设备） | 高压电容器室 | 油浸变压器室 | 低压配电室 | 控制室 | 值班室 |
| --- | --- | --- | --- | --- | --- | --- |
| 门 | 门向外开，当相邻房间内都有电气设备时，门应能向两个方向开或开向电压较低的房间 | | | | | |
| | 通往室外的门一般为非防火门，当室内总油量不小于60kg且门开向建筑物内时，门应用非燃烧体或难燃烧体制成 | 与高压配电室相同 | 采用铁门或木门内侧包铁皮<br>单扇门宽度不小于1.5m时，应在大门上加开小门，小门上应装弹簧锁，锁的高度应考虑室外开启方便。大门及大门上的小门应向外开启，其开启角度为180°，同时要尽量降低小门的门槛高度，使在室内外地坪标高不同时，出入方便 | 允许用木制 | 允许用木制，在南方炎热地区经常开启的通向屋外的门内还宜设置纱门 | |
| 电缆沟 | 水泥抹光并采取防水、排水措施，若采用钢筋混凝土盖板，要求平整光洁，质量不大于50kg | | | 水泥抹光并采取防水、排水措施 | | |
| 通风 | 宜有自然通风，当装有事故通风装置时，其换气量每小时应不小于6次，事故排风机的控制开关宜装在便于开启处 | 应有良好的自然通风条件，按排风温度不大于40℃计算，当自然通风不能满足要求时，应增设机械通风 | 应有良好的自然通风条件，按排风温度不大于45℃计算，当自然通风不能满足要求时，应增设机械通风 | 一般靠自然通风 | | |

### 1.1.2 屋外变电所的结构要求

对屋外变电所的结构有以下要求。

① 屋外落地式安装的变压器应设置固定围栏，围栏高度不低于1.7m，变压器的外廓距建筑物外墙和围栏的净距应不小于0.8m，与相邻变压器外廓间的净距应不小于1.5m，变压器底部距地高度应不小于0.3m。

② 屋外变压器不宜设在屋面倾斜的低侧，以防屋面冰块和屋檐水落到变压器上；当外物有可能落到变压器或母线上时，不宜采用屋外变压器。

③ 杆上变压器应尽量避开车辆和行人较多的场所，一般宜装设在出线少的直线杆上。

单柱式杆上变压器适合采用装设容量不超过30kV·A的单台变压器，双柱式杆上变压器可采用容量为40～320kV·A的变压器。

6～10kV屋外变电所设备布置示例如图1-1所示。图中，当室内墙上需装进线总开关时，$H_1$ 取3.5m，$H_2$ 取3m(2.7m)(括号内尺寸用于630kV·A及以下变压器)；当室内墙上不装进线总开关时，$H_1$ 取2.8m，$H_2$ 取2.3m。

### 1.1.3 屋内变电所的结构要求

对屋内变电所的结构有以下要求。

① 确定变压器室时，应考虑今后发展的可能性，一般按大一级容量的变压器考虑。

② 对变压器室的结构有以下要求。

a. 每台油量为60kg及以上的变压器应安装在单独的变压器室内。宽面推进的变压器，其低压侧宜向外；窄面推进的，油枕宜向外。

b. 变压器外廓与变压器室墙壁和门的净距不应小于表1-2所列数值。

表1-2 变压器外廓与变压器室墙壁和门的最小净距 单位：m

| 变压器容量/kV·A | ≤1000 | 1250 |
|---|---|---|
| 至后壁和侧壁的净距 | 0.6 | 0.8 |
| 至门的净距 | 0.8 | 1.0 |

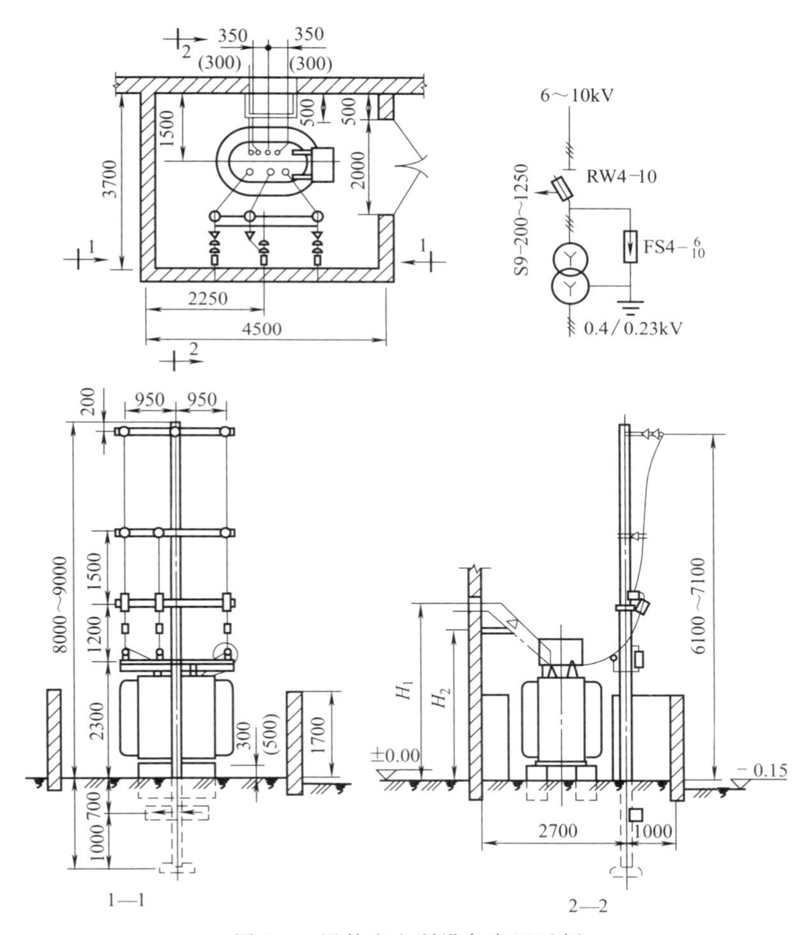


图 1-1　屋外变电所设备布置示例

c. 变压器室内可安装与变压器有关的负荷开关、隔离开关和熔断器，操动机构应尽量装在近门处。

d. 变压器室内不应有非本身所用的管线和设备，也不能放置杂物。

e. 车间内变电所的变压器室，应设置能容纳100%油量的储油坑。独立式或附设式变电所的变压器室，其容量一般不大于1250kV·A，油量不超过1000kg。因此只要考虑能容纳20%油量的挡油设施即可。在下列场所的变压器室应设置能容纳100%油量的挡油设施或设置能将油排到安全处所的设施。

· 位于容易沉积可燃粉尘、可燃纤维的场所。
· 附近有易燃物大量集中的露天场所。
· 变压器下面有地下室。

6～10kV屋内变电所设备布置示例如图1-2所示。

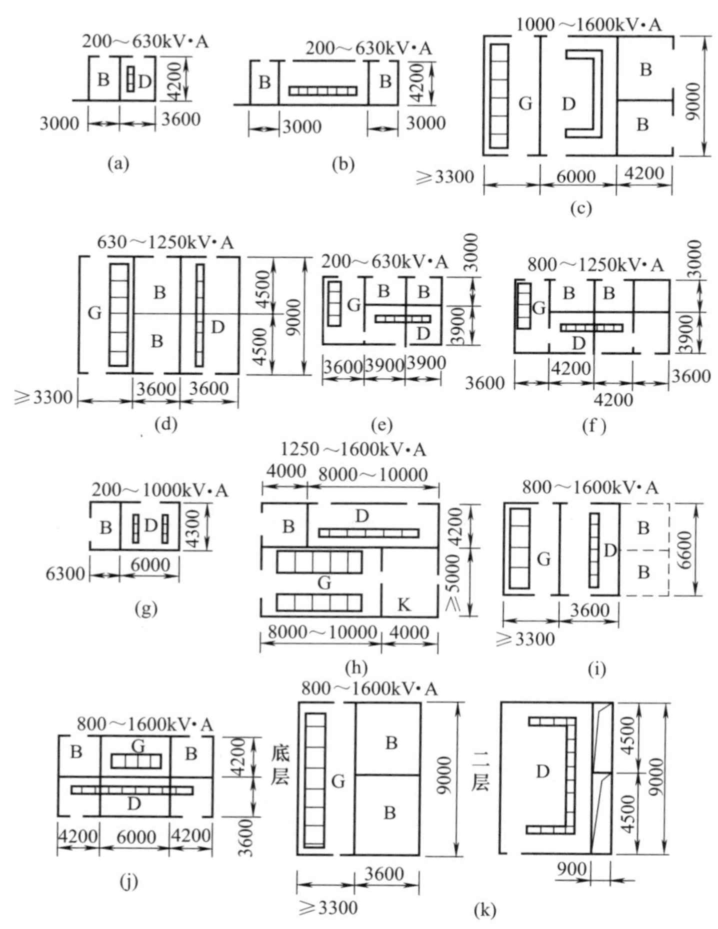


图1-2 屋内变电所设备布置示例

B—变压器室；D—低压配电室；G—高压开关室；K—值班、控制室

### 1.1.4 变压器室通风窗的面积

为了保证变压器安全运行，使温升不超过允许限值，屋内安装的变压器必须有良好的通风条件。变压器室的通风形式一般有三种，如图 1-3 所示。

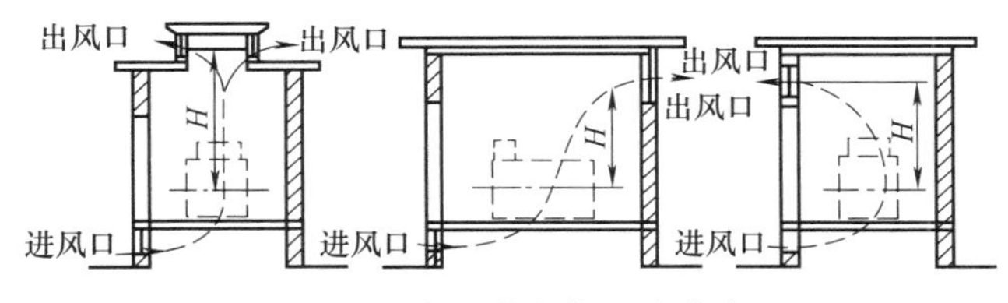


图 1-3 变压器室的通风形式

S9 型变压器室通风窗的面积可查表 1-3 确定。

表 1-3 S9 型变压器室通风窗有效面积查求表

| 变压器容量 /kV·A | 进出风窗中心高差 /m | 进出风窗面积之比 $F_j:F_c$ | 进风温度 $t_j=30℃$ | | 进风温度 $t_j=35℃$ | |
|---|---|---|---|---|---|---|
| | | | 进风窗面积 $F_j/m^2$ | 出风窗面积 $F_c/m^2$ | 进风窗面积 $F_j/m^2$ | 出风窗面积 $F_c/m^2$ |
| 630 | 2.0 | 1∶1 | 0.84 | 0.84 | 1.55 | 1.55 |
| | | 1∶1.5 | 0.67 | 1.0 | 1.24 | 1.86 |
| | 2.5 | 1∶1 | 0.76 | 0.76 | 1.39 | 1.39 |
| | | 1∶1.5 | 0.61 | 0.91 | 1.11 | 1.67 |
| | 3.0 | 1∶1 | 0.69 | 0.69 | 1.27 | 1.27 |
| | | 1∶1.5 | 0.55 | 0.83 | 1.02 | 1.52 |
| | 3.5 | 1∶1 | 0.64 | 0.64 | 1.17 | 1.17 |
| | | 1∶1.5 | 0.51 | 0.77 | 0.94 | 1.4 |
| 1000 | 2.0 | 1∶1 | 1.37 | 1.37 | 2.5 | 2.5 |
| | | 1∶1.5 | 1.1 | 1.64 | 2.0 | 3.0 |
| | 2.5 | 1∶1 | 1.22 | 1.22 | 2.25 | 2.25 |
| | | 1∶1.5 | 0.98 | 1.46 | 1.8 | 2.7 |
| | 3.0 | 1∶1 | 1.11 | 1.11 | 2.05 | 2.05 |
| | | 1∶1.5 | 0.89 | 1.33 | 1.64 | 2.46 |

续表

| 变压器容量/kV·A | 进出风窗中心高差/m | 进出风窗面积之比 $F_j:F_c$ | 进风温度 $t_j=30℃$ | | 进风温度 $t_j=35℃$ | |
|---|---|---|---|---|---|---|
| | | | 进风窗面积 $F_j/m^2$ | 出风窗面积 $F_c/m^2$ | 进风窗面积 $F_j/m^2$ | 出风窗面积 $F_c/m^2$ |
| 1000 | 3.5 | 1∶1 | 1.03 | 1.03 | 1.9 | 1.9 |
| | | 1∶1.5 | 0.82 | 1.24 | 1.52 | 2.28 |
| 1600 | 2.0 | 1∶1 | 1.92 | 1.92 | 3.53 | 3.53 |
| | | 1∶1.5 | 1.54 | 2.3 | 2.82 | 4.24 |
| | 2.5 | 1∶1 | 1.72 | 1.72 | 3.16 | 3.16 |
| | | 1∶1.5 | 1.38 | 2.06 | 2.53 | 3.79 |
| | 3.0 | 1∶1 | 1.57 | 1.57 | 2.88 | 2.88 |
| | | 1∶1.5 | 1.26 | 1.88 | 2.3 | 3.46 |
| | 3.5 | 1∶1 | 1.45 | 1.45 | 2.67 | 2.67 |
| | | 1∶1.5 | 1.16 | 1.74 | 2.14 | 3.2 |
| | 4.0 | 1∶1 | 1.36 | 1.36 | 2.5 | 2.5 |
| | | 1∶1.5 | 1.09 | 1.63 | 2.0 | 3.0 |

### 1.1.5 变电所接地装置的装设

装设变电所接地装置应符合以下要求。

① 对于变压器中性点接地（工作接地）的变电所，总容量在100kV·A以上时，其接地电阻应不大于4Ω；总容量在100kV·A及以下时，其接地电阻应不大于10Ω。

② 电压为35kV及以下的变电所内独立的避雷针（线）宜设单独的接地装置（接地电阻不大于10Ω），以免万一发生反击而损坏变压器。

③ 独立避雷针及其接地装置不应设在人员经常出入的地方。它距建、构筑物的出入口及人行道路，不应小于3m，以降低跨步电压。如果因条件限制，做不到以上要求时，应采取下列措施之一。

a. 水平接地体局部埋深不小于1m。

b. 水平接地体局部包绝缘物（如 50～80mm 厚的沥青层）。

c. 采用沥青碎石地面，或在接地装置上面敷设 50～80mm 厚的沥青层，其宽度超过接地装置 2m。

d. 埋设两条与水平接地体相连的“帽檐式”均压带，如图 1-4 所示。

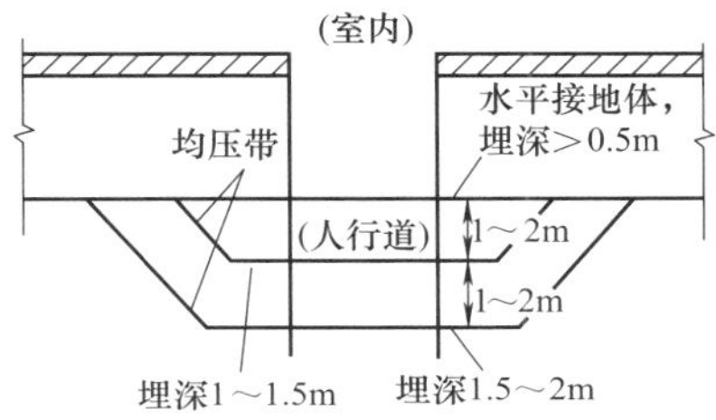


图 1-4　“帽檐式”均压带示意图

④ 变电所的接地装置根据所在土壤的电阻率进行设计，一般为垂直接地体和水平接地体组成的人工接地网。变电所内配电装置所有接地部分可共用一组接地装置。

⑤ 垂直接地体一般采用 60mm × 60mm × 6mm 角钢，长 2.5m。在土质较硬、接地体打入较困难时，可减小长度至 2m，同时可增大钢材截面积。

水平接地体一般采用厚度不小于 4mm、截面积不小于 $100mm^2$ 的扁钢。接地网埋设深度不应小于 0.6m。

⑥ 变压器中性点的工作接地线、高压及低压配电柜的保护接地线，应分别与人工接地网焊连。

## 1.2 变压器容量选择

如果变压器容量选得过大，就会使契约电力较大，用户每月需支付很多的基本电费。此外，还会因变压器负荷率降低而降低效益。如果变压器容量选得过小，则会造成变压器过负荷及增加损耗，同时也限制了今后生产的发展。因此，必须确定合适的变压器容量。

变压器容量的确定是一个全面、综合性的技术问题，没有一个简单的公式可以表示。变压器容量的确定与负荷种类和特性、负荷率、需要率、功率因数、变压器有功损耗和无功损耗、电价、基建投资（包括变压器价格）、使用年限、变压器折旧、维护费，以及将来的计划等因素有关。

### 1.2.1 照明用变压器容量的选择及实例

照明变压器容量可按下式计算：

$$S \geqslant \sum \left( K_t P_z \frac{1+\alpha}{\cos\varphi} \right)$$

式中 $S$——照明变压器的容量，kV·A；

$K_t$——照明负荷同时系数，见表1-4；

$P_z$——正常照明或事故照明装置容量，kW；

$\alpha$——镇流器及其他附件损耗系数，白炽灯、卤钨灯、LED灯，$\alpha=0$；气体放电灯，$\alpha=0.2$；

$\cos\varphi$——光源功率因数，见表1-5。

**表1-4 照明负荷同时系数 $K_t$**

| 工作场所 | $K_t$值 | |
|---|---|---|
| | 正常照明 | 事故照明 |
| 汽机房 | 0.8 | 1.0 |
| 锅炉房 | 0.8 | 1.0 |
| 主控制楼 | 0.8 | 0.9 |
| 运煤系统 | 0.7 | 0.8 |
| 屋内配电装置 | 0.3 | 0.3 |
| 屋外配电装置 | 0.3 | — |
| 辅助生产建筑物 | 0.6 | — |
| 办公楼 | 0.7 | — |
| 道路及警卫照明 | 1.0 | — |
| 其他露天照明 | 0.8 | — |

**表1-5 各种照明器的功率因数（参考值）**

| 照明器 | | 功率因数 |
|---|---|---|
| 荧光灯 | 无补偿 | 0.57 |
| | 有补偿 | 0.9 |
| 白炽灯、卤钨灯、LED灯 | | 1 |
| 高压汞灯 | | 0.45～0.65 |
| 钠铊铟灯 | | 0.4～0.61 |
| 高压钠灯 | | 0.45 |
| 低压钠灯 | | 0.6 |
| 管形氙灯 | | 0.9 |
| 镝灯 | | 0.52 |

**【例 1-1】** 某车间有 40W 荧光灯 120 只，500W 卤钨灯 10 只、250W 高压汞灯 22 只、180W 低压钠灯 80 只、60W LED 灯 120 只。照明系统单独用一台变压器供电，试选择变压器容量。设该车间的照明负荷同时系数 $K_t$，荧光灯、LED 灯为 0.9，卤钨灯为 0.8，高压汞灯、低压钠灯为 0.7。

**解：** 各类灯具的功率因数由表 1-5 查得。

荧光灯 $\cos\varphi=0.9$（有电容补偿），$\alpha=2$，其功率为

$$P_1=40\times120\times\frac{1+0.2}{0.9}=6400\ (\mathrm{W})$$

高压汞灯 $\cos\varphi=0.55$，$\alpha=0.2$，其功率为

$$P_2=250\times22\times\frac{1+0.2}{0.55}=12000\ (\mathrm{W})$$

低压钠灯 $\cos\varphi=0.6$，$\alpha=0.2$，其功率为

$$P_3=180\times80\times\frac{1+0.2}{0.6}=28800\ (\mathrm{W})$$

卤钨灯 $\cos\varphi=1$，$\alpha=0$，其功率为

$$P_4=500\times10\times\frac{1}{1}=5000\ (\mathrm{W})$$

LED 灯 $\cos\varphi=1$，$\alpha=0$，其功率为

$$P_5=60\times120\times\frac{1}{1}=7200\ (\mathrm{W})$$

因此，$S\geqslant\sum\left(K_tP_z\dfrac{1+\alpha}{\cos\varphi}\right)$

$$=0.9\times(6400+7200)+0.8\times5000$$

$$+0.7\times(12000+28800)=44800\ (\mathrm{W})\approx45\ (\mathrm{kW})$$

故可选用 S9-63kV·A 的变压器。

### 1.2.2 动力用变压器容量的选择及实例

（1）公式一

$$S_e=\sum\frac{P_{2i}}{\eta_i\cos\varphi_i}\approx0.74\sum P_{2i}$$

式中 $S_e$——变压器容量，kV·A；

$P_{2i}$——各电动机输出功率，kW；

$\eta_i$——各电动机效率；

$\cos\varphi_i$——各电动机功率因数。

（2）公式二

考虑数台电动机同时启动，则

$$S_e=\frac{P_2U_d\%K}{\eta\cos\varphi\Delta U\%}$$

式中 $P_2$——电动机输出功率，kW；

$\eta$——电动机效率；

$\cos\varphi$——电动机功率因数；

$U_d\%$——变压器阻抗电压百分数；

$K$——电动机启动电流大于额定电流的倍数；

$\Delta U\%$——电动机启动时可允许的电压损失百分数的限值。

如果按公式二计算的结果小于按公式一计算的结果，则应采用公式一的计算结果作为选择变压器的依据。

当动力及照明负荷混合供电时，笼型异步电动机直接启动时的最大功率参考值，见表 1-6。

**表 1-6 笼型异步电动机直接启动功率最大值**（供参考）

| 变压器容量/kV·A | 电动机功率/kW | | |
|---|---|---|---|
| | $\Delta U\%=1.5$ | $\Delta U\%=4$ | $\Delta U\%=10$ |
| 100 | 3.8 | 10.5 | 21 |
| 200 | 7.4 | 22 | 42 |
| 315 | 12 | 35 | 66 |
| 500 | 22 | 55 | 105 |
| 630 | 28 | 69 | 132 |
| 800 | 37 | 88 | 168 |
| 1000 | 46 | 100 | 210 |

注：10%仅对启动次数很少的情况而言。

**【例 1-2】** 某生产车间动力负荷有以下各型异步电动机：5.5kW 20 台，15kW 10 台，30kW 8 台，55kW 5 台，其中可能同时启动的电动机是 55kW 3 台，已知这 3 台电动机的效率 $\eta$ 为 0.91，动率因数为 0.87，$K$ 为 6.5；设变压器的阻抗电压百分数 $U_d\%$为 4.5，要求母线上的电压降不大于 10%，试选择供电变压器容量。

**解：** ① 按 1.2.2 项中公式一计算

$$S_e \approx 0.74\sum P_{2i}$$
$$=0.74\times(5.5\times20+15\times10+30\times8+55\times5)$$
$$=573.5\ (\text{kW})$$

故初步选用630kV·A的变压器。

② 按1.2.2项中公式二计算

$$S_e=\frac{P_2}{\eta\cos\varphi}\times\frac{U_d\%K}{\Delta U\%}$$
$$=\frac{3\times55}{0.91\times0.87}\times\frac{4.5\times6.5}{10}=609.6\ (\text{kV}\cdot\text{A})$$

该容量小于630kV·A，因此可选用S9-630kV·A的变压器。

### 1.2.3 厂用变压器容量的选择及实例

（1）公式一

$$S_e=S_{sjs}+S_f$$
$$S_{sjs}=\sqrt{P_{js}^2+Q_{js}^2}$$

式中 $S_e$——变压器容量，kV·A；

$S_f$——考虑将来的增容裕量，kV·A；

$S_{sjs}$——企业总计算负荷，kV·A；

$P_{js}$——计算有功负荷，kW；

$Q_{js}$——计算无功负荷，kvar。

（2）公式二

$$S_e=S/\beta_m$$

式中 $S$——实际使用负荷，kV·A；

$\beta_m$——所选变压器最高效率时的负荷率。

（3）公式三

按年电能损耗最小原则选择变压器容量。变压器本身电能损耗费$Y$为

$$Y=[(P_0+K_GQ_0)T+(\beta^2P_d+K_G\beta^2Q_d)\tau]\delta\times10^{-4}$$

式中 $Y$——变压器本身电能损耗费，万元/年；

$K_G$——无功电价等效当量，见表1-7；

$T$——变压器年运行时间，h；

$\tau$——变压器正常负荷下的工作时间，h；

$\delta$——电价，元/(kW·h)；

$P_0$——变压器空载有功损耗，kW；

$Q_0$——变压器空载无功损耗，kvar；

$P_d$——变压器负载有功损耗，kW；

$Q_d$——变压器短路无功损耗，kvar。

（4）公式四

$$S_e=1.3S_{js}=1.3\sqrt{P_{js}^2+Q_{js}^2}$$

$$P_{js}=P_{max}=\frac{A_P}{\alpha_n T},\quad Q_{js}=Q_{max}=\frac{A_Q}{\beta_n T}$$

式中 $S_{js}$——工厂总视在计算容量，kV·A；

$P_{js}$——工厂总有功计算功率，kW；

$Q_{js}$——工厂总无功计算功率，kvar；

$A_P$——年有功电能需要量，kW·h；

$A_Q$——年无功电能需要量，kvar·h；

$\alpha_n$，$\beta_n$——年平均有功和无功负荷系数，一般取 $\alpha_n=0.7\sim0.75$；$\beta_n=0.76\sim0.82$；

$T$——年实际工作时间，h，$T$ 的参考值如下：一班制企业，$T=2300$h；二班制企业，$T=4600$h；三班制企业，$T=6900$h；全年连续工作，$T=8760$h。

表 1-7 无功电价等效当量 $K_G$ 表

| ① 电力系统要求达到 cosφ=0.9 为基准的企业 | | | | | | | | |
|---|---|---|---|---|---|---|---|---|
| 实际月 cosφ | 0.5～0.55 | 0.55～0.6 | 0.6～0.65 | 0.65～0.7 | 0.7～0.75 | 0.75～0.8 | 0.8～0.85 | |
| $K_G$ | 0.464 | 0.541 | 0.621 | 0.668 | 0.179 | 0.191 | 0.191 | |
| 实际月 cosφ | 0.85～0.9 | 0.9～0.92 | 0.92～0.94 | 0.94～0.96 | 0.96～0.98 | 0.98～1 | | |
| $K_G$ | 0.183 | 0.034 | 0.032 | 0.042 | 0.023 | 0.037 | | |
| ② 电力系统要求达到 cosφ=0.85 为基准的企业 | | | | | | | | |
| 实际月 cosφ | 0.5～0.55 | 0.55～0.6 | 0.6～0.65 | 0.65～0.7 | 0.7～0.75 | 0.75～0.8 | 0.8～0.85 | 0.85～0.86 |
| $K_G$ | 0.464 | 0.541 | 0.621 | 0.668 | 0.179 | 0.191 | 0.191 | 0.191 |
| 实际月 cosφ | 0.86～0.88 | 0.88～0.9 | 0.9～0.92 | 0.92～0.94 | 0.94～0.96 | 0.96～0.98 | 0.98～1 | |
| $K_G$ | 0.09 | 0.09 | 0.085 | 0.032 | 0.042 | 0.023 | 0.037 | |

按公式二和公式三选择的变压器容量往往偏大。公式一是按最高效率时对应的负荷率 $\beta_m$ 选择变压器容量，变压器在最高工况下运行，不一定会使企业得到最好的经济效益，变压器容量偏大，会使契约电力增大，企业要多支出这笔费用。公式二只考虑变压器年电能损耗最小这一点，还未考虑其他因素，因此也不是全面的。

**【例 1-3】** 某工具制造厂年用电量约 $4.6\times10^6$kW·h，设有无功补偿（$\cos\varphi$ 为 0.9），试估算变压器容量。

**解：** 年有功电能需要量为 $A_P=4600000$kW·h

年无功电能需要量为 $A_Q=A_P\tan\varphi=4600000\times0.4843$kvar·h$=$2227780kvar·h

设企业生产为三班制，$T=6900$h，取年平均有功和无功负荷系数为 $\alpha_n=0.7$，$\beta_n=0.76$，年有功功率、无功功率、视在功率计算值为

$$P_{js}=P_{max}=\frac{A_P}{\alpha_n T}=\frac{4600000}{0.7\times6900}=950\ (\text{kW})$$

$$Q_{js}=Q_{max}=\frac{A_Q}{\beta_n T}=\frac{2227780}{0.76\times6900}=425\ (\text{kvar})$$

$$S_{js}=\sqrt{P_{js}^2+Q_{js}^2}=\sqrt{950^2+425^2}=1041\ (\text{kV}\cdot\text{A})$$

变压器容量为

$$S_e=1.3S_{js}=1.3\times1041=1353\ (\text{kV}\cdot\text{A})$$

可选两台 800kV·A 的变压器（裕量较大）。

### 1.2.4 农用变压器容量的选择及实例

农村负荷有其本身的特点，合理选择农用变压器容量，能起到节约电能、提高农网经济效益的作用。

（1）台区负荷的计算

台区用电负荷（最大负荷）可按下式计算

$$P=\frac{nP_1K_P}{1-\Delta P\%}$$

$$P_1=NA_i/T$$

式中 $P$——台区用电负荷（最大负荷），kW；

$n$——台区用户数；

$K_P$——用户用电同时率，如全是电炊、照明等时，$K_P$ 可取

1，否则小于1；

$\Delta P\%$——台区低压线损率，应低于12%；

$P_1$——每户用电负荷（最大负荷），kW；

$N$——每户平均人口；

$A_i$——年人均用电量，kW·h；

$T$——最大负荷利用时间，h。

**【例1-4】** 某村年人均用电量150kW·h，每户人口平均为4人，最大负荷利用时间为2000h，共有农户100户，同时率为1，设低压线损率为10%，试求台区用电负荷。

**解：** 每户用电负荷为

$$P_1=\frac{NA_i}{T}=\frac{4\times 150}{2000}=0.3\ (\text{kW})$$

台区用电负荷为

$$P=\frac{nP_1K_P}{1-\Delta P\%}=\frac{100\times 0.3\times 1}{1-0.1}=33.3\ (\text{kW})$$

（2）最小配电变压器容量的确定

在正常负荷下变压器不应超载运行，因此有

$$\begin{cases}S_m=\dfrac{P}{\cos\varphi_m}\\ S_e\geqslant S_m\end{cases}$$

式中 $S_m$——台区最大负荷视在功率，kV·A；

$S_e$——所选变压器额定容量，kV·A；

$\cos\varphi_m$——台区最大负荷时的功率因数，对农村变压器，一般可取0.8。

对于上例，$S_m=33.3/0.8=41.7$（kV·A），因此可选用$S_e$为50kV·A的变压器。

### 1.2.5 电力排灌站变压器容量的选择

小型电力排灌站的变压器一般为单台，容量为320kV·A及以下，电压为10/0.4kV。

变压器容量可按下式选择：

$$S=\sum\left(\frac{K_1P_1}{\eta\cos\varphi}\right)+K_2P_2$$

式中 $S$——变压器容量，kV·A；

$P_1$——电动机的额定功率，kW；

$\eta$——电动机的效率；

$\cos\varphi$——电动机的功率因数；

$\sum\left(\frac{K_1P_1}{\eta\cos\varphi}\right)$——同时投入运行的电动机功率总和；

$K_1$——电动机负荷率，$K_1=\frac{K_3P_3}{P_1}$；

$P_3$——水泵的轴功率，kW；

$K_3$——换算系数，当 $P_3/P_1=0.8\sim1$ 时，$K_3$ 可取 1；当 $P_3/P_1=0.7\sim0.8$ 时，$K_3$ 取 1.05；当 $P_3/P_1=0.6\sim0.7$ 时，$K_3$ 取 1.1；当 $P_3/P_1=0.5\sim0.6$ 时，$K_3$ 取 1.2；

$P_2$——照明用电总功率，kW；

$K_2$——照明用电同时系数，一般取 0.8～0.9。

变压器容量也可按以下简化公式选择：

$$S=\sum P(1+25\%)$$

式中 $\sum P$——电动机总容量，kW。

式中考虑同时率为 1。若按此式所算得的变压器容量较小，电动机不能直接启动时，应采用减压启动方式。

一般电动机和变压器容量的配合可参见表 1-8。

表 1-8 电动机和变压器容量配合参考表

| 电动机/kW | 变压器/kV·A |
|---|---|
| 10～15 | 20 |
| 20～24 | 30 |
| 30～40 | 50、63 |
| 50～80 | 75、80 |
| 70～90 | 100、125 |
| 100 | 125、180 |

**【例 1-5】** 某排灌站有 2 台 30kW 和 6 台 15kW 水泵，电动机的效率及功率因数分别为 $\eta$ 为 0.9、$\cos\varphi$ 为 0.85 和 $\eta$ 为 0.88、$\cos\varphi$ 为 0.81；铭牌上标明，30kW 水泵的轴功率 $P_3$ 为 23kW，

15kW 水泵的轴功率 $P_3$ 为 13kW；照明用电总共 1.5kW，试选择该排灌站的变压器容量。

**解：** 对于 30kW 水泵，$P_3/P_1=23/30=0.77$，故换算系数 $K_3=1.05$，电动机负荷率 $K_1=K_3P_3/P_1=1.05\times23/30=0.805$。

对于 15kW 水泵，$P_3/P_1=13/15=0.867$，$K_3=1$，电动机负荷率 $K_1=K_3P_3/P_1=1\times13/15=0.867$。

取照明用电同时系数 $K_2=0.8$。

变压器容量为

$$
\begin{aligned}
S&=\sum\left(\frac{K_1P_1}{\eta\cos\varphi}\right)+K_2P_2\\
&=\frac{0.805\times2\times30}{0.9\times0.85}+\frac{0.867\times6\times15}{0.88\times0.81}+0.8\times1.5\\
&=63.14+109.5+1.2=173.84(\mathrm{kV\cdot A})
\end{aligned}
$$

可选择 180kV·A 的变压器

若按简化公式选择，则

$$S=\sum P(1+25\%)=2\times30+6\times15=150(\mathrm{kV\cdot A})$$

可选择 180kV·A 的变压器。

### 1.2.6 调容量变压器容量的选择

（1）调容量变压器的优点

调容量变压器是一种农村专用的节能变压器。它可通过变换挡操作改变变压器的容量，以适应农村用电高峰和农闲季节用电低谷的不同需要，因而大大节约电能，是一种应大力推广的农用变压器。

调容量变压器有自己的系列化产品。例如型号为 S9-T，50-25/10 型三相调容量变压器，其含义如下：

S 表示三相；T 表示油浸自冷式调容量变压器；数字 9 表示设计序号，是低损耗系列变压器；分子数字 50 表示大挡额定容量为 50kV·A；25 表示小挡额定容量为 25kV·A，分母数字 10 表示高压侧电压等级是 10kV。

调容量变压器采用了两种联结组标号，大容量时为 Dyn11，而小容量时为 Yyn0。如果由大容量调为小容量，高压绕组联结方式由△接线改变为 Y 接线，相电压就相应地为大容量时的 $1/\sqrt{3}$，低压侧输出电压也就会同倍数降低。

S9-T 型与 S9 型变压器损耗的对比情况见表 1-9。

表 1-9 S9-T 型与 S9 型变压器损耗对比

| 使用容量/kV·A | 损　耗 | S9-T 型(实测值)/W | S9 型(标准值)/W |
|---|---|---|---|
| 100<br>(Dyn11) | 空载损耗 $P_0$<br>负载损耗 $P_K$ | 276<br>1615 | 290<br>1620 |
| 30<br>(Yyn0) | 空载损耗 $P_0$<br>负载损耗 $P_K$ | 80<br>433 | 130<br>600 |

(2) 调容量变压器容量的选择

调容量变压器的容量要根据具体用电负荷的特点，综合考虑大小两挡容量的需要后再决定。其选择原则如下。

① 适用调容量变压器的季节负荷特点　调容量变压器适用于用电负荷季节性变化明显，特别是变动周期较长的用户，如农村、林区、牧区、茶厂、棉花加工厂、糖厂、绳丝厂、棒冰厂、孵坊、农场、蚕场、渔场、排灌站、小水电站、基建工地、有空调单位等。

② 大挡容量选择　按最大实际计算负荷留有适当发展裕度来选择。如估计增长幅度较大时，可考虑目前只装一台调容量变压器，将来再增加一台普通变压器的方案，或有更换大一级容量的调容量变压器的可能。

③ 小挡容量选择　使高峰用电期过后经常负荷率不超过节电临界负荷率。

实际运行中当经常负荷率小于节电临界负荷率时即换成小容量挡，或按最大负荷利用小时核算出年电能节电临界负荷率，当最大负荷率小于此值时便换成小容量挡，但此时节电量较上述少。

## 1.3 常用变压器的技术数据

### 1.3.1 S9 系列电力变压器的主要技术数据

S9 系列电力变压器的主要技术数据见表 1-10。

表 1-10　S9 系列电力变压器主要技术数据

| 额定容量/kV·A | 联结组 | 额定电压/kV | | 损耗/W | | 阻抗电压/% | 空载电流/% | 质量/kg |
|---|---|---|---|---|---|---|---|---|
| | | 高压 | 低压 | 空载 | 负荷 | | | |
| 30 | Yyn0 | 6.0±5%，6.3±5%，10±5% | 0.4 | 130 | 600 | 4 | 2.1 | 340 |
| 50 | | | | 170 | 870 | | 2.0 | 460 |
| 63 | | | | 200 | 1040 | | 1.9 | 510 |
| 80 | | | | 240 | 1250 | | 1.8 | 600 |
| 100 | | | | 290 | 1500 | | 1.6 | 650 |
| 125 | | | | 340 | 1800 | | 1.5 | 790 |
| 160 | | | | 400 | 2200 | | 1.4 | 930 |
| 200 | | | | 480 | 2600 | | 1.3 | 1050 |
| 250 | | | | 560 | 3050 | | 1.2 | 1250 |
| 315 | | | | 670 | 3650 | | 1.1 | 1430 |
| 400 | | | | 800 | 4300 | | 1.0 | 1650 |
| 500 | | | | 960 | 5100 | | 1.0 | 1900 |
| 630 | | | | 1200 | 6200 | 4.5 | 0.9 | 2830 |
| 800 | | | | 1400 | 7500 | | 0.8 | 3220 |
| 1000 | | | | 1700 | 10300 | | 0.7 | 3950 |
| 1250 | | | | 1950 | 12000 | | 0.6 | 4650 |
| 1600 | | | | 2400 | 14500 | | 0.6 | 5210 |

## 1.3.2 干式变压器的主要技术数据

（1）SCL1 系列干式变压器的主要技术数据（见表 1-11）

表 1-11　SCL1 系列干式变压器主要技术数据

| 额定容量/kV·A | 联结组 | 额定电压/kV | | 损耗/W | | 阻抗电压/% | 噪声水平/dB | 总质量/kg |
|---|---|---|---|---|---|---|---|---|
| | | 高压 | 低压 | 空载 | 短路 | | | |
| 100 | Yyn0 | 10 | 0.4 | 530 | 1450 | 4 | 55 | 710 |
| 160 | | | | 740 | 1950 | 4 | 58 | 910 |
| 200 | | | | 830 | 2350 | 4 | 58 | 1020 |
| 250 | | | | 980 | 2750 | 4 | 58 | 1160 |
| 315 | | | | 1150 | 3250 | 4 | 60 | 1320 |

续表

| 额定容量/kV·A | 联结组 | 额定电压/kV | | 损耗/W | | 阻抗电压/% | 噪声水平/dB | 总质量/kg |
|---|---|---|---|---|---|---|---|---|
| | | 高压 | 低压 | 空载 | 短路 | | | |
| 400 | Yyn0 | 10 | 0.4 | 1400 | 3900 | 4 | 60 | 1480 |
| 500 | | | | 1600 | 4850 | 4 | 60 | 1810 |
| 630 | | | | 1800 | 5650 | 4 | 62 | 2090 |
| 800 | | | | 2100 | 6200 | 6 | 64 | 2270 |
| 1000 | | | | 2400 | 7300 | 6 | 64 | 2920 |
| 1250 | | | | 2900 | 8700 | 6 | 65 | 3230 |
| 1600 | | | | 3400 | 10500 | 6 | 66 | 4070 |
| 2000 | | | | 4700 | 12700 | 6 | 66 | 5140 |
| 2500 | | | | 5800 | 15400 | 6 | 70 | 6300 |
| 3150 | Dy11 | 10 | 6.3 | 6900 | 18400 | 6 | 65 | 7500 |
| 4000 | | | | 8200 | 22100 | 6 | 67 | 8700 |
| 5000 | | | | 9600 | 26300 | 6 | 68 | 10000 |
| 1000 | Yyn0 | 35 | 0.4 | 3000 | 7200 | 6.5 | 66 | 3500 |
| 2500 | Dy11 | 35 | 6.3 | 6900 | 15200 | 6.5 | 72 | 7000 |

(2) SC系列干式变压器的主要技术数据(见表1-12)

表1-12 SC系列干式变压器主要技术数据

| 额定容量/kV·A | 联结组 | 额定电压/kV | | 损耗/W | | 阻抗电压/% | 噪声水平/dB | 总质量/kg |
|---|---|---|---|---|---|---|---|---|
| | | 高压 | 低压 | 空载 | 短路 | | | |
| 30 | Yyn0或Dyn11 | 10(10,10.5,6.3,6,3.15) | 0.4(6.3,6,3.15,3,0.69,0.415) | 240 | 560 | 4 | 54 | 330 |
| 50 | | | | 290 | 960 | | 54 | 350 |
| 80 | | | | 360 | 1380 | | 55 | 470 |
| 100 | | | | 400 | 1590 | | 55 | 530 |
| 125 | | | | 440 | 1880 | | 58 | 610 |
| 160 | | | | 540 | 2150 | 4 | 58 | 800 |
| 200 | | | | 650 | 2500 | | 58 | 880 |
| 250 | | | | 750 | 2880 | | 58 | 1010 |
| 315 | | | | 840 | 3250 | | 60 | 1225 |
| 400 | | | | 1030 | 3750 | | 60 | 1450 |
| 500 | | | | 1200 | 4620 | | 62 | 1820 |

续表

| 额定容量/kV·A | 联结组 | 额定电压/kV | | 损耗/W | | 阻抗电压/% | 噪声水平/dB | 总质量/kg |
|---|---|---|---|---|---|---|---|---|
| | | 高压 | 低压 | 空载 | 短路 | | | |
| 630 | Yyn0或Dyn11 | 10(10,10.5,6.3,6,3.15) | 0.4(6.3,6,3.15,3,0.69,0.415) | 1450 | 5950 | 4 | 62 | 2405 |
| | | | | 1400 | 6400 | 6 | 62 | 2020 |
| 800 | | | | 1650 | 7950 | | 64 | 2445 |
| 1000 | | | | 2100 | 9350 | | 64 | 2930 |
| 1250 | | | | 2400 | 11300 | | 65 | 3580 |
| 1600 | | | | 2900 | 13700 | | 66 | 4555 |
| 2000 | | | | 3500 | 16300 | | 66 | 4840 |
| 2500 | | | | 4200 | 19000 | | 71 | 5780 |

(3) SG3系列干式变压器的主要技术数据(见表1-13)

表1-13 SG3系列干式变压器主要技术数据

| 额定容量/kV·A | 联结组 | 额定电压/kV | | 损耗/W | | 阻抗电压/% | 噪声水平/dB | 总质量/kg |
|---|---|---|---|---|---|---|---|---|
| | | 高压 | 低压 | 空载 | 短路 | | | |
| B级绝缘 | | | | | | | | |
| 30 | Yyn0 | 6,10 | 0.4 | 257 | 648 | 4 | 49 | 307 |
| 40 | | | | 320 | 913 | | 49 | 400 |
| 50 | | | | 383 | 1177 | | 50 | 490 |
| 63 | | | | 429 | 1136 | | 50 | 523 |
| 80 | | | | 499 | 1570 | | 51 | 580 |
| 100 | | | | 563 | 1944 | | 51 | 690 |
| 125 | | | | 663 | 2354 | | 53 | 730 |
| 160 | | | | 759 | 2677 | | 53 | 980 |
| 200 | | | | 940 | 3002 | | 54 | 1240 |
| 250 | | | | 1063 | 3526 | | 55 | 1400 |
| 315 | | | | 1286 | 4223 | | 57 | 1530 |
| 400 | | | | 1440 | 4536 | | 57 | 1950 |
| 500 | | | | 1688 | 5098 | | 58 | 2200 |

续表

| 额定容量/kV·A | 联结组 | 额定电压/kV | | 损耗/W | | 阻抗电压/% | 噪声水平/dB | 总质量/kg |
|---|---|---|---|---|---|---|---|---|
| | | 高压 | 低压 | 空载 | 短路 | | | |
| B级绝缘 | | | | | | | | |
| 630 | Yyn0 | 6,10 | 0.4 | 1846 | 6990 | 6 | 58 | 3400 |
| 800 | | | | 2296 (2243) | 8926 (8874) | 6 (8) | 59 | 3710 |
| 1000 | | | | 2750 (2730) | 9778 (9763) | | 59 | 4000 |
| 1250 | | | | 2850 (3150) | 12096 (11891) | | 61 | 4742 |
| 1600 | | | | 4249 (4190) | 11843 (12496) | | 64 | 5950 |
| 2000 | | | | 5288 (5174) | 15746 (15786) | | 66 | 6514 |
| 2500 | | | | 6380 (6278) | 19325 (19232) | | 68 | 7512 |
| H级绝缘 | | | | | | | | |
| 250 | Yyn0 | 6,10 | 0.4 | 1297 | 3200 | 4 | 55 | 1275 |
| 315 | | | | 1562 | 5130 | | 57 | 1433 |
| 400 | | | | 1741 | 5966 | | 57 | 1733 |
| 500 | | | | 1873 | 6740 | | 58 | 2058 |
| 630 | | | | 2081 | 9612 | 6 | 58 | 2568 |
| 800 | | | | 2395 | 9470 | 6 (8) | 59 | 3026 |
| 1000 | | | | 2900 | 11323 | | 59 | 3405 |
| 1250 | | | | 3007 | 12426 | | 61 | 4062 |
| 1600 | | | | 4461 | 13151 | | 64 | 4880 |
| 2000 | | | | 5552 | 17178 | | 66 | 5840 |
| 2500 | | | | 6699 | 19518 | | 68 | 6925 |

### 1.3.3 SZ9系列有载调压电力变压器的主要技术数据

SZ9系列有载调压三相油浸式电力变压器的主要技术数据见

表 1-14。

表 1-14 10kV SZ9 系列有载调压三相油浸式电力变压器的主要技术数据

| 型号 | 额定容量/kV·A | 电压组合/kV | | 联结组标号 | 阻抗电压(高-低)/% | 空载电流/% | 空载损耗/kW | 负载损耗/kW |
|---|---|---|---|---|---|---|---|---|
| | | 高压 | 低压 | | | | | |
| SZ9-250/10 | 250 | 6 | 0.4 | Yyn0 | 4 | 1.5 | 0.61 | 3.09 |
| SZ9-315/10 | 315 | 6.3 | | | | 1.4 | 0.73 | 3.60 |
| SZ9-400/10 | 400 | 10 | | | | 1.3 | 0.87 | 4.40 |
| SZ9-500/10 | 500 | 10.5 | | | | 1.2 | 1.04 | 5.25 |
| SZ9-630/10 | 630 | 11 | | | 4.5 | 1.1 | 1.27 | 6.30 |
| SZ9-800/10 | 800 | 调压 | | | | 1.0 | 1.51 | 7.56 |
| SZ9-1000/10 | 1000 | ±5% | | | | 0.9 | 1.78 | 10.50 |
| SZ9-1250/10 | 1250 | | | | | 0.8 | 2.08 | 12.00 |
| SZ9-1600/10 | 1600 | | | | | 0.7 | 2.54 | 14.70 |
| SZ9-5000/10 | 5000 | 10(1±4×2.5)% | 3.15<br>6.3 | Yd11 | 5.5 | 0.7 | 6.15 | 31.40 |
| SZ9-6300/10 | 6300 | | | | | 0.7 | 7.21 | 35.10 |

## 1.3.4 SH-M 系列非晶合金铁芯电力变压器的主要技术数据

SH-M 系列非晶合金铁芯三相电力变压器的主要技术数据见表 1-15。

表 1-15 10kV SH-M 系列非晶合金铁芯三相电力变压器主要技术数据

| 额定容量/kV·A | 联结组标号 | 高压电压/kV | 高压分接范围/% | 低压电压/kV | 损耗/W | | 阻抗电压/% | 空载电流/% |
|---|---|---|---|---|---|---|---|---|
| | | | | | 空载 | 负载 | | |
| 30 | Dyn11 | 10 | ±2×2.5 或 $^{+3}_{-1}$×2.5 | 2.4 | 33 | 600 | 4 | 1.7 |
| 50 | | | | | 43 | 870 | | 1.3 |
| 80 | | | | | 50 | 1250 | | 1.2 |
| 100 | | | | | 60 | 1500 | | 1.1 |
| 160 | | | | | 80 | 2200 | | 0.9 |
| 200 | | | | | 100 | 2600 | | 0.9 |
| 250 | | | | | 120 | 3050 | | 0.8 |
| 315 | | | | | 140 | 3650 | | 0.8 |

续表

| 额定容量/kV·A | 联结组标号 | 高压电压/kV | 高压分接范围/% | 低压电压/kV | 损耗/W | | 阻抗电压/% | 空载电流/% |
|---|---|---|---|---|---|---|---|---|
| | | | | | 空载 | 负载 | | |
| 400 | Dyn11 | 10 | ±2×2.5或$^{+3}_{-1}\times2.5$ | 2.4 | 170 | 4300 | 4 | 0.7 |
| 500 | | | | | 200 | 5100 | | 0.6 |
| 630 | | | | | 240 | 6200 | 4.5 | 0.6 |
| 800 | | | | | 300 | 7600 | | 0.5 |
| 1000 | | | | | 340 | 10300 | | 0.5 |
| 1250 | | | | | 400 | 12000 | | 0.5 |
| 1600 | | | | | 500 | 14500 | | 0.5 |
| 2000 | | | | | 600 | 18000 | | 0.5 |
| 2500 | | | | | 700 | 21500 | | 0.5 |

## 1.4 变压器高、低压侧设备的选择

### 1.4.1 10(6)/0.4kV变电所高、低压侧电器与母线的选择及实例

10（6)/0.4kV变电所高、低压侧的电气设备可按表1-16所列的要求进行选择。

**【例1-6】** 一工厂用户内变电所，由两台180kV·A、10/0.4kV变压器并联供电，试选择变电所高、低压侧电器及母线。

**解：** 查表1-16。

(1) 高压电器

电缆引入线（由一根电缆引入变电所高压柜母线上)：铝芯$3\times50mm^2$。

隔离开关（每台变压器单独设)：GN6-10T/400，操动机构为CS6-1T。

高压熔丝（每台变压器单独设)：RN1型20/20A。

高压母线（高压柜顶上的母线)：LMY-50×3。

每台变压器高压母线：LMY-25×3。

高压断路器（每台变压器单独设)：SN10-10，600A。

表 1-16　10(6)/0.4kV 变电所高、低压侧电器及母线选择

<table>
<tr><th rowspan="2">名　称</th><th rowspan="2">电压/kV</th><th colspan="16">变压器额定容量/kV·A</th></tr>
<tr><th>100</th><th>125</th><th>160</th><th>180</th><th>200</th><th>250</th><th>315</th><th>320</th><th>400</th><th>500</th><th>560</th><th>630</th><th>750</th><th>800</th><th>1000</th><th>1250</th></tr>
<tr><td rowspan="3">变压器额定电压电流/A</td><td>10</td><td>5.77</td><td>7.23</td><td>9.25</td><td>10.4</td><td>11.5</td><td>14.4</td><td>18.2</td><td>18.5</td><td>23.1</td><td>28.9</td><td>32.4</td><td>36.4</td><td>43.3</td><td>46.2</td><td>57.7</td><td>72.2</td></tr>
<tr><td>6</td><td>9.6</td><td>12</td><td>15.4</td><td>17.3</td><td>19.3</td><td>24.1</td><td>30.3</td><td>30.8</td><td>38.5</td><td>48.1</td><td>53.9</td><td>60.6</td><td>72.2</td><td>77</td><td>96.2</td><td>120.3</td></tr>
<tr><td>0.4</td><td>144.5</td><td>180</td><td>231</td><td>260</td><td>289</td><td>361</td><td>455</td><td>462</td><td>578</td><td>722</td><td>808</td><td>909</td><td>1083</td><td>1155</td><td>1443</td><td>1804</td></tr>
<tr><td>架空引入线/mm²</td><td>10/6</td><td colspan="16">接户线的截面 LJ 型导线≥35</td></tr>
<tr><td rowspan="2">电缆引入线/mm²</td><td>10</td><td colspan="16">铝芯≥3×25</td></tr>
<tr><td>6</td><td colspan="8">铝芯≥3×16</td><td colspan="3">铝芯≥3×25</td><td colspan="5">铝芯≥3×35</td></tr>
<tr><td rowspan="2">隔离开关或负荷开关</td><td>10</td><td colspan="14">户内用 GN6-10T/400、CS6-1T；户外用 GW1-10/400、CS8-1 或 GW4-15G/400、CS11</td><td colspan="2" rowspan="2">户内用 FN2-10；FN2-10R<br>户外用 FW2-10G</td></tr>
<tr><td>6</td><td colspan="14">户内用 GN6-6T/400、CS6-1T；户外用 GW1-6/400、CS8-1 或 GW4-15G/400、CS11</td></tr>
<tr><td rowspan="2">RN1 型熔丝熔管电流/熔丝电流/A</td><td>10</td><td>20/10</td><td colspan="2">20/15</td><td colspan="2">20/20</td><td colspan="3">50/30</td><td>50/40</td><td colspan="2">50/50</td><td colspan="3">100/75</td><td>100/100</td><td>150/150</td></tr>
<tr><td>6</td><td colspan="2">20/20</td><td colspan="3">75/30</td><td>74/40</td><td colspan="2">75/50</td><td colspan="2">75/75</td><td colspan="2">100/100</td><td colspan="2">200/150</td><td colspan="2">200/200</td></tr>
<tr><td rowspan="2">RW4 型跌落式熔断器熔管电流/熔丝电流/A</td><td>10</td><td colspan="2">50/15</td><td colspan="3">50/20</td><td>50/30</td><td colspan="3">50/40</td><td colspan="2">50/50</td><td>100/75</td><td colspan="4">—</td></tr>
<tr><td>6</td><td colspan="2">50/20</td><td colspan="2">50/30</td><td colspan="2">50/40</td><td colspan="2">50/50</td><td colspan="2">100/75</td><td colspan="2">100/100</td><td colspan="4">—</td></tr>
</table>

续表

| 名称 | 电压/kV | 变压器额定容量/kV·A | | | | | | | | | | | | | | | |
|---|---|---|---|---|---|---|---|---|---|---|---|---|---|---|---|---|---|
| | | 100 | 125 | 160 | 180 | 200 | 250 | 315 | 320 | 400 | 500 | 560 | 630 | 750 | 800 | 1000 | 1250 |
| 户内少油断路器 | 10/6 | SN10-10,600A | | | | | | | | | | | | | | | |
| 柱上油开关 | 10/6 | DW7-10 200A | | | | | | | | | | | | | | | |
| 高压母线 | | LMY-25×3 或扁钢L 40×4 | | | | | | | | | | | | | | | |
| 断路器型号及额定电流/A | 0.4 | DW15-400 | | | | | | DW15-630 | | DW15-1000 | | | | DW15-1500 | | | DW15-2500 |
| 隔离开关及其操作机构 | 10/6 | GN6-10(6)T/400 CS6-1T | | | | | | GN6-10(6)T/600 CS6-1T | | | GN6-10(6)T/1000 CS6-2T | | | GN2-10/2000 CS6-2T | | | |
| 电流互感器/A | 0.4 | 200/5 | 300/5 | | 400/5 | | 500/5 | 600/5 | | 800/5 | 1000/5 | | 1500/5 | | | 2000/5 | 3000/5 |
| 低压母线 | 0.4 | LMY-3(30×4)+1(25×3) | | | | | LMY-3(40×4)+1(25×3) | LMY-3(40×5)+1(25×3) | | LMY-3(50×6)+1(25×3) | LMY-3(60×6)+1(25×3) | LMY-3(80×6)+1(30×4) | | LMY-3(80×10)+1(30×4) | | LMY-3(100×10)+1(40×4) | LMY-3(120×10)+1(40×5) |

(2) 低压电器

低压母线(低压柜顶上的母线):LMY-3(60×4)+1(50×3)。

每台变压器低压母线:LMY-3(30×4)+1(25×3)。

低压断路器(每台变压器单独设):DW15-400。

电流互感器(每台变压器单独设):LMZ6-0.38、400/5A。

低压柜内的分路低压开关、断路器和熔断器根据出线负荷选择。详见第5章低压电器部分。

## 1.4.2 变压器高、低压熔丝的选择

根据运行经验,高、低压熔丝可按以下原则选择。

容量在100kV·A以下的配电变压器,其高压侧熔丝按2~3倍额定电流选择;容量在100kV·A以上的配电变压器,其高压侧熔丝按1.5~2倍额定电流选择。考虑到熔丝机械强度,一般高压熔丝不小于10A。

变压器低压侧熔丝可按变压器额定电流 $I_e$ 或过负荷能力来选择,一般按过负荷20%选择,即按 $1.2I_e$ 选择。

见表1-17。

表1-17 变压器高、低压侧熔丝选择

| 变压器容量/kV·A | 熔丝额定电流选择值/A | | | | |
|---|---|---|---|---|---|
| | 低压侧电压/V | | 高压侧电压/kV | | |
| | 220 | 380 | 6 | 10 | 20 |
| 5 | 15 | 10 | 2 | — | — |
| 10 | 25 | 15 | 3 | 3 | — |
| 20 | 50 | 30 | 5 | 3 | — |
| 30 | 80 | 45 | 7.5 | 5 | — |
| 50 | 125 | 75 | 10 | 7.5 | 3 |
| 63 | 150 | 100 | 10 | 7.5 | 3 |
| 80 | 200 | 125 | 15 | 10 | 5 |
| 100 | 250 | 150 | 20 | 10 | 5 |
| 125 | 300 | 200 | 30 | 15 | 7.5 |
| 160 | 400 | 250 | 40 | 15 | 7.5 |
| 200 | 500 | 300 | 40 | 20 | 10 |
| 250 | 2×350 | 350 | 40 | 25 | 10 |
| 315 | 3×300 | 450 | 50 | 30 | 15 |
| 400 | 3×400 | 2×300 | 50 | 40 | 20 |
| 500 | — | — | 75 | 50 | 25 |
| 630 | — | — | 75 | 50 | 25 |
| 800 | — | — | 100 | 75 | 35 |
| 1000 | — | — | 150 | 100 | 50 |
| 1250 | — | — | 150 | 100 | 50 |
| 1600 | — | — | 200 | 150 | 25 |

# 1.5 变压器运行规定

## 1.5.1 油浸式变压器的正常使用条件和温升限值

(1) 油浸式变压器的正常使用条件

根据GB 1094.1—2013的规定，变压器的正常使用条件如下。

① 海拔：不超过1000m。

② 环境温度：最高气温40℃；最高日平均气温30℃；最高年平均气温20℃；最低气温－25℃（适用户外式）；最低温度－5℃（适用户内式）。

③ 对于水冷却变压器，其冷却器入口处冷却水的最高温度为25℃。

④ 电源电压的波形近似于正弦波。

⑤ 三相变压器的电源电压应近似对称。

(2) 温升限值

国产变压器在正常使用条件下，可以安全运行20～25年。因此规定，油浸式电力变压器（自然循环自冷、风冷）上层油温在周围环境温度为40℃时不得超过95℃。但为了防止油过速劣化，一般要求油温不要超过85℃。油浸式变压器的温升限值见表1-18；油浸式变压器顶层油温一般规定值见表1-19；变压器负荷电流和温度限值见表1-20。

表1-18 油浸式变压器的温升限值 单位：℃

| 部位 | 温升限值 |
| --- | --- |
| 绕组:绝缘耐热等级A | 65(电阻法测量) |
| 顶层油 | 55(温度计测量) |
| 铁芯本体 | 使相邻绝缘材料不受损伤的温升 |
| 油箱及结构件表面 | 80 |

表1-19 油浸式变压器顶层油温一般规定值

| 冷却方式 | 冷却介质最高温度/℃ | 最高顶层油温/℃ |
| --- | --- | --- |
| 自然循环自冷、风冷 | 40 | 95 |
| 强迫油循环风冷 | 40 | 85 |
| 强迫油循环水冷 | 30 | 70 |

表 1-20 变压器负荷电流和温度限值

| 负荷类型 | | 配电变压器 | 中型电力变压器 | 大型电力变压器 |
|---|---|---|---|---|
| 正常周期性负荷 | 负荷电流标幺值 | 1.5 | 1.5 | 1.3 |
| | 热点温度与绝缘材料接触的金属部件的温度/℃ | 140 | 140 | 120 |
| 长期急救周期性负荷 | 负荷电流标幺值 | 1.8 | 1.5 | 1.3 |
| | 热点温度与绝缘材料接触的金属部件的温度/℃ | 150 | 140 | 130 |
| 短期急救负荷 | 负荷电流标幺值 | 2.0 | 1.8 | 1.5 |
| | 热点温度与绝缘材料接触的金属部件的温度/℃ | — | 160 | 160 |

注：负荷电流标幺值＝负荷电流/变压器额定电流。

## 1.5.2 油浸式变压器的过负荷能力

变压器在实际运行中，负荷不可能不变，很多时间低于变压器的额定电流。此外，变压器运行时的环境温度不可能一直处在规定的环境温度。因此变压器一般运行时实际上没有充分发挥其负荷能力。从维持变压器规定的使用寿命（20 年）来考虑，变压器在必要时完全可以过负荷运行。

变压器正常过负荷运行规定如下。

① 全天满负荷运行的变压器不宜过负荷运行。

② 变压器在低负荷期间负荷率小于 1 时，则在高峰负荷期间变压器允许的过负荷倍数和持续时间，按年等值环境温度、负荷曲线和过负荷前变压器所带的负荷等来规定。

③ 在夏季低于额定容量负荷运行，每低 1%，冬季可允许过负荷 1%，但仍以过负荷 15%为限。

根据我国变压器目前的设计结构，推荐正常过负荷的最大值，自然循环油冷、风冷变压器为额定负荷的 30%，这样使用比较安全。

为了便于应用，变压器正常过负荷能力，可按表 1-21 确定。

由表 1-21 可见，若 $\alpha=0.6$，最大负荷昼夜持续 4h，则可以过负荷 20%。

表 1-21 油浸自然循环冷却双绕组变压器的允许过负荷百分数

单位：%

| 日负荷曲线填充系数 α | 最大负荷在下列持续时间(h)下，变压器过负荷的百分数 | | | | | |
|---|---|---|---|---|---|---|
| | 2 | 4 | 6 | 8 | 10 | 12 |
| 0.50 | 28 | 24 | 20 | 16 | 12 | 7 |
| 0.60 | 23 | 20 | 17 | 14 | 10 | 6 |
| 0.70 | 17.5 | 15 | 12.5 | 10 | 7.5 | 5 |
| 0.75 | 14 | 12 | 10 | 8 | 6 | 4 |
| 0.80 | 11.5 | 10 | 8.5 | 7 | 5.5 | 3 |
| 0.85 | 8 | 7 | 6 | 4.5 | 3 | 2 |
| 0.90 | 4 | 3 | 2 | — | — | — |

表 1-21 中日负荷曲线填充系数，可由下式计算(参见图 1-5)

$$\alpha=\frac{I_{pj}}{I_{max}}=\frac{\sum It}{24I_{max}}$$

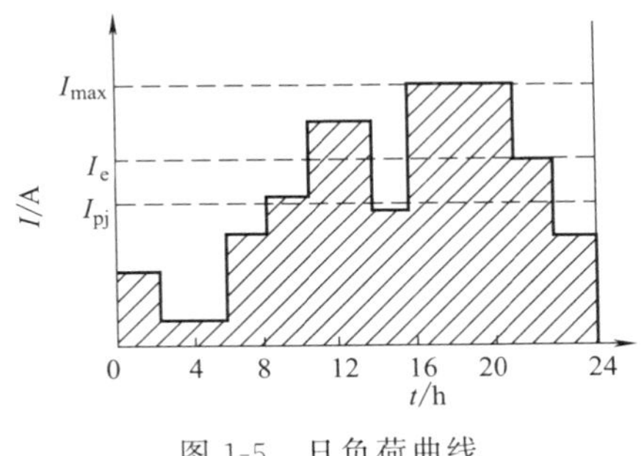


图 1-5 日负荷曲线

式中 $I_{pj}$——负荷电流的平均值，A；

$I_{max}$——最大负荷电流，A；

$\sum It$——实际运行负荷曲线的安培小时数或负荷曲线所包围的面积，A·h。

图 1-5 中 $I_e$ 为变压器额定电流。

如果事先不知道日负荷曲线或负荷率，则可按规程中给定的，过负荷前上层油温的不同数值，而决定过负荷倍数和持续时间，可查表 1-22。

表 1-22 自然冷却或吹风冷却油浸式电力变压器的过负荷允许时间

单位：h：min

| 过负荷倍数 | 过负荷前上层油的温度为下列数值时的允许过负荷持续时间 | | | | | | |
|---|---|---|---|---|---|---|---|
| | 18℃ | 24℃ | 30℃ | 36℃ | 42℃ | 48℃ | 54℃ |
| 1.0 | 连续运行 | | | | | | |
| 1.05 | 5:50 | 5:25 | 4:50 | 4:00 | 3:00 | 1:30 | — |

续表

| 过负荷倍数 | 过负荷前上层油的温度为下列数值时的允许过负荷持续时间 | | | | | | |
| --- | --- | --- | --- | --- | --- | --- | --- |
| | 18℃ | 24℃ | 30℃ | 36℃ | 42℃ | 48℃ | 54℃ |
| 1.10 | 3:50 | 3:25 | 2:50 | 2:20 | 1:25 | 0:10 | — |
| 1.15 | 2:50 | 2:25 | 1:50 | 1:20 | 0:35 | — | — |
| 1.20 | 1:50 | 1:40 | 1:15 | 0:45 | — | — | — |
| 1.25 | 1:35 | 1:15 | 0:50 | 0:25 | — | — | — |
| 1.30 | 1:10 | 0:50 | 0:30 | — | — | — | — |
| 1.35 | 0:55 | 0:35 | 0:15 | — | — | — | — |
| 1.40 | 0:40 | 0:25 | — | — | — | — | — |
| 1.45 | 0:25 | 0:10 | — | — | — | — | — |
| 1.50 | 0:15 | — | — | — | — | — | — |

### 1.5.3 干式变压器的正常使用条件和温升限值

(1) 干式变压器的正常使用条件

根据GB 1094.1—2013的规定，干式变压器的正常使用条件如下。

① 海拔：海拔不超过1000m。超过时，作为特殊使用条件。

② 环境温度：最高气温40℃，最高年平均气温20℃。最高日平均气温30℃，最低气温−30℃（适用于户外式变压器）；最低气温−5℃（适用于户内式变压器）。超过上述规定时，作为特殊使用条件。

(2) 干式变压器的温升限值（GB 1094.2—2013）

在满足干式变压器正常使用条件下，其绕组、铁芯和金属部件的温升均不应超过表1-23中的规定限值。

表1-23 温升限值

| 部　位 | 绝缘系统温度/℃ | 最高温升/℃ |
| --- | --- | --- |
| 绕组(用电阻法测量的温升) | 105(A级) | 60 |
| | 120(E级) | 75 |
| | 130(B级) | 80 |
| | 155(F级) | 100 |
| | 180(H级) | 125 |
| | 220(C级) | 150 |

续表

| 部　　位 | 绝缘系统温度/℃ | 最高温升/℃ |
|---|---|---|
| 铁芯、金属部件和其他相邻的材料 | — | 在任何情况下，不会出现使铁芯本身、金属部件及与其相邻的材料受到损害的温度 |

### 1.5.4 干式变压器的过负荷能力

① 在30min内，过负荷能力比油浸式变压器强。

② 在0.5～8h内，过负荷能力比油浸式变压器弱。

③ 长期运行与油浸式变压器没什么差别。干式变压器过负荷能力见表1-24。

表1-24 干式变压器过负荷能力

| 过电流百分数/% | 允许运行时间/min |
|---|---|
| 20 | 60 |
| 30 | 45 |
| 40 | 32 |
| 50 | 18 |
| 60 | 5 |

## 1.6 弧焊机的开关、熔断器和导线的选择

### 1.6.1 交流弧焊机的开关、熔断器和导线的选择

常用交流弧焊机的开关、熔断器和导线的选择见表1-25。

表1-25 常用交流弧焊机的开关、熔断器和导线的选择

<table>
<tr><th rowspan="3">型号</th><th rowspan="3">容量/kV·A</th><th rowspan="3">相数/电压/V</th><th rowspan="3">功率因数</th><th rowspan="3">负载持续率</th><th rowspan="3">额定电流/A</th><th rowspan="3">铁壳开关额定电流/A</th><th rowspan="3">熔体电流/A</th><th colspan="2">导线截面积/mm²及钢管直径/mm</th></tr>
<tr><th colspan="2">35℃</th></tr>
<tr><th>BLX<br>YC</th><th>G</th></tr>
<tr><td rowspan="4">BX-500</td><td rowspan="4">32</td><td rowspan="2">1/380</td><td rowspan="4">0.52</td><td rowspan="4">65%</td><td rowspan="2">84</td><td rowspan="2">100</td><td rowspan="2">100</td><td>2×25</td><td rowspan="2">32</td></tr>
<tr><td>2×16+1×6</td></tr>
<tr><td rowspan="2">1/220</td><td rowspan="2">145</td><td rowspan="2">200</td><td rowspan="2">150</td><td>2×70</td><td rowspan="2">40</td></tr>
<tr><td>2×35+1×10</td></tr>
</table>

续表

| 型号 | 容量/kV·A | 相数/电压/V | 功率因数 | 负载持续率 | 额定电流/A | 铁壳开关额定电流/A | 熔体电流/A | 导线截面积/mm² 及钢管直径/mm 35℃ BLX YC | G |
|---|---|---|---|---|---|---|---|---|---|
| BX1-135 | 8.7 | 1/380 | 0.48 | 65% | 23 | 30 | 25 | 2×4 | 15 |
| | | | | | | | | 2×2.5+1×1.5 | |
| | | 1/220 | | | 40 | 60 | 40 | 2×10 | 20 |
| | | | | | | | | 2×6+1×4 | |
| BX1-330 | 21 | 1/380 | 0.50 | | 56 | | 60 | 2×16 | 25 |
| | | | | | | | | 2×10+1×6 | |
| | | 1/220 | | | 96 | 100 | 100 | 2×35 | 32 |
| | | | | | | | | 2×25+1×10 | |
| BX3-120 | 9 | 1/380 | 0.45 | 60% | 24 | 30 | 25 | 2×4 | 15 |
| | | | | | | | | 2×2.5+1×1.5 | |
| BX3-300 | 20.5 | | 0.53 | | 54 | 60 | 60 | 2×16 | 25 |
| | | | | | | | | 2×10+1×6 | |
| BX3-500 | 35.5 | | 0.52 | | 93 | 100 | 100 | 2×35 | 32 |
| | | | | | | | | 2×25+1×10 | |

## 1.6.2 直流弧焊机的开关、熔断器和导线的选择

常用直流弧焊机用电动发电机开关、熔断器和导线的选择见表1-26。

表 1-26 常用直流弧焊机用电动发电机开关、熔断器和导线的选择

| 型 号 | 额定功率/kW | 额定电流/A | 功率因数 | 熔管电流/及熔体电流/A | | | 磁力启动器等级热元件额定电流/A | | | 导线截面积/mm² 及钢管直径(35℃)/mm | |
|---|---|---|---|---|---|---|---|---|---|---|---|
| | | | | RL1 | RM10 | RT0 | QC8 | QC10 | QC12 | BLX YC | G |
| AX-165<br>AX1-165 | 6 | 12 | 0.87 | 60/35 | 60/35 | 50/50 | 3/6<br>16 | 3/6<br>16 | 3/H<br>16 | 3×2.5 | 15 |
| | | | | | | | | | | 3×2.5+1×1.5 | |
| AX-320 | 14 | 28 | 0.87 | 60/60 | 60/60 | 50/50 | 4/6<br>33 | 4/6<br>35 | 4/H<br>32 | 3×6 | 20 |
| AX1-320 | 12 | 24 | | | | | | | | 3×4+1×2.5 | |

续表

| 型号 | 额定功率/kW | 额定电流/A | 功率因数 | 熔管电流/及熔体电流/A | | | 磁力启动器等级热元件额定电流/A | | | 导线截面积/mm² 及钢管直径(35℃)/mm | |
|---|---|---|---|---|---|---|---|---|---|---|---|
| | | | | RL1 | RM10 | RT0 | QC8 | QC10 | QC12 | BLX<br>YC | G |
| AX2-100 | 4 | 8 | 0.78 | 62/25 | 60/25 | 50/30 | 2/6<br>11 | 2/6<br>11 | 2/H<br>11 | 3×2.5<br>3×2.5+1×1.5 | 15 |
| AX3-500<br>AX9-500 | 26 | 52 | 0.90 | 100/<br>100 | 100/<br>100 | 100/<br>80 | 5/6<br>57 | 5/6<br>72 | 5B/H<br>63 | 3×25<br>3×16+1×6 | 32 |
| AX7-500 | 26 | 51 | 0.89 | 100/<br>100 | 100/<br>100 | 100/<br>80 | 5/6<br>57 | 5/6<br>72 | 5B/H<br>63 | 3×16<br>3×10+1×6 | 25 |
| AX8-500 | 30 | 54 | 0.91 | 100/<br>100 | 100/<br>100 | 100/<br>90 | 5/6<br>57 | 5/6<br>72 | 5B/H<br>63 | 3×25<br>3×16+1×6 | 32 |
| AP1-350 | 14 | 27 | 0.90 | 60/60 | 60/60 | 50/50 | 4/6<br>33 | 4/6<br>35 | 4/H<br>32 | 3×6<br>3×4+1×2.5 | 20 |

注：电焊机的额定功率为传动焊接发电机的电动机功率，其负载持续率为100%，电源为三相380V。

## 1.6.3 硅整流弧焊机的开关、熔断器和导线的选择

常用硅整流弧焊机的开关、熔断器和导线的选择见表1-27。

表1-27 常用硅整流弧焊机的开关、熔断器和导线的选择

| 型号 | 容量/kV·A | 相数/电压/V | 负载持续率 | 额定电流/A | 铁壳开关额定电流/A | 熔体电流/A | 导线截面积/mm² 及钢管直径(35℃)/mm | |
|---|---|---|---|---|---|---|---|---|
| | | | | | | | BLX<br>YC | G |
| ZXG-200 | 15.55 | 3/380 | 60% | 24 | 30 | 25 | 3×4<br>3×2.5+1×1.5 | 15 |
| ZXG-300 | 21 | | | 32 | | 30 | 3×6<br>3×4+1×2.5 | 20 |
| ZXG-500 | 38 | | | 58 | 60 | 60 | 3×16<br>3×10+1×6 | 25 |
| ZXG2-400 | 130 | | | 198 | 200 | 200 | 3×95<br>3×50+1×16 | 70 |

续表

| 型号 | 容量/kV·A | 相数/电压/V | 负载持续率 | 额定电流/A | 铁壳开关额定电流/A | 熔体电流/A | 导线截面积/mm² 及钢管直径(35℃)/mm | |
|---|---|---|---|---|---|---|---|---|
| | | | | | | | BLX YC | G |
| ZXG3-300-1 | 18.6 | 3/380 | 60% | 49 | 60 | 50 | 3×10 | 25 |
| | | | | | | | 3×6+1×4 | |
| ZXG6-300 | 21.7 | | | 33 | 30 | 30 | 3×6 | 20 |
| | | | | | | | 3×4+1×2.5 | |
| ZXG7-300 | 23 | | | 35 | 60 | 40 | 3×10 | 25 |
| | | | | | | | 3×6+1×4 | |

# 第2章 电动机

## 2.1 电动机的选择

### 2.1.1 电动机功率的选择

（1）平稳负载连续工作制电动机功率的选择

① 对于平稳或变化很小的负载连续工作制的电动机额定功率为

$$P_e \geqslant P_z = \frac{M_z n_e}{9555}$$

式中 $P_e$——电动机额定功率，kW；

$P_z$——负载功率，kW；

$M_z$——折算到电动机轴上的静负载转矩，N·m；

$n_e$——电动机额定转速，r/min。

② 对恒定负载转矩，在额定转速以上调速时，其额定功率应按所要求的最高工作转速计算，即

$$P_e \geqslant \frac{M_z n_{max}}{9555}$$

式中 $n_{max}$——电动机的最高工作转速，r/min。

（2）不同时间工作制电动机功率的选择

① 公式一。当选用的电动机为短时工作制（S2）电动机时，

可根据短时负载功率 $P_z$ 和工作时间 $t_g$，由产品目录直接选取。

当电动机实际工作时间 $t_g$ 与标准值 $t_{ge}$ 不相等时，应把 $t_g$ 下的功率换算到 $t_{ge}$ 下的功率 $P_{ge}$，即

$$P_{ge}=\frac{P_g}{\sqrt{\frac{t_{ge}}{t_g}+m\left(\frac{t_{ge}}{t_g}-1\right)}}$$

式中 $m$——电动机空载损耗 $P_0$ 与铜耗 $P_{Cu}$ 之比，$m=P_0/P_{Cu}$。

当 $t_g$ 与 $t_{ge}$ 相差不大时，$P_{ge}\approx P_g\sqrt{t_g/t_{ge}}$。

然后按 $P_{ge}$、$t_{ge}$ 选择电动机功率。

需指出，同一电动机对应不同的时限（10min、30min、60min 和 90min），其功率 $P_t$ 和过载系数 $\lambda_t$ 均不同，关系分别为 $P_{10}>P_{30}>P_{60}>P_{90}$ 和 $\lambda_{10}<\lambda_{30}<\lambda_{60}<\lambda_{90}$。一般这种电动机铭牌上标的是小时功率，即 $P_{60}$。专为短时工作制设计的电动机一般有较大的过载系数和启动转矩。

如果没有合适的短时工作电动机，可采用专为周期工作制设计的电动机（S3～S8）来代替，对应关系近似地为：

$T=100$min，相当于负载持续率 FZ=15%；

$T=30$min，相当于 FZ=25%；

$T=60$min，相当于 FZ=40%。

② 公式二。当选用的电动机为连续工作制（S1）电动机时，电动机功率为

$$P_e=P_g\sqrt{\frac{1-e^{-t_g/t}}{1+me^{-t_g/t}}}$$

式中 $P_e$——电动机额定功率，kW；

$t$——电动机发热时间常数，s。

若 $P_g/P_e<$电动机允许过载系数 $\lambda$，则可按 $P_e$ 选择电动机功率。

若 $P_g/P_e>\lambda$，则应按 $P_e\geqslant P_g/\lambda$ 选择电动机功率。

③ 公式三。当选用的电动机为断续周期工作制（S3～S5）电动机时，电动机功率为

$$P_e = \frac{P_{max}}{0.75\lambda}$$

式中　$P_{max}$——短时负载功率的最大值，kW；

$P_e$——电动机额定功率，kW。

### 2.1.2　各种设备的电动机功率的选择及实例

各种设备的负载功率 $P$（已考虑传动机械效率）求出后，电动机的功率 $P_e$ 在满足负荷特性的前提下（即 $M_q/M_{max}$、$M_{min}$ 符合要求时），就可按式 $P_e \geqslant P$ 确定。

（1）卷扬机电动机功率的计算

卷扬机电动机的负载曲线如图 2-1 所示。电动机的负载功率可按下式计算：

$$P_{if} = \frac{1}{\eta}\sqrt{\frac{P_1^2 t_1 + (P_2^2 + P_2 P_3 + P_3^2)\frac{t_2}{3} + P_4^2 t_3}{t_1 + t_2 + t_3 + \frac{t_4}{3}}}$$

式中　$P_{if}$——电动机的负载功率，kW；

$\eta$——卷扬机构效率（直接连接的为 0.8～0.9，一对齿轮乘以 0.9～0.95）。

其他符号见图 2-1。

卷扬机电动机功率另一计算公式：

$$P = 0.105\frac{nM}{\eta} \times 10^{-3}$$

式中　$P$——所需的电动机功率，kW；

$n$——转速，r/min；

$M$——电动机的负载转矩，N·m。

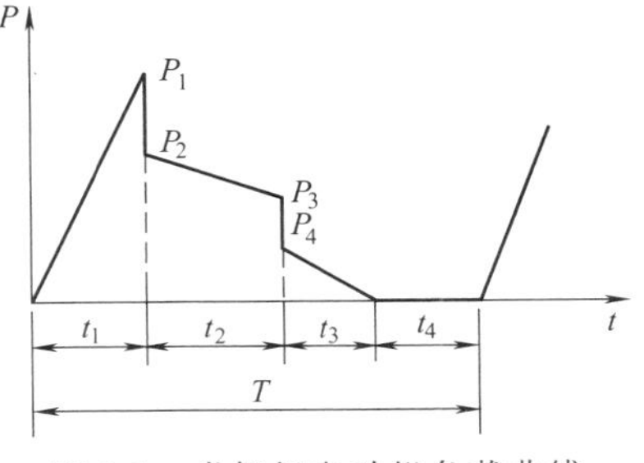

图 2-1　卷扬机电动机负载曲线

**【例 2-1】** 某卷扬机的电动机负载曲线如图 2-1 所示。已知 $t_1$ 为 12s，$t_2$ 为 20s、$t_3$ 为 6s、$t_4$ 为 30s；$P_1$ 为 350kW，$P_2$ 为 200kW、$P_3$ 为 160kW、$P_4$ 为 40kW，试选择电动机的功率。

**解**：设滚筒轴的效率 $\eta=0.95$，则电动机的负载功率为

$$P_{if}=\frac{1}{\eta}\times\frac{1}{\sqrt{12+20+6+\frac{30}{3}}}\times\sqrt{350^2\times12+(200^2+200\times160+160^2)\times\frac{20}{3}+40^2\times6}$$

$$=\frac{1}{0.95}\times210.67=221.8\ (\text{kW})$$

因此，可选用 JRQ 型 245kW、735r/min、380V 的电动机。

用上述方法计算时，周期 $T$ 值一般不超过 15min。如果 $T$ 值超过 15min，应用温升曲线去计算。

(2) 摩擦负载电动机功率的计算

皮带运输机、吊车在轨道上运动等，都属于摩擦负载类型。这类负载的电动机功率可按下列公式计算。

① 直线运动，则

$$F=\mu G$$

$$P=Fv\times10^{-3}=\mu Gv\times10^{-3}$$

式中 $F$——滑动摩擦力，N；

$P$——电动机所需功率，kW；

$G$——垂直正压力，N；

$v$——运动速度，m/s；

$\mu$——滑动摩擦因数，无润滑时，0.1～0.3；有润滑时，0.02～0.1。详见电工手册。

② 回转运动，则

$$M=\rho Gr$$

$$P=\omega M\times10^{-3}=\omega\rho Gr\times10^{-3}$$

式中 $M$——所需转矩，N·m；

$r$——轴承的旋转半径，m；

$\omega$——旋转轴的角速度，rad/s；

$\rho$——轴承摩擦因数，套筒轴承为 0.001～0.006，滚珠轴承、滚柱轴承为 0.001～0.007。

(3) 几种机床电动机的选择

1) 机床主传动电动机的负载功率

① 不调速电动机的负载功率

$$P=\frac{M_z n_e}{9555}$$

式中 $P$——电动机的负载功率，kW；

$M_z$——电动机的负载转矩，N·m；

$n_e$——电动机额定转速，r/min。

② 调速电动机的负载功率

a. 采用交流多速电动机时

$$P=\frac{P_{max}}{\eta_{min}}$$

式中 $P_{max}$——机床最大切削功率，kW；

$\eta_{min}$——传动最低效率。

b. 采用直流电动机时

$$P_e \geqslant D_u P=\frac{1}{D_\phi}D^{\frac{1}{Z}}P$$

式中 $P_e$——电动机额定功率，kW；

$P$——电动机的负载功率，kW；

$D_u$——调电压调速范围，一般 $D_u=2\sim3$；

$D_\phi$——调磁场调速范围，一般 $D_\phi=1.75\sim2$；

$D$——主传动总调速范围；

$Z$——机械变速级数，一般 $Z=2\sim4$。

2）车床给进电动机的负载功率计算

① 不调速电动机的负载功率为

$$P=\frac{P_1}{\eta}=\frac{Fv\times10^{-3}}{60\eta} \text{或} P=36.5D^{1.54}$$

式中 $P$——电动机的负载功率，kW；

$P_1$——车床的切削功率，kW；

$\eta$——传动机构的效率；

$F$——给进运动的总阻力，N；

$v$——切削速度，取最大值，m/min；

$D$——工件的最大直径，m。

② 调速电动机的负载功率

a. 采用交流多速电动机时

$$M_e \geqslant M_z$$

式中 $M_e$——电动机额定转矩，N·m；

$M_z$——电动机负载转矩，N·m。

b. 采用直流电动机时

$$P = K\frac{Fv}{60\eta} \times 10^{-3}$$

式中 $K$——通风散热恶化的修正系数，当调速范围为 1∶100 时，$K=1.8$。

3）立式车床给进电动机的负载功率计算

$$P = 20D^{0.88}$$

式中 $D$——工件的最大直径，m。

4）刀架快速移动所需电动机（即辅助传动电机）的功率计算

$$P = \frac{Gv\mu}{102 \times 60\eta\lambda}$$

式中 $P$——辅助传动电机的功率，kW；

$G$——被移动元件的质量，kg；

$v$——移动速度，m/min；

$\mu$——摩擦因数，可取 0.1～0.2；

$\eta$——传动机构的效率，可取 0.1～0.2；

$\lambda$——电动机过载倍数，可由产品目录查得。

5）切削机床电动机的负载功率计算

$$P = \left(\frac{F_1 Rn}{9555} + \frac{F_2 v \times 10^{-3}}{60}\right)\frac{1}{\eta}$$

式中 $P$——电动机的负载功率，kW；

$F_1$、$F_2$——切削力，N；

$R$——半径，m；

$n$——转速，r/min；

$v$——送刀速度，m/min；

$\eta$——机床传动效率。

**【例 2-2】** 某车床由三相异步电动机拖动，电动机的额定参数如下：$P_e$ 为 5.5kW，$n_e$ 为 1440r/min，$\eta_e$ 为 0.85，$U_e$ 为 380V，

$\cos\varphi_e$ 为 0.82。现欲将该车床改成高速切削状态，负载情况如图 2-2所示。问该电动机能否胜任工作？

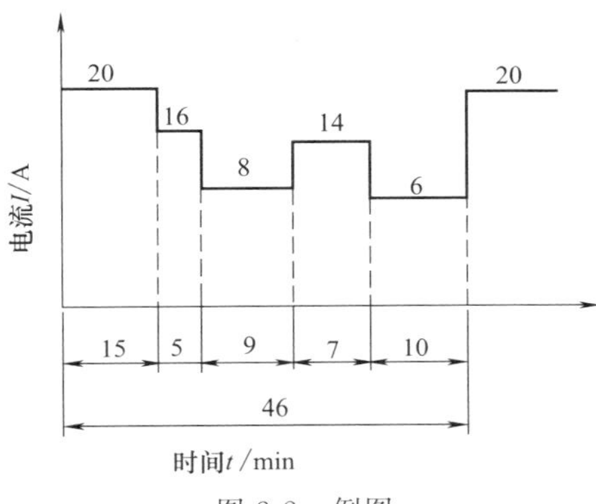


图 2-2 例图

**解：** 由图 2-2 得等效负荷电流为

$$I_{jf}=\sqrt{\frac{I_1^2t_1+I_2^2t_2+I_3^2t_3+I_4^2t_4+I_5^2t_5}{t_1+t_2+t_3+t_4+t_5}}$$

$$=\sqrt{\frac{20^2\times15+16^2\times5+8^2\times9+14^2\times7+6^2\times10}{15+5+9+7+10}}$$

$$=14.4\ (A)$$

电动机额定电流为

$$I_e=\frac{P_e}{\sqrt{3}U_e\eta_e\cos\varphi_e}=\frac{5.5\times10^3}{\sqrt{3}\times380\times0.85\times0.82}=12\ (A)$$

因为 $I_e<I_{jf}$，故原电动机已不能胜任高速工作。

6）摇臂钻床电动机的负载功率计算

$$P=0.0646D^{1.19}$$

式中 $P$——电动机的负载功率，kW；

$D$——最大的钻孔直径，mm。

7）电钻转矩计算

钻削 45 钢，不采用冷却液时，电钻的转矩可按下式计算：

$$M=0.29D^2v^{0.8}$$

$$v=\left(\frac{F}{559D}\right)^{1.43}$$

式中 $M$——电钻的钻矩，N·m；

$D$——最大钻孔直径，mm；

$v$——钻头进给速度，mm/r；

$F$——在电钻上施加的轴向压力，N。

各种规格的电钻钻削45钢时设计用轴向压力，见表2-1。

**表2-1 电钻轴向压力推荐值**

| 最大钻孔直径/mm | 4 | 6 | 10 | 13 | 16 | 19 | 23 | 38 | 49 |
|---|---|---|---|---|---|---|---|---|---|
| 轴向压力/N | 245 | 343 | 539 | 883 | 1177 | 1667 | 2256 | 4217 | 5884 |

8）电动攻丝机转矩计算

利用冷却润滑液切削螺纹的电动攻丝机转矩可按下式计算：

$$M=0.0981KD^{1.4}S^{1.5}$$

式中 $M$——攻丝机转矩，N·m；

$K$——系数，钢取2.75，铸铁按硬度不同，取1.29～1.89，青铜及黄铜取0.55；

$D$——螺纹直径，mm；

$S$——螺距，mm。

丝锥的切削速度，见表2-2。

9）外圆磨床电动机功率计算

$$P=0.1KB$$

式中 $B$——砂轮宽度，mm；

$K$——砂轮主轴采用不同轴承的系数（滚动轴承，$K=0.8$～1.1，滑动轴承，$K=1.0$～1.3）。

**表2-2 电动攻丝机的切削速度推荐值**

| 螺纹直径/mm | 切削材料 | | |
|---|---|---|---|
| | 用冷却液 | | 不用冷却液 |
| | $\delta_b$ 为 392～588MPa 的钢或黄铜 | $\delta_b$ 为 392MPa 以内和 588MPa 以上的钢 | 铸铁、青铜及铝合金 |
| | 切削速度/(m/min) | | |
| 6 | 6.5 | 4.5 | 6.0 |

续表

| 螺纹直径/mm | 切削材料 | | |
|---|---|---|---|
| | 用冷却液 | | 不用冷却液 |
| | $\delta_b$ 为 392～588MPa 的钢或黄铜 | $\delta_b$ 为 392MPa 以内和 588MPa 以上的钢 | 铸铁、青铜及铝合金 |
| | 切削速度/(m/min) | | |
| 8 | 7.5 | 5.0 | 7.0 |
| 10 | 8.0 | 5.5 | 8.0 |
| 12 | 9.0 | 6.0 | 9.0 |
| 14 | 9.5 | 6.5 | 10.0 |
| 16 | 11.0 | 7.5 | 11.0 |

10）铣床电动机功率计算

$$P=\frac{k_m abS}{60}\times 10^{-6} \text{或} P=\frac{Fnd}{19480}\times 10^{-3}$$

式中 $P$——喷削功率，kW；

$k_m$——单位切削力，MPa；

$a$——铣削深度，mm；

$b$——铣削宽度，mm；

$S$——进给量，mm/min；

$F$——铣削力，N；

$d$——铣刀直径，mm；

$n$——铣刀转速，r/min。

11）钻床扩孔机、攻丝机电动机功率计算

$$P=\frac{2\pi nM}{60}\times 10^{-5}$$

式中 $M$——钻头转矩，N·m；

$n$——钻头转速，r/min。

### 2.1.3 力矩电动机的选择

三相力矩电动机具有恒转矩负载特性，可以调速，广泛应用于纺织、印染、造纸、电线、冶金等机械设备上。

（1）力矩电动机的特性

力矩电动机的结构与普通笼型异步电动机不同，它采用电阻率较高的黄铜等材料作为转子导条及端环。力矩电动机允许长期低速运行甚至堵转，电动机发热严重，通常采用开启式结构，转子具有轴向通风孔，并外加鼓风机以驱走热量。

为了适应不同负载的需要，力矩电动机的转矩可根据实际情况来调节，以保证理想的特性。一般采用单相或三相调压器进行电压调节。

力矩电动机的机械特性很软，其最大转矩即堵转转矩出现在转速 $n=0$。

（2）力矩电动机的选型及计算

所选力矩电动机应满足以下两个条件。

① 电动机输出转矩 $M$ 应与负载转矩 $M_z$ 相近。为此，$M=(0.2\sim0.8)M_{zmax}$，其中 $M_{zmax}$ 为最大负载转矩。

② 电动机转速范围应与负载的转速相适应。为此，电动机的工作转速 $n=(0.3\sim0.7)n_1$，其中 $n_1$ 为电动机的同步转速。

（3）输出转矩和堵转转矩计算

对于电线电缆生产中的收卷力矩电动机，其电动机轴输出转矩 $M_a$ 可按以下公式计算：

① 公式一

$$M_a=M_1+M_2+M_3+M_4$$

式中 $M_1$——线缆收线的旋转转矩，也是主要转矩，取可能出现的最大转矩；

$M_2$——空载损失转矩，即传动机构的机械损失转矩，一般 $M_2=(0.15\sim0.20)M_1$；

$M_3$——排线转矩，若不另设单独的排线电动机而由收线电动机驱动时，可取 $M_3=1.2M_2$；

$M_4$——张力转矩，因该转矩所占比例不大，选型计算时可忽略不计。

由此可确定电动机的堵转转矩 $M_S$，即

$$M_S=(1.8\sim2.1)M_a$$

② 公式二

$$M_a=F\times\frac{1}{2}\times\frac{D}{jn_iK}(\mathrm{N\cdot m})$$

式中 $F$——最大卷绕张力，N；

$D$——最大卷径，即满盘直径，m；

$j$——传动减速比；

$n_i$——减速装置效率，一般为0.85，堵转时取1；

$K$——换算系数，满卷转速的1/3时取0.8，满卷转速的2/3时取0.55，堵转时取1。

(4) 电动机输出功率计算

$$P=Fv=F(\pi dn/60)=0.1047Mn$$

式中 $P$——电动机输出功率，W；

$F$——卷绕物张力，N；

$v$——卷绕物线速度，m/s；

$d$——卷绕物直径，m；

$M$——电动机转矩，N·m；

$n$——转速，r/min。

(5) 电动机极数（转速范围）确定

空盘时电动机的转速可按下式计算：

$$n_k=60vi_{min}/(\pi D_k)$$

式中 $n_k$——空盘时电动机的转速，r/min；

$v$——线速度，m/s；

$i_{min}$——减速比，若有数级变速，取减速比最小的一级；

$D_k$——收线盘直径，m。

满盘时电动机的转速可按下式计算：

$$n_m=60vi_{max}/(\pi D_m)$$

式中 $n_m$——满盘时电动机的转速，r/min；

$D_m$——满盘时的最大直径，m；

$i_{max}$——最大减速比。

所选力矩电动机的同步转速 $n_1$ 应满足

$$1.4n_k \leqslant n_1 \leqslant 2n_m$$

需指出，用调压器调压时，一般最低电压不宜低于电动机额定电压的50%。同样，最低工作转速点在所选电动机转矩-转速特性曲线中不能过低，否则必须降低输入电压来满足恒线速度的工作方式，这将使最大力矩发挥不出来。

### 2.1.4 三相异步电动机外壳防护等级及选用

(1) 三相异步电动机外壳防护等级

电动机外壳防护形式分级的含义如下：

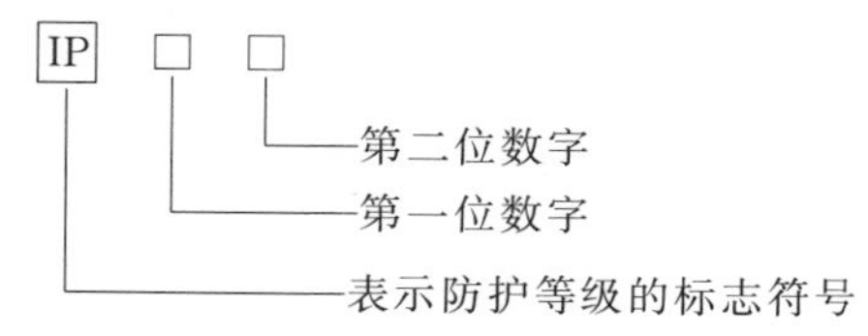


其中，第一位和第二位数字构成三相异步电动机外壳防护等级特征，其分级规定见表 2-3。

表 2-3 三相异步电动机外壳的防护等级

| 级别 | | 防止人体触及机壳内部带电或转动部分的防护，防止固体异物进入电动机内部的防护 |
|---|---|---|
| 第一位数字 | 1 | 能防止大面积的人体(例如手)偶然或意外地触及壳内带电或转动部分；<br>能防止直径大于 50mm 的大固体异物进入壳内 |
| | 2 | 能防止手指触及壳内带电或转动部分；<br>能防止直径大于 12mm 的小固体异物进入壳内 |
| | 3 | 能防止直径大于 2.5mm 的工具或导线触及壳内带电或转动部分；<br>能防止直径大于 2.5mm 的固体异物进入壳内 |
| | 4 | 能防止厚度大于 1mm 的工具、金属线或类似的物体触及壳内带电或转动部分；<br>能防止直径大于 1mm 的小固体异物进入壳内 |
| | 5 | 能完全防止触及壳内带电或转动部分；<br>能防止积尘达到有害程度，虽不能完全防止灰尘进入，但灰尘进入的数量不足以妨碍电动机良好地运行 |
| 级别 | | 防止水进入电动机达到有害程度的防护 |
| 第二位数字 | 1 | 垂直的滴水对电动机无有害的影响 |
| | 2 | 与沿垂线成 15°角范围内的滴水对电动机无有害的影响 |
| | 3 | 与沿垂线成 60°角或小于 60°角范围内的滴水对电动机无有害的影响 |
| | 4 | 任何方向的溅水对电动机无有害的影响 |
| | 5 | 任何方向的喷水对电动机无有害的影响 |
| | 6 | 经受猛烈的海浪冲击后，无有害数量的海水进入电动机内部 |
| | 7 | 当电动机在规定的压力和时间条件下浸入水中时，电动机的进水达不到有害的数量 |
| | 8 | 当电动机在规定的压力和浸水时间不限地浸入水中，电动机的进水达不到有害的数量 |

(2) Y 系列电动机的外壳防护结构分级

Y 系列三相异步电动机有 IP23(防护式)和 IP44(封闭式)两种外壳防护结构分级。这两种防护结构分级的具体要求见表 2-4。

表 2-4 Y 系列电动机外壳防护结构分级

| 级别 | | 要求 |
|---|---|---|
| IP23 | 第一位数字 | 能防止手指触及机壳内带电或转动部分;<br>能防止直径大于 12mm 的小固体异物进入 |
| | 第二位数字 | 与沿垂直线成 60°或小于 60°的淋水对电动机应无有害的影响 |
| IP44 | 第一位数字 | 能防止厚度大于 1mm 的工具、金属线或类似的物体触及壳内带电或转动部分;<br>能防止直径大于 1mm 的小固体异物进入,但不包括由外风扇吸风或送风的通风口和封闭式电动机的泄水孔,这些部分应具有 2 级防护性能 |
| | 第二位数字 | 任何方向溅水于电动机,应无有害影响 |

(3) 按环境条件选用电动机的防护类型

按环境条件选用电动机的防护类型见表 2-5。

表 2-5 按环境条件选用电动机的防护类型

| 环境条件 | 要求的防护类型 | 可选用的电动机类型举例 |
|---|---|---|
| 正常环境条件 | 一般防护型 | 各类普通型电动机 |
| 湿热带或潮湿场所 | 湿热带型 | ①湿热带型电动机<br>②普通型电动机加强防潮处理 |
| 干热带或高温车间 | 干热带型 | ①干热带型电动机<br>②采用高温升等级绝缘材料的电动机或外加管道通风 |
| 粉尘较多的场所 | 封闭型或管道通风型 | |
| 露天场所 | 气候防护型,外壳防护等级不低于 IP23,接线盒应为 IP54。封闭型,电动机外壳防护等级应为 IP54 | |
| 室外,有腐蚀性或爆炸性气体 | 室外、防腐、防爆型防护等级不低于 IP54 | YBOF-WF |
| 有腐蚀性气体或游离物 | 化工防腐型或采用管道通风 | |

续表

| 环境条件 | | 要求的防护类型 | 可选用的电动机类型举例 |
|---|---|---|---|
| 有爆炸性危险的场所 | 0(Q-1级) | 隔爆型、防爆通风充气型 | YB等 |
| | 1(Q-2)级 | 任意防爆类型 | |
| | 2(Q-3)级 | 防护等级不低于IP43 | |
| | 1-0(G-1)级 | 任意一级隔爆型、防爆通风充气型 | |
| | 1-1(G-2)级 | 防护等级不低于IP44① | |
| 有火灾危险的场所 | H-1级 | 防护等级至少应为IP22② | |
| | H-2级 | 防护等级至少应为IP44 | |
| | H-3级 | 防护等级至少应为IP44 | |

① 电动机正常运行时发生火花的部件（如集电环）应装在下列类型之一的罩子内：任意一级隔爆型、防爆通风型、充气型以及防护等级为IP57的罩子。

② 有在正常工作时发生火花部件（如集电环）的电动机最低防护等级应为IP43。

## 2.1.5 电动机的工作制及其代用

（1）电动机的工作制

电动机根据承担负载情况，可分为连续工作制、短时工作制和断续周期工作制三种。

① 连续工作制。指电动机在铭牌规定的额定条件下能够长期连续稳定地运行。电动机铭牌上对工作制没有特别标注的电动机都属于连续工作制。风机、水泵、机床的主轴、纺织机、造纸机等恒定负载设备，均应使用连续工作制的电动机。

② 短时工作制。指电动机在铭牌规定的额定条件下能够在给定的时间内运行。在这种工作制下，电动机温升达不到稳定值，即停机后，温升降至接近于零，再重复启动运行。我国规定的短时工作制的标准时间有15min、30min、60min和90min四种。车床和龙门刨床上的夹紧装置、水闸闸门启闭机等，应使用短时工作制的电动机。

③ 断续周期工作制。指电动机在铭牌规定的额定条件下只能断续周期运行，即电动机工作与停歇相互交替进行，两者时间都比

较短。工作时，温升达不到稳定值；停歇时，温升降不到零。一般规定一周期为10min。负载持续率（又称暂载率）规定有15%、25%、40%和60%四种。负载持续率用$F_z$表示，即

$$F_z=\frac{\text{工作时间}}{\text{一周期时间(10min)}}\times 100\%$$

由于断续周期工作制电动机的启动和制动频繁，因此要求电动机过载能力强、惯性转矩小和机械强度好。起重设备、电梯和自动机床等生产机械，应使用断续周期工作制的电动机。

(2) 不同工作制电动机的代用

在实际应用中，由于生产急需或临时需要，常将不同工作制的电动机代用。连续工作制的电动机在满足过载、机械强度等要求下，可以代替短时工作制的电动机；但短时工作制的电动机代替连续运行工作制的电动机时，其功率需打折扣。具体功率系数需作估算，否则电动机便不能正常运行。

不同工作制电动机互换输出功率系数见表2-6。

表2-6 不同工作制电动机互换输出功率系数

| 运行方式 | 连续运行 | | 短时运行(60min) | | 短时运行(30min) | |
|---|---|---|---|---|---|---|
| 负载的要求 | 60min | 30min | 连续 | 30min | 连续 | 60min |
| 开启式 | 1.1～1.15 | 1.25～1.35 | 约0.9 | 约1.25 | 约0.7 | 约0.8 |
| 封闭式 | 1.25～1.55 | 约1.6 | 0.3～0.65 | 1.35～1.55 | 0.35以下 | 0.5～0.65 |

## 2.1.6 三相异步电动机的分类及主要用途

(1) 三相异步电动机的分类

三相异步电动机种类繁多，可按转子结构类型、外壳结构类型、尺寸大小、安装方式、使用环境和冷却方式等分类，见表2-7。

表2-7 三相异步电动机的分类

| 分类方法 | 转子结构类型 | 防护类型 | 冷却方式 | 安装方式 | 工作定额 | 尺寸大小中心高 $H$ 及定子铁芯外径 $D$ | 使用环境 |
|---|---|---|---|---|---|---|---|
| 类别 | 笼型线绕转子 | 封闭式 | 自冷式 | D2<br>T2<br>D/T2<br>L2 | 连续 | $H>630$mm<br>$D>1000$mm<br>(大型) | 普通干热、湿热船用、化工防爆、户外、高原 |

续表

| 分类方法 | 转子结构类型 | 防护类型 | 冷却方式 | 安装方式 | 工作定额 | 尺寸大小中心高 $H$ 及定子铁芯外径 $D$ | 使用环境 |
|---|---|---|---|---|---|---|---|
| 类别 | 笼型<br>线绕<br>转子 | 防护式 | 自扇冷式 | D2<br>T2<br>D/T2<br>L2 | 断线 | $H \leqslant 350 \sim 630$<br>$D=500 \sim 1000$mm<br>(中型) | 普通干热、湿热船用、化工防爆、户外、高原 |
| | | 开启式 | 他扇冷式 | | 短时 | $H=80 \sim 315$mm<br>$D=120 \sim 500$mm<br>(小型) | |

(2) 专用异步电动机的分类

专用异步电动机是为满足特殊使用条件和特殊技术要求而专门设计制造的，其分类见表 2-8。

表 2-8 专用异步电动机分类

| 产品类别 | 主要用途 |
|---|---|
| 防爆电动机 | 石油、化工、煤矿等有爆炸危险的场所 |
| 起重冶金用异步电动机 | 冶金和一般起重设备 |
| 辊道异步电动机 | 传动轧钢辊道用 |
| 深井泵用异步电动机 | 电动机与长轴深井泵配套，从深井中提水 |
| 潜水异步电动机 | 电动机分别与潜水泵或河流泵配套，深入井下或潜水中，供灌溉之用 |
| 井用潜油异步电动机 | 电动机与深井油泵配套，潜入石油井中，直接提取石油 |
| 力矩异步电动机 | 恒张力、恒线速(卷绕)传动和恒转矩(导辊)传动 |
| 制冷用氟利昂冷却电动机 | 满足制冷设备在较大范围内变工况调节运行需要，是制冷机理想动力设备 |

(3) Y 系列及其主要派生、专用系列电动机的型号和主要用途(表 2-9)

表 2-9 Y 系列及其主要派生、专用系列电动机的型号和主要用途

| 序号 | 系列名称 | 型号 | | 外壳防护形式 | 冷却方式 | 安装方式 | 主要用途 |
|---|---|---|---|---|---|---|---|
| | | 新系列 | 旧系列 | | | | |
| 1 | 小型三相异步电动机(封闭式) | Y<br>(IP44) | $JO_2$ | IP44 | ICO141 | IMB3<br>IMB35<br>IMV1 | 一般用途型，适用于灰尘多、水土溅飞的场所 |

续表

| 序号 | 系列名称 | 型号 | | 外壳防护形式 | 冷却方式 | 安装方式 | 主要用途 |
|---|---|---|---|---|---|---|---|
| | | 新系列 | 旧系列 | | | | |
| 2 | 小型三相异步电动机(防护式) | Y (IP23) | $J_2$ | IP23 | ICO1 | IMB3 IMB35 | 一般用途型,适用于周围环境较干净、防护要求较低的场所 |
| 3 | 增安型三相异步电动机 | YA | $JAO_2$ | IP54 | ICO141 | IMB3 | 适用于 Q2 类爆炸性危险的场所 |
| 4 | 隔爆型三相异步电动机 | YB | $BJO_2$ | IP44 或 IP54 | ICO141 | IMB3 | 适用于煤矿等有爆炸性危险的场所 |
| 5 | 户外型三相异步电动机 | Y-W | $JO_2$-W | IP54 或 IP55 | ICO141 | IMB3 IMB35 IMV1 | 适用于户外环境恶劣及化工等有腐蚀性介质的场所 |
| 6 | 防腐蚀型三相异步电动机 | Y-F | $JO_2$-F | | | | |
| 7 | 起重冶金三相异步电动机 | YZ | $JZ_2$ | IP44(一般环境用)或 IP54(冶金环境用) | H112～H132 ICO041 H160～ICO141 | IMB3 IMB35 IMV1 | 适用于冶金及各种起重设备 |
| | | YZR | $JZR_2$ | | | | |
| 8 | 深井泵异步电动机 | YLB | $JLB_2$ DM JTB | IP23 (H160～280) | ICO1～ICO141 | IMV6 | 与深井泵配套,供灌溉或提水用 |
| 9 | 潜水三相异步电动机 | YQS2 | JQS YQS | IPX8 | ICW-08 W41 | IMY3 | 与潜水泵或河流泵配套,供灌溉或提水用 |
| 10 | 高转差率(滑差)异步电动机 | YH | $JHO_2$ | IP44 | ICO141 | IMB3 IMB35 IMV1 | 适用于惯性转矩较大并有冲击性负荷的机械(如剪床、压力机、锻压机及小型起重机)的传动 |
| 11 | 电磁调速异步电动机 | YCT | JZT | 电动机 IP44 | ICO141 | IMB3 | 适用于恒转矩和风机类型设备的无级调速 |

续表

| 序号 | 系列名称 | 型号 | | 外壳防护形式 | 冷却方式 | 安装方式 | 主要用途 |
|---|---|---|---|---|---|---|---|
| | | 新系列 | 旧系列 | | | | |
| 12 | 齿轮减速异步电动机 | YCJ | JTC | IP44 | ICO141 | IMB3 | 适用于矿山、轧钢、造纸、化工等行业需要低速、大转矩的各种机械设备 |
| 13 | 变极多速异步电动机 | YD | $JDO_2$ | IP44 | ICO141 | IMB3<br>IMB35<br>IMV1 | 适用于机床、印染机械、印刷机等需要变速的设备 |

## 2.2 电动机启动方式的选择

### 2.2.1 异步电动机直接启动功率的确定

笼型异步电动机能否直接启动，取决于下列条件。

① 电动机自身要允许直接启动。对于惯性较大、启动时间较长或启动频繁的电动机，过大的启动电流会使电动机老化，甚至损坏。

② 所带动的机械设备能承受直接启动时的冲击转矩。

③ 电动机直接启动时所造成的电网电压下降不致影响电网上其他设备的正常运行。一般情况下要求经常启动的电动机引起的电网压降不大于10%；不经常启动的电动机不大于15%；当能保证生产机械要求的启动转矩且在网络中引起的电压波动不致破坏其他电气设备工作时，电动机引起的电网压降允许为20%或更大；由一台变压器供电给许多不同特性的负荷，而有些负荷要求电压变动小时，则允许直接启动的异步电动机的功率就要小一些。

④ 当公用电网供电的农用电动机采用全压启动时，应满足如下条件。

a. 单台笼型电动机的功率不大于配电变压器容量的30%。

b. 启动时，电动机端子的剩余电压不应低于额定电压的60%。

c. 启动时，在同一台配电变压器供电范围内运行的其他用电设备，其端子剩余电压不低于额定电压的75%。

⑤ 电动机启动不能过于频繁，因为频繁启动会给同一电网上的其他负荷带来较大影响。

⑥ 启动时的动稳定电流和热稳定电流应能符合电动机和启动设备规定的要求。

因此，电动机能否直接启动须综合考虑上述因素。通常可按表2-10和表2-11来确定。

表 2-10 按电源容量估算笼型异步电动机直接启动时的功率

| 电源情况 | 允许直接启动的笼型电动机最大功率 |
|---|---|
| 小容量发电厂 | 1kV·A发电机容量为0.1～0.12kW |
| 变电所 | 经常启动时，不大于变压器容量的20% |
| | 不经常启动时，不大于变压器容量的30% |
| 高压线路 | 不超过电动机连接线路上的短路容量的3% |
| 变压器-电动机组 | 电动机功率不大于变压器容量的80% |

表 2-11 6(10)/0.4kV变压器允许直接启动的笼型电动机的最大功率

| 变压器供电的其他负荷 $S_j$ 和功率因数 $\cos\varphi$ | 启动时允许电压降/% | 供电变压器容量/kV·A | | | | | | | | | | | | | | |
|---|---|---|---|---|---|---|---|---|---|---|---|---|---|---|---|---|
| | | 100 | 125 | 160 | 180 | 200 | 250 | 315 | 320 | 400 | 500 | 560 | 630 | 750 | 800 | 1000 |
| | | 启动笼型电动机最大功率/kW | | | | | | | | | | | | | | |
| $S_j=0.5S_b$ | 10 | 22 | 30 | 30 | 40 | 40 | 55 | 75 | 75 | 90 | 110 | 115 | 135 | 155 | 180 | 215 |
| $\cos\varphi=0.7$ | 15 | 30 | 40 | 55 | 55 | 75 | 90 | 100 | 100 | 155 | 155 | 185 | 225 | 240 | 260 | 280 |
| $S_j=0.6S_b$ | 10 | 17 | 22 | 30 | 30 | 40 | 55 | 75 | 75 | 90 | 110 | 115 | 135 | 135 | 155 | 185 |
| $\cos\varphi=0.8$ | 15 | 30 | 30 | 55 | 55 | 75 | 90 | 100 | 100 | 155 | 185 | 185 | 225 | 240 | 260 | 285 |

注：表中系指变压器低压母线与电动机直接相连时的情况，若经过馈线与电动机相连，允许直接启动时最大功率应低于表中所列数据。

## 2.2.2 异步电动机降压启动方式的选择及实例

（1）异步电动机各种降压启动方式的特点（表2-12）

表 2-12 异步电动机各种降压启动方式的特点

| 降压启动方式 | 电阻降压 | 自耦变压器降压 | Y-△转换 |
|---|---|---|---|
| 启动电压 | $kU_e$ | $kU_e$ | $0.58U_e$ |

续表

| 降压启动方式 | 电阻降压 | 自耦变压器降压 | Y-△转换 |
| --- | --- | --- | --- |
| 启动电流 | $kI_q$ | $kI_q$ | $0.33I_q$ |
| 启动转矩 | $k^2M_q$ | $k^2M_q$ | $0.33M_q$ |
| 定型启动设备 | QJ1 型电阻降压启动器、PY-1 系列冶金控制屏、ZX1 与 ZX2 系列电阻器 | QJ3 型自耦降压启动器、GTZ 型自耦降压启动器 | QX1、QX2、QX3、QX4 型 Y-△降压启动器，XJ1 系列启动器 |
| 优缺点及适用范围 | 启动电流较大，启动转矩较小；启动控制设备能否频繁启动由启动电阻的值决定；需要启动电阻器，耗损较大；一般较少采用 | 启动电流较小，启动转矩较大；不能频繁启动，设备价格较高；采用得较多 | 启动电流小，启动转矩小；可以较频繁启动；设备价格较低；适用于定子绕组为三角形接线的中小型电动机，如 Y、$J_3$、$JO_3$ 等 |

| 降压启动方式 | 延边三角形启动 | | | 软启动器 | 变频器 |
| --- | --- | --- | --- | --- | --- |
| 启动电压 | $0.78U_e$ | $0.7U_e$ | $0.66U_e$ | $(0.3\sim1)U_e$ | $0\sim U_e$ |
| 启动电流 | $0.6I_q$ | $0.5I_q$ | $0.43I_q$ | $(0.3\sim1)I_e$ | $0\sim I_e$ |
| 启动转矩 | $0.6M_q$ | $0.5M_q$ | $0.43M_q$ | $(0.3\sim1)M_e$ | $0\sim M_e$ |
| 定型启动设备 | XJ1 系列启动器 | | | 种类繁多，国产型号有 JKR，国外型号有 PSA、PSD、PSDH、ASTAT、AB、Altistart、3RW22、MS2 以及 SX 等 | 种类繁多，国产型号有 JP6C 系列，国外型号有 SAMIGS 系列以及 MICROMASTER4 系列等 |
| 优缺点及适用范围 | 启动电流较小，启动转矩较大；可以较频繁地启动；具有自耦变压器及 Y-△启动方式两者的优点；适用于定子绕组为三角形接线且有 9 个出线头的电动机，如 $J_3$、$JO_3$ 等 | | | 启动电流较大，启动转矩较大；能频繁启动；价格较高，设备较复杂 | 启动电流大，启动转矩大；能频繁启动；价格高，设备复杂 |

注：$U_e$ 为额定电压；$I_q$、$M_q$ 分别为电动机的全压启动电流和启动转矩；$k$ 为启动电压与额定电压之比，对自耦变压器来说为变比；$I_e$、$M_e$ 分别为电动机的额定电流和额定转矩。

（2）各种降压启动方式的选择（表2-13）

表2-13 各种降压启动方式的选择

| 负载性质 | 对启动的要求 | | 负载举例 |
|---|---|---|---|
| | 限制启动电流 | 减小启动时对机械的冲击 | |
| 无载或轻载启动 | Y-△降压启动 | — | 车床、钻床、铣床、镗床、齿轮加工机床、圆锯以及带锯等 |
| 无载或轻载启动 | 电阻或电抗降压 | — | 带有离合器的卷扬机、绞盘和带卸料机的破碎机；带离合器的普通纺织机械和工业机械的电动发电机组 |
| 负载转矩与转速成平方关系的负载（风机负载） | 延边三角形降压启动、自耦变压器降压启动、电抗或阻抗降压启动 | — | 离心泵、叶轮泵、螺旋泵、轴流泵、离心式鼓风机和压缩机、轴流式风扇和压缩机等 |
| 重力负载 | — | 电阻、电抗或阻抗降压启动 | 卷扬机、倾斜式传送带类机械升降机、自动扶梯类机械等 |
| 摩擦负载 | 延边三角形降压启动、电阻或电抗降压启动 | 电阻、电抗或阻抗降压启动 | 水平传送带、适动台车、粉碎机、混纱机、压延机和电动门等 |
| 阻力矩小的惯性负载 | Y-△降压启动、延边三角形降压启动、自耦变压器降压启动、电抗降压启动 | — | 离心式分离机、脱水机、曲柄式压力机等（限于阻力矩小的机械） |
| 恒转矩负载 | 延边三角形降压启动、电阻或电抗降压启动 | 电阻或电抗降压启动 | 往复泵和压缩机、罗茨鼓风机、容积泵、挤压机 |
| 恒重负载 | — | 电阻、电抗或阻抗降压启动 | 织机、卷纸机、夹送辊、长距离皮带输送机、链式输送机 |
| 各种负载 | 软启动器、变频器 | 软启动器、变频器 | 各种负载 |

**【例2-3】** 有一台Y160L-4型异步电动机，其额定参数如下：

功率 $P_e$ 为 15kW，转速 $n_e$ 为 1460r/min，电压为 220/380V，效率 $\eta_e$ 为 0.885，功率因数 $\cos\varphi_e$ 为 0.85，堵转转矩与额定转矩之比 $M_q/M_e$ 为 2，堵转电流与额定电流之比 $I_q/I_e$ 为 7。试求：

① 用 Y-△启动时的启动电流和启动转矩；

② 当负荷转矩为额定转矩的 80%和 50%时，电动机能否启动？

**解：**① 电动机的额定电流为

$$I_e=\frac{P_e}{\sqrt{3}U_e\eta_e\cos\varphi_e}=\frac{15\times10^3}{\sqrt{3}\times380\times0.885\times0.85}=30.3\ (\mathrm{A})$$

设 Y 接线和△接线时的启动电流和启动转矩分别为 $I_{qY}$、$I_{q\triangle}$ 和 $M_{qY}$、$M_{q\triangle}$，则

$$I_{q\triangle}=TI_e=7\times30.3=212.1\ (\mathrm{A})$$

$$I_{qY}=I_{q\triangle}/3=212.1/3=70.7\ (\mathrm{A})$$

$$M_e\approx\frac{9555P_e}{n_e}=\frac{9555\times15}{1460}=98.2\ (\mathrm{N\cdot m})$$

$$M_{q\triangle}=2M_e=2\times98.2=196.4\ (\mathrm{N\cdot m})$$

$$M_{qY}=M_{q\triangle}/3=196.4/3=65.5\ (\mathrm{N\cdot m})$$

② 当负荷转矩为额定转矩的 80%时的负荷转矩为

$$M_f=0.8M_e=0.8\times98.2=78.6\ (\mathrm{N\cdot m})>M_{qY}$$

所以不能启动。这种情况下，不能采用 Y-△启动器。

当负荷转矩为额定转矩的 50%时的负荷转矩为

$$M_f=0.5M_e=0.5\times98.2=49.1\ (\mathrm{N\cdot m})<M_{qY}$$

所以能启动。这种情况下，可采用 Y-△启动器。

**【例 2-4】** 四台 JSL-128-8 型、155kW 电动机共用一台补偿启动器，$U_e$ 为 380V，$I_e$ 为 294A，全压启动时电流倍数 $K$ 为 5.3，自耦变压器选用 65%的抽头，启动时间 $t_q$ 为 0.3min。设四台电动机连续启动，每台按两次计。试选择自耦降压启动器。

**解：**自耦降压启动器的自耦变压器容量可按以下两公式计算。

① 按公式一。电动机额定容量为

$$S_e\approx\sqrt{3}U_eI_e\times10^{-3}=\sqrt{3}\times380\times294\times10^{-3}=193.5\ (\mathrm{kV\cdot A})$$

电动机启动容量为

$$S_{qd}=KS_e\left(\frac{U_{qd}}{U_e}\right)=5.3\times193.5\times0.65^2=433.3\ (kV\cdot A)$$

启动自耦变压器功率为

$$S_b=\frac{S_{qd}t_g n}{T}=\frac{433.3\times0.3\times(4\times2)}{2}\approx520\ (kV\cdot A)$$

② 按公式二

$$P_b=\frac{P_e t_g n}{T}=\frac{155\times0.3\times(4\times2)}{2}\approx186\ (kW)$$

可选用 GTZ5302-53A3，190kW 的自耦降压启动器。因此启动器中的自耦变压器本身容量为

$$S_b=S_{qd}=KS_e\left(\frac{65}{100}\right)^2=5\times236\times0.432\approx500\ (kV\cdot A)$$

**【例 2-5】** 有一台笼型三相异步电动机，已知额定功率 $P_e$ 为 55kW，额定电压 $U_e$ 为 380V，额定电流 $I_e$ 为 103A，启动电流为额定电流的倍数 $K$ 为 6.5，启动转矩为额定转矩的倍数 $K_{qe}$ 为 1.2。生产机械要求最小启动转矩为额定转矩的倍数 $K_q$ 为 0.5，连续启动次数 $n$ 为 3，每次启动时间 $t_q$ 不大于 15s，电网要求启动电流不大于 300A。试选择自耦降压启动器。

**解：** ①选择自耦变压器容量。自耦变压器功率（启动功率 $P_b$）可按不低于电动机的额定功率 $P_e$ 来估算。因此，可暂选 $P_b$=55kW。

② 验算自耦变压器的变比 $K$

$$K=\sqrt{\frac{M_q}{M_{qe}}}=\sqrt{\frac{K_q}{K_{qe}}}=\sqrt{\frac{0.5}{1.2}}=\sqrt{0.417}=0.64$$

选择 $K$=65%电压比即可。

③ 验算启动时间 $T$。三次启动时间总和为 3×15s=45s，小于自耦降压启动器允许承载时间 $T$=60s。

④ 验算最大启动电流 $I_{1q}$。采用变比 $K$=65%，电网电路中最大启动电流为

$$I_{1q}=K^2I_{qe}=K^2KI_e=0.65^2\times6.5\times103=283\ (A)$$

能满足电网对最大启动电流不大于 300A 的要求。

因此可选用 XJ01-55B、55kW 自耦降压启动器，抽头变比选用 65%。

# 2.3 电动机配套设备的选择

## 2.3.1 电动机供电导线的选用

电动机供电导线的选用要考虑导线的机械强度、导线的安全载流量和线路的电压降等。

（1）按机械强度选择

导线最小允许截面见表2-14。

表2-14 导线最小允许截面 单位：$mm^2$

| 导线材料 | 室外 | 室内 |
| --- | --- | --- |
| 铜 | 6 | 2.5 |
| 铝 | 10 | 4 |

（2）按导线载流量选择

电动机所需电流不得超过导线的安全载流量。

（3）按线路电压降选择

规程规定，为了保证电动机的额定输出功率，电动机接线端电压不得低于额定电压的5%，但在能满足启动要求和负载不大于额定负载的89%的条件下，电动机接线端的最大电压降允许不超过额定电压的10%，如380V的电动机，最大电压降不应超过38V，即加于接线端的电压不应小于342V。通常可按下法估算：对于380V供电线路的导线，按1kW/km选择$2mm^2$（或$5mm^2$）的铜线或$3.5mm^2$（或$9mm^2$）的铝线，即可保证线路电压降不超过额定值的10%（或7%）。

对于380V的供电线路，为保证电压降不超过10%（或7%），根据电动机的功率和供电线路的长度（即从配电变压器或主供电线路上接出的线路长度）选择导线截面，具体数值见表2-15和表2-16。括号内的数值对应于电压降7%。

表2-15 铜导线截面的选择 单位：$mm^2$

| 电动机功率/kW \ 供电线路长度/m | 200 | 400 | 600 | 800 | 1000 | 1200 |
| --- | --- | --- | --- | --- | --- | --- |
| 5.5 | 6<br>(6) | 6<br>(10) | 6<br>(16) | 6<br>(25) | 10<br>(25) | 10<br>(35) |

续表

| 电动机功率/kW \ 供电线路长度/m | 200 | 400 | 600 | 800 | 1000 | 1200 |
|---|---|---|---|---|---|---|
| 7.5 | 6 (10) | 6 (10) | 10 (25) | 10 (35) | 16 (50) | 16 (50) |
| 11 | 6 (16) | 6 (25) | 10 (35) | 16 (50) | 25 (70) | |
| 15 | 6 (16) | 10 (35) | 16 (50) | 25 (70) | 35 (70) | |
| 18.5 | 10 (16) | 10 (35) | 16 (50) | 35 (70) | 50 (95) | |
| 22 | 16 (25) | 16 (50) | 25 (70) | 35 (95) | | |
| 30 | 25 (35) | 25 (70) | 35 (95) | 50 (125) | | |
| 37 | 25 (35) | 35 (70) | 50 (95) | | | |
| 45 | 25 (50) | 35 (95) | 50 (125) | | | |
| 55 | 35 (50) | 50 (100) | | | | |
| 75 | 50 (70) | | | | | |
| 100 | 70 (100) | | | | | |

表2-16　铝导线截面的选择　　单位：mm²

| 电动机功率/kW \ 供电线路长度/m | 200 | 400 | 600 | 800 | 1000 | 1200 | 1400 | 1600 | 1800 | 2000 |
|---|---|---|---|---|---|---|---|---|---|---|
| 5.5 | 10 (10) | 10 (16) | 16 (25) | 16 (35) | 16 (50) | 16 (50) | 25 (70) | 25 (70) | 25 (95) | 25 (95) |
| 7.5 | 10 (16) | 16 (25) | 16 (35) | 16 (50) | 25 (70) | 25 (70) | 25 (95) | 35 (100) | 35 (125) | 35 (150) |
| 11 | 16 (25) | 16 (35) | 16 (50) | 25 (70) | 35 (95) | 35 (100) | 50 (125) | 50 (150) | 50 (185) | 70 (240) |
| 15 | 16 (25) | 16 (50) | 25 (70) | 35 (95) | 50 (100) | 50 (125) | 70 (150) | 70 (185) | | |
| 18.5 | 16 (35) | 16 (70) | 25 (95) | 35 (125) | 50 (150) | 70 (185) | | | | |

续表

| 电动机功率/kW \ 供电线路长度/m | 200 | 400 | 600 | 800 | 1000 | 1200 | 1400 | 1600 | 1800 | 2000 |
|---|---|---|---|---|---|---|---|---|---|---|
| 22 | 16 (50) | 16 (70) | 35 (95) | 50 (150) | 70 (185) | | | | | |
| 30 | 25 (50) | 25 (95) | 50 (150) | 70 (185) | | | | | | |
| 37 | 35 (75) | 35 (150) | | | | | | | | |
| 45 | 35 (95) | 50 (150) | | | | | | | | |
| 55 | 50 (100) | 50 (185) | | | | | | | | |
| 75 | 70 (150) | 70 (240) | | | | | | | | |
| 100 | 95 (180) | | | | | | | | | |

## 2.3.2 电刷的选择

更换电动机的电刷时，应使用电动机生产厂家要求的同型号规格的电刷，否则有可能引起电刷火花增大、电动机运行特性变坏等。

如果原电刷的牌号和尺寸不详，则可参照表2-17进行选择。

表2-17 各种电动机用电刷牌号的选择

| 电动机的类型 | 电刷的工作条件 | | 可采用的电刷 | |
|---|---|---|---|---|
| | 电流密度/($A/cm^2$) | 圆周速度/(m/s) | 正常的 | 代用的 |
| 直流电动机 | | | | |
| (1)一般工业用电动机 | | | | |
| ①30kW以下，电压约为110V，有正常换向及恒定的负荷 | 10以下 | 15以下 | S-3 | DS-14 |
| ②50kW左右，电压约为110V，有正常换向及恒定的负荷 | 10以下 | 20以下 | DS-52<br>DS-14 | S-3 |
| ③100kW左右，电压为120～220V，换向稍有困难，负荷不定 | 10以下 | 20～25 | DS-14<br>DS-74B | DS-52<br>DS-72 |
| (2)升降机、起重机、水泵等使用的电动机 | | | | |
| ①小容量，电压在500V以下，换向稍有困难 | 10以下 | 15以下 | DS-14 | DS-51 |

续表

| 电动机的类型 | 电刷的工作条件 | | 可采用的电刷 | |
|---|---|---|---|---|
| | 电流密度/(A/cm²) | 圆周速度/(m/s) | 正常的 | 代用的 |
| 直流电动机 | | | | |
| ②中等容量，电压在500V以下，换向困难 | 10以下 | 30以下 | DS-52<br>DS-14 | DS-74 |
| ③大容量，电压在500V以下，换向较困难 | 10以下 | 50以下 | DS-51 | DS-79 |
| (3)轧钢机的辅助机械用电动机<br>①冲击式负荷，机械性振动<br>②高电压，换向很困难 | <br>10以下<br>12以下 | <br>30～40<br>60以下 | <br>DS-74<br>DS-74 | <br>DS-52<br>DS-79 |
| (4)轧钢机驱动用电动机<br>初轧机、板坯机、钢轨钢梁轧机等的可反向和不可反向的电动机 | 10以下<br>12以下 | 30～40<br>60以下 | DS-8<br>DS-14<br>DS-51<br>DS-79 | DS-74<br>DS-74 |
| (5)其他直流电动机(伺服电动机)<br>①电动工具及其他类似用途的小型电动机，电压为110～220V<br>②汽车启动电动机，电压为18～24V<br>③汽车启动电动机，电压为6～12V | 10以下 | 15以下 | DS-8<br>TSQ-17<br>TSQA | DS-52<br>T-1<br>TS-51<br>TS-64 |
| (6)小型快速电动机<br>①电压在50V以上<br>②电压为20～50V<br>③电压在20V以下 | <br>10以下<br>15以下<br>10以下 | <br>10以下<br>4以下<br>2以下 | <br>DS-52<br>TSQ-17<br>TSQ-17 | <br>DS-51<br>T-3<br>TS-4 |
| 直流发电机 | | | | |
| (1)直流发电机、单枢变流机的换向器<br>①小容量(20～30kW)，电压为110～220V | 9以下 | 15以下 | DS-52 | DS-14 |
| ②中等容量和大容量，电压110～220V，负荷均匀，换向正常 | 10以下 | 20～25 | S-3 | DS-52 |
| ③容量同②，电压为110～440V，负荷有冲击，换向稍困难 | 12以下 | 60以下 | DS-51<br>DS-74 | DS-14<br>DS-8 |
| (2)同步电动机用的励磁机<br>①小容量的<br>②负荷较高的<br>③快速的 | <br>8以下<br>10以下<br>12以下 | <br>15以下<br>20～25<br>60以下 | <br>DS-52<br>S-3<br>DS-79 | <br>DS-4<br>DS-4<br>DS-14<br>DS-74 |

续表

| 电动机的类型 | 电刷的工作条件 | | 可采用的电刷 | |
|---|---|---|---|---|
| | 电流密度/(A/cm²) | 圆周速度/(m/s) | 正常的 | 代用的 |
| 直流发电机 | | | | |
| (3)电焊发电机 | | | DS-4<br>S-3 | DS-8<br>DS-14 |
| (4)低电压发电机(电镀、电解和充电用)<br>①电压在 80V 以下<br>②电压在 40V 以下<br>③电压在 12V 以下 | <br>12 以下<br>15 以下<br>25 以下 | <br>20 以下<br>20 以下<br>20 以下 | S-4<br>DS-14<br>TSQ-17<br>TS-51<br>TS-64 | S-3<br>T-3<br>T-3<br>TS-2 |
| 带有换向器的异步电动机 | | | | |
| (1)一切容量的三相电动机<br>①电刷厚度正常<br>②电刷较薄 | <br>12 以下<br>10 以下 | <br>60 以下<br>30～40 | <br>DS-51<br>DS-74 | <br>DS-74<br>DS-51 |
| (2)小容量单相电动机 | 10 以下 | 20 以下 | DS-52 | DS-14 |
| 交流电动机和发电机(滑环) | | | | |
| (1)一切容量的异步电动机和单枢变流机的滑环<br>①电刷的电流密度较高的<br>②圆周速度较高的<br>③电刷的电流密度正常的 | <br>12 以下<br>10 以下<br>10 以下 | <br>60 以下<br>30～40<br>20 以下 | <br>DS-51<br>S-74<br>DS-52 | <br>DS-74<br>DS-51<br>DS-14 |
| (2)一切容量和电压的同步发电机的励磁环<br>①低圆周速度的<br>②中等圆周速度的<br>③高圆周速度的 | <br>8 以下<br>10～12<br>12 以下 | <br>15 以下<br>25 以下<br>75 以下 | <br>S-3<br>DS-72<br>DS-72 | <br>S-4<br>S-4<br>DS-79 |

选用电刷时应注意以下事项。

① 接触电压降必须合适。接触电压降大的电刷适用于电压高、换向困难的直流电动机；接触电压降小的电刷适用于电压低、电流大的直流电动机，也适用于绕线型交流异步电动机及整流子电动机。

② 在确定额定电流密度时须考虑裕量。电刷的电流密度不能超过额定值，否则电刷会过热，并极易引起火花。在计算电刷的电

流密度时，电刷的接触面积只能按实际面积的80%考虑。

③ 最大圆周速度必须合适。当电动机整流子或集电环的转动速度超过电刷规定的最大圆周速度时，接触电压将急剧增加，致使电刷运行不稳定，并容易引起火花，加速电刷的磨损。

电刷下火花等级的划分如下：

整流子电动机、绕线型异步电动机和直流电动机、发电机都有电刷，电刷的火花等级及允许的火花见表2-18。

表2-18 电刷下火花的等级

| 火花等级 | 电刷下的火花程度 | 换向器及电刷的状态 | 允许的运行方式 |
|---|---|---|---|
| 1 | 无火花 | 换向器上没有黑痕及电刷上没有灼痕 | 允许长期连续运行 |
| $1\frac{1}{4}$ | 电刷边缘仅小部分有微弱的点状火花，或有非放电性的红色小火花 | | |
| $1\frac{1}{2}$ | 电刷边缘大部分或全部有轻微的火花 | 换向器上有黑痕出现，但不发展，用汽油擦其表面即能除去，同时在电刷上有轻微灼痕 | |
| 2 | 电刷边缘全部或大部分有较强烈的火花 | 换向器上有黑痕出现，用汽油不能擦除，同时电刷上有灼痕。如短时出现这一级火花，换向器上不出现灼痕，电刷不致被烧焦或损坏 | 仅在短时过载或短时冲击负载时允许出现 |
| 3 | 电刷的整个边缘有强烈的火花(即环火)，同时有大火花飞出 | 换向器上的黑痕相当严重，用汽油不能擦除，同时电刷上有灼痕。如在这一火花等级下短时运行，则换向器上将出现灼痕，同时电刷将被烧焦或损坏 | 仅在直接启动或逆转的瞬间允许存在，但不得损坏换向器及电刷 |

## 2.3.3 轴承润滑脂的选用

润滑脂的选用不仅要适应工作温度，而且要和轴承的允许最高工作温度相匹配。如果单纯采用高温润滑脂，而忽略轴承的允许最高工作温度，润滑脂虽然不熔化外流，但轴承还是会很快损坏。

轴承用润滑脂一般可按表2-19选用。

**表2-19 轴承用润滑脂的选用**

| 轴承工作温度/℃ | 润滑脂型号 | 滴点/℃ |
| --- | --- | --- |
| 55～60 | 钙基ZG-2～ZG-5 | 80～95 |
| 80～100 | 钙钠基ZGN-2～ZGN-3 | 120～135 |
| 115～145 | 钠基ZN-2～ZN-4 | 140～150 |
| 小于150,且温度变化范围大 | 2号航空润滑脂ZL45-2 | 170 |
| 140～180 | $MoS_2$(二硫化钼)1～3号润滑脂 | 220～230 |
| 小于200 | 膨润土润滑脂J-1～J-3号 | 250 |
| 小于120(一般电机的工作温度) | 锂基ZL-1～ZL-3 | 170～185 |

## 2.3.4 轴承过早磨损的原因及防止措施

电动机滚动轴承过早磨损的原因及其防止措施见表2-20。

**表2-20 轴承过早磨损的原因及其防止措施**

| 磨损现象 | 可能原因 | 防止措施 |
| --- | --- | --- |
| 轴承滚道底部有严重的球形磨损轨迹,甚至在滚道内外圈上均有裂口和剥皮 | 轴承装配过紧,使滚动体与滚道间隙过小,转矩增大,摩擦增加,轴承运行温度上升,使磨损与疲劳加快 | 重视轴承装配质量。轴承装配质量可按下法检查<br>①目测法:当电动机端盖轴承室装上轴承后,用手转动端盖时,轴承应旋转自如,无振动及松晃现象<br>②塞尺检查法:将装有轴承的电动机端盖,组装于机座止口,用0.03mm厚的塞尺检查轴承圈间的径向间隙一周,若最大间隙位置处在正中上方位(卧式安装电机),则可认为组装正确 |
| 轴承的滚动体、保持架、内圈及其轴颈等处变成褐色或蓝色 | 严重缺少润滑脂,或油脂干枯老化,从而使轴承运行温度上升,磨损加剧 | 及时补充和更换润滑脂,一般以电动机运行6000～10000h补脂一次,10000～20000h换脂一次。润滑脂量以轴承室空腔的1/2～2/3为宜 |

续表

| 磨损现象 | 可能原因 | 防止措施 |
| --- | --- | --- |
| 轴承滚道上有凹状的珠痕，滚动体磨损痕迹不匀。用塞尺检查轴承两侧的圈间径向间隙值不等，相差较大 | 轴承安装未对中，当偏斜度大于1/1000时会造成轴承运行温度上升，伴随滚道和滚动体严重磨损；转轴弯曲；油盖螺栓的压紧面与螺纹轴线不垂直；用铁锤直接敲击轴承外圈；传动带（齿轮啮合）过紧使轴承径向受力偏差过大等 | 轴承安装必须对中，可用端面光滑平整、与轴承内圈厚度几乎相等的钢管套筒均匀压装，不能用力过猛。把轴承压入正确位置后，按电动机不同转速检查轴承允许径向跳动值 |
| 润滑脂中混有杂质，促使滚道与滚动体摩擦加剧，噪声异常 | 轴承盖止口与端盖轴承安装孔间隙过大、松动，电动机运行场所的灰尘、铁末等杂质可从轴承盖止口间隙中侵入轴承室内部，加剧轴承磨损 | 定期清洗轴承，换用合格的润滑脂；改善电动机运行的环境，避免污物浸入；安装时必须保证轴承盖止口与端盖轴承安装孔间隙符合密封要求 |
| 角接触轴承受载面产生槽形磨损带 | 轴承装配错误导致反向加载。因为角接触轴承具有椭圆形的接触区域，仅在一个方向承受轴向推力。若在相反的方向上装配轴承，滚动体就在滚道槽边缘上滑动，使受载面产生槽形磨损带 | 按正确的方向装配角接触轴承 |

## 2.4 电动机保护设备的选用

### 2.4.1 电动机主要保护方式的电气元件的选用及整定

电动机主要保护方式的电气元件的选用及整定见表2-21。

表2-21 主要保护方式的电气元件的选用及整定

| 元件类型 | 功能说明 | 选用及整定 |
| --- | --- | --- |
| 熔断器 | 作长期工作制电动机的启动及短路保护，一般不作过载保护 | ①直接启动的笼型电动机熔体额定电流 $I_{er}$ 按启动电流 $I_q$ 和启动时间 $t_q$ 选取：<br>$I_{er}=KI_q$<br>式中的系数 $K$ 按启动时间选择：<br>$K=0.25\sim0.35$（在 $t_q<3s$ 时）<br>$K=0.4\sim0.8$（在 $t_q=3\sim6s$ 时）<br>②降压启动的笼型电动机熔体额定电流 $I_{er}$ 按电动机额定电流 $I_{ed}$ 选取：<br>$I_{er}=1.05I_{ed}$ |

续表

| 元件类型 | 功能说明 | 选用及整定 |
| --- | --- | --- |
| 断路器 | 作电动机的过载及短路保护，并可不频繁地接通及分断电路 | ①断路器的额定电流 $I_{ze}$ 按电动机额定电流 $I_{de}$ 或线路计算电流 $I_j$ 选取：<br>$I_{ze} \geqslant I_j$<br>②延时动作的过电流脱扣器的额定电流 $I_{Te}$ 按电动机额定电流 $I_{ed}$ 选取：<br>$I_{Te}=(1.1 \sim 1.2)I_{ed}$<br>③瞬时动作的过电流整定值 $I_{zd}$ 应按大于电动机的启动电流 $I_q$ 选取：<br>$I_{zd}=(1.7 \sim 2.0)I_q$<br>动作时间必须大于电动机启动或最大过载时间。<br>对于可调式过电流脱扣器，其瞬动整定值的调节范围为 3～6 倍或 8～12 倍脱扣器额定电流 $I_{Te}$，不可调式为 5～10 倍 |
| 热继电器 | 作长期或间断长期工作制交流异步电动机的过载保护和启动过程的热保护，不宜作重复短时工作制的笼式和绕线式异步电动机的过载保护 | 按电动机的额定电流 $I_{de}$ 选择热元件的额定电流 $I_{je}$，即 $I_{je}=(0.95 \sim 1.05)I_{de}$。在长期过载 20%时应可靠动作。此外，热继电器的动作时间必须大于电动机的启动时间或长期过载时间 |
| 过电流继电器 | 用于频繁操作的电动机的启动及短路保护 | ①继电器的额定电流 $I_{je}$ 应大于电动机的额定电流 $I_{de}$，即 $I_{je}>I_{de}$<br>②动作电流整定值 $I_{zd}$，对于交流保护电器来说按电动机启动电流 $I_q$ 来选取，$I_{zd}=(1.1 \sim 1.3)I_q$；对于直流继电器，按电动机的最大工作电流 $I_{dmax}$ 来选取，$I_{zd}=(1.1 \sim 1.15)I_{dmax}$ |
| 过电压继电器 | 用于直流电动机（或发电机）端电压保护 | ①继电器线圈的额定电压 $U_{je}$ 按系统过电压时线圈两端承受的电压不超过继电器额定电压来选取，一般线圈必须串接附加电阻 $R_f$，其阻值计算如下：$R_f=(2.75 \sim 2.9)\dfrac{U_{de}}{U_{je}}R_j-R_j$。式中，$U_{de}$ 为电动机的额定电压；$R_j$ 为继电器线圈电阻<br>②过电压动作整定值 $U_{zd}$ 按电动机额定电压 $U_{de}$ 选取：$U_{zd}=(1.1 \sim 1.15)U_{de}$ |
| 失磁保护 | 选用欠电流继电器，接于直流电动机励磁回路中，以防止电动机失磁超速 | ①继电器的额定电流 $I_{je}$ 应大于电动机的额定励磁电流 $I_{le}$，即 $I_{je} \geqslant I_{le}$<br>②继电器释放电流整定值 $I_{jf}$ 按电动机的最小励磁电流 $I_{lmin}$ 整定：$I_{jf}=(0.8 \sim 0.85)I_{lmin}$ |

续表

| 元件类型 | 功能说明 | 选用及整定 |
| --- | --- | --- |
| 低电压(欠电压)保护 | 在交流电源电压降低或消失而使电动机切断后,为防止电源电压恢复时可能引起的电动机自启动,也用于保护电动机因长时间低电压而过载运行 | 继电器额定电压$U_{je}$按回路额定电压$U_e$选定,对于释放值,一般系统无特殊要求 |
| 超速保护 | 作电动机或工作机械的最高转速保护 | 动作整定值$n_d$按最高工作转速$n_{dmax}$整定:$n_d=(1.1\sim1.15)n_{dmax}$ |

## 2.4.2 热继电器、熔断器、接触器与断路器的配合及实例

(1) 熔断器与交流接触器的配合

熔断器与交流接触器的组合常用于电动机保护。当发生三相或两相短路时，熔断器的熔体将熔断，同时接触器线圈两端电压接近于零，要释放。如果接触器的释放时间小于熔体熔断时间，则由接触器切断短路电流。当接触器的分断能力等于或大于短路电流周期分量有效值$I''$时，可以分断短路电流；否则，将损坏接触器，甚至扩大事故。因此，熔断器与交流接触器的配合必须妥当。

在交流接触器标准中，规定了与短路保护电器（SCPD）的协调配合试验项目。根据试验结果，推荐的CJ20系列交流接触器与熔断器（NT型）的配合形式见表2-22。按该表选配并考虑适当的裕度时，就能保证熔断器先于交流接触器切断短路电流。

表2-22 CJ20系列接触器与熔断器的配合

| 接触器型号 | 可控三相电动机最大功率/kW | 接触器释放时间/ms | 熔体额定电流/A | 要求最长的熔体熔断时间/ms | 要求最小的熔断器短路电流/A | 满足短路电流的变压器最小容量/kV·A |
| --- | --- | --- | --- | --- | --- | --- |
| CJ20-10 | 4 | 11.1 | 25 | 11.1 | 420 | 50 |
| CJ20-16 | 7.5 | 24.8 | 40 | 24.8 | 610 | 50 |
| CJ20-25 | 11 | 13.5 | 63 | 13.5 | 1130 | 50 |
| CJ20-40 | 18.5 | 50.6 | 100 | 50.6 | 1190 | 50 |
| CJ20-63 | 30 | 24 | 160 | 24 | 2270 | 80 |

续表

| 接触器型号 | 可控三相电动机最大功率/kW | 接触器释放时间/ms | 熔体额定电流/A | 要求最长的熔体熔断时间/ms | 要求最小的熔断器短路电流/A | 满足短路电流的变压器最小容量/kV·A |
|---|---|---|---|---|---|---|
| CJ20-160 | 75 | 14 | 315 | 14 | 6700 | 200 |
| CJ20-250 | 110 | 23 | 400 | 23 | 8800 | 250 |

注：满足短路电流的变压器最小容量是指在电源为无限大系统时，SL7 系列变压器低压侧短路时的情况。

表 2-22 按下列条件制作。根据被保护电动机的启动电流选择熔断器熔体额定电流：

$$I_{er}=kI_{q}$$

式中 $I_{er}$——熔体额定电流，A；

$I_{q}$——电动机启动电流，A；

$k$——计算系数，按《工业与民用通用设备电力装置设计规范》选取。熔体额定电流为 315A 及以下时，$k$ 取 0.35；为 315A 以上时，$k$ 取 0.25。

根据交流接触器释放时间要求的 NT 型熔断器最长熔断时间，在电流-时间特性曲线上查出电流值，再将此值增 10%，即为要求的最小短路电流值。

B 系列接触器与熔断器的配合见表 2-23。

**表 2-23 B 系列接触器与熔断器的配合**

| 接触器规格 | B9、B12、B16、B25 | B30 | B37、B45 | B65 | B85 | B105 | B170 | B250 | B370 |
|---|---|---|---|---|---|---|---|---|---|
| 熔断器规格 | NT35 | NT50 | NT100 | NT100 | NT125 | NT200 | NT300 | NT400 | NT500 |

**【例 2-6】** 一台 Y225M-2 型 75kW 异步电动机，额定电流为 137.9A，采用直接启动。试选择接触器、熔断器和热继电器。

**解：** 由表 2-22 查得，75kW 电动机可选用 CJ20-160 型交流接触器。熔断器可选用 RL1-150/200 型、额定电流 150A。

热继电器可选用 JR20-160 型，热元件整定电流为 115～150A。实际可按(0.95～1.05)$I_{e}$=(0.95～1.05)×137.9=131～145A 调整。

**【例 2-7】** 一台绕组为三角形接法的 11kW 异步电动机，采用 Y-△启动，试选择各接触器和热继电器。已知该电动机的额定电流 $I_e$ 为 22A。

**解：** 接触器有三只。

接在电源回路上的接触器，按 $I_e=22A$ 选择，可选择 CJ20-25 型 25A。

接成 Y 形用的接触器，按 $0.33I_e=0.33\times22=7.26$（A）选择，可选择 CJ20-10 型 10A。

接成△形用的接触器，按 $0.58I_e=0.58\times22=12.76$（A）选择，可选择 CJ20-16 型 16A。

热继电器接在电源回路上的接触器后面，按 $I_e=22A$ 选择，可选择 JR16-60/3 型 60A，热元件额定电流 32A，电流调节范围为 20～32A。实际可按 $(0.95\sim1.05)I_e=(0.95\sim1.05)\times22=19\sim23$（A）调整。

（2）热继电器与熔断器、断路器的配合

热继电器耐受过电流的能力通常约为热元件最大整定电流（即热元件的额定电流 $I_e$）的 12 倍。如果被保护的设备的过载电流超过此值，即超过 $12I_e$，则应设置熔断器或断路器等对被保护设备进行保护。这些电器保护作用的协调如图 2-3 所示。图中，$I$ 为过载电流，$I_e$ 为热元件的额定电流。

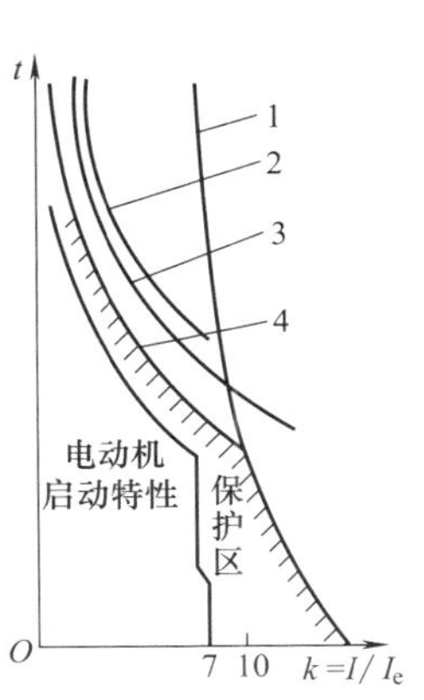

图 2-3　保护特性的协调

1—熔断器特性；

2—电动机允许过载特性；

3—热继电器特性（上限）；

4—热继电器特性（下限）

① 过载电流在热元件（最大）整定电流的 10 倍之内，应由热继电器承担过载保护。

② 过载电流大于热元件整定电流的 10 倍时，应由熔断器或断路器进行过载保护。

③ 选用熔断器或断路器作为线路及热继电器的短路保护时，应满足热继电器在最大整定值时冷态所能承受的最大过载电流倍数及最大允通能量。

### 2.4.3 电动机保护器的选择

(1) 环宇HTHY系列电动机保护器

该系列保护器具有多种类别及功能。其中类别有以下8种：1——通用电器（设备）保护；2——两个互感器的电子式过电流保护；3——三个互感器的电子式过电流保护；4——电子式电压保护器；5——接地保护器（漏电）；6——数显式保护器；7——数字式；8——微机监控。

功能有以下5种：1——普通；2——特殊（欠电流、欠电压）；3——多功能；4——综合（电流、电压、接地、短路）；5——智能。保护器的动作时间特性有N正时限和R反时限两种。

环宇HTHY系列电动机保护器功能、规格及参数见表2-24；根据电动机功率选配HTHY保护器见表2-25。

表2-24 HTHY系列保护器功能、规格及参数

| 项目 | | HTHY-21 | HTHY-31 | HTHY-C31 |
|---|---|---|---|---|
| 保护功能 | 热过载 | OK | OK | OK |
| | 堵转断相 | OK | OK | OK |
| | 不平衡 | | OK | OK |
| | 反相 | | OK | OK |
| | LED显示 | 电源 过载 | 电源 过载 故障 | 电源 过载 故障 |
| 规格 | | 01(0.1～1A)<br>05(0.5～5A)<br>30(3～30A) | 60(5～60A)<br>60A以上需配相应的互感器使用 | |
| 脱扣时间 | 设定范围 | 启动延时<br>时间0.2～30s<br>过载延时<br>时间0.2～13s | 在6倍设定电流时动作时间0～30s | |
| | 缺相或反相 | | 3s | |
| | 不平衡 | | 超过不平衡额定值的50% | |
| 辅助触点 | 状态 | 静态时97 ⊣⊢ 98常开<br>静态时95 ⊣⊢ 96常闭 | 静态时95 ⊣⊢ 96常开<br>静态时97 ⊣⊢ 98常开 | |
| | 容量 | AC3A/250V | | |
| 工作电源 | | AC220(1±20%)V，50Hz/60Hz，AC380(1±20%)V，50Hz/60Hz订货生产 | | |

续表

| 项　　目 | HTHY-21 | HTHY-31 | HTHY-C31 |
| --- | --- | --- | --- |
| 动作特性 | 正时限 | 反时限 | |
| 复位方式 | 手动(即时)/按钮断电复位 | | |
| 安装方式 | 35mm 导轨式安装与固定安装 | | |
| 连接方式 | T 贯通型,S 端子型 | | |
| 使用环境 | 温度−25～70℃,相对湿度≤85%RH | | |

**表 2-25　根据电动机功率选配 HTHY 保护器参数表**

| 电动机容量/kW | | | 保护器类型与电流设定范围 | | |
| --- | --- | --- | --- | --- | --- |
| 三相～220V | 三相～380V | 三相～440V | 型号 | 电流设定范围/A | |
| 0.2～0.75 | 0.2～1.5 | 0.2～2.2 | 05 | 0.5～6 | 基本型 |
| 1.5～5.5 | 0.2～11 | 3.7～11 | 30 | 3～30 | |
| 5.5～11 | 11～22 | 11～22 | 60 | 5～60 | |
| 15～18.5 | 22～37 | 30～37 | 100 | 10～120 | 与外部互感器组合使用 |
| 22～30 | 37～55 | 37～75 | 150 | 15～180 | |
| 22～37 | 27～75 | 25～95 | 200 | 20～240 | |
| 37～55 | 75～132 | 95～132 | 300 | 30～360 | |
| 55～75 | 132～190 | 132～220 | 440 | 40～480 | |
| 75～132 | 190～220 | 190～220 | 500 | 50～600 | |
| 132～150 | 220～300 | 220～300 | 600 | 60～720 | |

(2) 环宇 HTHY-21 型保护器面板及显示

HTHY-21 型保护器面板如图 2-4 所示。面板上有电源和过电流指示灯；有启动延时(s)、负载电流 (A)、过载延时 (s) 等调节旋钮。

HTHY-21 型保护器工作过程中 LED 显示状态见表 2-26。

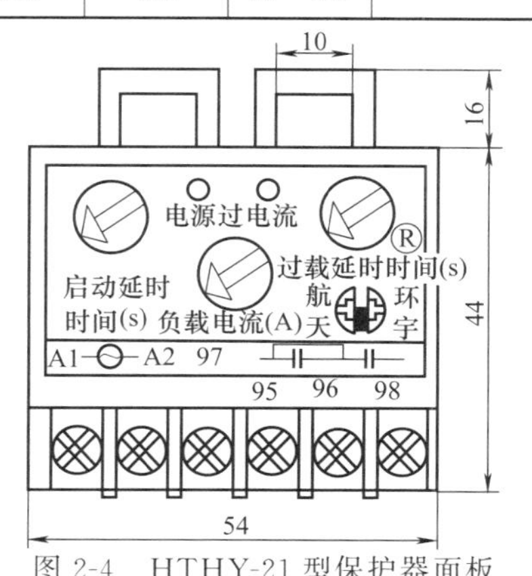

图 2-4　HTHY-21 型保护器面板

表 2-26 HTHY-21 型保护器面板上 LED 显示状态

| 指示状态 | LED 显示 | |
|---|---|---|
| | 绿色 LED | 红色 LED |
| 电源开 | 亮 | 不亮 |
| 正常工作 | 亮 | 不亮 |
| 设定范围内过电流 | 亮 | 闪烁 |
| 超设定范围过电流 | 亮 | 闪烁 |
| 保护器动作 | 亮 | 亮 |
| 电源关 | 不亮 | 不亮 |

注：电源，绿色；过载，红色。

(3) 环宇 HTHY-31 型保护器面板及显示

HTHY-31 型保护器面板如图 2-5 所示。面板上有电源、测试、过载、故障指示灯；有负载电流和过载延时调节旋钮。

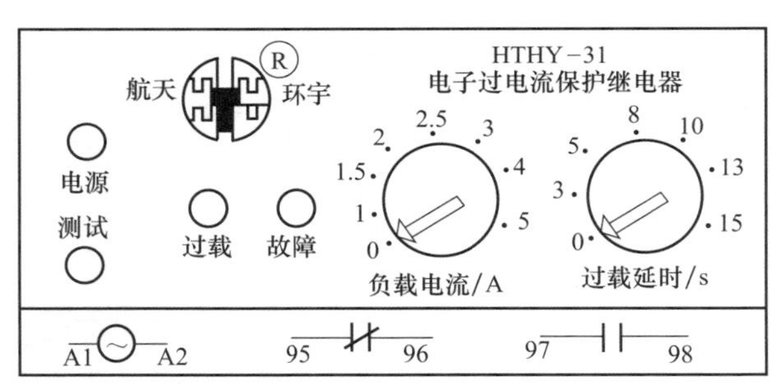


图 2-5 HTHY-31 型保护器面板

HTHY-31 型保护器工作过程中 LED 显示状态见表 2-27。

表 2-27 HTHY-31 型保护器面板上 LED 显示状态

| 指示状态 | 绿色 LED | 黄色 LED | 红色 LED |
|---|---|---|---|
| 正常工作 | 亮 | 不亮 | 不亮 |
| 设定范围内过电流 | 亮 | 不亮 | 闪烁 |
| 不平衡 | 亮 | 闪烁 | 不亮 |
| 超设定范围内过电流 | 亮 | 不亮 | 亮 |
| 缺相 R | 亮 | 闪烁 | 不亮 |

续表

| 指示状态 | 绿色LED | 黄色LED | 红色LED |
|---|---|---|---|
| 缺相S | 亮 | 闪烁 | 不亮 |
| 缺相T | 亮 | 闪烁 | 不亮 |
| 反向 | 亮 | 闪烁 | 闪烁 |

注：电源，绿色；故障，黄色；过载，红色。

(4) 新中兴GDH-10/20系列无功耗电动机保护器

该系列保护器集断相、过载、三相电流不平衡保护为一体，且各保护功能均可独立工作。GDH-10、GDH-20系列保护器主要用于电动机断相、过载、三相电流不平衡等故障保护，水泵专用的保护器增加了抽空（欠载）保护功能。GDH-23系列保护器主要用于电动机的相序（逆相）保护。

保护器的保护特性可按以下要求选择：定时限保护特性一般适用于被保护电动机通风散热差和负载较稳定的场合；反时限保护特性适用于负载波动较大的场合；长启动特性适用于重载启动，启动时间较长的场合。

新中兴GDH-10/20电动机保护器功能见表2-28。

表2-28 GDH-10/20电动机保护器功能

| 型号规格 / 功能特点 | GDH-10系列 | | | GDH-20系列 | | | | |
|---|---|---|---|---|---|---|---|---|
| | 10型 | 11型 | 10S型 | 20型 | 20S型 | 22型 | 23型 | 24型 |
| 断相保护 | √ | √ | √ | √ | √ | √ | — | √ |
| 过载保护 | √ | √ | √ | √ | √ | √ | — | √ |
| 三相电流不平衡保护 | √ | √ | √ | √ | √ | √ | — | √ |
| 欠电流保护 | — | — | √ | — | √ | — | — | — |
| 断相指示 | — | — | — | √ | √ | √ | — | √ |
| 过载指示 | — | √ | — | √ | √ | √ | — | √ |
| 久载指示 | — | — | — | — | √ | — | — | — |
| 相序保护 | — | — | — | — | — | — | √ | — |
| 控制触点方式 | 1Z | | | 1Z | | 1D1H | 1Z1D1H | 1Z1D1H |
| 接线方式 | ＜10A接线式，＞10A穿心式 | | | ＜10A接线式，＞10～80A组合式 | | | | |

续表

| 型号规格 / 功能特点 | GDH-10 系列 | | | GDH-20 系列 | | | | |
|---|---|---|---|---|---|---|---|---|
| | 10 型 | 11 型 | 10S 型 | 20 型 | 20S 型 | 22 型 | 23 型 | 24 型 |
| 工作电源 | 不需工作电源 | | | | | | 180～400V | 不需电源 |
| 安装方式 | 板装 | | | | | | | |
| 控制触点电流 | <7～10A | | | 7A | | | 5A,7A | 10A |

注：表中 Z、D、H 分别代表转换、动断、动合触点。

(5) 电动机断相保护开关

JS1、JS3 和 JS4 系列断相保护开关的技术数据见表 2-29。

表 2-29　JS1、JS3、JS4 系列断相保护开关的技术数据

| 型　　号 | 电源电压/V | 额定电流/A | 电动机功率范围/kW | 外形尺寸/mm×mm×mm |
|---|---|---|---|---|
| JS1-200-0 | ≤500 | 0.6～1.5 | 0.3～0.75 | 83×69×85.8 |
| JS1-200-1 | | 1.5～3 | 0.75～1.5 | |
| JS1-200-2 | | 3～6 | 1.5～3 | |
| JS1-200-3 | | 6～10 | 3～5 | |
| JS1-200-4 | | 10～20 | 5～10 | |
| JS1-200-5 | | 20～40 | 10～20 | |
| JS1-200-6 | | 40～80 | 20～40 | |
| JS1-200-7 | | 80～120 | 40～60 | |
| JS3-A | 380 | 0.6～1.5 | 0.3～0.75 | 68×60×112 |
| JS3-B | | 1.5～3 | 0.75～1.5 | |
| JS4-A | 380 | 3～6 | 1.5～3 | 155×105×80 |
| JS4-B | | 6～11 | 3～5.5 | |
| JS4-C | | 11～15 | 5.5～7.5 | |

(6) BHQ 系列断相、过载、短路保护器

该产品技术数据见表 2-30。

表 2-30　BHQ 系列断相、过载、短路保护器技术数据

| 型　　号 | 电源电压/V | 工作电流/A | 质量/g |
|---|---|---|---|
| BHQ-Y-J | 380 | 0.5～5;2～20 | 450 |
| BHQ-Y-C | | 20～80 | 380 |
| BHQ-S-J | | 0.5～5;2～20 | 595 |
| BHQ-S-C | | 20～80 | 640 |
| BHQ-S-C | | 63～150 | 1000 |
| BHQ-S-C | | 100～250 | 1000 |

(7) CDB-Ⅱ型断相、过载保护器

该产品技术数据见表2-31。

表2-31 CDB-Ⅱ型断相、过载保护器技术数据

| 型 号 | 电源电压/V | 额定电流/A | 备 注 |
|---|---|---|---|
| CDB-Ⅱ-1 | 380 | 0.25～0.5 | 接线式，安装脚尺寸和JR16-20型热继电器相同 |
| CDB-Ⅱ-2 | | 0.6～1.2 | |
| CDB-Ⅱ-3 | | 1.3～2.6 | |
| CDB-Ⅱ-4 | | 2.7～5.4 | |
| CDB-Ⅱ-5 | | 5.5～11 | |
| CDB-Ⅱ-6 | 380 | 12～24 | 穿芯式，安装脚尺寸和JR15-60型热继电器相同，穿线孔最大可通过95mm$^2$的铜线鼻子 |
| CDB-Ⅱ-7 | | 25～50 | |
| CDB-Ⅱ-8 | | 50～100 | |
| CDB-Ⅱ-9 | | 100～200 | |

(8) UL-M210F型电动机保护器

该产品具有断相及因过载、过压、欠压、堵转而引起的过电流保护。该保护器为穿芯式，常闭输出，安装位置任意，断相动作时间小于或等于2s，1.5$I_e$过电流动作时间小于2min（热态）。由于采用集成模块式全封闭结构，故可用于潮湿、多尘、需防爆的场合。过电流整定用刻度盘指示，精度达5%。

(9) M611系列电动机保护开关

该产品适用的交流电压至660V，直流电压至440V，额定电流为0.1～32A，作为电动机的过载和短路保护，并可作电动机全压启动器用。

(10) 多达牌3DB系列和DZ15B系列电动机保护开关

3DB系列电动机多功能保护器具有断相、过载、堵转、过压、欠压、漏电、故障分辨、记忆显示等多种功能；DZ15B系列电动机保护开关集电动机启动与多种保护功能于一体，分断能力强，保护功能全，安装、使用方便。

(11) JD5型电动机综合保护器

JD5型电动机综合保护器采用了集成模式全封闭结构。产品集过载、缺相、内部Y-△断相（适用电动机Y-△启动保护）、堵转及三相不平衡保护和故障、运行特性指示等功能于一体，且具

有极其良好的反时限特性，其断相速断保护<2s，过电压1～40s，过载3～80s，这是热继电器所不能实现的。安装调试方便，排除故障迅速，且具有节能（比热继电器节能效果好）、动作灵敏、精确度高、耐冲击振动、重复性好、保护功能齐全、功耗小等优点。由于采取全封闭结构，因此在灰尘杂质多、污染较严重的场合使用。

（12）GDH-30系列智能化电动机保护器

① 保护器的特点。GDH-30系列电动机保护器，是以单片机为核心的纯数字化电动机保护器。输入信号直接由12位A/D转换读入单片机，单片机对数字信号进行分析和比对，判断出故障原因及错误信号。由于它是纯数字信号处理，因此在信号分析过程中不会出现模拟电路带来的不稳定、热漂移、误差、干扰等问题，大大提高了工作的可靠性和准确性。

用户可以根据自己的需要、用途、使用环境而设定其工作参数及条件，从而可使电动机工作在最佳状态，既能可靠地保护电动机，又能使电动机发挥最佳效率。该保护器的参数设定十分方便，用户可以根据面板的四个按键，像调整电子表一样把所需的指令设定到单片机里面。操作人员还可以在设定区设置一级口令，非操作人员不知道口令，仅能通过按键查看当前的工作状态，改变不了参数，从而避免了因错误的设定而导致的故障。

② 保护器的功能。GDH-30系列保护器具有下列功能：

a. 具有缺相保护、过流保护和三相不平衡保护功能。

b. 具有启动时间过长、欠电流、热累积等保护功能。

c. 具有故障预报警、远距离预报警、故障动作状态指示等显示功能。

d. 可对过流、堵转、欠流的动作时间进行设定。

e. 具有手动、自动、延时复位功能。

f. 具有定时限、反时限特性的任意设定等功能。

g. 对非必用功能可进行关闭。

另外，厂家还可以根据用户提出的某些特殊功能进行设计。如可以把保护器设计为Y-△启动型、分时启动型。

# 2.5 异步电动机工作条件

## 2.5.1 异步电动机一般工作条件

① 为了保证电动机的额定出力，电动机出线端电压不得高于额定电压的10%，不得低于额定电压的5%。

② 电动机出线端电压低于额定电压的5%时，为了保证额定出力，定子电流允许比额定电流增大5%。

③ 电动机在额定出力运行时，相间电压的不平衡率不得超过5%。

④ 当环境温度不同时，电动机电流的允许增减，见表2-32和表2-33。

表2-32 环境温度超过40℃时电动机额定电流应降百分率

| 周围环境温度/℃ | 额定电流降低/% |
|---|---|
| 40 | 0 |
| 45 | 5 |
| 50 | 10 |

表2-33 环境温度低于40℃时电动机额定电流应增百分率

| 周围环境温度/℃ | 额定电流增加/% |
|---|---|
| 30 | 5 |
| 30以下 | 10 |

电动机的额定电流一般是在环境温度为40℃的情况下定出的。如果环境温度高于40℃，电动机的散热性能就会显著下降，这时应相应地降低电动机的额定电流使用。

a. 周围环境温度$t$低于40℃时，电动机的额定电流允许增加$(40-t)$%，但最多不应超过8%～10%。

b. 周围环境温度超过40℃时，则要降低出力，大约每超过1℃电动机额定电流降低1%。

⑤ 正常使用负载率低于40%的电动机应予以调整或更换。空载率大于50%的中小型电动机应加限制空载装置（所谓电动机的空载率，是指电动机空载运行的时间$t_0$与电动机带负载运行的时间$t$之比，即$\beta_0=t_0/t\times100\%$）。

⑥ 新加轴承润滑脂的容量不宜超过轴承内容积的70%。

⑦ 电动机的绝缘电阻（75℃时）不得小于0.5MΩ（低压电

机）和 1MΩ/kV（高压电机）。

### 2.5.2 额定电压与电网电压不同的电动机使用分析

日本等国电动机有的为 50Hz、420V、400V 和 200V 的，与我国 380/220V 电网不相符。它们是否可用于我国电网呢？

（1）50Hz、420V 电动机用于 50Hz、380V 电网时的分析

当直接接在我国 380V 电网时，其电压误差为

$$\Delta U\% = \frac{U-U_e}{U_e} \times 100\% = \frac{380-420}{420} \times 100\% = -9.5\%$$

可见，电压误差稍大于规定的±5%的要求，由于是负误差，因此电动机绕组电流密度和各部分磁通密度会减小，电动机不易发热，但输出功率将减小。

输出功率 $P_2$，约为原来的 380/420≈90%。

启动电流 $I_q$，约为原来的 90%；由于输出功率降低至 90%，故启动电流倍数与原来相同。

最大转矩 $M_{max}$ 和启动转矩 $M_q$，约为原来的 $(380/420)^2 \approx$ 81%。

电动机效率 $\eta$，较原来稍低。

功率因数及温升，较原来有所改善。

综上所述，50Hz、420V 电动机可以用在 50Hz、380V 电网上。

（2）50Hz、400V 电动机用于 50Hz、380V 电网时的分析

当直接接在 380V 电网时，其电压误差为

$$\Delta U\% = \frac{380-400}{400} \times 100\% = -5\%$$

可见，电压误差符合小于 5%的要求，其定子绕组电流密度和各部分磁通密度变动不大，基本属于正常应用。

（3）50Hz、200V，且定子绕组为△接法的电动机用于我国 380V 电网的分析

若将△接线改为 Y 接线，则电动机线电压便变为

$$U_e' = \sqrt{3} U_e = \sqrt{3} \times 200 = 346 \text{ (V)}$$

当接在我国 380V 电网时，其电压误差为

$$\Delta U\% = \frac{380-346}{346} \times 100\% = 9.8\%$$

可见，电压误差稍大于规定的±5%的要求，由于是正误差，因此电动机绕组电流密度和各部分磁通密度会增大，电动机易发热。因此要略降低电动机额定输出功率使用。

## 2.6 三相异步电动机的技术数据

### 2.6.1 Y系列三相异步电动机的技术数据

Y系列异步电动机与$JO_2$系列电动机相比，其转矩倍数平均高出30%左右，功率因数也较高，体积平均缩小15%，重量平均减轻12%。$JO_2$全系列电动机加权平均效率$\eta=87.865\%$，而Y全系列电动机加权平均效率$\eta=88.265\%$。Y系列电动机采用B级绝缘（$JO_2$系列电动机采用A级绝缘），实际运行中定子绕组的温升较小，并有10℃以上的温升裕度，因此铜耗也较小。Y系列电动机是使用最广泛的电动机。Y系列异步电动机的性能数据见表2-34。

表2-34 Y系列异步电动机的性能数据

| 型号 | 功率/kW | 380V时的电流/A | 转速/(r/min) | 效率/% | 功率因数 $\cos\varphi$ | $\frac{堵转转矩}{额定转矩}$ | $\frac{堵转电流}{额定电流}$ | $\frac{最大转矩}{额定转矩}$ |
|---|---|---|---|---|---|---|---|---|
| 同步转速3000r/min(2极),50Hz | | | | | | | | |
| Y801-2 | 0.75 | 1.9 | 2825 | 73 | 0.84 | 2.2 | 7.0 | 2.2 |
| Y802-2 | 11 | 2.6 | 2825 | 76 | 0.86 | 2.2 | 7.0 | 2.2 |
| Y90S-2 | 1.5 | 3.4 | 2840 | 79 | 0.85 | 2.2 | 7.0 | 2.2 |
| Y90L-2 | 2.2 | 4.7 | 2840 | 82 | 0.86 | 2.2 | 7.0 | 2.2 |
| Y100L-2 | 3 | 6.4 | 2880 | 82 | 0.87 | 2.2 | 7.0 | 2.2 |
| Y112M-2 | 4 | 8.2 | 2890 | 85.5 | 0.87 | 2.2 | 7.0 | 2.2 |
| Y132S1-2 | 5.5 | 11.1 | 2900 | 85.5 | 0.88 | 2.0 | 7.0 | 2.2 |
| Y132S2-2 | 7.5 | 15.0 | 2900 | 86.2 | 0.88 | 2.0 | 7.0 | 2.2 |
| Y160M1-2 | 11 | 21.8 | 2930 | 87.2 | 0.88 | 2.0 | 7.0 | 2.2 |
| Y160M2-2 | 15 | 29.4 | 2930 | 88.2 | 0.88 | 2.0 | 7.0 | 2.2 |
| Y160L-2 | 18.5 | 35.5 | 2930 | 89 | 0.89 | 2.0 | 7.0 | 2.2 |
| Y180M-2 | 22 | 42.2 | 2940 | 89 | 0.89 | 2.0 | 7.0 | 2.2 |

续表

| 型号 | 功率/kW | 380V时的电流/A | 转速/(r/min) | 效率/% | 功率因数 cosφ | 堵转转矩/额定转矩 | 堵转电流/额定电流 | 最大转矩/额定转矩 |
|---|---|---|---|---|---|---|---|---|
| 同步转速3000r/min(2极),50Hz | | | | | | | | |
| Y200L1-2 | 30 | 56.9 | 2950 | 90 | 0.89 | 2.0 | 7.0 | 2.2 |
| Y200L2-2 | 37 | 69.8 | 2950 | 90.5 | 0.89 | 2.0 | 7.0 | 2.2 |
| Y225M-2 | 45 | 83.9 | 2970 | 91.5 | 0.89 | 2.0 | 7.0 | 2.2 |
| Y250M-2 | 45 | 102.7 | 2970 | 91.4 | 0.89 | 2.0 | 7.0 | 2.2 |
| Y280S-2 | 75 | 140.1 | 2970 | 91.4 | 0.89 | 2.0 | 7.0 | 2.2 |
| Y280M-2 | 90 | 167 | 2970 | 92 | 0.89 | 2.0 | 7.0 | 2.2 |
| 同步转速1500r/min(4极),50Hz | | | | | | | | |
| Y801-4 | 0.55 | 1.6 | 1390 | 70.5 | 0.76 | 2.2 | 6.5 | 2.2 |
| Y802-4 | 0.75 | 2.1 | 1390 | 72.5 | 0.76 | 2.2 | 6.5 | 2.2 |
| Y90S-4 | 1.1 | 2.7 | 1400 | 79 | 0.78 | 2.2 | 6.5 | 2.2 |
| Y90L-4 | 1.5 | 3.7 | 1400 | 79 | 0.79 | 2.2 | 6.5 | 2.2 |
| Y100L1-4 | 2.2 | 5.0 | 1400 | 81 | 0.82 | 2.2 | 7.0 | 2.2 |
| Y100L2-4 | 3 | 6.8 | 1420 | 82.5 | 0.81 | 2.2 | 7.0 | 2.2 |
| Y112M-4 | 4 | 8.8 | 1440 | 84.5 | 0.82 | 2.2 | 7.0 | 2.2 |
| Y132S-4 | 5.5 | 11.6 | 1440 | 85.5 | 0.84 | 2.2 | 7.0 | 2.2 |
| 132M-4 | 7.5 | 15.4 | 1440 | 87 | 0.85 | 2.2 | 7.0 | 2.2 |
| Y160M-4 | 11 | 22.6 | 1460 | 88 | 0.84 | 2.2 | 7.0 | 2.2 |
| Y160L-4 | 15 | 30.3 | 1460 | 88.5 | 0.85 | 2.2 | 7.0 | 2.2 |
| Y180M-4 | 18.5 | 35.9 | 1470 | 91 | 0.86 | 2.0 | 7.0 | 2.2 |
| Y180L-4 | 22 | 42.5 | 1470 | 91.5 | 0.86 | 2.0 | 7.0 | 2.2 |
| Y200L-4 | 30 | 56.8 | 1470 | 92.2 | 0.87 | 2.0 | 7.0 | 2.2 |
| Y225S-4 | 37 | 69.8 | 1480 | 91.8 | 0.87 | 1.9 | 7.0 | 2.2 |
| Y225M-4 | 45 | 94.2 | 1480 | 92.3 | 0.88 | 1.9 | 7.0 | 2.2 |
| Y250M-4 | 55 | 102.5 | 1480 | 92.6 | 0.88 | 2.0 | 7.0 | 2.2 |
| Y280S-4 | 75 | 139.7 | 1480 | 92.7 | 0.88 | 1.9 | 7.0 | 2.2 |
| Y280M-4 | 90 | 164.3 | 1480 | 93.5 | 0.89 | 1.9 | 7.0 | 2.2 |
| 同步转速1000r/min(6极),50Hz | | | | | | | | |
| Y90S-6 | 0.75 | 2.3 | 910 | 72.5 | 0.70 | 2.0 | 6.0 | 2.0 |
| Y90L-6 | 1.1 | 3.2 | 910 | 73.5 | 0.72 | 2.0 | 6.0 | 2.0 |
| Y100L-6 | 1.5 | 4.0 | 940 | 77.5 | 0.74 | 2.0 | 6.0 | 2.0 |
| Y112M-6 | 2.2 | 5.6 | 940 | 80.5 | 0.74 | 2.0 | 6.0 | 2.0 |
| Y132S-6 | 3 | 7.2 | 960 | 83 | 0.76 | 2.0 | 6.0 | 2.0 |
| Y132M1-6 | 4 | 9.4 | 960 | 84 | 0.77 | 2.0 | 6.0 | 2.0 |
| Y132M2-6 | 5.5 | 12.6 | 960 | 85.3 | 0.78 | 2.0 | 6.0 | 2.2 |
| Y160M-6 | 7.5 | 17.0 | 970 | 86 | 0.78 | 2.2 | 6.5 | 2.0 |

续表

| 型号 | 功率/kW | 380V 时的电流/A | 转速/(r/min) | 效率/% | 功率因数 cosφ | 堵转转矩/额定转矩 | 堵转电流/额定电流 | 最大转矩/额定转矩 |
| --- | --- | --- | --- | --- | --- | --- | --- | --- |
| 同步转速 1000r/min(6 极),50Hz | | | | | | | | |
| Y160L-6 | 11 | 24.0 | 970 | 87 | 0.78 | 2.8 | 6.5 | 2.0 |
| Y180L-6 | 15 | 31.0 | 970 | 89.5 | 0.81 | 1.8 | 6.5 | 2.0 |
| Y200L1-6 | 18.5 | 37.7 | 970 | 89.8 | 0.83 | 1.8 | 6.5 | 2.0 |
| Y200L2-6 | 22 | 44.6 | 970 | 90.2 | 0.83 | 1.7 | 6.5 | 2.0 |
| Y225M-6 | 30 | 59.5 | 980 | 90.2 | 0.85 | 1.8 | 6.5 | 2.0 |
| Y250M-6 | 37 | 72 | 980 | 90.8 | 0.86 | 1.8 | 6.5 | 2.0 |
| Y280S-6 | 45 | 85.4 | 980 | 92 | 0.87 | 1.8 | 6.5 | 2.0 |
| Y280M-6 | 55 | 104.9 | 980 | 91.6 | 0.87 | 1.8 | 6.5 | 2.0 |
| 同步转速 750r/min(8 极),50Hz | | | | | | | | |
| Y132S-8 | 2.2 | 5.8 | 710 | 81 | 0.71 | 2.0 | 5.5 | 2.0 |
| Y132M-8 | 3 | 7.7 | 710 | 82 | 0.72 | 2.0 | 5.5 | 2.0 |
| Y160M1-8 | 4 | 9.9 | 720 | 84 | 0.73 | 2.0 | 6.0 | 2.0 |
| Y160M2-8 | 5.5 | 13.3 | 720 | 85 | 0.74 | 2.0 | 6.0 | 2.0 |
| Y160L-8 | 7.5 | 17.7 | 720 | 86 | 0.75 | 2.0 | 5.5 | 2.0 |
| Y180L-8 | 11 | 25.1 | 730 | 86.5 | 0.77 | 1.7 | 6.0 | 2.0 |
| Y200L-8 | 15 | 34.1 | 730 | 88 | 0.76 | 1.8 | 6.0 | 2.0 |
| Y225S-8 | 18.5 | 41.3 | 730 | 89.5 | 0.76 | 1.7 | 6.0 | 2.0 |
| Y225M-8 | 22 | 47.6 | 730 | 90 | 0.78 | 1.8 | 6.0 | 2.0 |
| Y250M-8 | 30 | 63 | 730 | 90.5 | 0.80 | 1.8 | 6.0 | 2.0 |
| Y280S-8 | 37 | 78.7 | 740 | 91 | 0.79 | 1.8 | 6.0 | 2.0 |
| Y280M-8 | 45 | 93.2 | 740 | 91.7 | 0.80 | 1.8 | 6.0 | 2.0 |

### 2.6.2 YR 系列三相异步电动机的技术数据

YR 系列绕线型三相异步电动机定子绕组为三角形接法，采用 B 级绝缘。YR 系列绕线型三相异步电动机的技术数据见表 2-35。

表 2-35　YR 系列（IP44）电动机技术数据

| 型号 | 额定功率/kW | 满载时 | | | | 最大转矩/额定转矩 | 转子 | | 质量/kg |
| --- | --- | --- | --- | --- | --- | --- | --- | --- | --- |
| | | 转速/(r/min) | 电流/A | 效率/% | 功率因数 cosφ | | 电压/V | 电流/A | |
| YR132S1-4 | 2.2 | 1440 | 5.3 | 82.0 | 0.77 | 3.0 | 190 | 7.9 | 60 |
| YR132S2-4 | 3 | 1440 | 7.0 | 83.0 | 0.78 | 3.0 | 215 | 9.4 | 70 |
| YR132M1-4 | 4 | 1440 | 9.3 | 84.5 | 0.77 | 3.0 | 230 | 11.5 | 80 |

续表

| 型号 | 额定功率/kW | 满载时 | | | | 最大转矩/额定转矩 | 转子 | | 质量/kg |
|---|---|---|---|---|---|---|---|---|---|
| | | 转速/(r/min) | 电流/A | 效率/% | 功率因数 cosφ | | 电压/V | 电流/A | |
| YR132M2-4 | 5.5 | 1440 | 12.6 | 86.0 | 0.77 | 3.0 | 272 | 13.0 | 95 |
| YR160M-4 | 7.5 | 1460 | 15.7 | 87.0 | 0.83 | 3.0 | 250 | 19.5 | 130 |
| YR160L-4 | 11 | 1460 | 22.5 | 89.5 | 0.85 | 3.0 | 276 | 25.0 | 155 |
| YR180L-4 | 15 | 1465 | 30.0 | 89.5 | 0.85 | 3.0 | 278 | 34.0 | 205 |
| YR200L1-4 | 18.5 | 1465 | 36.7 | 89.0 | 0.86 | 3.0 | 247 | 47.5 | 265 |
| YR200L2-4 | 22 | 1465 | 43.2 | 90.0 | 0.86 | 3.0 | 293 | 47.0 | 290 |
| YR225M2-4 | 30 | 1475 | 57.6 | 91.0 | 0.87 | 3.0 | 360 | 51.5 | 380 |
| YR250M1-4 | 37 | 1480 | 71.4 | 91.5 | 0.86 | 3.0 | 289 | 79.0 | 440 |
| YR250M2-4 | 45 | 1480 | 85.9 | 91.5 | 0.87 | 3.0 | 340 | 81.0 | 490 |
| YR280S-4 | 55 | 1480 | 103.8 | 91.5 | 0.88 | 3.0 | 485 | 70.0 | 670 |
| YR280M-4 | 75 | 1480 | 140 | 92.5 | 0.88 | 3.0 | 354 | 128.0 | 800 |
| YR132S1-6 | 1.5 | 955 | 4.17 | 78.0 | 0.70 | 2.8 | 180 | 5.9 | 60 |
| YR132S2-6 | 2.2 | 955 | 5.96 | 80.0 | 0.70 | 2.8 | 200 | 7.5 | 70 |
| 132M1-6 | 3 | 955 | 8.20 | 80.5 | 0.69 | 2.8 | 206 | 9.5 | 80 |
| 132M2-6 | 4 | 955 | 10.7 | 82.0 | 0.69 | 2.8 | 230 | 11.0 | 95 |
| YR160M-6 | 5.5 | 970 | 13.4 | 84.5 | 0.74 | 2.8 | 244 | 14.5 | 135 |
| YR160L-6 | 7.5 | 970 | 17.9 | 86.0 | 0.74 | 2.8 | 266 | 18.0 | 155 |
| YR180L-6 | 11 | 975 | 23.6 | 87.5 | 0.81 | 2.8 | 310 | 22.5 | 205 |
| YR200L1-6 | 15 | 975 | 31.8 | 88.5 | 0.81 | 2.8 | 198 | 48.0 | 280 |
| YR225M1-6 | 18.5 | 980 | 38.3 | 88.5 | 0.83 | 2.8 | 187 | 62.5 | 335 |
| YR225M2-6 | 22 | 980 | 45.0 | 89.5 | 0.83 | 2.8 | 224 | 61.0 | 365 |
| YR250M1-6 | 30 | 980 | 60.3 | 90.0 | 0.84 | 2.8 | 282 | 66.0 | 450 |
| YR250M2-6 | 37 | 980 | 73.9 | 90.5 | 0.84 | 2.8 | 331 | 69.0 | 490 |
| YR280S-6 | 45 | 985 | 87.9 | 91.5 | 0.85 | 2.8 | 362 | 76.0 | 680 |
| YR280M-6 | 55 | 985 | 106.9 | 92.0 | 0.85 | 2.8 | 423 | 80.0 | 730 |
| YR160M-8 | 4 | 715 | 107 | 82.5 | 0.69 | 2.4 | 216 | 12.0 | 135 |
| YR160L-8 | 5.5 | 715 | 14.1 | 83.0 | 0.71 | 2.4 | 230 | 15.5 | 155 |
| YR180L-8 | 7.5 | 725 | 18.4 | 85.0 | 0.73 | 2.4 | 255 | 19.0 | 190 |
| YR200L1-8 | 11 | 725 | 26.6 | 86.0 | 0.73 | 2.4 | 152 | 46.0 | 280 |
| YR225M1-8 | 15 | 735 | 34.5 | 88.0 | 0.75 | 2.4 | 169 | 56.0 | 265 |
| YR225M2-8 | 18.5 | 735 | 42.1 | 89.0 | 0.75 | 2.4 | 211 | 54.0 | 390 |
| YR250M1-8 | 22 | 735 | 48.1 | 89.0 | 0.78 | 2.4 | 210 | 65.5 | 450 |
| YR250M2-8 | 30 | 735 | 66.1 | 89.5 | 0.77 | 2.4 | 270 | 69.0 | 500 |
| YR280S-8 | 37 | 735 | 78.2 | 91.0 | 0.79 | 2.4 | 281 | 81.5 | 680 |
| YR280M-8 | 45 | 735 | 92.9 | 92.0 | 0.80 | 2.4 | 359 | 76.0 | 800 |

# 第3章 无功补偿与电容器

## 3.1 无功补偿容量的确定与补偿方式的选择

### 3.1.1 无功补偿容量的确定及实例

在变电所高压母线或低压母线上接入移相电容（并联电容）可改善供电负荷线路的功率因数。补偿量的大小取决于电力负荷的大小、补偿前负荷的功率因数以及补偿后提高的功率因数。

（1）计算法求补偿容量

$$Q_c = P\left(\frac{\sqrt{1-\cos^2\varphi_1}}{\cos\varphi_1} - \frac{\sqrt{1-\cos^2\varphi_2}}{\cos\varphi_2}\right) \quad (\text{kvar})$$

式中 $P$——用电设备功率，kW；

$\cos\varphi_1$——补偿前的功率因数，即自然功率因数，采用最大负荷月平均功率因数；

$\cos\varphi_2$——补偿后的功率因数，即目标功率因数。

（2）查表法求补偿容量

根据以上公式可得出每千瓦有功功率所需的补偿容量，见表3-1。

**【例3-1】** 某乡镇企业昼夜平均有功功率 $P$ 为420kW，负荷的自然功率因数（可由功率因数表实测值加权平均）$\cos\varphi_1$ 为0.65，欲提高到功率因数 $\cos\varphi_2$ 为0.9，试求需要装设的补偿电容器的总容量，并选择电容器（电容器安装在变电所低压母线上）。

表 3-1 1kW 有功功率所需补偿电容器的补偿容量

单位：kvar

| $\cos\varphi_2$ / $\cos\varphi_1$ | 0.80 | 0.82 | 0.84 | 0.86 | 0.88 | 0.90 | 0.92 | 0.94 | 0.96 |
|---|---|---|---|---|---|---|---|---|---|
| 0.40 | 1.54 | 1.60 | 1.65 | 1.70 | 1.75 | 1.81 | 1.87 | 1.94 | 2.00 |
| 0.42 | 1.41 | 1.40 | 1.52 | 1.57 | 1.62 | 1.68 | 1.74 | 1.80 | 1.87 |
| 0.44 | 1.29 | 1.34 | 1.39 | 1.45 | 1.50 | 1.55 | 1.61 | 1.68 | 1.75 |
| 0.46 | 1.18 | 1.23 | 1.29 | 1.34 | 1.39 | 1.45 | 1.50 | 1.57 | 1.64 |
| 0.48 | 1.08 | 1.13 | 1.18 | 1.23 | 1.29 | 1.34 | 1.40 | 1.46 | 1.54 |
| 0.50 | 0.98 | 1.04 | 1.09 | 1.14 | 1.19 | 1.25 | 1.31 | 1.37 | 1.44 |
| 0.52 | 0.89 | 0.94 | 1.00 | 1.05 | 1.10 | 1.16 | 1.21 | 1.28 | 1.35 |
| 0.54 | 0.81 | 0.86 | 0.91 | 0.97 | 1.02 | 1.07 | 1.13 | 1.20 | 1.27 |
| 0.56 | 0.73 | 0.78 | 0.83 | 0.89 | 0.94 | 0.99 | 1.05 | 1.12 | 1.19 |
| 0.58 | 0.66 | 0.71 | 0.76 | 0.81 | 0.87 | 0.92 | 0.98 | 1.04 | 1.12 |
| 0.60 | 0.58 | 0.64 | 0.69 | 0.74 | 0.79 | 0.85 | 0.91 | 0.97 | 1.04 |
| 0.62 | 0.52 | 0.57 | 0.62 | 0.67 | 0.73 | 0.78 | 0.84 | 0.90 | 0.98 |
| 0.64 | 0.45 | 0.50 | 0.56 | 0.61 | 0.66 | 0.72 | 0.77 | 0.84 | 0.91 |
| 0.66 | 0.39 | 0.44 | 0.49 | 0.55 | 0.60 | 0.65 | 0.71 | 0.78 | 0.85 |
| 0.68 | 0.33 | 0.38 | 0.43 | 0.48 | 0.54 | 0.59 | 0.65 | 0.71 | 0.79 |
| 0.70 | 0.27 | 0.32 | 0.38 | 0.43 | 0.48 | 0.54 | 0.59 | 0.66 | 0.73 |
| 0.72 | 0.21 | 0.27 | 0.32 | 0.37 | 0.42 | 0.48 | 0.54 | 0.60 | 0.67 |
| 0.74 | 0.16 | 0.21 | 0.26 | 0.31 | 0.37 | 0.42 | 0.48 | 0.54 | 0.62 |
| 0.76 | 0.10 | 0.16 | 0.21 | 0.26 | 0.31 | 0.37 | 0.43 | 0.49 | 0.56 |
| 0.78 | 0.05 | 0.11 | 0.16 | 0.21 | 0.26 | 0.32 | 0.38 | 0.44 | 0.51 |

**解：**①计算法求补偿容量。

$$Q_c = P\left(\frac{\sqrt{1-\cos^2\varphi_1}}{\cos\varphi_1}-\frac{\sqrt{1-\cos^2\varphi_2}}{\cos\varphi_2}\right)$$

$$=420\times\left(\frac{\sqrt{1-0.65^2}}{0.65}-\frac{\sqrt{1-0.9^2}}{0.9}\right)$$

$$=287.7\ (\text{kvar})$$

② 查表法求补偿容量。从表 3-1 中改进前功率因数 $\cos\varphi_1$ 处（栏内无 0.65，取0.64～0.66 之间）横向找到改进后功率因数 $\cos\varphi_2$ 为 0.9 相交处，用插入法查算得 1kW 有功功率所需补偿容量为(0.65＋0.72)/2kvar＝0.685kvar，则所需补偿电容量的总量为

$$Q_c = KP = 0.685 \times 420 = 287.7\ (\text{kvar})$$

经查，可选用 BZMJ0.4-25-1/3 型电容器。其额定电压为 0.4kV，标称容量为 25kvar，标称电容为 498μF。共 4 组，每组由 3 只电容器组成，电容器接成△形，接线如图 3-1 所示。

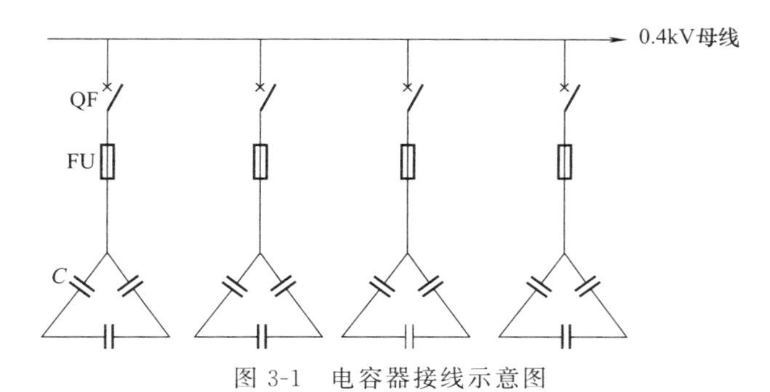


图 3-1　电容器接线示意图

总补偿电容器容量为

$$Q_c = 3 \times 4 \times 25 = 300\ (\text{kvar})$$

（3）熔断器和断路器的选择

电容器的额定电流为

$$\begin{aligned} I_C &= 2\pi f C U_e \times 10^{-6} \\ &= 2\pi \times 50 \times 498 \times 400 \times 10^{-6} = 62.5\ (\text{A}) \end{aligned}$$

线电流为

$$I = \sqrt{3} I_C = \sqrt{3} \times 62.5 = 108.3\ (\text{A})$$

熔断器熔体的额定电流一般取线电流的 1.5～2.5 倍，即

$$108.3 \times (1.5 \sim 2.5) = 162.4 \sim 270.8\ (\text{A})$$

因此可选用额定电流为 200A（熔芯）的熔断器。如 RL1-200/200A。

断路器额定电流一般可取线电流的 2～3 倍，即

$$108.3 \times (2 \sim 3) = 216.6 \sim 324.9\ (\text{A})$$

因此可选用 DZ20C-250 型或 DZ20C-400 型塑料外壳式低压断路器，额定电流可选 250A、315A 或 350A。

## 3.1.2　农网无功补偿方式的选择

农网无功补偿方式的选择应根据具体情况确定。

根据农村电网的特点，无功补偿应遵循的原则是：全面规划、合理布局、分级补偿、就地平衡；集中补偿与分散补偿相结合，以分散补偿为主；高压补偿与低压补偿相结合，以低压补偿为主；调压与降损相结合，以降损为主。

（1）变电所集中补偿

① 无功补偿装置安装在35kV变电所的10kV母线上，以补偿35kV主变压器消耗的无功功率，以及35kV输电线路上的无功功率损耗。但由于农村电网的配电线路较长，这种方案对降低10kV配电线路的线损不起作用。

② 无功补偿装置安装在配电变压器380V母线侧，容量为几十千乏至几百千乏不等，主要补偿配电变压器消耗的无功功率，减少10kV配电变压器和10kV配电线路的损耗。

集中补偿必须采用自动投切装置。

（2）杆上无功补偿（线路补偿）

这种补偿方式通常是在配电线路的主干线某处集中装设10kV电容器，以提高配电网功率因数，达到降损升压的目的。

（3）终端分散补偿（随机补偿）

对较大功率的电动机进行就地无功补偿，以补偿电动机的无功、减少电压损失，改善电压质量及启动能力。

几种无功补偿方式比较见表3-2。

**表3-2 几种无功补偿方式的比较**

| 补偿方式 | 变电所集中补偿 | 低压集中补偿 | 杆上无功补偿（线路补偿） | 终端分散补偿（随机补偿） |
|---|---|---|---|---|
| 补偿对象 | 变电所无功需求 | 配电变压器无功需求 | 10kV线路无功需求 | 终端用户无功需求 |
| 降低线损有效范围 | 变电所主变压器及输电网 | 配电变压器及输配电网 | 10kV线路及输电网 | 整个电网 |
| 改善电压效果 | 较好 | 较好 | 较好 | 最好 |
| 单位投资大小 | 较大 | 较大 | 较小 | 较大 |
| 设备利用率 | 较高 | 较高 | 最高 | 较低 |
| 维护方便程度 | 方便 | 方便 | 麻烦 | 尚方便 |

# 3.2 补偿电容装置的维护

## 3.2.1 补偿电容柜的维护

补偿电容柜的巡视检查，有人值班时每班至少一次，无人值班时每周至少一次。运行人员应将每次巡视检查情况及发现的问题记入运行日志内。

补偿电容柜的日常检查和维护内容有：

① 检查电压表、电流表和功率因数表的指示值是否正常，放电指示灯是否都亮。

② 检查电容器有无渗漏油现象，套管有无放电痕迹，外壳是否膨胀，油漆是否脱落。

③ 听电容器内部有无异常声响。

④ 检查电容器外壳温度及室内温度是否过高，室内通风是否良好。

⑤ 检查各连接点是否牢固，有无过热现象。

⑥ 检查电容器外壳及电容柜构架的接地是否牢固。

⑦ 检查放电回路是否完整，操作是否灵活。

⑧ 紧固各连接螺栓，清除电容器外壳、绝缘子和支架等处的灰尘、油垢；检查熔断器、继电保护装置等是否完整可靠。

⑨ 电容器在运行中应注意以下事项。

a. 变电所停电操作时，应先拉电容柜开关，后拉各路出线开关。

b. 变电所恢复送电时，应先合各路出线开关，后合电容柜开关。

c. 变电所无电后，必须将电容柜的开关拉开，以免来电后过补偿，使输出电压过高，对用电设备和电容器本身不利。

d. 发现自动开关跳闸、熔体熔断等情况时，不准强行合闸，须查明原因，并排除故障后才能合闸送电。

⑩ 处理故障电容器或欲停电检修时，应先进行人工放电，以免造成触电事故。这是因为拉开自动开关和隔离开关后，电容器组虽经过放电电阻或互感器放电，但仍会有部分残余电荷，如果放电

电阻或互感器损坏，则电压很高。

### 3.2.2 电容器的运行与故障处理

（1）电容器运行的规定

① 电容器的额定电压：原则上应等于电网的额定电压。选用时，对于额定电压为0.22kV、0.38kV、3.6kV和10kV的电网，电容器的额定电压为0.23kV、0.4kV、3.15kV、6.3kV和10.5kV。

② 运行温度：电容器按适应环境空气温度分为若干类别，其下限温度（为电容器要以投入运行的最低环境空气温度）有5℃、−5℃、−25℃、−40℃和−50℃五种；上限温度（为电容器可以在其中连续运行的最高环境空气温度）由代号A、B、C、D表示，见表3-3。自愈式电容器的环境温度为−25～+45℃。

电容器运行时的冷却空气温度应不超过相应温度类别的最高环境空气温度加5℃。

表3-3 电容器运行上限温度

| 代号 | 环境空气温度/℃ | | |
|---|---|---|---|
| | 最高 | 24h平均最高 | 年平均最高 |
| A | 40 | 30 | 20 |
| B | 45 | 35 | 25 |
| C | 50 | 40 | 30 |
| D | 55 | 45 | 35 |

③ 海拔：电容器一般应在海拔不超过1000m的地区使用。对于海拔超过1000m的地区，由制造厂另外提供高原型电容器。

④ 过电压。电容器能在1.1倍额定电压下长期运行，并能在1.15倍额定电压下每24h中运行30min；在1.2倍额定电压下运行5min；在1.36倍额定电压下运行1min。但应尽量避免最高环境温度与瞬时过电压同时出现。自愈式电容器的允许过电压；不超过额定电压的1.1倍24h内不超过8h。

以上过电压以不使过电流超过5条规定之值为准。

当电容器组接成星形而中心点不接地时，相间的电容之差一般不应超过5%，以防止在电容较小的一相上产生较高的过电压。

⑤ 过电流：电容器能在不超过其额定电流的1.3倍下长期运

行。这种过电流是过电压和谐波造成的。对于具有最大正偏差的电容器，这个过电流允许达到1.43倍额定电流。

⑥ 铁磁谐振：为了避免铁磁谐振，在投入空载变压器或电抗器前，可暂时切除电容器组。

⑦ 电容器组断开电源后，规定不论电容器的额定电压高低，在放电电路上经30s放电后，电容器两端的电压不应超过65V。自动切换较频繁的电容器装置，在投入时电容器端头上的残余电压应不高于额定电压的10%，以免电容器受到过高的过电压。

⑧ 为限制电容器的合闸涌流，应串入电抗器。串入电抗器可使电容器的合闸涌流限制在电容器额定电流的20倍左右。对限制五次及以上谐波，可选用（0.05～0.06）$X_C$（$X_C$为电容器组每相的容抗）；对限制三次及以上谐波可选用（0.12～0.13）$X_C$。

⑨ 10kV电容器运行时，其电网的谐波电压畸变率不宜大于4%，以避免超出电容器的允许条件。

⑩ 0.4kV电容器运行时，其电网的谐波电压畸变率不宜大于5%，以避免超出电容器的允许条件。

（2）电容器的常见故障及处理

电容器的常见故障及处理方法见表3-4。

表3-4 电容器的常见故障及处理方法

| 故障现象 | 可能原因 | 处理方法 |
|---|---|---|
| 发热 | ①接头螺栓松动<br>②频繁通断，反复受浪涌电流作用<br>③长期过电压运行，造成过负荷<br>④环境温度过高 | ①停电，旋紧螺栓<br>②减少通断电容器的次数<br>③电压超过规定值时，应退出运行<br>④加强通风，改善环境条件 |
| 渗漏油 | ①外壳有锈蚀点<br>②在搬运中，瓷套管与外壳交接处碰伤，造成裂纹；在旋紧接头螺栓时用力过猛扭伤<br>③采用母排硬连接 | ①先清除油漆剥落处的锈点，再重新涂漆<br>②如果裂纹微微渗油，可在渗油裂纹处用肥皂嵌入，以利暂用；如已成裂缝，则应调换<br>③应采用软铜编织线软连接 |
| 变形鼓肚 | ①由于漏油，导致空气进入，使内部介质膨胀<br>②使用期已到<br>③本身质量差 | 均需立即调换 |

续表

| 故障现象 | 可能原因 | 处理方法 |
|---|---|---|
| 短路击穿 | ①本身质量差<br>②老鼠、蛇等小动物钻入造成短路<br>③瓷套管积尘过多、受潮，产生相间拉弧或对地拉弧而短路<br>④长期过电压运行，造成过负荷，温度增高，使绝缘过早老化击穿 | ①调换<br>②加强防护，也可在接头周围加装防护罩<br>③平时经常清扫积尘，保证表面清洁、干燥<br>④限制过电压运行。当电压超过规定值时，应退出运行 |

# 3.3 并联电容器的技术数据

## 3.3.1 常用并联电容器的技术数据

常用并联电容器的技术数据见表3-5。

表3-5 常用并联电容器的技术数据

| 型号 | 额定电压/kV | 标称容量/kvar | 标称电容/μF | 相数 | 外形尺寸/mm | | | 质量/kg |
|---|---|---|---|---|---|---|---|---|
| | | | | | 长 | 宽 | 高 | |
| BCMJ0.23-2.5-1/3 | 0.23 | 2.5 | 151 | 1/3 | 220 | 80 | 253 | 2 |
| BCMJ0.23-5-3 | | 5 | 302 | 3 | 220 | 80 | 253 | 2.3 |
| BCMJ0.23-10-3 | | 10 | — | 3 | 140 | 405 | 184 | 8.8 |
| BCMJ0.23-15-3 | | 15 | — | 3 | 140 | 405 | 276 | 13.2 |
| BCMJ0.23-20-3 | | 20 | — | 3 | 140 | 405 | 318 | 17.6 |
| BCMJ0.23-25-3 | | 25 | — | 3 | 140 | 405 | 460 | 22 |
| BCMJ0.4-4-3 | 0.4 | 4 | 80 | 3 | 140 | 46 | 405 | 2.2 |
| BCMJ0.4-5-3 | | 5 | — | 3 | 140 | 46 | 405 | 2.2 |
| BCMJ0.4-8-3 | | 8 | 160 | 3 | 140 | 92 | 405 | 4.5 |
| BCMJ0.4-10-3 | | 10 | 200 | 3 | 140 | 92 | 405 | 4.5 |
| BCMJ0.4-12-1/3 | | 12 | 238.8 | 1/3 | 220 | 80 | 253 | 2.3 |
| BCMJ0.4-14-3 | | 14 | 278.6 | 3 | 220 | 80 | 253 | 2.3 |
| BCMJ0.4-15-1/3 | 0.4 | 15 | — | 1/3 | 138 | 140 | 405 | 6.6 |
| BCMJ0.4-16-3 | | 16 | 318.5 | 3 | 173 | 70 | 340 | 4.0 |
| BCMJ0.4-20-3 | | 20 | 390 | 3 | 140 | 184 | 405 | 9.0 |
| BCMJ0.4-25-3 | | 25 | 498 | 3 | 345 | 100 | 270 | 11.5 |
| BCMJ0.4-30-3 | | 30 | — | 3 | 140 | 230 | 405 | 14.2 |
| BCMJ0.4-40-3 | | 40 | — | 3 | 140 | 368 | 405 | 18.0 |
| BCMJ0.4-45-3 | | 45 | — | 3 | 110 | 380 | 410 | 20.5 |
| BCMJ0.4-50-3 | | 50 | — | 3 | 140 | 460 | 410 | 23 |

续表

| 型号 | 额定电压/kV | 标称容量/kvar | 标称电容/μF | 相数 | 外形尺寸/mm | | | 质量/kg |
|---|---|---|---|---|---|---|---|---|
| | | | | | 长 | 宽 | 高 | |
| BKMJ0.23-15-1/3 | 0.23 | 15 | 300 | 1/3 | 346 | 152 | 310 | 12 |
| BKMJ0.23-20-1/3 | | 20 | 400 | 1/3 | 346 | 152 | 310 | 17 |
| BKMJ0.4-6-1/3 | 0.4 | 6 | 120 | 1/3 | 152 | 96 | 245 | 2.2 |
| BKMJ0.4-12-1/3 | | 12 | 240 | 1/3 | 152 | 96 | 245 | 2.6 |
| BKMJ0.4-15-1/3 | | 15 | 300 | 1/3 | 152 | 96 | 245 | 2.75 |
| BKMJ0.4-20-1/3 | | 20 | 400 | 1/3 | 350 | 64 | 300 | — |
| BKMJ0.4-25-1/2 | | 25 | 500 | 1/3 | 346 | 152 | 310 | 11 |
| BKMJ0.4-30-1/3 | | 30 | 600 | 1/3 | 346 | 152 | 310 | 12 |
| BKMJ0.4-40-1/3 | | 40 | 800 | 1/3 | 350 | 64 | 300 | 17 |
| BZMJ0.4-5-1/3 | 0.4 | 5 | 100 | 1/3 | 173 | 70 | 180 | 2.0 |
| BZMJ0.4-7.5-1/3 | | 7.5 | 150 | 1/3 | 173 | 70 | 180 | 2.3 |
| BZMJ0.4-10-1/3 | | 10 | 199 | 1/3 | 173 | 70 | 240 | 2.8 |
| BZMJ0.4-12-1/3 | 0.4 | 12 | 239 | 1/3 | 173 | 70 | 260 | 3.1 |
| BZMJ0.4-14-1/3 | | 14 | 279 | 1/3 | 173 | 70 | 300 | 3.6 |
| BZMJ0.4-16-1/3 | | 16 | 318 | 1/3 | 173 | 70 | 300 | 3.8 |
| BZMJ0.4-20-1/3 | | 20 | 398 | 1/3 | 354 | 100 | 245 | 9.7 |
| BZMJ0.4-25-1/3 | | 25 | 498 | 1/3 | 354 | 100 | 265 | 10.7 |
| BZMJ0.4-30-1/3 | | 30 | 597 | 1/3 | 354 | 100 | 295 | 12.2 |
| BZMJ0.4-40-1/3 | | 40 | 796 | 1/3 | 354 | 100 | 335 | 14.2 |
| BZMJ0.4-50-1/3 | | 50 | 995 | 1/3 | 354 | 100 | 375 | — |
| BGMJ0.4-2.5-3 | 0.4 | 2.5 | 55 | 3 | $\phi 60 \times 125$ | | | — |
| BGMJ0.4-3.3-3 | | 3.3 | 66 | 3 | $\phi 60 \times 215$ | | | — |
| BJMJ0.4-5-3 | | 5 | 99 | 3 | $\phi 60 \times 290$ | | | — |
| BGMJ0.4-10-3 | | 10 | 198 | 3 | 232 | 65 | 265 | — |
| BGMJ0.4-12-3 | | 12 | 239 | 3 | 232 | 65 | 295 | — |
| BGMJ0.4-15-3 | | 15 | 298 | 3 | 232 | 65 | 265 | — |
| BGMJ0.4-20-3 | | 20 | 398 | 3 | 232 | 130 | 295 | — |
| BGMJ0.4-25-3 | | 25 | 498 | 3 | 232 | 130 | 325 | — |
| BGMJ0.4-30-3 | | 30 | 598 | 3 | 232 | 130 | 325 | — |
| BWF0.4-14-1/3 | 0.4 | 14 | 279 | 1/3 | 340 | 115 | 420 | 18 |
| BWF0.4-20-1/3 | | 20 | 398 | 1/3 | 375 | 122 | 360 | 26 |
| BWF0.4-25-1/3 | | 25 | 497.6 | 1/3 | 380 | 115 | 420 | 25 |
| BWF0.4-75-1/3 | | 75 | 1500 | 1/3 | 422 | 163 | 722 | 60 |
| BWF10.5-16-1 | 10.5 | 16 | 0.462 | 1 | 440 | 115 | 595 | 25 |
| BWF10.5-25-1 | | 25 | 0.722 | 1 | 440 | 115 | 595 | 25 |
| BWF10.5-30-1 | | 30 | 0.866 | 1 | 440 | 115 | 595 | 25 |
| BWF10.5-40-1 | | 40 | 1.155 | 1 | 440 | 115 | 595 | 25 |
| BWF10.5-50-1 | | 50 | 1.44 | 1 | 440 | 115 | 595 | 34 |
| BWF10.5-100-1 | | 100 | 2.89 | 1 | 440 | 165 | 880 | 60 |

续表

| 型　号 | 额定电压/kV | 标称容量/kvar | 标称电容/μF | 相数 | 外形尺寸/mm |  |  | 质量/kg |
|---|---|---|---|---|---|---|---|---|
|  |  |  |  |  | 长 | 宽 | 高 |  |
| BWF11$\sqrt{3}$-16-1 | 11$\sqrt{3}$ | 16 | 1.26 | 1 | 440 | 115 | 595 | 25 |
| BWF11$\sqrt{3}$-25-1 |  | 25 | 1.97 | 1 | 440 | 115 | 595 | 25 |
| BWF11$\sqrt{3}$-30-1 |  | 30 | 2.37 | 1 | 440 | 115 | 595 | 25 |
| BWF11$\sqrt{3}$-40-1 |  | 40 | 3.16 | 1 | 440 | 115 | 595 | 25 |
| BWF11$\sqrt{3}$-50-1 |  | 50 | 3.95 | 1 | 440 | 165 | 595 | 34 |
| BWF11$\sqrt{3}$-100-1 |  | 100 | 7.89 | 1 | 440 | 165 | 880 | 60 |
| BFF10.5-50-1W | 10.5 | 50 | 1.44 | 1 | 372 | 122 | 570 | 24 |
| BFF10.5-100-1W |  | 100 | 2.89 | 1 | 443 | 163 | 680 | 45 |
| BFF10.5-200-1W |  | 200 | 5.78 | 1 | 443 | 163 | 1030 | 78 |
| BFF10.5-334-1W |  | 334 | 9.65 | 1 | 699 | 174 | 1030 | 130 |
| BFF11$\sqrt{3}$-50-1W | 11$\sqrt{3}$ | 50 | 3.95 | 1 | 372 | 122 | 570 | 24 |
| BFF11$\sqrt{3}$-100-1W |  | 100 | 7.9 | 1 | 443 | 163 | 680 | 45 |
| BFF11$\sqrt{3}$-200-1W |  | 200 | 15.79 | 1 | 443 | 163 | 1030 | 78 |
| BFF11$\sqrt{3}$-334-1W |  | 334 | 26.37 | 1 | 699 | 174 | 1030 | 128 |
| BAM10.5-100-1W | 10.5 | 100 | 2.89 | 1 | 443 | 123 | 600 | 25 |
| BAM10.5-200-1W |  | 200 | 5.78 | 1 | 443 | 123 | 890 | 48 |
| BAM10.5-334-1W |  | 334 | 9.65 | 1 | 443 | 163 | 1030 | 72 |
| BGF11$\sqrt{3}$-100-1W | 11$\sqrt{3}$ | 100 | 7.89 | 1 | 380 | 130 | 618 | 29.2 |
| BBM11$\sqrt{3}$-200-1W |  | 200 | 15.8 | 1 | 343 | 130 | 778 | 37.8 |
| $BBM_2$11$\sqrt{3}$-100-1W |  | 100 | 7.89 | 1 | 380 | 122 | 618 | 29.2 |
| $BBM_2$11$\sqrt{3}$-200-1W |  | 200 | 15.8 | 1 | 380 | 122 | 848 | 37.8 |
| $BBM_2$11$\sqrt{3}$-334-1W |  | 334 | 26.36 | 1 | 510 | 178 | 848 | 63 |

### 3.3.2 自愈式并联电容器的技术数据

BSMJ 系列自愈式低压并联电容器的技术数据见表 3-6。

表 3-6　BSMJ 系列自愈式低压并联电容器技术数据

| 型　号 | 额定电压/V | 额定容量/kvar | 总电容量/μF | 额定电流/A | 外形尺寸/mm |  |  |
|---|---|---|---|---|---|---|---|
|  |  |  |  |  | 长 | 宽 | 高 |
| BSMJ0.415-15-3 | 415 | 15 | 277 | 21.0 | 153 | 53 | 210 |
| BSMJ0.415-30-3 | 415 | 30 | 555 | 12.0 | 222 | 55 | 270 |
| BSMJ0.415-60-3 | 415 | 60 | 1109 | 83.5 | 230 | 70 | 390 |

续表

| 型　　号 | 额定电压/V | 额定容量/kvar | 总电容量/μF | 额定电流/A | 外形尺寸/mm | | |
|---|---|---|---|---|---|---|---|
| | | | | | 长 | 宽 | 高 |
| BSMJ0.23-10-1 | 230 | 10 | 602 | 43.5 | 222 | 55 | 270 |
| BSMJ0.23-10-3 | 230 | 10 | 602 | 25.1 | 222 | 55 | 270 |
| BSMJ0.23-15-1 | 230 | 15 | 903 | 65 | 230 | 70 | 340 |
| BSMJ0.23-15-3 | 230 | 15 | 903 | 37.7 | 230 | 70 | 340 |
| BSMJ0.23-20-1 | 230 | 20 | 1204 | 87 | 230 | 70 | 360 |
| BSMJ0.23-22-3 | 230 | 20 | 1204 | 50.2 | 230 | 70 | 360 |
| BSMJ0.25-15-1 | 250 | 15 | 764 | 60 | 222 | 55 | 320 |
| BSMJ0.25-15-3 | 250 | 15 | 764 | 34.6 | 222 | 55 | 320 |
| BSM0.25-15-3 | 250 | 15 | 764 | 60 | 222 | 55 | 320 |
| BSMJ0.4-10-3 | 400 | 10 | 199 | 14.4 | 153 | 53 | 210 |
| BSMJ0.4-12-3 | 400 | 12 | 239 | 17.3 | 153 | 53 | 210 |
| BSMJ0.4-14-3 | 400 | 14 | 279 | 20.2 | 153 | 53 | 210 |
| BSMJ0.415-16-3 | 415 | 16 | 296 | 22.3 | 153 | 53 | 210 |
| BSMJ0.415-20-3 | 415 | 20 | 370 | 27.8 | 222 | 55 | 210 |
| BSMJ0.4-18-3 | 400 | 18 | 358 | 26 | 222 | 55 | 210 |
| BSMJ0.4-20-3 | 400 | 20 | 398 | 28.9 | 222 | 55 | 210 |
| BSMJ0.4-25-3 | 400 | 25 | 497 | 36.1 | 222 | 55 | 230 |
| BSMJ0.4-30-3 | 400 | 30 | 597 | 43.3 | 222 | 55 | 270 |
| BSMJ0.4-40-3 | 400 | 40 | 796 | 57.7 | 230 | 70 | 300 |
| BSMJ0.4-50-3 | 400 | 50 | 995 | 72.2 | 230 | 70 | 360 |
| BSMJ0.4-45-3 | 400 | 45 | 896 | 65.0 | 230 | 70 | 340 |
| BSMJ0.45-10-3 | 450 | 10 | 157 | 12.8 | 153 | 53 | 210 |
| BSMJ0.45-12-3 | 450 | 12 | 189 | 15.4 | 153 | 53 | 210 |
| BSMJ0.45-16-3 | 450 | 16 | 252 | 20.5 | 222 | 55 | 210 |
| BSMJ0.45-20-3 | 450 | 20 | 315 | 25.7 | 222 | 55 | 230 |
| BSMJ0.45-25-3 | 450 | 25 | 393 | 32 | 222 | 55 | 270 |
| BSMJ0.4-5-3 | 400 | 5 | 99 | 7.2 | 153 | 53 | 120 |

续表

| 型　　号 | 额定电压/V | 额定容量/kvar | 总电容量/μF | 额定电流/A | 外形尺寸/mm | | |
|---|---|---|---|---|---|---|---|
| | | | | | 长 | 宽 | 高 |
| BSMJ0.45-30-3 | 450 | 30 | 472 | 38.5 | 222 | 55 | 320 |
| BSMJ0.4-60-3 | 400 | 60 | 1194 | 86.6 | 230 | 70 | 390 |
| BSMJ0.4-7.5-3 | 400 | 7.5 | 149 | 10.8 | 153 | 53 | 120 |
| BSMJ0.525-15-3 | 525 | 15 | 173 | 16.5 | 153 | 53 | 210 |
| BSMJ0.525-20-3 | 525 | 20 | 231 | 22 | 222 | 55 | 210 |
| BSMJ0.525-25-3 | 525 | 25 | 289 | 27.5 | 222 | 55 | 230 |
| BSMJ0.525-45-3 | 525 | 45 | 520 | 49.5 | 230 | 70 | 340 |
| BSMK0.525-60-3 | 525 | 60 | 693 | 66 | 230 | 70 | 390 |
| BSMJ0.69-15-3 | 690 | 15 | 100 | 12.6 | 153 | 53 | 210 |
| BSMJ0.69-20-3 | 690 | 20 | 134 | 16.7 | 222 | 53 | 210 |
| BSMJ0.69-30-3 | 690 | 30 | 200 | 25.1 | 222 | 55 | 270 |
| BSMJ0.69-60-3 | 690 | 60 | 401 | 50.2 | 230 | 70 | 390 |

## 3.4 电容器配套设备的选择

### 3.4.1 切换电容器的专用接触器的选用

电容器专用接触器有以下几种类型。

（1）CJ19（CJ16）系列

该接触器是由中间继电器派生而成的。接触器为直动式双断点结构，共有十对触点，其中三对高触点、五对低触点、两对辅助触点。接触器在吸合过程中，三对高触点先闭合，限流电阻 $R$ 串入电路抑制涌流。经数毫秒后，低触点闭合，将 $R$ 短接，电容器正常运行。接触器释放过程中，低触点先断开，高触点后断开，$R$ 串入电路中，由高触点分断电路。其他切换电容器专用接触器的动作过程也与此类同。

（2）CJ20C 系列

该接触器是由 CJ20 系列交流接触器派生而成的。接触器两侧各装有一个包含限流电阻 $R$ 的限流电路专用模块 M。

(3) B25C～B75C 系列

该接触器是由 B 系列交流接触器派生的。

(4) CJ41 系列

由于该接触器由大开距的主触点来分断较大的电容电流，故较上述用小开距的限流触点来分断的产品更为合理和有效。其额定接通、分断能力为（AC-4）：接通 $12I_e$，分断 $8I_e$。

(5) CJ32C 系列

该接触器的触点采用新材料，在电路中不需串接限流电阻、电抗器，即能承受 AC-6b 负载电容器切换瞬间的浪涌电流。其额定接通、分断能力为（AC-4）：接通 $12I_e$，分断 $8I_e$。

此外，还有通用型 EB、EH 系列，UA、UB 系列和串有限流电阻的 UB-R、UB-RD 系列等。

国产常用切换电容器专用接触器的技术数据见表 3-7，可根据控制电容器的容量及电压等参数进行选用。

表 3-7　常用切换电容器专用接触器主要技术数据

| 系列 | 型　号 | 额定工作电流 $I_e$ (AC-6b)/A | 约定发热电流 $I_{th}$/A | 控制电容器容量/kvar | | 机械寿命/万次 | 电寿命/万次 | 操作频率/(次/h) | 抑制涌流能力 |
|---|---|---|---|---|---|---|---|---|---|
| | | | | 220V | 380V | | | | |
| CJ16 | CJ16-25 | 17 | 25 | | 12 | 100 | 10 | 90 | $\leqslant 20I_e$ |
| | CJ16-32 | 23 | 32 | | 16 | | | | |
| | CJ16-40 | 29 | 40 | | 20 | | | | |
| | CJ16-63 | 43 | 63 | | 30 | | | | |
| CJ19 | CJ19-25 | 17.3 | 25 | 6 | 12 | 100 | 10 | 120 | $\leqslant 20I_e$ |
| | CJ19-32 | 26 | 32 | 9 | 18 | | | | |
| | CJ19-43 | 29 | 43 | 10 | 20 | | | | |
| | CJ19-63 | 43 | 63 | 15 | 30 | | | | |
| CJ20C | CJ20C-25 | 25 | 32 | | 20 | 100 | 15 | 240 | $\leqslant 20I_e$ |
| | CJ20C-36 | 36 | 36 | | 25 | | 10 | | |
| | CJ20C-45 | 45 | 53 | | 30 | | | | |
| | CJ20C-63 | 63 | 63 | | 40 | | | | |
| B-C | B25C | 22 | 40 | | 15 | 100 | 10 | 120 | $\leqslant 20I_e$ |
| | B30C | 30 | 45 | | 20 | | | | |
| | B50C | 50 | 85 | | 30 | | | | |
| | B63C | 60 | 85 | | 40 | | | | |
| | B75C | 75 | 85 | | 50 | | | | |

续表

| 系列 | 型号 | 额定工作电流 $I_e$(AC-6b)/A | 约定发热电流 $I_{th}$/A | 控制电容器容量/kvar | | 机械寿命/万次 | 电寿命/万次 | 操作频率/(次/h) | 抑制涌流能力 |
|---|---|---|---|---|---|---|---|---|---|
| | | | | 220V | 380V | | | | |
| CJ41 | CJ41-32<br>CJ41-40<br>CJ41-63 | 32<br>40<br>63 | 32<br>40<br>63 | 8<br>10<br>16 | 16<br>20<br>32 | 100 | 10 | 120 | $\leqslant 20I_e$ |
| CJ32C | CJ32C-25<br>CJ32C-32<br>CJ32C-45<br>CJ32C-63 | 25<br>32<br>45<br>63 | 32<br>45<br>55<br>80 | | 12<br>20<br>30<br>40 | 100 | 10 | 120 | $\leqslant 30I_e$ |
| JKC1 | JKC1-25<br>JKC1-32<br>JKC1-50<br>JKC1-63<br>JKC1-80 | 25<br>32<br>50<br>63<br>80 | 25<br>32<br>50<br>63<br>80 | 8.6<br>12<br>17<br>23<br>30 | 15<br>20<br>30<br>40<br>50 | 100 | 10 | — | $\leqslant 30I_e$ |

## 3.4.2 电容器配套开关、熔断器和切合电阻的选择及实例

(1) 开关或断路器的选择

所选择的开关要能断开电容器组回路而不重燃。开关重燃不仅对电容器危害很大，而且对开关本身和系统中邻近的其他电器都有威胁。为此，低压移相电容器补偿装置中最好采用切合电阻；对于高压电容器组，可采用在断口上带有并联电阻的断路器，其额定电流按电容器额定电流的 1.3～1.5 倍选取，同时需考虑承受接通时涌流的能力。

(2) 熔断器的选择

对于单台并联电容器，熔断器熔丝的额定电流应不小于被保护电容器额定电流的 1.43 倍，一般推荐在 1.43～1.55 倍的范围内选取。同时规定了熔丝的基本熔断特性，见表 3-8。

表 3-8 熔丝的基本熔断特性

| 熔丝额定电流为单台电容器额定电流的倍数 | 1.1 | 1.5 | 2.0 |
|---|---|---|---|
| 熔断时间 | 4h 不断 | ≤75s | ≤7.5s |

需要指出的是，用外熔丝保护并联电容器存在着死区。比如，

将熔丝额定电流选为 $1.5I_{ce}$（$I_{ce}$为单台电容器额定电流），则当故障电流 $I_c' \leqslant 1.1\times1.5I_{ce}=1.65I_{ce}$时，熔断器不动作，只有当 $I_c' > 1.5\times1.5I_{ce}=2.25I_{ce}$时，熔丝才进入快速熔断（≤75s）区，而此时电容器内部故障率（故障元件数/元件总数）已达 50%。也就是说，在电容器故障率小于 50%的范围内，熔断器保护存在着死区。

（3）切合电阻的选择

对于低压移相电容器组，其切合电阻为

$$R=(0.2\sim0.3)X_C$$

高压开关上的切合电阻或并联电阻为

$$R=(0.4\sim0.8)X_C$$

式中　$R$——电阻，Ω；

$X_C$——电容器组的容抗，Ω。

电阻的温度以不超过 150℃为宜。

**【例 3-2】**　一只 BWF-10.5-50-1 型高压电容器，其电压为 10.5kV，标称容量为 50kvar，试选择熔断器和切合电阻。

**解：**电容器电容量为

$$C=\frac{Q}{2\pi fU_e^2}=\frac{50000}{2\pi\times50\times(10.5\times10^3)^2}$$
$$=1.44\times10^{-6}\ (\text{F})=1.44\ (\mu\text{F})$$

电容器的容抗为

$$X_C=\frac{1}{2\pi fC}=\frac{1}{2\pi\times50\times1.44\times10^{-6}}\approx2212\ (\Omega)$$

电容器额定电流为

$$I_C=2\pi fCU_e\times10^{-6}=2\pi\times50\times1.44\times10.5\times10^3\times10^{-6}$$
$$=4.75\ (\text{A})$$

可选择熔丝额定电流为

$$I_{er}=(1.43\sim1.55)I_C=(1.43\sim1.55)\times4.75$$
$$=6.79\sim7.36\ (\text{A})$$

可选择两根直径为 0.2mm 的高压熔丝并联使用，其额定电流为 7.5A。

切合电阻为

$$R=(0.4\sim0.8)X_C=(0.4\sim0.8)\times2212$$
$$=884.8\sim1770\ (\Omega)$$

可选择电阻值为1kΩ左右的片形电阻。

### 3.4.3 电容器放电电阻的选择及实例

为了保证安全操作及减小冲击电流，应设法在电容器与电源断开后，在电容器两端并联一个放电电阻，将电容器上的电荷快速放掉。根据电容器运行规定，电容器在经过30s放电后，其处接线端子间的剩余电压应降低到65V以下。通常，380V及以下的低压电容器组采用白炽灯或AD15系列信号灯作为放电回路，3.15～10.5kV高压电容器组常采用接成V形的单相电压互感器或三相电压互感器作为放电回路。

用电阻作为放电回路的计算如下：

电容器放电时间为

$$t=2.3RC\lg\frac{\sqrt{2}U}{u_C}$$

式中 $t$——电容器放电时间，s；

$R$——放电电阻，Ω；

$C$——每相的电容量，F；

$U$——电网线电压，V；

$u_C$——电容器上的电压，V。

当电容器组为三角形接法时，每相电容量为

$$C=\frac{Q_C\times10^{-9}}{3\omega U^2}$$

当电容器组为星形接法时，每相电容量为

$$C=\frac{Q_C\times10^{-9}}{\omega U^2}$$

式中 $Q_C$——并联补偿电容器的总容量，kvar。

当$U=380$V，要求$u_C=65$V且放电时间不大于30s时，根据以上各式可得：

① 放电电阻采用三角形接法时，每相放电电阻为

$$R_{\triangle}\leqslant\frac{193\times10^4}{Q_C}\Omega$$

电阻上消耗的功率为

$$P_{\triangle}=U^2/R_{\triangle}\ \mathrm{W}$$

② 放电电阻采用星形接法时，计算时必须将放电电阻换算为相应的三角形接法时对应电路的阻值，这时每相放电电阻为

$$R_{Y}=\frac{R_{\triangle}}{3}\leqslant\frac{64.3\times10^4}{Q_C}$$

电阻上消耗的功率为

$$R_{Y}=U_X^2/R_{Y}$$

式中 $U_X$——相电压，V。

**【例 3-3】** 现有一采用三角形接法的电容组，总容量为120kvar，电网电压为380V，试分别选择其放电电阻在三角形和星形接法时的电阻器。

**解：** 当放电电阻采用三角形接法时，放电电阻为

$$R_{\triangle}\leqslant\frac{193\times10^4}{120}=16000\ (\Omega)$$

电阻上消耗功率为

$$P_{\triangle}=U^2/R_{\triangle}=380^2/16000=9\ (\mathrm{W})$$

可选用ZG11-50型50W、15kΩ的被釉管形电阻（没有更小功率的型号）。

当放电电阻采用星形接法时，放电电阻为

$$R_{Y}\leqslant\frac{64.3\times10^4}{120}=5400\ (\Omega)$$

电阻上消耗功率为

$$P_{Y}=U_X^2/R_{Y}=220^2/5400=9\ (\mathrm{W})$$

可选用ZG11-20型20W、5.6kΩ的被釉管形电阻。

### 3.4.4 电容器串联电抗器的选择及实例

电容器串联电抗器的作用是抑制合闸涌流和谐波电压，以免电容器被损坏。电抗器必须与电容器配合好，否则将失去保护电容器的作用。具体选择如下：

① 根据要选配串联电抗器的电容器组的实际容量 $Q_C$ 和额定电压 $U_{Ce}$ 计算电容器的基波容抗 $X_{C1}$ 和额定电压下的基波电流 $I_{C1}$。

$$X_{C1}=U_{Ce}^2/Q_C$$

$$I_{C1}=Q_C/U_{Ce}$$

② 根据选配串联电抗器的目的，确定串联电抗器的工频电抗$X_{L1}$。其中，在抑制涌流时，$X_{L1}$可在（0.001～0.003）$X_{C1}$的范围内选取。在防止5次及以上谐波放大时，$X_{L1}$可在（0.045～0.06）$X_{C1}$的范围内选取。但要注意，串接6%或4.5%电抗器均会产生3次谐波电流放大，而串接6%电抗器对3次谐波电流的放大程度更加严重，串接4.5%电抗器则很接近于5次谐波谐振点的电抗值的4%。因此，在需要抑制5次及以上谐波，同时又要兼顾减小对3次谐波放大的情况下，$X_{L1}$可选取4.5%$X_{C1}$。在防止3次及以上谐波放大时，$X_{L1}$可在（0.12～0.13）$X_{C1}$的范围内选取。在防止2次及以上谐波放大时，$X_{L1}$应在（0.26～0.27）$X_{C1}$的范围内选取。

③ 核算串联电抗器的额定电流为

$$I_{Le}\geqslant I_{Ce}$$

式中 $I_{Le}$——串联电抗器的额定电流，A；

$I_{Ce}$——配套并联电容器组的额定电流，A。

**【例3-4】** 有一组额定电压为10.5kV、容量为2000kvar的高压单相并联电容器，为了防止3次及以上谐波放大，试选配单相串联电抗器。

**解：** 电容器的基波容抗为

$$X_{C1}=\frac{10.5^2}{2000}\times10^3\approx55\ (\Omega)$$

额定电压下的基波电流为

$$I_{C1}=2000/10.5\approx190\ (\mathrm{A})$$

串联电抗器的工频电抗为

$$X_{L1}=0.12X_{C1}=0.12\times55=6.6\ (\Omega)$$

串联电抗器的额定电流为

$$I_{Le}=I_{C1}=190\ (\mathrm{A})$$

因此可选用额定电抗为6.6Ω、额定电流为190A以上的单相串联电抗器。

对于同一组电容器，若选配电抗器的目的仅仅是为了限制涌流，则仅需选用$X_{L1}=0.002\times55\Omega=0.11\Omega$，$I_{Le}=190\mathrm{A}$以上的空心电抗器就可以了。

# 第4章

# 高压电器

## 4.1 高压电器的分类和使用条件

高压电器一般是指用于交流高压（3kV 及以上）变配电设备上的电器。本章不介绍用于高压直流系统的高压电器。

### 4.1.1 高压电器的分类

高压电器种类很多，按照它在电力系统中的作用可以分为以下几种。

① 开关电器，如断路器、隔离开关、负荷开关、接地开关以及操动机构等。

② 保护电器，如熔断器、避雷器等。

③ 测量电器，如电压、电流互感器等。

④ 限流电器，如电抗器、电阻器等。

⑤ 其他，如电力电容器、绝缘子等。

另外，高压开关柜和组合电器也属于高压电器。

### 4.1.2 高压电器的使用条件

（1）高压电器基本使用环境条件

断路器、隔离开关、负荷开关、开关柜、组合电器和接地开关等高压电器的基本使用环境条件如下。

① 环境温度：上限，+40℃；下限，户内为−5℃，户外为

−30℃，高寒地区为−40℃。日温差为15℃。

② 海拔：1000m、2500m。

③ 户内产品相对湿度：90%（+25℃时）。

④ 户外产品风速：35m/s。

⑤ 地震烈度：8度。

(2) 高压电器的允许工作条件

高压电器的允许工作条件见表4-1。

表4-1 高压电器的允许工作条件

| 项目 \ 设备 | | 绝缘子 | | 隔离开关 | 断路器 | 电流互感器 | 电压互感器 | 变压器 | 电抗器 | 熔断器 | 电力电容器 |
|---|---|---|---|---|---|---|---|---|---|---|---|
| | | 支柱 | 穿墙 | | | | | | | | |
| 最高工作电压 | 3～3.5kV | $1.15U_e$ | | | | $1.1U_e$ | | | | $1.15U_e$ | |
| | 110kV | $1.1U_e$ | | | | | | | | | |
| 最大工作电流 | 低于 $t_e$ 时 | — | 每低于1℃可加0.5%至 $0.2I_e$ 止 | | | | — | 按1%及3%制 | $I_e$ | $I_e$ | — |
| | 高于 $t_e$ 时 | — | $I_e\sqrt{(75-t)/(75-t_e)}$ | | | | — | $\frac{I_e(t-t_e)}{100}$ | 同电流互感器 | — | — |
| 环境温度/℃ | 额定 $t_e$ | 40 | | | | | 40 | 40 | | | 25 |
| | 最高 | 40 | | | | | 40 | 40 | | | 40 |
| | 最低 | −40 | | | | | −30 | −30 | — | −40 | −40 |
| 按动稳定校验 | | $P\leqslant 0.6P_g$ | | $i_{ch}\leqslant i_{gf}$ | | $K_d\geqslant\frac{i_{ch}}{\sqrt{2}I_e}$ | — | — | $i_{ch}\leqslant i_{gf}$ | — | — |
| 按热稳定校验 | | — | $I_t^2t\geqslant I_\infty^2t_j$ | | | | — | $I_\infty<25I_e$ $t\leqslant\frac{900}{K_i^2}$ | $I_t^2t\geqslant I_\infty^2t_j$ | — | — |
| 按断路容量校验 | | — | — | — | $S_{de}\geqslant S_{0.2}$ 或 $\geqslant S''$ | — | — | — | — | $I_{de}\geqslant I''$ 或 $\geqslant I_{ch}$ | — |

表4-1说明如下。

① 环境温度的选取，对于不同地点各有不同。如屋外配电装

置、发热量较小的屋内配电装置（如35～220kV级）、电缆隧道等取当地的月平均最高气温；发热量较大的屋内配电装置（如3～10kV级）、厂用配电装置、发电机出线小间等取通风设计时采用的最高室温（或按月平均最高气温加5℃）。

② 表4-1仅为一般允许条件，不包括个别设备的特殊要求，如互感器需满足准确度要求，电抗器需限制用户的短路容量，变压器需考虑年平均温度等。

③ $K_i = I_\infty / I_e$，$K_d$ 为动稳定倍数，由产品样本查出；$i_{ch}$ 为短路冲击电流；$I''$ 为超瞬变短路电流有效值；$I_\infty$ 为稳态短路电流有效值；$I_{ch}$ 为短路全电流最大有效值。

④ $U_e$、$I_e$ 为设备的额定电压和额定电流。

⑤ $P_g$ 为绝缘子抗弯破坏负荷。

⑥ $P$ 为在短路时作用于绝缘子的力。

⑦ $i_{gf}$ 为设备极限通过电流峰值。

⑧ $t_j$ 为假想时间（s）。

⑨ $I_t$ 为设备在 $t$(s) 内的热稳定电流（kA）。

⑩ $S_{de}$ 为设备额定断流容量（MV・A）。

⑪ $I_{de}$ 为设备额定短路开断电流（A）。

⑫ $t$ 为电器的稳定试验时间（s），通常是1s、5s或10s。

## 4.2 高压电器的选择

### 4.2.1 普通型高压电器的选择

高压电器应按正常工作条件选择，按短路条件进行热稳定和动稳定校验。

(1) 按正常工作条件选择

正常工作的选择条件是额定电压和额定电流。

① 按额定电压选择，即

$$U_e \geqslant U_g$$

式中，$U_e$ 为电器的额定电压，kV；$U_g$ 为电器的工作电压，即电网电压，kV。

② 按额定电流选择，即

$$I_e \geqslant I_g$$

式中，$I_e$ 为电器的额定电流，A；$I_g$ 为电器的（最大）工作电流，A。

电器的额定电流是指在一定周围空气温度下电器能长期允许通过的电流。我国目前生产的电器，设计时取周围空气温度为 40℃ 作为计算值。如果电器安装地点的气温高于 40℃，则电器允许通过的最大连续工作电流应按下式降低：

$$I_{yx}=I_e\sqrt{\frac{\theta_{yx}-\theta_0}{\theta_{yx}-40}}$$

式中，$I_{yx}$为气温为 $\theta_0$ 时电器允许通过的最大连续工作电流，A；$\theta_0$ 为周围空气温度,℃；$\theta_{yx}$为电器某部分的长期最高允许温度，℃。

如果气温低于 40℃，则每低 1℃，允许电流增加 0.5%，但增加总数不得大于额定电流的 20%。

（2）按短路条件校验电器产品的动、热稳定

计算公式见表 4-1。其中，假想时间 $t_j$ 可根据短路延续时间 $t$ 求得，即

$$t=t_b+t_{fd}$$

式中，$t_b$ 为装置中故障元件的主要继电保护的动作时间，s；$t_{fd}$为断路器的分断时间，s。

短路电流作用的计算时间，取离短路点最近的继电保护装置的主保护动作时间与断路器分断时间之和。如主保护装置有未被保护的死区，则需根据保护该区短路故障的后备保护装置的动作时间校验热稳定。

当保护装置为速动时，短路延续时间 $t$ 可按以下范围估算：对于快速及中速动作的断路器，$t=0.11\sim0.16$s；对于低速动作的断路器，$t=0.18\sim0.26$s。

当缺乏该断路器分断时间数据时，可按以下平均值估算：对于快速及中速动作的断路器，$t=0.15$s；对于低速动作的断路器，$t=0.20$s。

开关设备的性能及稳定度计算见表 4-2。

表 4-2 开关设备性能及稳定度计算

<table>
<tr><th rowspan="4">设备名称</th><th rowspan="4">型 号</th><th rowspan="4">额定电压/kV</th><th rowspan="4">额定电流/A</th><th rowspan="4">额定断流容量/MV·A</th><th colspan="2">动稳定校验</th><th colspan="6">热稳定校验</th></tr>
<tr><th rowspan="3">冲击电流峰值 $i_{ch}$/kA</th><th rowspan="3">全电流有效值 $I_{ch}$/kA</th><th colspan="6">稳态短路电流 $I_d$/kA</th></tr>
<tr><th colspan="6">假想时间 $t_j$/s</th></tr>
<tr><th>0.1～1</th><th>1.25</th><th>1.5</th><th>1.75</th><th>2</th><th>2.5</th></tr>
<tr><td>户内少油断路器</td><td>SN8-10</td><td>10</td><td>600<br>1000</td><td>200<br>350</td><td>65</td><td>37.5</td><td>37.5</td><td>37.5</td><td>37.5</td><td>34.8</td><td>32.5</td><td>29.1</td></tr>
<tr><td>户内少油断路器</td><td>SN10-10</td><td>10</td><td>600<br>1000</td><td>350<br>500</td><td>52<br>74</td><td>30<br>43</td><td>30<br>43</td><td>30<br>43</td><td>30<br>43</td><td>30<br>43</td><td>28.3<br>43</td><td>25.5<br>36.7</td></tr>
<tr><td>户内多油断路器</td><td>DN3-10I</td><td>10</td><td>400</td><td>75(kV)<br>150(6kV)<br>200(10kV)</td><td>37</td><td>21.5</td><td>21.5</td><td>21.5</td><td>21.5</td><td>21.5</td><td>20.5</td><td>18.3</td></tr>
<tr><td>户内空气断路器</td><td>CN2-10</td><td>10</td><td>600</td><td>150(6kV)<br>200(10kV)</td><td>37</td><td>22</td><td>22</td><td>22</td><td>22</td><td>22</td><td>20.5</td><td>18.3</td></tr>
<tr><td>负荷开关</td><td>FN2-10<br>FN3-10</td><td>10</td><td>400</td><td></td><td>25</td><td>14.5</td><td>14.5</td><td>14.5</td><td>14.5</td><td>14.3</td><td>13.4</td><td>12</td></tr>
<tr><td rowspan="4">户内隔离开关</td><td rowspan="3">$GN_{8}^{6}$-6T<br>$GN_{8}^{6}$-10T</td><td rowspan="3">6<br>10</td><td rowspan="3">200<br>400<br>600<br>1000</td><td rowspan="3"></td><td rowspan="3">25.5<br>52<br>52<br>75</td><td rowspan="3">14.7<br>30<br>30<br>43</td><td colspan="5">14.7</td><td rowspan="3">14.1<br>19.8<br>28.3<br>42.4</td></tr>
<tr><td>30</td><td>28</td><td>25.6</td><td>28.6</td><td>22.1</td></tr>
<tr><td colspan="5">30<br>43</td></tr>
<tr><td>GN2-10</td><td>10</td><td>2000<br>3000</td><td></td><td>85<br>100</td><td>49<br>58</td><td colspan="6">49<br>58</td></tr>
<tr><td>户外隔离开关</td><td>GW1-$_{10}^{6}$</td><td>6<br>6<br>10</td><td>200<br>400<br>600</td><td></td><td>15<br>25<br>35</td><td>9<br>15<br>21</td><td colspan="6">9<br>15<br>21</td></tr>
</table>

### 4.2.2 高海拔地区高压电器的选择及实例

海拔高度超过1000m的地区称为高海拔地区。大气压力和温度随海拔的升高而降低。

在高海拔地区应按以下原则选用高压电气设备。

(1) 耐压值的修正

随着海拔升高，气压降低，空气的绝缘强度减弱，高压电器外绝缘能力降低，而内绝缘所受影响很小。由于设备的出厂试验是在正常海拔地点进行的，因此对用于高海拔地区的高压开关设备，应对其额定工频耐压值和额定脉冲耐压值（以鉴定绝缘能力）作适当的修正。

对于10kV开关柜，其额定电压为12kV，额定工频耐压值（有效值）为32kV（对隔离开关）和28kV（各相之间及对地），额定脉冲耐压值（峰值）为85kV（对隔离开关）和75kV（各相之间及对地）。

校正公式为

$$应选的额定工频耐压值=\frac{额定工频耐压值}{1.1\alpha}$$

$$应选的额定雷电脉冲耐压值=\frac{额定雷电脉冲耐压值}{1.1\alpha}$$

式中 $\alpha$——校正系数，见图4-1。

例如，用于海拔高度为4000m的高压开关设备，其$\alpha$值为0.66。可见，相应的耐压值应增加约38%。

当按上式计算值进行试验而不合格时，应加强绝缘措施，甚至选用额定电压高一级的同类产品。

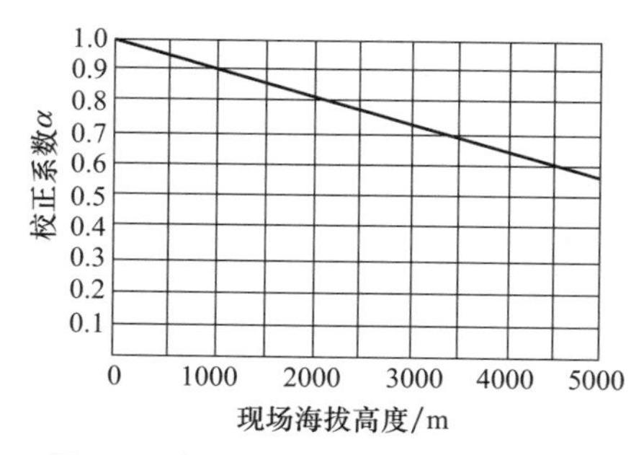


图4-1 高海拔地区耐压值校正系数$\alpha$

(2) 温升值

由于随海拔增高而增加的产品温升值，基本上接近高原气温随海拔增高而降低的递减值（每增高100m约降低0.5℃），故温升问题能得到补偿。因此在海拔不超过4000m的情况下，高压电器的额定电流值保持不变。

但对于阀型避雷器来说，由于其火花间隙的放电电压易受空气密度的影响，因此需使用高原型阀型避雷器。

(3) 对开关设备分断能力的影响

高海拔会使在大气中灭弧的高低压电器的分断能力降低。当分断能力不能合格时，应选用额定容量高一级的产品。

**【例 4-1】** 在海拔高度分别为2000m、3000m和4000m时，如何选择断路器?

**解：** 高海拔地区对断路器的耐压值、分断能力和额定电流都有影响，选择时需注意。

对于断路器，在海拔超过2000m的地方使用，应加强其绝缘。例如，在标准大气压下可以选用耐压值2500V的断路器，在海拔3000m处其耐压值要提高到3000V；在海拔4000m处，其耐压值要提高到3500V（试验持续时间均为1min）。断路器的短路分断能力也应降容或降压使用，一般降一级使用。例如，原短路分断能力为35kA的断路器，在高原地区使用时，分断能力降为25kA；再如，在海拔2000m处，最大工作电压为690V的断路器，在海拔3000m处使用时，其最大工作电压应降为550V，在海拔4000m处使用时，降为480V。额定电流也由2000m处的$I_e$，降至3000m时的$0.98I_e$，4000m时的$0.93I_e$。海拔越高，降得越多。

## 4.3 高压电器的温度管理

### 4.3.1 普通型高压电器的允许温升

额定电压为3kV及以上、交流50Hz的长期工作制的电器，如断路器、隔离开关、负荷开关、开关柜、组合电器、自然气冷电抗器等的允许温升见表4-3。高压熔断器、避雷器、电容器、电流及电压互感器、附加电阻等不受表4-3的限制。

### 4.3.2 温度测试仪和测温贴片的选用

(1) 红外测温仪及选用

红外测温仪可在高电压、大负荷、远距离的条件下对电气设备的运行状态作出快速、准确的判断。用它能方便地查出设备的过热故障，且灵敏度高、形象直观、安全方便。

表 4-3 普通型高压电器的允许温升

| 序号 | 电器各部分的名称 | 最大允许发热温度/℃ | | 在环境温度为+40℃时的允许温升/℃ | |
|---|---|---|---|---|---|
| | | 在空气中 | 在油中 | 在空气中 | 在油中 |
| 1 | 不与绝缘材料接触的金属部分 | | | | |
| | (1)需要考虑发热对机械强度影响的 | | | | |
| | ①铜 | 110 | 90 | 70 | 50 |
| | ②铜镀银 | 120 | 90 | 80 | 50 |
| | ③铝 | 100 | 90 | 60 | 50 |
| | ④钢、铸铁及其他 | 110 | 90 | 70 | 50 |
| | (2)不需要考虑发热对机械强度影响的 | | | | |
| | ①铜或铜镀银 | 145 | 90 | 105 | 50 |
| | ②铝 | 135 | 90 | 95 | 50 |
| 2 | 与绝缘材料接触的金属部分以及由绝缘材料制成的零件，当绝缘材料等级为： | | | | |
| | Y | 85 | | 45 | |
| | A | 100 | 90 | 60 | 50 |
| | E | 110① | 90 | 70① | 50 |
| | B、F、H 和 G | 110① | 90 | 70① | 50 |
| 3 | 最上层变压器油 | | | | |
| | (1)作为灭弧介质时 | | 80 | | 40 |
| | (2)只作为绝缘介质时 | | 90 | | 50 |
| 4 | 接触连接 | | | | |
| | (1)用螺栓、螺纹、铆钉或其他形式紧固的 | | | | |
| | ①铜或铝无镀层 | 80 | 85 | 40 | 45 |
| | ②铜或铝镀(搪)锡 | 90 | 90 | 50 | 50 |
| | ③铜镀银 | 105 | 90 | 65 | 50 |
| | ④铜镀银厚度大于 50μm 或镶银片 | 120 | 90 | 80 | 50 |
| | (2)用弹簧压紧的 | | | | |
| | ①铜或铜合金②无镀层 | 75 | 80 | 35 | 40 |
| | ②铝或铝合金②无镀层 | | 80 | | 40 |
| | ③铜或铜合金②镀银 | 105 | 90 | 65 | 50 |
| | ④银或银合金②铜镀银厚度大于 50μm 或镶银片 | (120) | 90 | (80) | 50 |

续表

| 序号 | 电器各部分的名称 | 最大允许发热温度/℃ | | 在环境温度为+40℃时的允许温升/℃ | |
|---|---|---|---|---|---|
| | | 在空气中 | 在油中 | 在空气中 | 在油中 |
| 5 | 铜编织线(包括紫铜带) | (80) | (85) | (40) | (45) |
| 6 | 起弹簧作用的金属零件 | 见注1 | | | |

① 对需要考虑发热对机械强度影响的铝，最大允许发热温度取100℃。对不需要考虑发热对机械强度影响的铜、铝，最大允许发热温度可以适当提高，但应比绝缘零件允许发热温度低10℃，且不得高于表中序号1（2）所规定的值。

② 铜合金、铝合金和银合金是指铜基、铝基与银基合金，均不包括粉末冶金制作。

注：1. 最大允许温度不应达到丧失材料弹性，对纯铜此温度为75℃。

2. 具有银镀层的接触连接，若接触表面的银镀层被电弧烧灼（露铜），或者在进行机械寿命试验后，银镀层被擦掉的，则其发热温度按没有银镀层时处理。

3. 粉末冶金制件接触的允许发热温度，由制造厂在各种产品技术条件中加以规定。

4. 表中括号内的数值，作为推荐使用值。

目前，红外测温仪主要用于：检查导体连接点是否过热，电子器械的冷却防尘网是否堵塞，断路器是否过热，电动机变速箱润滑油是否老化以及监控干式变压器通风孔或其他部位的温升等，其用途十分广泛。

如Raytek（美国）公司生产的ST、PM、MX等系列便携式红外测温仪，产品结构简单、可靠、易用。

选用红外测温仪需考虑以下主要因素。

① 温度范围。被测目标的温度应在测温仪的温度范围之内。

② 距离系数。距离系数是指从测温仪到被测目标之间的距离与被测目标直径的比值。此系数越大，表明仪器的光学分辨率越高。即可在更远的地方测量物体。因为测温仪显示的温度值是其视场内目标光斑的平均值，所以目标必须充满视场，而且最好有1.5倍的余量。例如距离系数为100的测温仪，在2m处可测量目标直径为2m/100＝2cm，为了测试准确，目标直径应为2cm×1.5＝3cm。

③ 发射率。由于非接触红外测温仪测量的是物体的表面温度，测量结果与被测目标的表面状况有关，因此正确地选择发射率十分重要。实验证明，大部分非金属的发射率都很高，一般在0.85～

0.95之间，且与表面状态关系不大；金属的发射率与表面状态有密切的关系。在选用金属材料的发射率时，应对其表面状况给以足够的关注。

(2) 变色测温贴片及选用

① 变色测温贴片的特点。变色测温贴片又称示温记录标签。温度敏感变色测温贴片，随设备温度的变化而改变颜色或显示温度值，从而可掌握设备的温度变化。贴片自身带有压敏胶，呈标签形式，可直接粘贴在各种设备表面。一旦设备超温，显示窗口立即显示超温数字或由白色变成红色或黑色、绿色、黄色等。普通测温贴片超温后永久变色，再冷却下来并不恢复原色，呈超温记录状态。而变色测温贴片则有较强的三状态显示及颜色变化可逆性功能：超温前是白色，超温后变色，再恢复常温，颜色可恢复为中间色（如变红品种恢复为粉色，变黑品种恢复为灰色）；如再超温，颜色又重复变为鲜艳的色彩，具有重复观测功能，降低使用成本。有的特殊产品还具有颜色完全可逆和不可逆的功能。

变色测温贴片具有体积小、易操作、显示明显、直观、价廉、测温较准确、超温反应快等优点。测温贴片的误差小于2℃。测温贴片在常温状态尤其在室内能使用4～5年甚至更长，一般环境可用2～3年。已超温变色的贴片最好及时更换。保存时忌接近高温，应存放在阴凉密封的地方。

② 变色测温贴片的选择

a. 变色测温贴片温度点的选择。一般变配电设备最常用的检测温度为60℃、70℃、80℃，电力方面的测温贴片产品有更高或更低温度，如50℃、55℃、60℃、65℃、70℃、75℃、80℃、85℃、100℃、120℃等。用户可根据电气设备各部位的温度限值选择变色测温贴片的温度点。

b. 变色测温贴片的选型。从性价比和综合性方面考虑，可选购有保护膜多变色系列的测温贴片，如北京亚东星机电技术研究所生产的YDX678型、BD型、GK678型、BC型、BF型、窗口型和数显加强/反光型。这些产品的特点是，整洁美观、利于保存、揭取方便、耐污防水效果显著。BD型显示窗口较大而醒目；

YDX678 型有 60℃、70℃、80℃三种温度，三颜色变化的组合式测温贴片测温范围宽，可了解温升渐变过程；GK678 型不仅用三种不同颜色，还用数字来表示 60℃、70℃、80℃三种温度；窗口型适合导线母排有螺钉的接头部位，它用不同窗口内醒目的黑白色变化来表示 60℃、70℃、80℃三种温度，防污防水；数显反光型既醒目，耐污防水，又可用作电力母线的三相序指示色（黄、绿、红色）。当前，选用率最高的是 YDX678 型和 BD 型。

③ 变色测温贴片的使用

a. 揭取有保护膜的产品十分方便，揭取没有保护膜的单温度多变色系列、温度数字显示系列的贴片时，可先弯折底纸再揭。

b. 所贴的测温部位应较平整清洁干燥，最好用砂纸打磨去除氧化层及凹凸面，或用汽油及其他溶剂清洗擦拭一遍。

c. 产品附有压敏胶，粘贴时应排除胶接面微小的空气气隙，粘实、粘牢。

d. 在可能沾到油、水的部位，应选用带保护膜的测温贴片。

e. 用于环境特别恶劣的地方，可用透明胶带将测温贴片连同测温部位缠绕起来，以便能起到较好的保护及固定作用。

f. 如带电粘贴，可先把测温贴片粘到尖端细小的绝缘棒上，再把有胶的一面推向设备压实即可。

注意，测温过程中禁止用手触摸，以防损坏产品。

## 4.4 高压断路器的选用

高压断路器是一种能在电力系统正常运行和故障情况下切、合各种性能电流的开关电器，其主要功能是切除电力系统中的短路故障。高压断路器具有最可靠的灭弧装置。根据灭弧装置所采用的不同灭弧介质，通常可分为多油断路器、少油断路器、真空断路器、六氟化硫（$SF_6$）断路器、压缩空气断路器和磁吹式断路器等。

### 4.4.1 高压断路器的分类

各类高压断路器分类、结构性能及应用范围见表 4-4。

表 4-4 断路器类别、结构性能及应用范围

| 类别 | | 代表型号 | 结构性能特点 | 应用范围 |
|---|---|---|---|---|
| 空气断路器 | | KW 系列 | 利用压缩空气灭弧，将空气吹到开关中灭弧，分单、双向喷嘴结构，易加装并联电阻，额定电流及开断能力可以做得很大，动作快，开断时间短 | 一般用在 110kV 及以上大容量电厂、变电所作保护用，或用在操作频繁的高压线路场合 |
| 油断路器 | 多油断路器 | DW 系列 | 触头及灭弧室机构装在接地的油箱中，用油作为对地绝缘介质，易于加装单匝环形电流互感器及电容分压装置，本体用钢材及绝缘油量大，灭弧时间较长，动作速度慢 | 一般用在电压不超过 35kV（即 35kV、10kV、6kV）变电所，作分、合闸用 |
| | 少油断路器 | SN、SW 系列 | 对地绝缘主要依靠固体介质，结构简单，耗油量较少，若配用液压机构，则制作工艺要求较高，其为积木式结构，开关电流大 | 用于各级电压的户内、外变电所，是用量较大的一种断路器 |
| 六氟化硫（$SF_6$）断路器 | | 瓷瓶支柱式 | 属单压式结构，结构简单，以 $SF_6$ 作为绝缘介质，密封要求严，额定电流及开断能力可以做得很大，单断口电压达 220kV | 用于 110kV 及以上变电所及操作频繁场所 |
| 真空断路器 | | — | 体积小、重量轻，其触头处在真空中开断电路，燃弧时间短，可连续多次自动重合闸，是一种新型有发展前途的断路器 | 用于 110kV 及以下变电所及操作频繁场所 |
| 固体产气断路器 | | QW1 型 | 结构简单，重量轻，额定电流及开断能力不可做得大，断口电压不高，噪声大 | 用于 35kV 及以下户外小容量变电所 |
| 磁吹式断路器 | | | 结构复杂，体积大，重量重，断口电压在 20kV 以下，耐用，检修期长，运行中噪声小 | 用于 20kV 及以下的变配电所及频繁操作场所 |

## 4.4.2 高压断路器的技术特性

① 额定电压　断路器的额定电压等级（单位为 kV）是 3、6、10、20、35、60、110、220、330 等。额定电压指的是线电压，标

于断路器的铭牌上。

断路器还有一最高工作电压。按国家标准，对于额定电压在220kV及以下的设备，其最高工作电压为额定电压的1.15倍；对于330kV的设备，规定为1.1倍。

② 额定电流　断路器长期通过额定电流时，其各部分的发热温度不超过允许值。额定电流的大小，决定了断路器的触点结构及导电部分的截面。

③ 额定开断电流　指在额定电压下，断路器能可靠切断的最大短路电流周期分量有效值。额定开断电流（单位为kA）有1.6、3.15、6.3、8、10、12.5、16、20、25、31.5、40、50、63、80和100等。

④ 额定断流容量　即断路器的断路能力，以MV・A表示。三相断路器的额定断流容量(MV・A)=$\sqrt{3}$×额定电压(kV)×额定开断电流(kA)。

⑤ 额定动稳定电流和额定关合电流（峰值）　这些电流是其额定开断电流周期分量有效值的2.5倍。

⑥ 额定热稳定电流和额定热稳定时间　断路器的额定热稳定电流等于其额定开断电流，额定热稳定时间一般为2s。

⑦ 合闸与分闸装置的额定操作电压　操作电压指操作时加于操动机构线圈端钮上的电压，不包括与电源连接的导线压降。额定操作电压，直流为24V、48V、110V、220V；交流为110V(100V、127V)、220V、380V。

⑧ 合闸时间　在额定操作电压下，从断路器操动机构合闸回路通电开始到断路器主电路触点接通所需的时间。断路器的合闸时间不应大于0.2～0.3s。

⑨ 固有分闸时间　在额定操作电压下，从断路器操动机构分闸回路通电开始到断路器各相完全断开所需的时间。

⑩ 重合闸无电流间隔时间　断路器在自动重合闸操作中，从开关各相断开起到重新合闸为止的那一段时间。

⑪ 触点行程　在断路器操作过程中，触点从起始位置到终止位置所走的距离。

⑫ 触点超行程　在断路器合闸过程中，动、静触点接触后，

动触点继续前进的距离。它等于行程与开距之差。

⑬ 刚分速度 断路器分闸过程中，动触点在刚分离时的速度。一般用刚分后 0.01s 内的平均速度表示。

⑭ 最大分闸速度 断路器分闸过程中，分闸速度的最大值。

## 4.5 高压断路器及操动机构的控制线路

### 4.5.1 交流操作断路器的跳闸、合闸线路

35kV 及以下接线简单的小容量变电所和小容量水电站的断路器，常采用交流操作电源。断路器交流操作一般由电流互感器、电压互感器或厂、所用变压器供电。电压互感器次级安装一只 100/220V 的隔离变压器就可以得到供给控制回路和信号回路的交流操作电源。

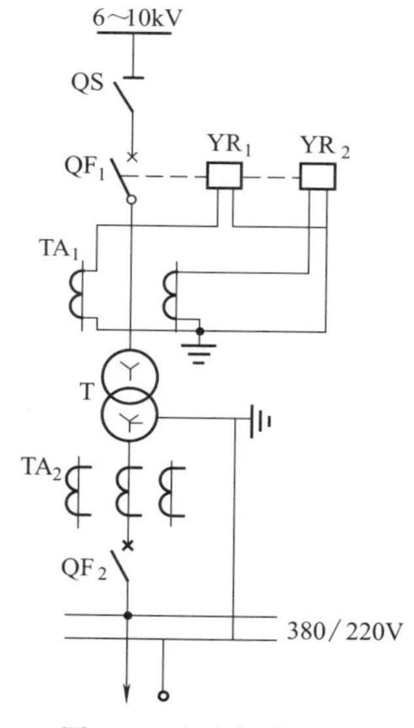

图 4-2 交流操作继电保护直接动作线路

断路器操作及继电保护接线通常有以下三种。

（1）直接动作式

其接线如图 4-2 所示。它是利用断路器手动操作机构中的脱扣器（$YR_1$、$YR_2$）作为过电流和短路保护，不需另外装设继电器。但由于目前只生产 $T_{1\sim6}$ 型瞬时过流脱扣器，因此这种接线只能用于无时限过流保护及电流速断保护。

这种方式灵活度低，工作可靠性差，仅用于对保护要求不高的场合。

（2）利用继电器常闭触点分流跳闸线路方式

其接线如图 4-3 所示，继电保护接线展开图如图 4-4 所示，手动操作电路接线如图 4-5 所示。断路器操作机构 QM 采用 CS1 或 CS2 型，操作机构各触点分合情况及信号指示见表 4-5。

图中，$TA_U$、$TA_W$ 为 U 相和 W 相电流互感器，$KI_1$、$KI_2$ 为

电流继电器，工厂一般采用 GL-15、16、25、26 型，它能在电流不大于 150A 的情况下，其触点可以将这个电路分流接通与分流断开；$YR_1$、$YR_2$ 分别为断路器过流脱扣器，$YR_3$ 为断路器手动脱扣器，它们都安装在 CS2 操作机构内。

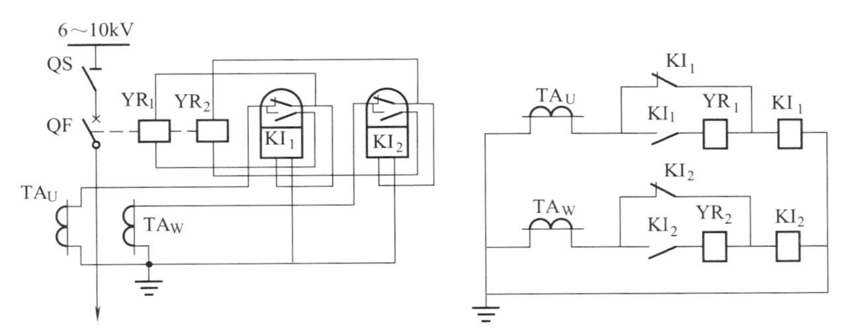


图 4-3　继电器常闭触点分流跳闸线路　　图 4-4　继电保护接线展开图

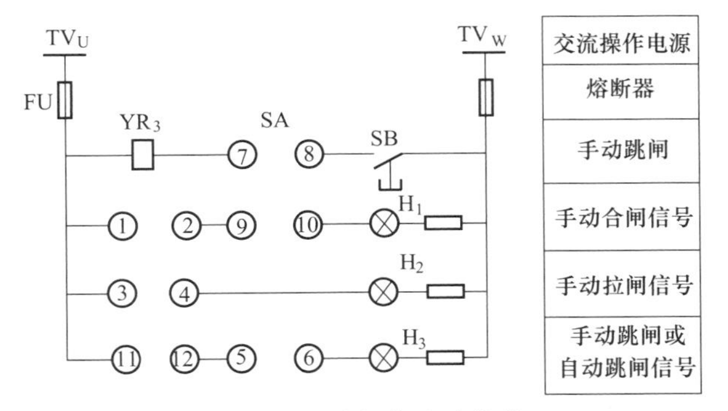


图 4-5　手动操作电路接线

表 4-5　CS2 型操作机构 QM 各触点闭合表及信号指示

| 触点及信号灯 | 手动拉闸 | 手动合闸 | 手动跳闸 | 自动跳闸 |
| --- | --- | --- | --- | --- |
| 1-2 | | × | × | × |
| 3-4 | × | | | |
| 5-6 | | × | × | × |
| 7-8 | × | | | |
| 9-10 | × | × | | |
| 11-12 | | | × | × |
| $H_2$（红） | 亮 | | | |
| $H_1$（绿） | | 亮 | | |
| $H_3$（黄） | | | 亮 | 亮 |

注：×表示闭合。

表 4-5 中的手动合闸、拉闸，是指利用 CS2 操作机构的操作杆合、拉闸；手动跳闸是指按动跳闸按钮 SB 的跳闸；自动跳闸是指电流继电器 $KI_1$、$KI_2$ 动作引起的跳闸。采用三种颜色信号灯，便于监视及事故分析。

正常情况下，电流继电器 $KI_1$、$KI_2$ 的常闭触点将断路器 QF 的跳闸线圈 $YR_1$、$YR_2$ 短接，跳闸线圈不通电。当供电系统发生相间短路等故障时，$KI_1$、$KI_2$ 动作，其常闭触点断开，从而使电流互感器的次级电流完全通过跳闸线圈，使断路器跳闸。

电流继电器的一对常开触点与跳闸线圈串联，其目的是避免电流继电器的常闭触点在线路正常运行时偶然断开，造成误跳闸的事故。

（3）利用速饱和变流器接线方式

其接线如图 4-6 所示。图中，$1TA_U$、$1TA_W$ 为 U 相和 W 相电流互感器；$2TA_U$、$2TA_W$ 为 U 相和 W 相速饱和变流器；$KI_1$、$KI_2$ 为电流继电器。

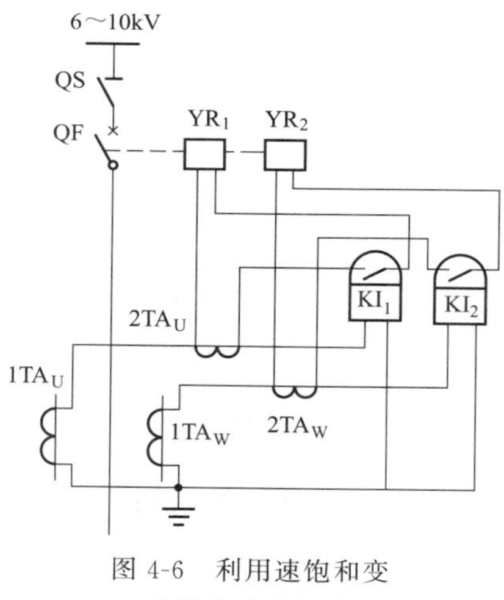


图 4-6 利用速饱和变流器的保护线路

正常情况下，电流继电器 $KI_1$、$KI_2$ 不动作，其常开触点是断开的，速饱和变流器二次处于开路状态，断路器 QF 的跳闸线圈 $YR_1$、$YR_2$ 不通电。当供电系统发生相间短路等过电流故障时，$KI_1$、$KI_2$ 动作，其常开触点闭合，接通跳闸回路。由速饱和变流器供电给跳闸线圈，使断路器跳闸。

采用速饱和变流器的目的是在短路时，限制流过跳闸线圈的电流（一般限制在 7～12A 范围内），并减轻电流互感器 1TA 的负荷阻抗。

采用速饱和变流器作操作电源，灵敏度较低，工作可靠性也较差。

### 4.5.2 带防跳跃装置的交流操作断路器控制线路

所谓“跳跃”是指断路器在手动或自动装置动作合闸后，如果操作控制开关未复归或控制开关触点、自动装置触点被卡住，则保护动作使断路器跳闸，发生多次的“跳-合”现象。所谓“防跳”，就是利用操作机构本身机械闭锁或另在操作接线上采取措施防止这种“跳跃”的发生。

传统的直流操作回路防跳跃一般用电流启动，电压保持回路来实现。这种方法，需要根据断路器跳合闸回路的电流选择防跳继电器，通用性较差。而交流操作回路实现防跳跃的方法比较简单，且很有效。其接线如图4-7所示。

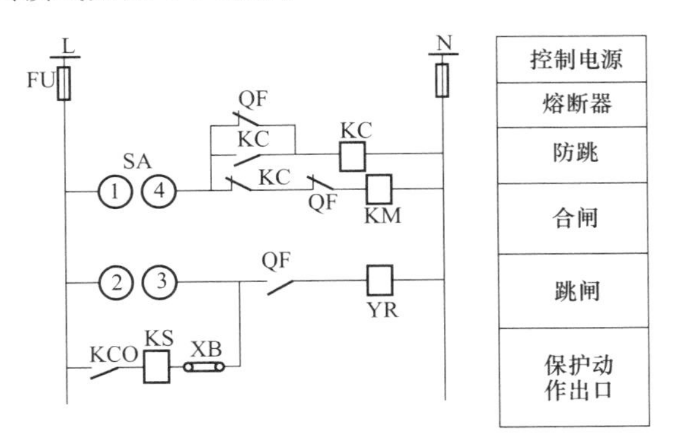


图4-7　交流操作断路器防跳跃线路

工作原理：控制开关SA处于合闸位置，SA的1、4触点闭合，合闸接触器KM得电吸合，断路器QF合闸；断路器常开辅助触点闭合，继电器KC得电吸合并自锁，其常闭触点断开，使合闸回路始终断开。这时即使有故障出现，保护动作跳开断路器后，QF常闭触点闭合，仍不会出现合闸，从而能有效地防止“跳跃”的发生。

### 4.5.3 直流操作断路器的跳闸、合闸线路

简单的断路器直流操作线路如图4-8所示。

图4-8中，YA为断路器的合闸线圈；YR为断路器的跳闸线圈；KM为合闸辅助接触器，通过它使合闸线圈动作（合闸线圈所

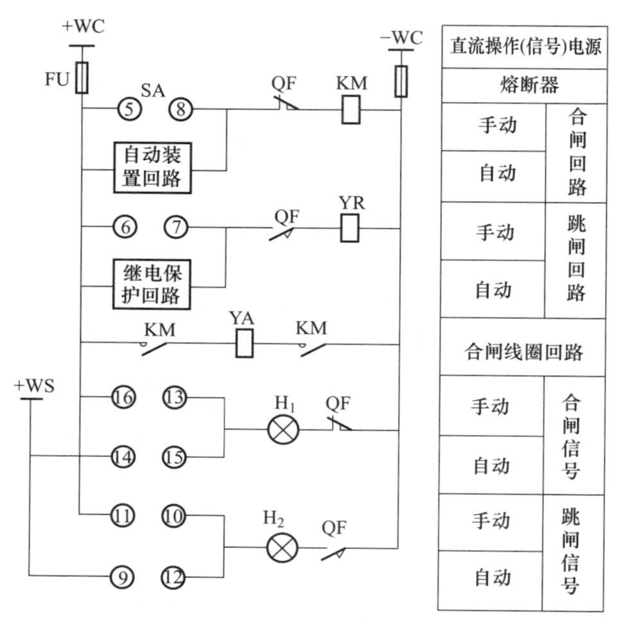


图 4-8 断路器直流操作线路

通过的电流为 50～400A)。QF 为断路器轴上附有的辅助触点，SA 为控制开关，WS 为闪光电源小母线。

工作原理：当控制开关 SA 转到合闸位置（手控电动合闸）时，5、8 触点闭合，合闸辅助接触器 KM 得电吸合，其常开触点闭合，合闸线圈 YA 得电，断路器合闸。当断路器合闸即将完成时，其常闭辅助触点断开，自动地切断合闸接触器线圈回路，KM 失电释放，切断合闸线圈电流，断路器合闸动作全部完成。由于 SA 在“合闸后”位置，16、13 触点闭合，红色信号灯 $H_1$ 亮。如果通过自动装置进行自动合闸，控制开关 SA 在“跳闸后”位置，QF 的 14、15 触点闭合，红色信号灯 $H_1$ 发出闪光指示。

当 SA 转到“跳闸”位置时，SA 的 6、7 触点闭合，跳闸线圈 YR 得电吸合，使断路器跳闸。在跳闸即将完成时，断路器 QF 的常开辅助触点断开，自动地切断跳闸线圈回路。如果是通过继电保护动作自动跳闸的，则 SA 在“合闸后”位置，9、12 触点闭合，断路器 QF 的常闭辅助触点闭合，绿色信号灯 $H_2$ 发出闪光指示。

为了使值班人员在断路器跳闸后能及时发现，除绿色灯闪光信号外，还要求发出事故跳闸音响信号。事故音响启动回路如图 4-9 所示。为了实现只有在控制开关 SA 处于“合闸后”位置时才能接通 SA 的触点，图中将 SA 的 1、3 和 19、17 触点相串联。在断路器自动跳闸后，QF 辅助触点闭合，接通警报母线（WAS）电路，发出断路器事故跳闸音响信号。

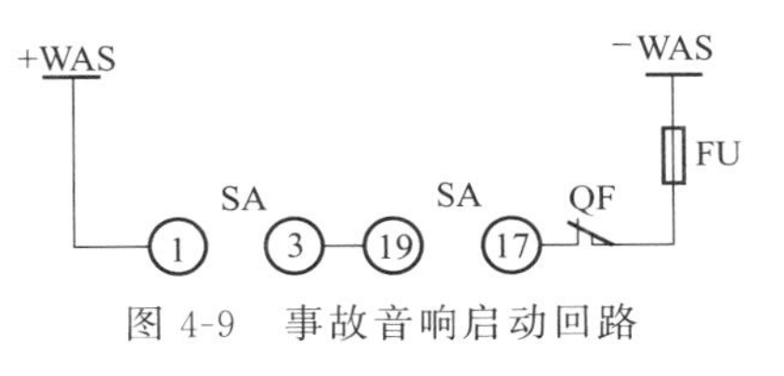

图 4-9 事故音响启动回路

## 4.5.4 带防跳跃装置的直流操作断路器控制线路

高压断路器带防跳跃装置的典型控制线路如图 4-10 所示。

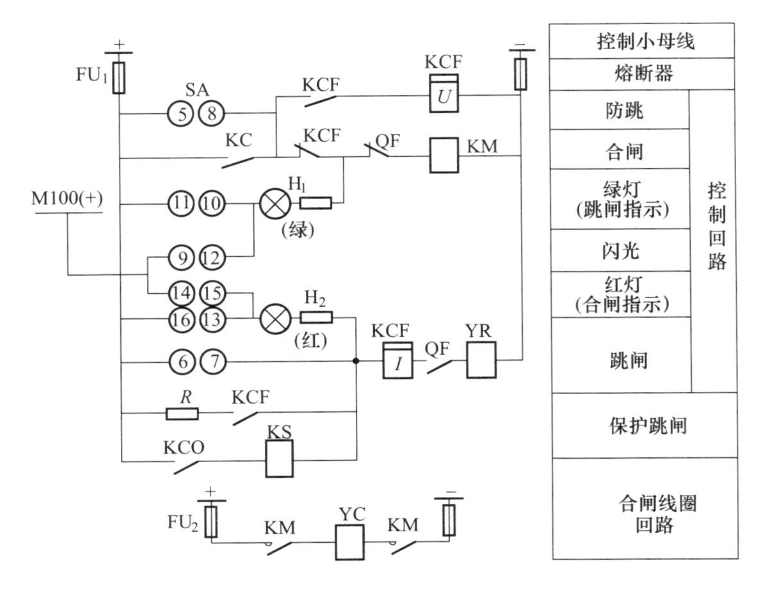

图 4-10 高压断路器带防跳跃装置的典型控制线路

图中，控制开关 SA 采用 LW2-Z-1a. 4. 6a. 40. 20/F8；防跳跃继电器 KCF 采用 DZB-115 或 231 型，220V；KM 为合闸接触器；YC 为合闸线圈；YR 为跳闸线圈；绿色指示灯 $H_1$ 为跳闸指示；

红色指示灯 $H_2$ 为合闸指示；QF 为断路器辅助触点；KS 为信号继电器；KC 为自动装置触点。

所谓“跳跃”，是指断路器在手动或自动装置动作合闸后，如果操作控制开关 SA 未复归或自动装置触点 KC 卡住，而外界正好处在短路故障状态，则保护动作使断路器跳闸，由于合闸回路仍接通，如果没有防跳跃继电器 KCF，则断路器又合闸，如此循环，造成断路器跳跃现象。其后果一方面易使断路器损坏，另一方面影响系统正常运行。为此，目前 10kV 及以上电压等级的断路器均装设跳跃闭锁控制回路。

对 6～10kV 断路器，使用 CD10（原为 CD2）型操作机构时，因其机械本身具有防跳跃装置，故一般不需要在控制回路中另加电气防跳跃装置。但考虑储能机构并不能防止因合闸触点粘连而造成断路器跳跃，又没有防止保护出口触点断弧烧毁的功能，因此加装电气防跳跃回路则更好。

控制开关 LW2-Z-1a、4、6a、40、20/F8 型的触点位置共有 6 种状态，其触点图见表 4-6。

**表 4-6 LW2-Z-1a、4、6a、40、20/F8 型控制开关触点图表**

| 手柄和触点盒型号 | F8 | 1a | | 4 | | 6a | | | 40 | | | 20 | | |
|---|---|---|---|---|---|---|---|---|---|---|---|---|---|---|
| 触点号 / 位置 | | 1-3 | 2-4 | 5-8 | 6-7 | 9-10 | 9-12 | 11-10 | 14-13 | 14-15 | 16-13 | 19-17 | 17-18 | 18-20 |
| 跳闸后 | ← | | × | | | | | × | | × | | | | × |
| 预备合闸 | ↑ | × | | | | × | | | × | | | | × | |
| 合　闸 | ↗ | | | × | | | × | | | | × | × | | |
| 合闸后 | ↑ | × | | | | × | | | | | × | × | | |
| 预备跳闸 | ← | | × | | | | | × | × | | | | × | |
| 跳　闸 | ↙ | | | | × | | | × | | × | | | | × |

断路器控制线路的跳闸工作原理请见本节第一项。这里只介绍合闸防跳跃的工作原理。

断路器防跳跃装置的工作原理：手动合闸断路器 QF 时，控制开关 SA 的 5、8 触点闭合，合闸接触器 KM 得电吸合，其常开触点闭合，合闸线圈得电吸合，断路器合闸送电。若此时线路有短路故障，保护动作，保护出口继电器KCO常开触点闭合，接通了断路器跳闸线圈YR回路。一方面防跳跃继电器KCF电流线圈得电，KCF动作，其常闭触点断开，YC线圈回路断开；与此同时KCF常开触点闭合，接通电压保持回路，其电压线圈经SA的5、8触点得电而自保持。另一方面，断路器跳闸线圈YR得电，断路器跳闸，其辅助触点QF断开KCF电流线圈回路。但由于KCF电压线圈已自保持，故不会使断路器发生跳跃。

出口继电器KCO的常开触点（可经KS）并联KCF常开触点，保证了跳闸回路（YR）只能由断路器QF常开辅助触点切除，保护了出口继电器KCO的触点。如果KCO的常开触点回路中，串接有信号继电器KS时，为了保证KS的可靠动作，在KCF常开触点回路中需串接电阻$R$。$R$的阻值应正确选择，太小的话，电流被分流太多，KS就不能动作。

### 4.5.5 弹簧操动的断路器控制线路

弹簧储能式操动机构品种较多，在工厂企业中10kV及以下的断路器常采用CT7型。

CT7型机构的弹簧储能电动机采用单相交直流串励电动机，额定功率为369W。操动机构中可安装1～4只脱扣线圈。

采用CT7型机构的断路器控制、信号线路如图4-11所示。图中，SA为控制开关，可采用LW5型或LW2型；YA为断路器QF的合闸线圈，YR为跳闸线圈；SQ为电动机行程开关（终端开关）；M为储能电动机；SB为按钮；$H_1$为绿色指示灯，$H_2$为红色指示灯。

图4-11所示电路的工作原理如下。

储能：按下按钮SB，电动机M启动运转，弹簧储能。弹簧储能完毕，行程开关SQ的常闭触点断开，电动机失电停转，SQ的常开触点闭合，为合闸做好准备。

合闸：将控制开关SA顺转45°，其3、4触点闭合，合闸线圈YA得电，使合闸弹簧释放，断路器合闸。合闸完毕，SA自动复位，其3、4触点断开。断路器QF的常闭辅助触点断开，YA失

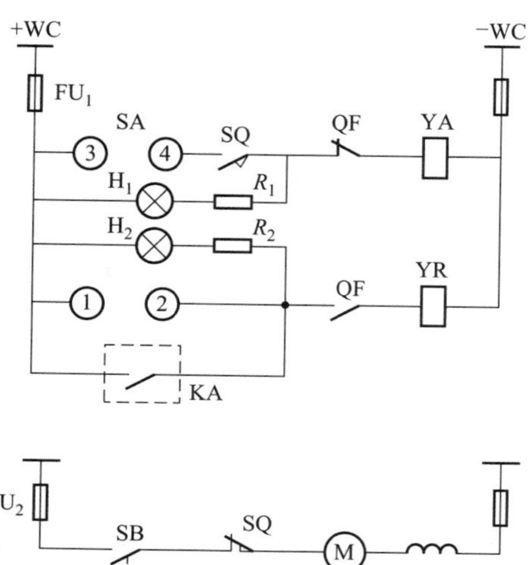


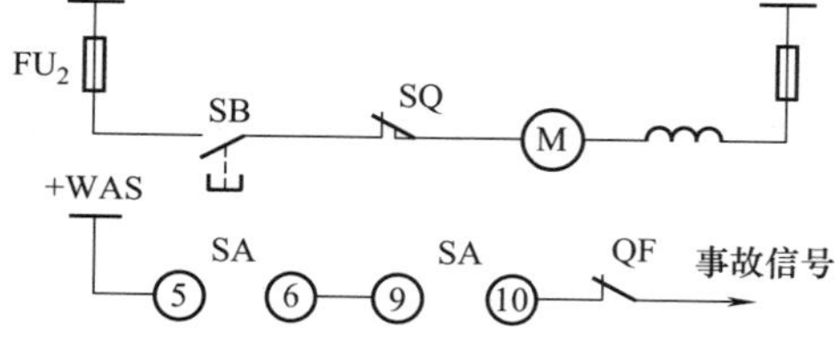


图 4-11 弹簧操动的断路器控制、信号线路

电，QF 的常开辅助触点闭合，红色指示灯 $H_2$ 亮，指示断路器在合闸位置。跳闸线圈 YR 虽有电流通过，但由于 $R_2$ 和 $H_2$ 降压，YR 不动作。

跳闸：将控制开关 SA 逆转 45°，其 1、2 触点闭合，跳闸线圈 YR 得电，使断路器跳闸。跳闸完成后，SA 自动复位，其 1、2 触点断开，切断跳闸回路。同时断路器 QF 的常闭辅助触点闭合，绿色指示灯 $H_1$ 亮，指示断路器在跳闸位置。合闸线圈 YA 虽有电流通过，但由于 $R_1$ 和 $H_1$ 降压，YA 不动作。

当断路器发生事故跳闸时（即 KA 闭合，YR 动作），QF 的常开辅助触点断开，$H_2$ 灭，YR 失电；QF 的常闭辅助触点闭合，而这时 SA 在合闸位置，其 5、6 触点和 9、10 触点是闭合的。因此事故信号回路接通，发出报警信号。值班人员得知事故信号后，可将控制开关 SA 向跳闸方向扳转，使 SA 的触点与 QF 的辅助触点恢复对应关系，解除事故信号。

### 4.5.6 电磁操动的断路器控制线路

工业企业10kV及以下断路器普遍采用CD10（原为CD2）型电磁操动机构。该型机构本身具有机械“防跳跃”装置。采用CD10型操动机构的断路器控制、信号线路如图4-12所示。图中，WC为控制小母线；WL为灯光指示小母线；WF为闪光信号小母线；WAS为事故音响小母线；WO为合闸小母线；SA为控制开关；KM为断路器QF合闸接触器；YR为跳闸线圈；YA为电磁合闸线圈；KA为出口继电器触点；$H_1$为绿色指示灯；$H_2$为红色指示灯。

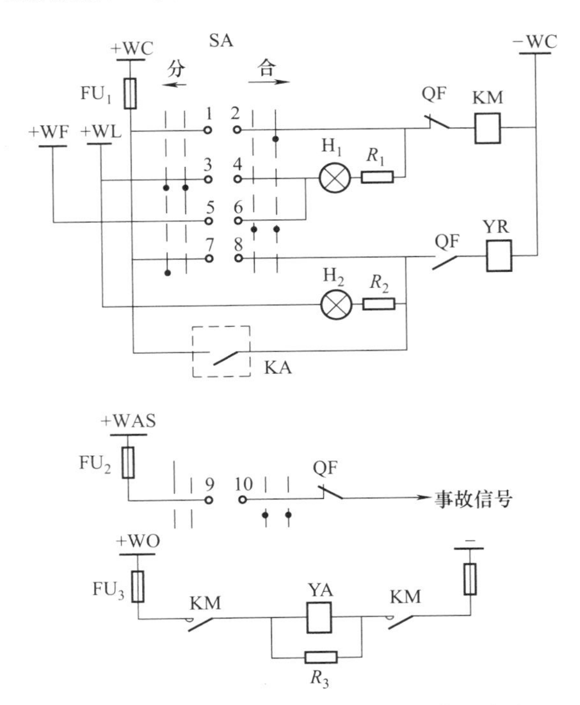


图4-12 电磁操动的断路器控制、信号线路

控制开关SA采用双向自复式并具有自保触点的LWS型万能转换开关，其手柄在垂直位置（O）为正常，顺转45°为合闸操作，手松开即自动复位，保持合闸状态；逆转45°为跳闸操作，手松开也自动复位，保持跳闸状态。虚线间的箭头表示控制开关手柄自动

复归的方向。

图 4-12 中 $R_3$ 的放电电阻，其作用是：在合闸接触器 KM 释放时，它能使 KM 触点的消弧状况得到改善，不会因断弧能力不够而发生粘连，以致烧坏合闸线圈 YA。该电阻在合闸线圈 YA 断电时还能防止线圈两端出现高电压而危及线圈绝缘。

工作原理：

合闸：将控制开关 SA 顺转 45°，其 1、2 触点闭合，合闸接触器 KM 得电吸合，其主触点闭合，合闸线圈 YA 得电，断路器合闸。合闸完毕，松开 SA，SA 自动复位，其 1、2 触点断开，断路器 QF 的常闭辅助触点也断开，KM 失电释放，退出运行。同时 QF 常开辅助触点闭合，红色指示灯 $H_2$ 亮，指示断路器在合闸位置。

跳闸：将控制开关 SA 逆转 45°，其 7、8 触点闭合，跳闸线圈 YR 得电，使断路器跳闸。跳闸完成后，SA 自动复位，其 7、8 触点断开，QF 的常开辅助触点也断开，YR 失电，同时 SA 的 3、4 触点闭合，QF 的常闭辅助触点也闭合，绿色指示灯 $H_1$ 亮，指示断路器在手动跳闸位置。

当断路器发生事故跳闸时（即 KA 闭合，YR 动作），QF 的常开辅助触点断开，红色指示灯 $H_2$ 亮，YR 失电。同时 QF 常闭辅助触点闭合，由于控制开关 SA 仍在合闸位置，其 5、6 触点也闭合，接通闪光电源 WF，使 $H_1$ 闪光，指示断路器自动跳闸。此时事故音响信号回路接通，发出报警信号。值班人员看到事故信号后，可将控制开关 SA 向跳闸方向扳转，使 SA 的触点与 QF 的辅助触点恢复对应关系，解除事故信号。

### 4.5.7 CT8 型弹簧操动机构控制线路

CT8 型弹簧操动机构常与 SN10 型少油断路器等配套使用，其典型控制线路如图 4-13 所示。

线路的工作原理与图 4-10 类同。该线路在实际使用中尚存在以下问题：①正常工作时，中间继电器 KA 的常闭触点火花大，易烧损；②偶然会产生合闸线圈 YC 烧毁事故；③控制开关 SA 的 5、8 触点烧坏；④未进行分闸操作时，防跳跃继电器 KCF 就自行误吸合，切断合闸回路。

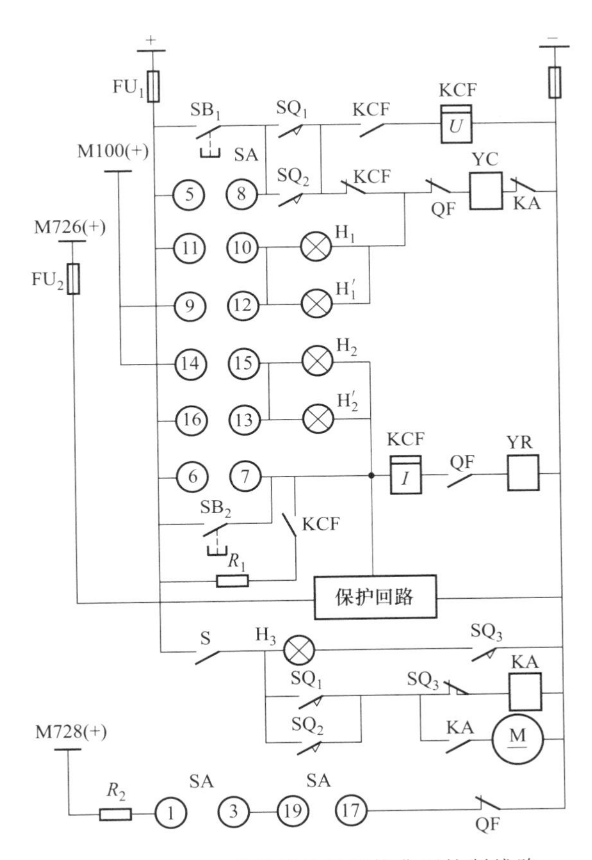


图4-13 CT8型弹簧操动机构典型控制线路

前三个问题属于CT8型合闸线路的固有缺陷。首先，CT8型的合闸线圈YC（直流220V）的电阻为69Ω、电流3.2A，电流较大，超过了该回路中有关触点的分断能力，如KA触点只能断开0.5A以下，SAG（LW5型）触点只能断开1A。其次，当断路器QF合闸时，以为断路器QF的常闭辅助触点先断开，承担220V、3.2A的直流电弧，其实不然。而是因为KA常闭触点先断开，QF常闭辅助触点后断开，所以造成KA触点烧损。

典型CT8型合闸线路的缺陷还表现在开关S上，当S处于打开位置时，电动机 M 失电，储能指示灯（黄色）$H_3$ 熄灭。按理说此时不应对断路器施行操作，但事实上一些用户照样进行操作。这样会使合闸线圈 YC 随 SA 的 5、8 触点闭合而长期通电出现过热。当 SA 采用 LW5 时，即使其已复位，但其触点开断不了 3.2A 直流，致使 5、8 触点被烧坏。

后一个问题属于 CT8 型分闸线路的元件选择。当采用双灯并用时，两只红灯 $H_2$、$H_2'$（XD5-220V 0.1A）的电流有 0.2A，虽不会使跳闸线圈 YR 动作，有时却能使防跳跃继电器 KCF 电流线圈（规格 0.5A）启动，以致合闸回路切断。当然单灯是不会误动的。

为此，宜对此典型线路进行改进，改进线路如图 4-14 所示。改进后的线路取消中间继电器 KA，用电动机终端开关 $SQ_3$ 代替，

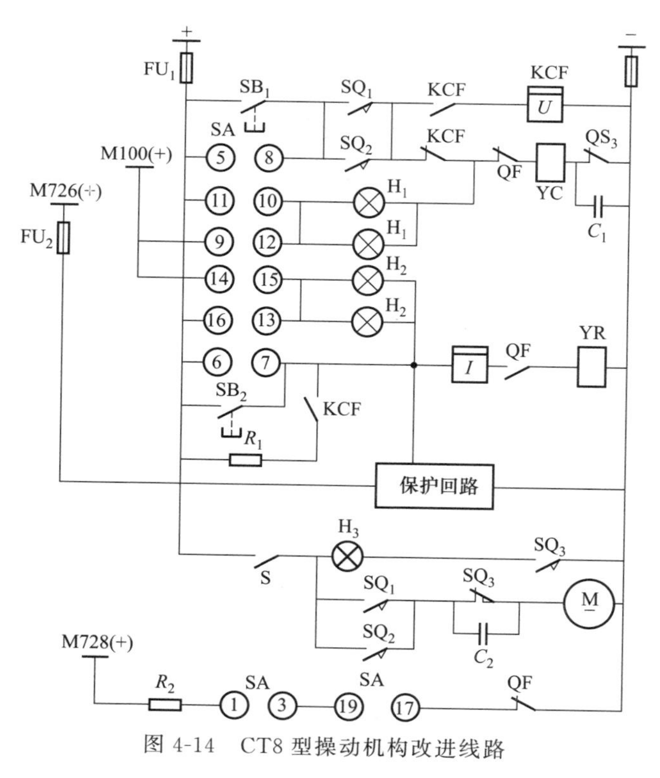


图 4-14　CT8 型操动机构改进线路

并在 $SQ_3$ 触点上并联电容，从而解决了问题①。该线路还具有当弹簧未储能时的合闸联锁功能：$SQ_2$ 常开触点断开后，合闸回路自动切断，避免了问题②和③的发生。为了解决问题④，防跳跃继电器 KCF 可选用大一号电流规格（1A）。

当电容加大到 2μF 后，此线路还可用于直流 110V 电源。

该线路同样适合在交流控制线路中推广。

# 第5章 低压电器

## 5.1 低压电器的分类和使用条件

低压电器通常是指工作在额定电压交流1200V或直流1500V及以下的电器。它广泛地应用于电力输配系统、电气传动和自动控制设备中，在电路中起着开关、转换、控制、保护和调节等作用。低压电器的发展趋势是功能化、电子化、模块化、组合化和智能化。

### 5.1.1 低压电器的分类

（1）低压电器根据作用分类

低压电器根据它在电气线路中所处的地位和作用，可归纳为低压配电电器和低压控制电器。低压电器的分类及用途见表5-1。

表中基本分类均属于一般用途的低压电器。为满足某些特殊场合的需要（如防爆、化工、航空、船舶、牵引、热带等），在各类电器的基础上还有若干派生电器。

低压电器根据其动作性质可分为自动电器和手动电器两类。自动电器是依靠外来信号或其本身参数的变化，通过电磁或压缩空气来完成接通、分断、启动、反向和停止等动作；手动电器是通过外力（用手或经杠杆）操作手柄来完成上述动作的。

表5-1 低压电器的分类及用途

| 产品名称 | | 主要品种 | 用途 |
|---|---|---|---|
| 配电电器 | 断路器 | 塑料外壳式断路器<br>框架式断路器<br>限流式断路器<br>漏电保护断路器<br>灭磁断路器<br>直流快速断路器 | 用作线路过载、短路、漏电或欠压保护，也可用作不频繁接通和分断电路 |
| | 熔断器 | 有填料熔断器<br>无填料熔断器<br>半封闭插入式熔断器<br>快速熔断器<br>自复熔断器 | 用作线路和设备的短路和过载保护 |
| | 刀型开关 | 大电流隔离器熔断器式刀开关<br>开关板用刀开关<br>负荷开关 | 主要用于电路隔离，也能接通、分断额定电流 |
| | 转换开关 | 组合开关<br>换向开关 | 主要作为两种及以上电源或负载的转换和通断电路之用 |
| 控制电器 | 接触器 | 交流接触器<br>直流接触器<br>真空接触器<br>半导体式接触器 | 主要用于远距离频繁地启动或控制交、直流电动机，以及接通、分断正常工作的主电路和控制电路 |
| | 启动器 | 直接(全压)启动器<br>星-三角减压启动器<br>自耦减压启动器<br>变阻式转子启动器<br>半导体式启动器<br>真空启动器<br>软启动器<br>变频器 | 主要用作交流电动机的启动和正反向控制 |
| | 控制继电器 | 电流继电器<br>电压继电器<br>时间继电器<br>中间继电器<br>温度继电器<br>热继电器 | 主要用于控制系统中，控制其他电器或作主电路的保护之用 |

续表

| 产品名称 | | 主要品种 | 用　　途 |
| --- | --- | --- | --- |
| 控制电器 | 控制器 | 凸轮控制器<br>平面控制器<br>鼓形控制器 | 主要用于电气控制设备中转换主回路或励磁回路的接法，以达到电动机启动、换向和调速的目的 |
| | 主令电器 | 按钮<br>限位开关<br>微动开关<br>万能转换开关<br>脚踏开关<br>接近开关<br>程序开关 | 主要用于接通、分断控制电路，以发布命令或用于程序控制 |
| | 电阻器 | 铁基合金电阻 | 用于改变电路参数或变电能为热能 |
| | 变阻器 | 励磁变阻器<br>启动变阻器<br>频敏变阻器 | 主要用于发电机调压以及电动机的平滑启动和调速 |
| | 电磁铁 | 起重电磁铁<br>牵引电磁铁<br>制动电磁铁 | 用于起重、操纵或牵引机械装置 |

(2) 低压电器根据外壳防护等级分类

低压电器按防护形式可分为以下两大类。

第一类防护形式：防止固体异物进入内部及防止人体触及内部的带电或运动部分的防护。

第二类防护形式：防止水进入内部达有害程度的防护。

产品外壳防护等级的标志由字母“IP”及两个数字组成。第一位数字表示上述第一类防护形式的等级，第二位数字表示第二类防护形式的等级。如IP54表示电器外壳既防尘又防溅。如只需单独标志一类防护形式的等级时，则被略去数字的位置应以字母“X”补充，如写IPX3（第二类防护形式3级）、IP5X（第一类防护形式5级）等。其分类规定见表5-2。

**表 5-2　电气设备外壳防护等级（IP 代码）**

<table>
<tr><th>序号</th><th colspan="2">项目</th><th colspan="2">说　明</th></tr>
<tr><td>1</td><td colspan="2">IP 代码的组成格式</td><td colspan="2">IP □ □ □ □<br>补充字母(可省略)<br>附加字母(可省略)<br>第二位特征数字<br>(防止进水造成有害影响)<br>第一位特征数字<br>(防止固体异物进入及<br>防止人员接近危险部件)<br>外壳防护代码<br>注:不需要的特征数字,应用字母“X”代替</td></tr>
<tr><td rowspan="8">2</td><td rowspan="8">第一位特征数字的含义</td><td>数字</td><td>防止固体异物进入</td><td>防止接近危险部件</td></tr>
<tr><td>0</td><td>无防护</td><td>无防护</td></tr>
<tr><td>1</td><td>防止直径不小于 50mm 的固体异物(直径 50mm 球形物体试具不得完全进入壳内)</td><td>防止手臂接近危险部件(直径 50mm 球形试具应与危险部件有足够的间隙)</td></tr>
<tr><td>2</td><td>防止直径不小于 12.5mm 的固体异物(直径 12.5mm 球形物体试具不得完全进入壳内)</td><td>防止手指接近危险部件(直径 12mm、长 80mm 的铰接试具应与危险部件有足够的间隙)</td></tr>
<tr><td>3</td><td>防止直径不小于 2.5mm 的固体异物(直径 2.5mm 球形物体试具不得完全进入壳内)</td><td>防止工具接近危险部件(直径 2.5mm 的试具不得进入壳内)</td></tr>
<tr><td>4</td><td>防止直径不小于 1mm 的固体异物(直径 1mm 的球形物体试具不得完全进入壳内)</td><td rowspan="3">防止金属线接近危险部件(直径 1mm 的试具不得进入壳内)</td></tr>
<tr><td>5</td><td>防尘(不能完全防止尘埃进入,但进入的尘埃量不得影响设备的正常运行,不得影响安全)</td></tr>
<tr><td>6</td><td>尘密(无尘埃进入)</td></tr>
<tr><td rowspan="6">3</td><td rowspan="6">第二位特征数字的含义</td><td>数字</td><td colspan="2">防止进水造成有害影响</td></tr>
<tr><td>0</td><td colspan="2">无防护</td></tr>
<tr><td>1</td><td colspan="2">防止垂直方向滴水(垂直方向滴水应无有害影响)</td></tr>
<tr><td>2</td><td colspan="2">防止外壳在 15°范围内倾斜时垂直方向滴水(当外壳的各垂直面在 15°范围内倾斜时,垂直滴水应无有害影响)</td></tr>
<tr><td>3</td><td colspan="2">防淋水(各垂直面在 60°范围内淋水无有害影响)</td></tr>
<tr><td>4</td><td colspan="2">防溅水(向外壳各方向溅水无有害影响)</td></tr>
</table>

续表

| 序号 | 项目 | | 说　明 |
| --- | --- | --- | --- |
| 3 | 第二位特征数字的含义 | 5 | 防喷水(向外壳各方向喷水无有害影响) |
| | | 6 | 防强烈喷水(向外壳各方向强烈喷水无有害影响) |
| | | 7 | 防短时间浸水影响(浸入规定压力的水中经规定时间后外壳进水量不致达到有害程度) |
| | | 8 | 防持续潜水影响(按生产厂和用户双方同意的条件——应比以上代码7严酷的条件下持续潜水后外壳进水量不致达到有害程度) |
| 4 | 附加字母的含义 | 字母 | 防止接近危险部件的补充信息 |
| | | A | 防止手背接近(直径50mm的球形试具与危险部件必须保持足够的间隙) |
| | | B | 防止手指接近(直径12mm、长80mm的铰接试具与危险部件必须保持足够的间隙) |
| | | C | 防止工具接近(直径2.5mm、长100mm的试具与危险部件必须保持足够的间隙) |
| | | D | 防止金属线接近(直径1mm、长100mm的试具与危险部件必须保持足够的间隙) |
| 5 | 补充字母的含义 | 字母 | 对设备的补充信息 |
| | | H | 高压设备 |
| | | M | 做防水试验时试样运行 |
| | | S | 做防水试验时试样静止 |
| | | W | 气候条件 |

(3) 低压电器根据工作条件分类

低压电器根据工作条件分类有以下几种。

① 一般工业用电器：用于冶金、发电厂、变电所、机器制造等工业领域，作为配电系统和电力传动系统中以及机床、通用机械的电气控制设备中的电气元件。

② 船用电器：具有一定耐潮、耐腐蚀、耐摇摆和抗冲击振动性能，适用于船舶、舰艇上的电器。

③ 化工电器：具有一定耐潮、耐腐蚀和防爆性能，适用于化学工业的电器。

④ 矿用电器：要求隔爆、密封、耐潮、抗冲击振动且整体非常坚固，适用于矿山井下作业的电器。目前已发展到控制电压至600V、1140V煤矿专用的电器。

⑤ 牵引电器：用于汽车、拖拉机、起重机械、电力机车等交通运输工具的耐振与耐颠簸摇摆的电器。

⑥ 航空电器：飞机和宇航设备特殊要求的电器。

（4）低压电器根据防污染等级分类

低压电器的防污染等级，一般分为四级。

1级：无污染或仅有干燥的非导电性污染。

2级：一般情况下仅有非导电性污染，但必须考虑到偶然由于凝露造成的短暂导电性。

3级：有导电性污染，或由于预期的凝露，干燥的非导电性污染变成导电性污染。

4级：造成持久的导电性污染，例如由导电粉尘或雨雪造成的污染。

此外，低压电器还可根据使用环境分类为一般工业用电器和热带电器，根据温度、盐雾湿度、霉菌等不同环境条件划分为“干热带”及“湿热带”型电器和高原（海拔2500m及以上）电器。

### 5.1.2 低压电器的使用条件

低压电器产品正常使用的条件如下。

① 海拔高度不超过2500m。

② 周围空气温度：

a. 不同海拔高度的最高温度见表5-3。

表5-3 不同海拔高度的最高空气温度

| 海拔高度 $h$/m | $h \leqslant 1000$ | $1000 < h \leqslant 1500$ | $1500 < h \leqslant 2000$ | $2000 < h \leqslant 2500$ |
|---|---|---|---|---|
| 最高空气温度/℃ | 40 | 37.5 | 35 | 32.5 |

b. 最低空气温度：

- ＋5℃（适用于水冷电器）；
- －10℃（适用于某些特定条件的电器，如电子式电器及部件等）；

• －25℃；

• －40℃（订货时指明）。

③ 空气相对湿度：最湿月份的月平均最大相对湿度为90%，同时该月的平均最低温度为25℃，并考虑到温度变化发生在产品表面上的凝露。

④ 对安装方法有规定或动作性能受重力影响的电器，其安装倾斜度不大于5°。

⑤ 无显著摇动和冲击振动的地方。

⑥ 在无爆炸危险的介质中，且介质中无足以腐蚀金属和破坏绝缘的气体与尘埃（含导电尘埃）。

⑦ 在没有雨雪侵袭的地方。

## 5.2 低压电器的选择

### 5.2.1 低压电器的选择原则

低压电器品种繁多，选择时应遵循以下两个基本原则。

① 安全性。所选设备必须保证电路及用电设备的安全可靠运行，保证人身安全。

② 经济性。在满足安全要求和使用需要的前提下，尽可能采用合理、经济的方案和电气设备。

为了达到上述两个原则，选用时应注意以下事项。

① 了解控制对象（如电动机或其他用电设备）的负载性质、操作频率、工作制等要求和使用环境。如根据操作频率和工作制，可选定低压电器的工作制式。

② 了解低压电器的正常工作条件，如环境空气温度、相对湿度、海拔、允许安装方位角度和抗冲击振动、有害气体、导电粉尘、雨雪侵袭的能力，以正确选择低压电器的种类、外壳防护以及防污染等级。

③ 了解电器的主要技术性能，如额定电压、额定电流、额定操作频率和通电持续率、通断能力和短路通断能力、机械寿命和电寿命等。

a. 操作频率是指每小时内可能实现的最多操作循环次数；通

电持续率是指电器工作于断续周期工作制时，有载时间与工作周期之比，通常以百分数表示，符号为TD。

b. 通断能力是指开关电器在规定条件下，能在给定电压下接通和分断的预期电流值；短路通断能力是指开关电器在短路时的接通、分断能力。

c. 机械寿命是指开关电器需要修理或更换机械零部件以前所能承受的无载操作循环次数；电寿命是指开关电器在正常工作条件下无修理或更换零部件以前的负载操作循环次数。

低压电器的选择条件见表5-4。

表5-4 低压电器的选择条件

<table>
<tr><th colspan="2" rowspan="2">选择条件<br>设备名称</th><th>额定电压不小于回路工作电压</th><th>额定电流不小于回路计算工作电流</th><th>设备分断电流不小于短路电流</th><th>设备动、热稳定保证值不小于计算值</th><th>按回路启动情况选择</th></tr>
<tr><th>$U_e \geqslant U_g$</th><th>$I_e \geqslant I_g$</th><th>$I_{zh} \geqslant I''$或$I_{ch}$</th><th></th><th></th></tr>
<tr><td colspan="2">刀开关及组合开关</td><td>√</td><td>√</td><td></td><td>√</td><td></td></tr>
<tr><td colspan="2">熔断器</td><td>√</td><td>√</td><td>√</td><td></td><td>√</td></tr>
<tr><td rowspan="2">断路器</td><td>DZ</td><td rowspan="2">√</td><td rowspan="2">√</td><td>$\geqslant I_{ch}$</td><td rowspan="2"></td><td rowspan="2">√</td></tr>
<tr><td>DW</td><td>$\geqslant I''$</td></tr>
<tr><td colspan="2">交流接触器及电磁启动器</td><td>√</td><td>按电动机功率或电流选择等级及型号</td><td></td><td>√</td><td></td></tr>
</table>

注：1. 低压电器的动热稳定及最大断流能力见产品技术数据，当采用电源变压器容量为560kV·A、$U_d$%为8%或320kV·A、$U_d$%为5.5%及以下时，缺乏技术资料的刀闸（200A及以上）、组合开关、接触器，可不校验动、热稳定。

2. 国产熔断器极限遮断电流系指超瞬变短路电流有效值$I''$，如用$I''$校验后，可不用短路全电流最大有效值$I_{ch}$校验。

## 5.2.2 低压电器的使用类别

为了便于正确选择低压电器，现列出低压电器的使用类别代号及其对应的用途性质，见表5-5。

## 5.2.3 高海拔地区低压电器的选用

在高海拔地区应按以下原则选用低压电器。

表 5-5 低压电器的使用类别代号及其对应的用途性质

| 电流种类 | 使用类别代号 | 典型用途举例 |
| --- | --- | --- |
| AC | AC-1 | 无感或微感负载,电阻炉 |
| | AC-2 | 线绕式电动机的启动、分断 |
| | AC-3 | 笼型异步电动机的启动、运转中分断 |
| | AC-4 | 笼型异步电动机的启动、反接制动与反向、点动 |
| | AC-5a | 控制放电灯的通断 |
| | AC-5b | 控制白炽灯的通断 |
| | AC-6a | 变压器的通断 |
| | AC-6b | 电容器组的通断 |
| | AC-7a | 家用电器中的微感负载和类似用途 |
| | AC-7b | 家用电动机负载 |
| | AC-8a | 密封制冷压缩机中的电动机控制(过载继电器手动复位式) |
| | AC-8b | 密封制冷压缩机中的电动机控制(过载继电器自动复位式) |
| | AC-11 | 控制交流电磁铁负载 |
| | AC-12 | 控制电阻性负载和发光二极管隔离的固态负载 |
| | AC-13 | 控制变压器隔离的固态负载 |
| | AC-14 | 控制容量(闭合状态下)不大于 72V·A 的电磁铁负载 |
| | AC-15 | 控制容量(闭合状态下)大于 72V·A 的电磁铁负载 |
| | AC-20 | 无载条件下的“闭合”和“断开”电路 |
| | AC-21 | 通断电阻负载,包括通断适中的过载 |
| | AC-22 | 通断电阻电感混合负载,包括通断适中的过载 |
| | AC-23 | 通断电动机负载或其他高电感负载 |
| AC 和 DC | A | 非选择性保护;在短路情况下断路器为非选择性保护,即无人为故意的短延时,也无额定短时耐受电流及相应的分断能力要求 |
| | B | 选择性保护:在短路情况下断路器明确应有选择性保护,即有短延时不小于 0.05s 并有额定短时耐受电流及相应分断能力的要求 |
| DC | DC-1 | 无感或微感负载,电阻炉 |
| | DC-3 | 并励电动机的启动、反接制动、点动 |
| | DC-5 | 串励电动机的启动、反接制动、点动 |
| | DC-6 | 白炽灯的通断 |
| | DC-11 | 控制直流电磁铁负载 |
| | DC-12 | 控制电阻负载和发光二极管隔离的固态负载 |
| | DC-13 | 控制直流电磁铁负载 |
| | DC-14 | 控制电路中有经济电阻的直流电磁铁负载 |
| | DC-20 | 无载条件下“闭合”和“断开”电路 |

续表

| 电流种类 | 使用类别代号 | 典型用途举例 |
|---|---|---|
| DC | DC-21 | 通断电阻性负载包括适度过载 |
| | DC-22 | 通断电阻电感、混合负载包括适度过载(例如并励电动机) |
| | DC-23 | 通断高电感负载(例如串励电动机) |
| AC | gG | 全范围分断(s)的一般用途(G)的熔断器 |
| | gM | 全范围分断(s)的电动机回路中用(M)的熔断器 |
| | aM | 部分范围分断(a)的电动机回路中用(M)的熔断器 |

(1) 耐压值

普通型低压电器在海拔2500m时仍有60%的耐压裕度。试验表明，国产常用继电器和转换开关等，在海拔4000m及以下地区，均可在其额定电压下正常运行。

(2) 温升值

高海拔地区的气温降低足够补偿由海拔升高对低压电器温升的影响（表5-6），因此低压电器的额定电流值可以保持不变。

表5-6 海拔高度不同时低压电器零部件的极限允许温升修正值

| 使用地点的海拔高度 $h$/m | 最高空气温度/℃ | 极限允许温升修正值/℃ |
|---|---|---|
| $h \leqslant 500$ | 40 | 0 |
| $500 < h \leqslant 1000$ | 40 | +2 |
| $1000 < h \leqslant 1500$ | 37.5 | +4 |
| $1500 < h \leqslant 2000$ | 35 | +6 |
| $2000 < h \leqslant 2500$ | 32.5 | +8 |

(3) 对开关设备分断能力的影响

断路器的技术标准规定：在正常使用条件下，断路器安装点的海拔高度不超过2000m。据试验，海拔每升高100m，环境温度下降0.5℃，空气密度随海拔高度的升高而下降，给断路器开断短路电流时的灭弧带来困难。因此，海拔高度每升高100m，电工产品的电气击穿强度将降低0.5%～1%，使用寿命下降0.5%～1%。所以，在海拔超过2000m的地方，当使用断路器时，应加强断路器的绝缘。断路器的短路分断能力也应降容或降压使用，一般降一级使用。

(4) 对动作特性的影响

海拔升高对双金属片热继电器和熔断器的动作特性稍有影响，

但在海拔 4000m 以下时，均在其技术条件规定的特性曲线带范围内。

试验表明，对于低压熔断器，轻过载熔断时间随环境温度减小而增加，在 20℃以下时，变化的程度则更大；而短路熔断时间随环境温度的变化可以不作考虑。因此在高原地区使用熔断器作为配电线路的过载和短路保护时，其上下级之间的选择性应特别加以考虑。熔断器与断路器比较小，熔断器在高原的使用环境下可靠性和保护特性更为理想。

## 5.3 低压电器的温升及绝缘电阻要求

### 5.3.1 普通型低压电器和家用电器的允许温升

（1）普通型低压电器的允许温升

普通型低压电器零部件的极限允许温升见表 5-7。

（2）家用电器及材料的允许温升

家用电器等设备、材料的允许温升，见表 5-8。

### 5.3.2 低压电器及特殊电器的绝缘电阻要求

为了判断低压电器的绝缘是否良好，在电器检修后和安装前，以及定期检查时，都应测量其绝缘电阻。

表 5-7 普通型低压电器的允许温升

<table>
<tr><th colspan="2" rowspan="2">不同材料和零部件名称</th><th colspan="2">极限允许温升/℃</th><th rowspan="2">备注</th></tr>
<tr><th>长期工作制</th><th>间断长期或反复短时工作制①</th></tr>
<tr><td rowspan="5">绝缘线圈及包有绝缘材料的金属导体</td><td>A 级绝缘</td><td>65</td><td>80</td><td rowspan="5">电压线圈⑥及多层电流线圈用电阻法测量，金属导体用热电偶法测量</td></tr>
<tr><td>E 级绝缘</td><td>80</td><td>95</td></tr>
<tr><td>B 级绝缘</td><td>90</td><td>105</td></tr>
<tr><td>F 级绝缘</td><td>115</td><td>130</td></tr>
<tr><td>H 级绝缘</td><td>140</td><td>155</td></tr>
<tr><td rowspan="2">各类触点或插头②</td><td>铜及铜基合金的自力式触点③、插头，无防蚀层</td><td colspan="2">35</td><td rowspan="2">热电偶法测量</td></tr>
<tr><td>铜及铜基合金的他力式触点④、插头，无防蚀层</td><td>45</td><td>65</td></tr>
</table>

续表

| 不同材料和零部件名称 | | 极限允许温升/℃ | | 备注 |
|---|---|---|---|---|
| | | 长期工作制 | 间断长期或反复短时工作制[①] | |
| 各类触点或插头[②] | 铜及铜基合金的他力式插头、触点，有厚度为6～8μm的银防蚀层 | 80 | — | 热电偶法测量 |
| | 铜及铜基合金的他力式插头、触点，有厚度为6～8μm的锡防蚀层 | 66 | — | |
| | 银及银基合金触点 | 以不伤害相邻部件为限[⑤] | | |
| 与外部连接的接线端头 | 接线端头有锡（或银）防蚀层，当指明引入导体为铝且有锡（或银）防蚀层时 | 55 | | |
| | 接线端头为铜及铜基合金材料，无防蚀层，当指明引入导体为铜或有防蚀层的铝时 | 45 | | |
| | 接线端头为铜及铜基合金材料，有锡防蚀层，当指明引入导体为铜且有锡防蚀层时 | 60 | | |
| | 接线端头为铜及铜基合金材料，有银防蚀层，当指明引入导体为铜且有银防蚀层时 | 80，还应以不伤害相邻部件为限[⑤] | | |
| 产品内部的导体连接处[⑦⑧] | 铝材对铝材、铜材对铝材紧固接合处，二者均有锡防蚀层 | 55 | | |
| | 铝材对铝材、铜材对铝材紧固接合处，二者均有银防蚀层 | 60 | | |
| | 铜材对铜材，紧固接合处无防蚀层 | 45 | | |
| | 铜材对铜材，紧固接合处二者均有锡防蚀层 | 60 | | |

续表

<table>
<tr><th colspan="3" rowspan="2">不同材料和零部件名称</th><th colspan="2">极限允许温升/℃</th><th rowspan="2">备注</th></tr>
<tr><th>长期工作制</th><th>间断长期或反复短时工作制[①]</th></tr>
<tr><td rowspan="2">产品内部的导体连接处[⑦⑧]</td><td colspan="2">铜材对铜材，紧固接合处二者均有银防蚀层</td><td colspan="2" rowspan="2">以不伤害相邻部件为限[⑤]</td><td rowspan="2">热电偶法测量</td></tr>
<tr><td colspan="2">铝材对铝材、铝材对铜材、铜材对铜材焊接的导体</td></tr>
<tr><td rowspan="5">其他</td><td colspan="2">浸入有机绝缘油中工作的部件</td><td colspan="2">60</td><td rowspan="5">温度计法或热电偶等法测量</td></tr>
<tr><td rowspan="2">操作时手接触的部件</td><td>金属材料</td><td colspan="2">15</td></tr>
<tr><td>绝缘材料</td><td colspan="2">25</td></tr>
<tr><td colspan="2">起弹簧作用的部件</td><td colspan="2">以不伤害材料的弹性且不伤害相邻部件为限[⑤]</td></tr>
<tr><td colspan="2">电阻元件</td><td colspan="2">由所用材料决定，且不伤害相邻部件为限[⑤]</td></tr>
</table>

① 主要用于间断长期工作制或反复短时工作制的电器，如用于长期工作制时，其线圈温升按间断长期或反复短时工作制允许温升值考核。

② 对有主弧触点的电器，其弧触点的温升以及熔断器触刀、触座的温升由产品标准或产品技术条件另行规定。

③ 自力式触点指由触点（包括触桥）材料本身产生弹力作接触压力的触点。

④ 他力式触点指依靠其他弹性材料产生接触压力的触点。

⑤ 如相邻部件为绝缘材料，则极限允许温升按表中相应等级线圈的极限允许温升。

⑥ 电压线圈的温升是指额定工作电压下的稳定值。

⑦ 高发热元件（如电阻元件、熔断器、热元件等）连接处的极限允许温升由产品标准或产品技术条件另行规定。

⑧ 与发热部件相邻近的绝缘材料耐热等级低于 A 级（如热塑性塑料）时，则其极限允许温升为该材料连续耐热温度与 40℃之差。

**表 5-8 家用电器、材料的允许温升**

<table>
<tr><th colspan="2">器具的各个部分</th><th>温升限值/℃</th></tr>
<tr><td colspan="2">作补充绝缘用的电线护套</td><td>20</td></tr>
<tr><td rowspan="2">作衬垫或其他零件用的非合成橡胶</td><td>补充绝缘或加强绝缘</td><td>25</td></tr>
<tr><td>其他情况</td><td>35</td></tr>
<tr><td rowspan="3">普通木材</td><td>壁、上板、下板及支架</td><td>50</td></tr>
<tr><td>长期连续工作的固定式器具</td><td>45</td></tr>
<tr><td>其他器具</td><td>50</td></tr>
<tr><td rowspan="3">电容器</td><td>有最高工作温度标记(T)</td><td>T-50</td></tr>
<tr><td>其他电容器</td><td>5</td></tr>
<tr><td>用于抑制干扰的小型陶瓷电容器</td><td>35</td></tr>
</table>

续表

| 器具的各个部分 | | 温升限值/℃ |
| --- | --- | --- |
| 无电热元件的器具外壳 | | 45 |
| 连续握持的手柄、旋钮、夹子等 | 金属材料制<br>陶瓷或玻璃材料制<br>模压材料、橡胶或木制 | 15<br>25<br>35 |
| 电动机或变压器绕组 | A级绝缘<br>E级绝缘<br>B级绝缘<br>F级绝缘<br>H级绝缘 | 60<br>70<br>80<br>100<br>125 |
| 器具插头的插脚 | 在高温情况下使用<br>在热态情况下使用<br>在冷态情况下使用 | 115<br>115<br>25 |
| 开关和恒温器周围 | 有最高工作温度标记(T)<br>没有最高工作温度标记 | T-40<br>15 |
| 橡胶或聚氯乙烯绝缘导线 | 有最高工作温度标记(T)<br>没有最高工作温度标记 | T-40<br>35 |

(1) 绝缘电阻的测量

① 测量仪表的选用。当被试品额定电压为60V及以下时，选用250V兆欧表；为60～660V时，选用500V兆欧表；为660～1000V时，选用1000V兆欧表。

② 绝缘电阻的测量部位。

a. 主触点断开时，同极的进线与出线之间。

b. 主触点闭合时，不同极的“带电”部件之间、触点与线圈之间、主电路与控制和辅助电器（包括线圈）之间。

c. 各“带电”部件与金属支架之间。

d. 各“带电”部件与运行时可触及部件（如操作手柄）之间。

e. 额定绝缘电压等级不同的“带电”电路应分别进行测量。

(2) 低压电器的绝缘电阻要求

不同额定绝缘电压下的绝缘电阻最小值见表5-9。

表5-9 不同额定绝缘电压下的绝缘电阻最小值

| 额定绝缘电压 $U_i$/V | $U_i \leqslant 60$ | $60 < U_i \leqslant 600$ | $600 < U_i \leqslant 800$ | $800 < U_i \leqslant 1500$ |
| --- | --- | --- | --- | --- |
| 绝缘电阻最小值/MΩ | 1 | 1.5 | 2 | 2.5 |

（3）特殊电器的绝缘电阻要求（表 5-10）

表 5-10 特殊电器的绝缘电阻

| 电器类别 | 测试条件 | | | 绝缘电阻/MΩ ≥ | |
|---|---|---|---|---|---|
| 热带型低压电器<br>户外低压电器<br>户外防腐蚀防爆及<br>户外防爆低压电器 | 正常状态时 | | | 同普通型降压电器 | |
| | 湿热试验后 | 产品额定电压 $U_e$/V | ＜100 | 0.75 | 250V 兆欧表 |
| | | | 100～500 | 1.5 | 500V 兆欧表 |
| 湿热带型控制站 | 湿热试验前 | | | 同普通型控制站 | |
| | 湿热试验过程中，每一周期冷却前 | | | 0.5 | |
| 船用低压电器 | 湿热试验前 | 额定绝缘电压/V | ≤60 | 10 | 250V 兆欧表 |
| | | | ＞60 | 100 | 500V 兆欧表 |
| | 湿热试验后 | | ≤60 | 1 | 250V 兆欧表 |
| | | | ＞60 | 10 | 500V 兆欧表 |
| 化工防腐蚀低压电器 | 化工气体腐蚀试验后 | | | 2 | |
| 防爆电气设备 | 湿热试验前 | | | 同普通型电器 | |
| | 湿热试验后（7 周期） | | | 0.5 | |
| 牵引电器 | 湿热试验前 | | | 正常状态 | |
| | 湿热试验后（7 周期） | 产品额定电压 $U_e$/V | ＜110 | 0.5 | |
| | | | 111～500 | 1 | |
| | | | 501～1000 | 1.5 | |
| | | | 1001～1500 | 2 | |
| | | | 1501～3000 | 3 | |

# 5.4 低压断路器的选用

## 5.4.1 低压断路器的类型及适用场合

低压断路器的类型及适用场合见表 5-11。

表 5-11 低压断路器的类型及适用场合

| 类别 | 产品系列 | | 适用场合 |
|---|---|---|---|
| 塑料外壳式 | DZ5 系列 | DZ(B)5 型（单极） | 主要作开关板控制线路及照明线路的过载和短路保护 |
| | | DZ5-20 型（3 极） | 用作电动机和其他电气设备的过载及短路保护，也可作小容量电动机不频繁的启停操作和线路转换之用 |
| | | DZ5-50 型（3 极） | 与 DZ5-20 相同，但容量比 DZ5-20 大一级，并可用于交流 500V 及以下电路中 |

续表

<table>
<tr><th>类别</th><th>产品系列</th><th colspan="2">适用场合</th></tr>
<tr><td rowspan="4">塑料外壳式</td><td>DZ20、TO、TG、CM1、H 系列</td><td colspan="2">在低压交直流线路中，作不频繁接通和分断电路用；该开关具有过载和短路保护装置，用以保护电气设备、电机和电缆不因过载或短路而损坏</td></tr>
<tr><td>DZ12、DZ13 型</td><td colspan="2">主要用于照明线路，作线路过载和短路保护，以及作线路不频繁分断和接通之用</td></tr>
<tr><td>DZ15 系列</td><td colspan="2">作为配电、电动机、照明线路的过载和短路保护及晶闸管交流侧的短路保护，也可用于线路不频繁转换及电动机不频繁启动</td></tr>
<tr><td>S060 系列</td><td colspan="2">该系列为引进技术小型开关，适用于交流 50Hz、60Hz，电压 415V 及以下的线路，用于照明线路、电动机过载和短路保护</td></tr>
<tr><td rowspan="4">框架式</td><td>AH(日)、ME(德)系列</td><td colspan="2">有配电用和保护电动机用两种，分别作配电线路电源设备和电动机的过载、短路和欠电压保护；在正常条件下，也可分别用于电路的不频繁转换和电动机不频繁启动</td></tr>
<tr><td>DW16、ME(DW17)系列</td><td colspan="2">用于低压交直流配电线路，作过载、短路及欠电压保护；在正常条件下，也可用于不频繁转换电路</td></tr>
<tr><td>DW15 系列</td><td colspan="2">用于交流电压至 1140V，电流至 1500A 的电路作配电和电动机保护。有配电用开关和保护电动机用开关两种，分别用作配电线路电源设备和电动机的过载、短路及欠电压保护；在正常条件下，也可分别用于电路不频繁转换和电动机不频繁启动</td></tr>
<tr><td>新系列，如 ME 系列</td><td colspan="2">用作主变压器和电路配电开关，额定电流可达 5000A，具有选择性保护</td></tr>
<tr><td>直流快速</td><td>DS7～DS9 系列<br>DS10 系列<br>DS11、DS12 系列</td><td>单向动作、单双向均可动作、双向动作</td><td>用于大容量直流机组、硅整流供电装置和晶闸管整流装置等直流供电线路的过载、短路和逆流保护</td></tr>
<tr><td rowspan="2">限流式</td><td>DWX15 系列<br>框架式</td><td colspan="2">具有快速断开和限制短路电流上升的特点，适用于可能发生特大短路的低压网络，作配电和保护电动机之用；在正常条件下，也可用于线路不频繁转换和电动机不频繁启动</td></tr>
<tr><td>DZX10 系列<br>塑料外壳式</td><td colspan="2">在集中配电、变压器并联运行或采用环形供电时，在要求高分断能力的分支线路中，作为线路和电源设备的过载、短路和欠电压保护；在正常条件下，也可作线路的不频繁转换之用</td></tr>
<tr><td rowspan="2">漏电保护</td><td>DZ15L 型</td><td colspan="2">适用于电源中性点接地的电路，作漏电保护，也可作线路和电动机的过载及短路保护，还可用于线路不频繁转换和电动机不频繁启动</td></tr>
<tr><td>DZ5-20L 型</td><td colspan="2">与 DZ15L 相同，但容量比 DZ15L 小一级，额定电流仅为 20A，且无 4 极触点</td></tr>
</table>

## 5.4.2 低压断路器按保护特性及用途的分类

低压断路器按保护特性及用途的分类见表5-12。

表5-12 低压断路器按保护特性及用途分类

| 分类名称 | 电流种类及范围 | 保护特性 | | | 主要用途 |
| --- | --- | --- | --- | --- | --- |
| 配电用断路器 | 交流200～5000A | 选择型 | 二段保护 | 瞬时,短延时 | 电源总开关和负荷近端支路开关 |
| | | | 三段保护 | 瞬时,短延时及长延时 | |
| | | 非选择型 | 限流型 | 长延时,瞬时 | 支路近端开关和支路末端开关 |
| | | | 一般型 | | |
| | 直流600～6000A | 快速型 | 正向 | 保护硅整流设备 | |
| | | | 双向 | | |
| | | 一般型 | 长延时 | 保护一般直流设备 | |
| | | | 瞬动 | | |
| 电动机保护用断路器 | 交流60～600A | 直接启动 | 过流脱扣器瞬动倍数(8～15)$I_e$ | | 保护笼型电动机 |
| | | 间接启动 | 过流脱扣器瞬动倍数(3～8)$I_e$ | | 保护笼型和绕线型电动机 |
| | | 限流式 | 过流脱扣器瞬动倍数12$I_e$ | | 可装于变压器近端 |
| 照明用断路器 | 交流5～50A | 过载长延时<br>短路瞬时(单极) | | | 照明电路开关信号二次回路 |
| 漏电保护断路器 | 交流5～200A | 30mA,0.1s分断 | | | 保护人身安全及防止漏电引起火灾 |
| 特殊用途断路器 | 交流、直流 | 瞬动 | | | 灭磁开关闭合开关 |

根据不同使用场合低压断路器可分为以下三类：配电保护型断路器、电动机保护型断路器和家用（或类似家用）过电流保护型断路器。这三类断路器的使用条件不同，保护特性也有很大的差异。

## 5.4.3 配电用断路器的选择与整定及实例

配电用断路器的选用除满足上述条件外，还应正确选择和整定过电流脱扣器。低压断路器过电流脱扣器按保护特性分为长延时、短延时和瞬时三种。长延时脱扣器用于过负荷保护，短延时和瞬时脱扣器用于短路保护。塑壳式断路器大都无短延时保护特性，而选择型万能式断路器，如DW15、DW17、ME等系列，则具有二段（瞬时、长延时或瞬时、短延时）或三段（瞬时、短延时、长延时）保护特性。

过电流脱扣器动作电流整定的根本问题是如何从动作电流或动作时间上躲过计算电流的尖峰电流。

计算电流 $I_{js}$ 即最大负荷电流，为用电设备正常工作时（非启动时）通过配电线路的最大持续电流。尖峰电流 $I_{jf}$ 则是指包括电动机在内的用电设备启动时通过配电线路时电流。

过电流脱扣器动作电流具体整定要求如下。

① 长延时动作电流整定值 $I_{dzj}$≤导线允许载流量。当线路为电缆时，可取电缆允许载流量的80%。

② 长延时动作电流整定值 $I_{dzj} \geqslant KI_{js}$，其中 $I_{js}$ 为线路的计算电流，$K$ 为可靠系数，取1.1。

③ 3倍长延时动作电流整定值的可返回时间≥线路中启动电流最大的电动机的启动时间。

④ 短延时动作电流整定值 $I_{dzj} \geqslant KI_{jf}$，其中 $I_{jf}$ 为线路的峰值电流，$K$ 为可靠系数，取1.2～1.4。

也可按下式整定：$I_{dzj} \geqslant 1.1(I_{js}+1.35K_{qd}I_{ed})$。其中，$K_{qd}$ 为电动机的启动电流倍数，$I_{ed}$ 为电动机的额定电流。

短延时动作时间为0.1s（或0.2s）、0.4s、0.6s三种，可按各级断路器选择性配合的要求选用。选定短延时阶梯后最好按被保护对象的热稳定性能加以校验。

⑤ 瞬时电流整定值 $I_{dzj} \geqslant 1.1(I_{js}+K_1K_{qd}I_{edm})$，其中 $K_1$ 为电动机启动电流的冲击系数，一般 $K_1=1.7\sim2$；$I_{edm}$ 为最大的一台电动机的额定电流。

⑥ 如有短延时，则瞬时电流整定值不小于1.1倍的下级开关进线端计算短路电流值。

⑦ 瞬时或短延时动作的断路器灵敏度按以下公式校验：

$$\frac{I_{d\cdot\min}^{(2)}}{I_{dzj}} \geqslant K_m^{(2)}$$

$$\frac{I_{d\cdot\min}^{(1)}}{I_{dzj}} \geqslant K_m^{(1)}$$

式中 $I_{d\cdot\min}^{(2)}$、$I_{d\cdot\min}^{(1)}$——配电线路末端或电气距离最远的一台用电设备处发生两相短路或单相短路时的短路电流，A；

$I_{dzj}$——瞬时或短延时过电流脱扣器的整定电流，A；

$K_m^{(2)}$——两相短路电流的灵敏度，取 $K_m^{(2)}=2$；

$K_m^{(1)}$——单相短路电流的灵敏度，对 DW 型断路器取 $K_m^{(1)}=2$，对 DZ 型断路器取 $K_m^{(1)}=1.5$，对装于防爆车间的断路器取 $K_m^{(1)}=2$。

⑧ 瞬时和短延时脱扣器的整定电流调节范围（制造厂标准的规定）如下：

$$\text{DW 型瞬时 } I_{dzj}=(1\sim 23)I_{ed}$$

$$\text{DW 型短延时 } I_{dzj}=(3\sim 6)I_{ed}$$

$$\text{DZ 型瞬时 } I_{dzj}=(2\sim 12)I_{ed}$$

式中 $I_{ed}$——脱扣器额定电流。

**【例 5-1】** 某供电系统如图 5-1 所示，已知变压器容量 $S_e$ 为 630kV·A，额定电流 $I_e$ 为 910A，阻抗电压 $U_d$ 为 4.5%；线路负荷 $I_x$ 为 320A，电动机额定功率 $P_{ed}$ 为 45kW，额定电流 $I_{ed}$ 为 85.4A，启动电流倍数 $K_{qd}$ 为 6.5；短路电流计算结果标于图上，试选择断路器 $Q_1$、$Q_2$ 和 $Q_3$。

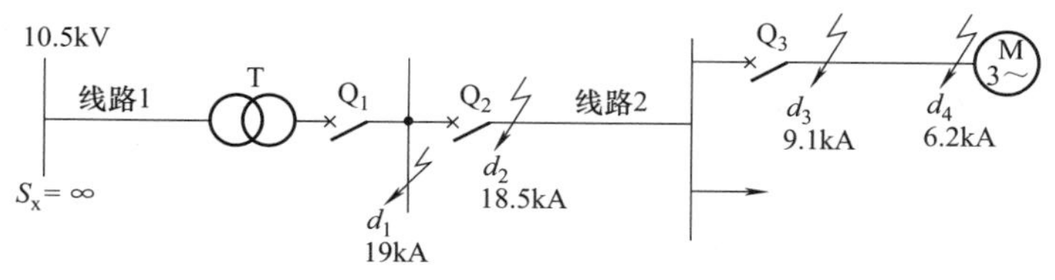


图 5-1 例 5-1 的供电系统图

**解：** ①选择断路器 $Q_3$。按电动机保护用断路器选择（详见

5.4.4项)。查产品目录，DW5-400A能满足要求（没有更小的型号)。因电动机额定电流为85.4A，所以脱扣器额定电流选用100A。

长延时动作电流整定在100A，瞬时动作电流整定在12×85.4=1025（A)，取1200A，此值小于$I_{de}$=6.2kA。

6倍长延时动作电流整定值的可返回时间取3s。

② 选择断路器$Q_2$。按配电用断路器选择。由于线路负荷电流$I_x$=320A，短路电流$I_{dz}$=18.5kA，而开关$Q_2$的延时通断能力应大于11.2kA，查产品目录，可采用DW5-400A断路器，其额定电流为400A，瞬时通断能力为20kA，延时通断能力为10kA。脱扣器额定电流用300A。

短延时取0.2s，动作电流整定值为1.2×1200=1440（A)，取1500（A)。

3倍长延时动作电流整定值的可返回时间取8s（结合图5-2确定)。

瞬时动作电流可整定在10kA。

③ 选择断路器$Q_1$。由于变压器额定电流为910A，故选用DW5-1000A断路器。查产品目录可知，其延时通断能力为20kA，瞬时通断能力为40kA，可满足$I_{d1}$=19kA的要求。

瞬时动作电流整定值取18kA。

短延时取0.4s，动作电流整定值$\geqslant 1.1(I_{js}+K_1K_{qd}I_{edm})=1.1\times(910+1.35\times6.5\times85.4)\approx1825$（A)，取2000A。

3倍长延时动作电流整定值的可返回时间取15s（结合图5-2确定)。

各级断路器的选定汇于表5-13中，它们的保护特性配合曲线见图5-2。

表5-13 各级断路器的参数

| 断路器符号 | 额定电流/A | 长延时动作整定电流/A | 短延时动作整定电流/A | 瞬时动作整定电流/A |
|---|---|---|---|---|
| $Q_1$ | 1000 | 1000 | 2000 | 18000 |
| $Q_2$ | 400 | 300 | 1500 | — |
| $Q_3$ | 400 | 100 | — | 1200 |

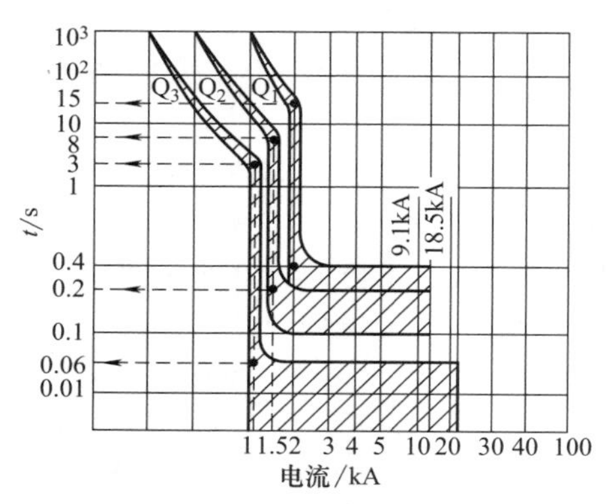


图 5-2 断路器保护特性配合曲线

### 5.4.4 电动机保护用断路器的选择与整定及实例

电动机保护用断路器可按以下原则选择和整定。

① 电动机保护用断路器，其长延时脱扣器分为可调试和不可调试两种。可调试过电流脱扣器的整定电流调节范围为 0.7～1.0 倍的脱扣器额定电流。因为长延时脱扣特性与 JR 系列热继电器的特性相同，所以它很适合作为电动机的过载保护装置。

长延时脱扣器的保护特性见表 5-14。

表 5-14 长延时脱扣器的保护特性

| 试验电流/脱扣器整定电流 | 动作时间 | |
|---|---|---|
| | 额定电流 50A 及以下 | 额定电流 50A 以上 |
| 1.0 | 不动作 | 不动作 |
| 1.2 | <20min | <20min |
| 1.5 | <3min | <3min |
| 6.0 | 可返回时间:1s 或 3s | 可返回时间:3s 或 8s 或 15s |

注：可返回时间是指在长延时和短延时范围内，当电流下降到长延时脱扣器整定电流的 90%时，脱扣器能返回到原来状态的最长时间。

长延时电流整定值等于电动机额定电流。

② 6 倍长延时电流整定值的可返回时间不小于电动机实际启动时间。按启动时负荷的轻重，可选用可返回时间为 1s、3s、5s、8s、15s 中的某挡。

③ 瞬时整定值：对保护笼型异步电动机的断路器等于 8～15 倍电动机额定电流；对保护绕线型电动机的断路器等于 3～6 倍电

动机额定电流。

须指出，断路器的寿命一般只有万次左右，比一般交流接触器的操作寿命低两个数量级。直接启动电动机时，只适用于不频繁操作的场合。

如果选择不到能满足电动机过载保护的断路器，可以将配电用断路器与热继电器配合使用来实现电动机的过载保护。这时配电用断路器瞬时脱扣动作电流整定值等于 14 倍电动机额定电流，以避免由于电动机启动冲击电流而引起误动作。

**【例 5-2】** 某供电系统如图 5-3 所示。已知各线路上的计算电流分别为 $I_1=900\text{A}$，$I_2=540\text{A}$，$I_3=I_{ed1}=103\text{A}$，$I_4=I_{ed2}=184\text{A}$；电动机 M1 的额定电流和启动电流为 $I_{ed1}=103\text{A}$，$I_{qd1}=670\text{A}$；电动机 M2 的额定电流和启动电流为 $I_{ed2}=184\text{A}$，$I_{qd2}=1200\text{A}$，各短路点 $d_1 \sim d_5$ 的短路电流计算结果标于图上，试选择断路器 $Q_1 \sim Q_4$。

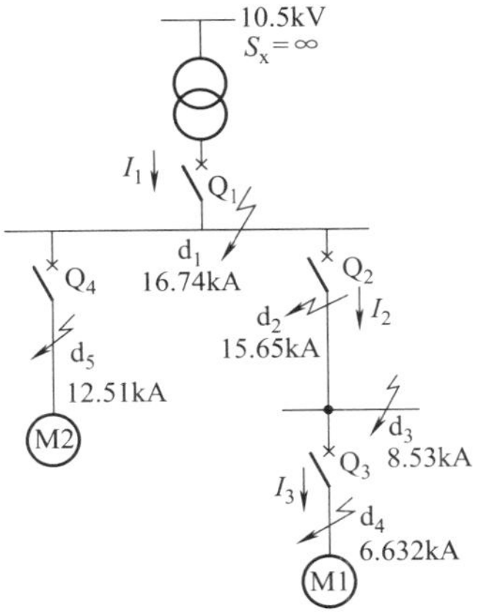

**解：**① 选择断路器 $Q_3$。按电动机保护用断路器选择。可选择 DW15-200A 断路器，作启动和过负荷、短路保护。

因为电动机额定电流 $I_{ed1}=103\text{A}$，所以长延时脱扣器动作电流整定在 105A。

7 倍长延时动作电流整定值的可返回时间取 3s（轻载启动）。

瞬时脱扣器动作电流整定在 $1.35I_{qd1}=1.35\times670=904$（A），取 1000A，此值小于 $I_{d4}=6.632\text{kA}$。

图 5-3　例 5-2 的供电系统图

② 选择断路器 $Q_2$。按配电用断路器选择。由于线路负荷电流为 $I_2=540\text{A}$，短路电流 $I_{d2}=15.65\text{kA}$，可选择 DW15-630A 选择型断路器。

长延时脱扣器动作电流整定在 $1.1I_2=1.1\times540=594$（A），可取 600A。

3 倍长延时动作电流整定值的可返回时间取 8s。

短延时脱扣器延时时间取 0.2s。动作电流整定在$1.2[I_2+(I_{qd1}-I_{ed1})]=1.2\times[540+(670-103)]=1328$（A），只能选择 630A 的脱扣器，动作电流取 1800A。

瞬时动作电流整定在 $1.1I_{d3}=1.1\times8.53=9.4$（kA），能在 630A 电子式脱扣器上调出。

③ 选择断路器 $Q_1$。按配电用断路器选择。由于 $I_1=900$A，故选择 DW15-1000A 选择型断路器。

长延时脱扣器动作电流整定在 1000A。

3 倍长延时动作电流整定值的可返回时间取 1.5s。

短延时脱扣器延时时间取 0.4s。动作电流整定在$1.2[I_1+(I_{qd2}-I_{ed2})]=1.2\times[900+(1200-184)]=2300$（A），取 3000A。

瞬时动作电流整定在 $1.1I_{d2}=1.1\times15.65=17.215$（kA），能在 1000A 电子式脱扣器上调出。

④ 选择断路器 $Q_4$。按电动机保护用断路器选择。可选择 DW15-200A 限流式断路器。

瞬时脱扣器动作电流整定在 $1.7I_{qd2}=1.7\times1200=2040$（A），选 200A 脱扣器，动作电流取 2400A，此值小于 $I_{d5}=12.51$kA。

### 5.4.5 直流断路器的选用

直流电路选用断路器的原则如下。

① 对用于动作速度要求不高的场所，如直流电机、蓄电池电源等，应选用一般的直流断路器，例如从交流断路器派生的产品。

② 额定电压为 250V 及以下、额定电流为 630A 及以下的直流电路，可选用体积小、价格低的 TO、TG、DZ20 系列和 C45N 系列等塑料外壳式断路器。

③ 对动作速度要求高的场所，如晶闸管整流装置等（过载能力极低），必须采用快速断路器，如 DS7、DS8、DS10、DS11 和 DS12 等系列。快速断路器的价格较高。

直流断路器的选用条件如下。

① 额定工作电压大于直流电路的额定电压。若考虑到反接制动和逆变条件，应大于 2 倍电路电压。

② 额定电流不小于直流电路的负荷电流。对于短时周期负荷，可按其等效发热电流考虑。

③ 过电流动作整定值不小于电路正常工作电流最大值。在启动直流电动机时，应避开电动机启动电流。

④ 逆流动作整定值小于被保护设备的允许逆流数值。

⑤ 额定短路通断能力大于直流电路可能出现的最大短路电流。对于快速断路器，初始上升陡度$\left(初始\frac{\mathrm{d}i}{\mathrm{d}t}\right)$大于电路可能出现的最大短路电流的初始上升陡度。

⑥ 快速断路器的 $I^2t$ 小于与其配合的快速熔断器的 $I^2t$。

### 5.4.6 断路器与熔断器的级间配合

在配电系统中，当上下级间采用断路器与熔断器配合时，需要考虑上下级之间电器保护特性的配合。

① 当上一级采用断路器，下一级采用熔断器时，断路器应带短延时过电流脱扣器，即要求熔断器的安-秒曲线在断路器保护曲线的下方，如图5-4所示。如断路器带有短延时过电流脱扣器，则对应于短延时过电流脱扣器的动作时间长达0.1s及以上。因此，必须选择额定电流比断路器额定电流小得多的熔断器。

② 当上一级采用熔断器，下一级采用断路器时，一般熔断器作为后备保护。这时要求熔断器的安-秒曲线在断路器保护曲线的上方，而且两个保护曲线在电流较大处有交接，要求交接电流 $I_B$ 大于断路器可能通过的最大短路电流 $I_{d \cdot max}$，才能保证保护选择性动作，如图5-5所示。一般应选交接电流 $I_B$ 小于断路器的额定短路通断能力的80%。而熔断器的安-秒曲线对应于 $I_{d \cdot max}$ 的熔断时间，要求比断路器瞬时脱扣器的动作时间大0.1s及以上。

当短路电流大于 $I_B$ 时，应由熔断器动作。

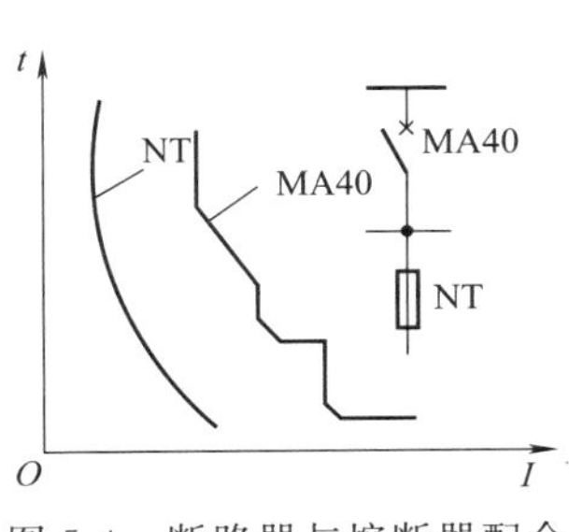

图5-4　断路器与熔断器配合

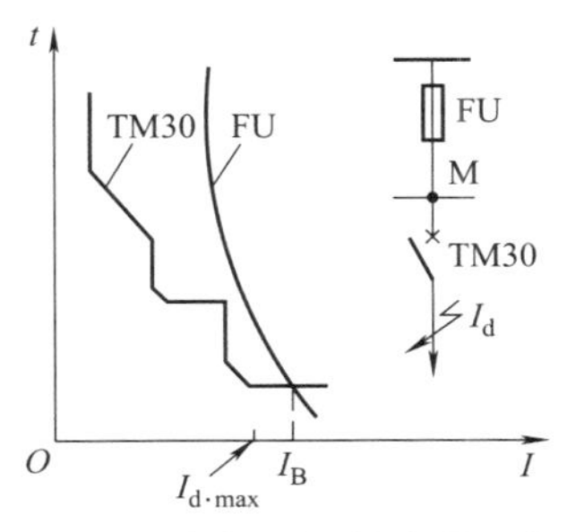

图5-5　熔断器与断路器配合

# 5.5 低压断路器的技术数据

## 5.5.1 DW15、DW16、3VE系列断路器的技术数据

DW15系列断路器的技术数据见表5-15；DW16系列断路器的技术数据见表5-16；3VE系列断路器的技术数据见表5-17。

表5-15 DW15系列断路器技术数据

| 壳架等级额定电流/A | 额定电流/A | 额定短路分断能力/kA | | | | 机械寿命/电寿命/万次 | 备注 |
|---|---|---|---|---|---|---|---|
| | | 额定电压/V | | | 飞弧距离/mm | | |
| | | 380 | 660 | 1140 | | | |
| 200 | 100、160、200 | 20/5 | 10/5 | | 250 | 1.8/0.2 | 电磁铁合闸，半导体脱扣器 |
| 400 | 200、400 | 25/8 | 15/8 | 10 | 250 350（1140V时） | 0.9/0.1 | |
| 630 | 315、400、630 | 30/12.6 | 20/10 | 2 | 250 350（1140V时） | 0.9/0.1 | |
| 1000 | 630、800、1000 | 40/30 | | | 350 | 1/0.5 | 电动机合闸，半导体脱扣器 |
| 1600 | 1600 | 40/30 | | | 350 | 1/0.25 | |
| 2500 | 1600、2000、2500 | 60/40 | | | 350 | 0.5/0.05 | |
| 4000 | 2500、3000、4000 | 80/60 | | | 400 | 0.5/0.05 | |

注：分断能力一项中，分子为额定极限短路分断能力；分母为额定短延时（0.2s—200～630A；0.45s—1000～4000A）短路分断能力。

表5-16 DW16系列断路器技术数据

| 壳架等级额定电流/A | 额定电流/A | 额定短路分断能力/kA | | | 操作性能总次数/万次 | 备注 |
|---|---|---|---|---|---|---|
| | | 额定电压/V | | 飞弧距离/mm | | |
| | | 400 | 690 | | | |
| 630 | 100、160、200、250、315、400、630 | 30/25 | 20/15 | 250 | 1 | 上进线 |
| 2000 | 800、1000、1600、2000 | 50/30 | 30/20 | 350 | 0.5 | 上进线<br>下进线 |
| 4000 | 2500、3200、4000 | 80/50 | 40/30 | 400 | 0.3 | 上进线<br>下进线 |

注：分断能力一项中，分子为额定极限短路分断能力；分母为额定运行短路分断能力。

## 5.5.2 ME系列断路器的技术数据

ME系列断路器的技术数据见表5-18。

表5-17 3VE系列断路器技术数据

| 型号 | 额定绝缘电压/V | 极数 | 额定电流/A | 热延时脱扣器电流整定范围/A | 电磁瞬时脱扣器电流整定值/A | 额定短路分断能力(有效值) | | 额定短路接通能力(峰值) | | 机械寿命/万次 |
|---|---|---|---|---|---|---|---|---|---|---|
| | | | | | | 电压/V | kA/cosφ | 电压/V | kA/cosφ | |
| 3VE1 | 660 | 3 | 0.16 | 0.1～0.16 | 1.9 | | | | | 10 |
| | | | 0.25 | 0.16～0.25 | 3 | 220 | 1.5/0.95 | 220 | 2.12/0.95 | |
| | | | 0.4 | 0.25～0.4 | 4.8 | 380 | 1.5/0.95 | 380 | 2.12/0.95 | |
| | | | 0.63 | 0.4～0.63 | 7.5 | 415 | 1.5/0.95 | 415 | 2.12/0.95 | |
| | | | 1 | 0.63～1 | 12 | 500 | 1.3/0.95 | 500 | 1.84/0.95 | |
| | | | 1.6 | 1～1.6 | 19.2 | 600 | 1.0/0.95 | 660 | 1.41/0.95 | |
| | | | 2.5 | 1.6～2.5 | 30 | | | | | |
| | | | 3.2 | 2～3.2 | 38 | | | | | |
| | | | 4 | 2.5～4 | 48 | | | | | |
| | | | 5 | 3.2～5 | 60 | | | | | |
| | | | 6.3 | 4～6.3 | 75 | | | | | |
| | | | 8 | 5～8 | 96 | | | | | |
| | | | 10 | 6.3～10 | 120 | | | | | |
| | | | 12.5 | 8～12.5 | 150 | | | | | |
| | | | 16 | 10～16 | 192 | | | | | |
| | | | 20 | 14～20 | 240 | | | | | |
| | | | 1.6 | 1～1.6 | 10 | | | | | |
| | | | 2.5 | 1.6～2.5 | 30 | | | | | |
| | | | 4 | 2.5～4 | 48 | 220<br>380 | 10/0.5<br>10/0.5 | 220<br>380 | 17/0.5<br>17/0.5 | |
| 3VE3 | 750 | 3 | 6.3 | 4～6.3 | 75 | | | | | 10 |
| | | | 10 | 6.3～10 | 120 | 415 | 10/0.5 | 415 | 17/0.5 | |
| | | | 12.5 | 8～12.5 | 150 | | | | | |
| | | | 16 | 10～16 | 192 | 500 | 5/0.7 | 500 | 7.7/0.7 | |
| | | | 20 | 12.5～20 | 240 | | | | | |
| | | | 25 | 16～25 | 300 | 600 | 3/0.9 | 600 | 4.3/0.9 | |
| | | | 32 | 22～32 | 380 | | | | | |
| 3VE4 | 750 | 3 | 10 | 6.3～10 | 120 | 220 | 100/0.2 | 220 | 220/0.2 | 3 |
| | | | 16 | 10～16 | 192 | | | | | |
| | | | 25 | 16～25 | 300 | 380 | 22/0.25 | 380 | 46.2/0.25 | |
| | | | 32 | 22～32 | 380 | 415 | 22/0.25 | 415 | 46.2/0.25 | |
| | | | 40 | 28～40 | 480 | 500 | 10/0.5 | 500 | 17/0.5 | |
| | | | 50 | 36～50 | 600 | 600 | 7.5/0.5 | 600 | 12.8/0.5 | |
| | | | 63 | 45～63 | 760 | | | | | |

表 5-18 ME 系列断路器的技术数据

| 型号 | 额定工作电流/A | | | | | | 分断能力(有效值) | | 接通能力660V(峰值)/kA | 1s短时耐受电流/kA | 机械寿命/次 | 电寿命/次 | 质量/kg |
|---|---|---|---|---|---|---|---|---|---|---|---|---|---|
| | 固定式 | | | 抽屉式 | | | 交流 380V 600V /(kV/cosφ) | 直流 $T=$15ms 440V /kA | | | | | |
| | 35℃ | 45℃ | 55℃ | 35℃ | 45℃ | 55℃ | | | | | | | |
| ME630 | 630 | 630 | 630 | 630 | 630 | 630 | 50/0.25 | 30 | 105 | 30 | 20000 | 1000 | 27/58 |
| ME800 | 800 | 800 | 800 | 800 | 800 | 800 | | | | | | | 28.5/59.5 |
| ME1000 | 1000 | 1000 | 1000 | 1000 | 1000 | 1000 | | | | 50 | | | 29/61 |
| ME1250 | 1250 | 1250 | 1250 | 1250 | 1250 | 1250 | | | | | | | 31.5/63.5 |
| ME1600 | 1600 | 1530 | 1460 | 1600 | 1530 | 1460 | | | | | | | 34.5/66.5 |
| ME1605 | 1900 | 1810 | 1720 | 1900 | 1720 | 1620 | | | | | | | 38.7/71.7 |
| ME2000 | 2000 | 2000 | 2000 | 2000 | 2000 | 2000 | 80/0.2 | 40 | 18 | 80 | 10000 | 500 | 61/116 |
| ME2500 | 2500 | 2500 | 2400 | 2500 | 2400 | 2300 | | | | | | | 64/119 |
| ME2505 | 2900 | 2900 | 2900 | 2900 | 2900 | 2770 | | | | | | | 73/132 |
| ME3200 | 3200 | 3200 | 3200 | 3200 | 3200 | 3200 | | | | | | | 109/160 |
| ME3205 | 3900 | 3900 | 3900 | 3900 | 3900 | 3750 | | | | | | | 122/179 |
| ME4000 | 4000 | 4000 | 4000 | 4000 | 4000 | 4500 | 80/0.2 | 40 | 180 | 100 | 300 | 150 | 154/216 |
| ME4005 | 5000 | 5000 | 5000 | 5000 | 5000 | 4750 | | | | | | | 171/240 |

注：质量栏中分子为无过电流脱扣器的质量，分母为抽屉式断路器的质量。

过电流脱扣器可实现过负载长延时保护、短路短延时及短路瞬时保护，其整定电流见表 5-19。

脱扣器动作特性见表 5-20。

## 5.5.3 塑壳式断路器的技术数据

(1) 几种常用塑壳式断路器的技术数据

DZ5-20 型塑壳式断路器的技术数据见表 5-21；DZ15 系列塑壳式断路器的技术数据见表 5-22；DZ20J 四极系列塑壳式断路器的技术数据见表 5-23。

(2) 带智能化脱扣器的塑壳式断路器

TM30 系列塑壳式断路器适用于绝缘电压为 800V、额定工作电压为 690V、交流频率为 50Hz、额定工作电流为 16～2000A 的配电网络和 16～4000A 的电动机保护系统中供不频繁转换用，并具有过载、短路、接地、欠压等保护功能。它具有以下特点。

表 5-19　过电流脱扣器整定电流

| 脱扣器类型 | 整定电流调节范围/A | 3 极 | | | | | | | | | | | 4 极 | | | | | | |
|---|---|---|---|---|---|---|---|---|---|---|---|---|---|---|---|---|---|---|---|
| | | ME 630 | ME 800 | ME 1000 | ME 1250 | ME 1600 | ME 1605 | ME 2000 | ME 2500 | ME 2505 | ME 3200 | ME 3205 | ME 630 | ME 800 | ME 1000 | ME 1250 | ME 1600 | ME 2000 | ME 2500 |
| 过负载长延时脱扣器 | 200～300～400 | √ | √ | | | | | | | | | | √ | √ | √ | √ | √ | | |
| | 350～500～630 | √ | √ | √ | | | | | | | | | √ | √ | √ | √ | √ | | |
| | 500～650～800 | | √ | | | | | | | | | | | √ | | | | | |
| | 500～750～1000 | | | √ | √ | √ | | √ | √ | | | | | | √ | √ | √ | | |
| | 750～1000～1250 | | | | √ | | | | | | | | | | | √ | | | |
| | 900～1200～1600 | | | | | √ | | | | | | | | | | | | | |
| | 900～1400～1900 | | | | | | √ | | | | | | | | | | √ | | |
| | 1000～1500～2000 | | | | | | | √ | √ | √ | | | | | | | | √ | √ |
| | 1500～2000～2500 | | | | | | | | √ | | | | | | | | | | √ |
| | 1900～2400～2900 | | | | | | | | | √ | | | | | | | | | |
| 短路短延时脱扣器 | 3～4～5kA | √ | √ | √ | √ | | | | | | | | √ | √ | √ | √ | √ | | |
| | 5～6.5～8kA | √ | √ | √ | √ | √ | √ | √ | √ | | | | √ | √ | √ | √ | √ | | |
| | 8～10～12kA | | | | | | √ | √ | √ | √ | | | | | | | | √ | √ |
| | 8～12～16kA | | | | | | | | | | √ | | | | | | | | |
| | 10～15～20kA | | | | | | | | | | | √ | | | | | | | |
| 短路瞬时脱扣器 | 1.5～2～3kA | | √ | | | | | | | | | | √ | √ | √ | | | | |
| | 2～3～4kA | √ | √ | √ | √ | | | | | | | | √ | √ | √ | √ | √ | | |
| | 4～6～8kA | √ | √ | √ | √ | √ | √ | √ | √ | | | | √ | √ | √ | √ | √ | | |
| | 6～9～12kA | | | | | | √ | √ | √ | √ | | | | | | | | √ | √ |
| | 8～12～16kA | | | | | | | | | √ | √ | √ | | | | | | | |
| | 10～15～12kA | | | | | | | | | | | √ | | | | | | | |

注：“√”表示有此整定电流调节范围。

**表 5-20 脱扣器（双金属片式）动作特性**

| 试验电流/脱扣器整定电流/A | 脱扣动作时间(T) | |
|---|---|---|
| 1.05 | 2h 内不脱扣 | 从冷态开始 |
| 1.30 | <2h 脱扣 | 从热态开始 |
| 1.50 | <2min 脱扣 | 从热态开始 |
| 6 | TⅡ/25s 或 TⅡ/20s | 从冷态开始 |

注：1. 脱扣器整定电流值允许误差为±10%。

2. 三相断路器在两相通电时允许动作电流增加 10%，单相通电时允许增加 20%。

3. TⅡ为电动机重载启动，其中 TⅡ/25s 适用于 ME630～1600 型断路器，其值 $T<25s$；TⅡ/20s 适用于 ME2000～2500 型，其值 $T<20s$。

4. 作电动机保护，6 倍脱扣器整定电流，可返回时间大于 5s；作线路保护，3 倍脱扣器整定电流，可返回时间大于 8s。

**表 5-21 DZ5-20 系列断路器技术数据**

<table>
<tr><th>型号</th><th>额定电压/V</th><th>主触点额定电流/A</th><th>极数</th><th>脱扣器形式</th><th>热脱扣器额定电流（整定电流调节范围）/A</th><th>电磁脱扣器瞬时动作整定电流/A</th></tr>
<tr><td>DZ5-20/330<br>DZ5-20/230</td><td rowspan="4">AC380<br>DC220</td><td rowspan="4">20</td><td>3<br>2</td><td>复式</td><td rowspan="3">0.15(0.10～0.15)<br>0.20(0.15～0.20)<br>0.30(0.20～0.30)<br>0.45(0.30～0.45)<br>0.65(0.45～0.65)<br>1(0.65～1)<br>1.5(1～1.5)<br>2(1.5～2)<br>3(2～3)<br>4.5(3～4.5)<br>6.5(4.5～6.5)<br>10(6.5～10)<br>15(10～15)<br>20(15～20)</td><td rowspan="3">为热脱扣器额定电流的 8～12 倍(出厂时整定于 10 倍)</td></tr>
<tr><td>DZ5-20/320<br>DZ5-20/220</td><td>3<br>2</td><td>电磁脱扣器式</td></tr>
<tr><td>DZ5-20/310<br>DZ5-20/210</td><td>3<br>2</td><td>热脱扣器式</td></tr>
<tr><td>DZ5-20/300<br>DZ5-20/200</td><td>3<br>2</td><td colspan="3">无脱扣器式</td></tr>
</table>

**表 5-22 DZ15 系列断路器技术数据**

| 型号 | 额定电压/V | 壳架等级额定电流/A | 极数 | 额定电流/A | 380V 短路通断能力/kA | 电寿命/次 |
|---|---|---|---|---|---|---|
| DZ15-40/190 | 220 | 40 | 1 | 6、10、15、20、30、40 | 2.5($\cos\varphi=0.7$) | 15000 |
| DZ15-40/290 | 380 | | 2 | | | |
| DZ15-40/390 | | | 3 | | | |
| DZ15-60/190 | 220 | 60 | 1 | 10、15、20<br>30、40、60 | 5($\cos\varphi=0.5$) | 10000 |
| DZ15-60/290 | 380 | | 2 | | | |
| DZ15-60/390 | 500 | | 3 | | | |
| DZ15-60/490 | | | 4 | | | |

表 5-23 DZ20J 四极系列断路器技术数据

| 型号 | 额定电压/V | 壳架等级额定电流/A | 额定电流/A | 额定极限短路分断能力/kA | | 额定运行短路分断能力/kA |
|---|---|---|---|---|---|---|
| | | | | AC240V | AC400V | AC400V |
| DZ20J-100/4 | 400 | 100 | 16、20、32、40、50、63、80、100 | 80 | 35 | 18 |
| DZ20J-200/4 | 400 | 200 | 63、80、100、125、160、180、200、250 | 80 | 42 | 25 |
| DZ20J-630/4 | 400 | 630 | 250、315、350、400、500、630 | 80 | 50 | 25 |

① 体积小：比同壳体的 DZ20 系列断路器平均缩小 10%～30%。

② 无飞弧：采用复合式消游离（CDC）灭弧技术，不仅断路器 800A 以下飞弧距离为“零”，而且提高了分断能力。

③ 附件全：所有壳体均具有分励脱扣器、欠电压脱扣器、辅助触点、报警触点等内部附件，并具有电动操作机构、旋转手柄机构（800A 以下）等外部附件。

④ 安装接线方式多：有板前接线、板后接线、插入式接线（100～800A 壳体）、抽出式等，还可以水平安装和垂直安装。

TM30 系列断路器有热-磁式脱扣器和智能化脱扣器两种。

① 带热-磁式脱扣器的产品 100～2000A 壳体都提供了热-磁式脱扣器，可实现配电保护和电动机保护（400A 壳体以下）。其技术数据见表 5-24。

表 5-24 带热-磁式脱扣器的 TM30 系列断路器技术数据

| 型号 | 脱扣器瞬时额定电流倍数 | 飞弧距离/mm | 400V 下短路分断能力 $I_{cu}$/kA | | | |
|---|---|---|---|---|---|---|
| | | | S | H | R | U |
| TM30□-100W | 10 | 0 | 35 | 50 | 85 | 100 |
| TM30□-225W | 10 | 0 | 35 | 50 | 85 | 100 |
| TM30□-400W | 10 | 0 | 50 | 65 | — | — |
| TM30□-630～800W | 10 | 0 | 50 | 65 | — | — |
| TM30□-1250 | 4.7 | 150 | 65 | — | — | — |
| TM30□-1600～2000 | 4 | 150 | 100 | — | — | — |

注：1. □表示额定极限短路分断能力等级，分为 S、H、R、U。
2. W 表示无飞弧标志。

② 带智能化脱扣器的产品　400A壳体以上具有智能化脱扣器，采用MOTOROLA单片机芯片，8位CPU。主电路的电流信号通过电流互感器，采用模拟电子和数字电子技术进行数字化处理，对电流的大小、正常与否、过载、短路等进行判断、处理，从而达到有选择性的三段保护。具有自诊断功能和监视功能，并具有通信接口。

智能化TM30系列断路器的技术数据见表5-25。

表5-25　智能化TM30系列断路器技术数据

| 型　　号 | 飞弧距离/mm | $I_{cu}$/kA | $I_{cs}$/kA | $I_{cw}$/kA |
|---|---|---|---|---|
| TM30SP-250～400W | 0 | 50 | 25 | 5 |
| TM30HP-250～400W | 0 | 65 | 32.5 | 5 |
| TM30SP-630 | 0 | 50 | 50 | 8 |
| TM30HP-630 | 0 | 65 | 65 | 8 |
| TM30SP-800～1250 | 150 | 65 | 32.5 | 15 |
| TM30SP-1600～2000 | 150 | 100 | 50 | 25 |

注：P—智能化断路器标志；$I_{cu}$—额定极限短路分断能力；$I_{cs}$—额定运行短路分断能力；$I_{cw}$—额定短时耐受电流。

## 5.6 低压断路器的控制线路

### 5.6.1 天津产DW15-200～DW15-630系列断路器电磁铁吸合储能合闸线路

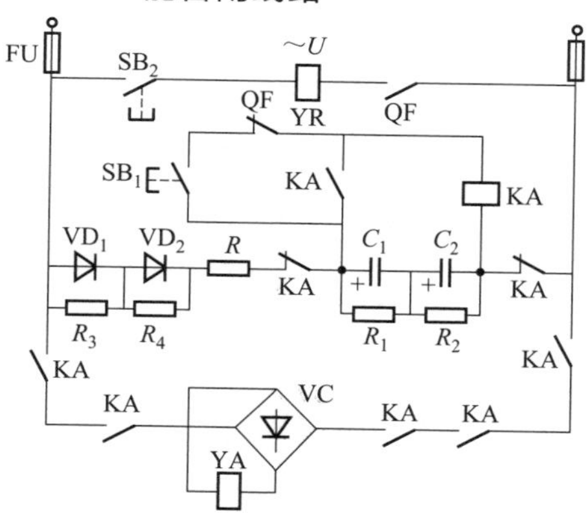


图5-6　DK-1型控制盒使用交流电源电磁铁合闸线路

断路器电磁铁采用直流螺管式结构，短时工作制。

天津第三电器开关厂生产的断路器，其电磁铁合闸装置由电磁铁和选装的DK-1型电磁式或DK-2型电子式控制盒两部分组成。

(1) DK-1型控制盒使用交流电源电磁铁合闸线路

DK-1型控制盒使用交流电源电磁铁合闸线路，如图5-6所示。图中，$SB_1$为合闸按钮，$SB_2$ 为分闸按钮，YA 为合闸电磁铁线圈，YR 为跳闸线圈，KA 为中间继电器，QF 为断路器辅助触点，$R_1 \sim R_4$ 为均压电阻，$C_1$、$C_2$ 为储能电容。

工作原理：接通电源，交流电源经二极管 $VD_1$、$VD_2$ 整流后，整流电压通过电阻 $R$ 向电容 $C_1$、$C_2$ 充电。合闸时，按下合闸按钮 $SB_1$，中间继电器 KA 得电吸合，其常闭触点断开，常开触点闭合，电容 $C_1$、$C_2$ 通过 KA 线圈放电。虽然此时已松开 $SB_1$，KA 仍吸合并自锁，且 KA 常开触点闭合，接通整流桥 VC 回路。电源经 VC 整流后加在合闸电磁铁 YA 线圈上，YA 吸合，使操作机构储能。经过一段延时后，电容 $C_1C_2$ 放电到一定值，KA 释放，其常开触点断开，YA 失电释放，断路器自动合闸。此时 KA 的常闭触点闭合，再次对电容 $C_1$、$C_2$ 充电，为下次合闸作好准备。

采用电容 $C_1$、$C_2$ 储能和中间继电器 KA 控制合闸的目的，是防止重合闸。因为电容放电到使 KA 释放后，其常开触点断开，切断整流桥 VC 的电路，YA 失电，从而保证断路器不会重合闸。此外，当断路器处于合闸位置时，其常开辅助触点 QF 断开。因此即使按下按钮 $SB_1$，KA 也不能吸合，YA 也不会通电动作。

跳闸时，按下分闸按钮 $SB_2$，则跳闸线圈 YR 得电吸合，断路器跳闸。断路器跳闸后，其常开辅助触点断开，YR 即失电，即使再按着 $SB_2$，YR 也不再得电，从而保证 YR 短时工作，防止其烧毁。

（2）DK-1 型控制盒使用直流电源电磁铁合闸线路

DK-1 型控制盒使用直流电源电磁铁合闸线路，如图 5-7 所示。其工作原理与使用交流电源电磁铁合闸线路类同，只不过采用直流操作电源而已。这里不再赘述。

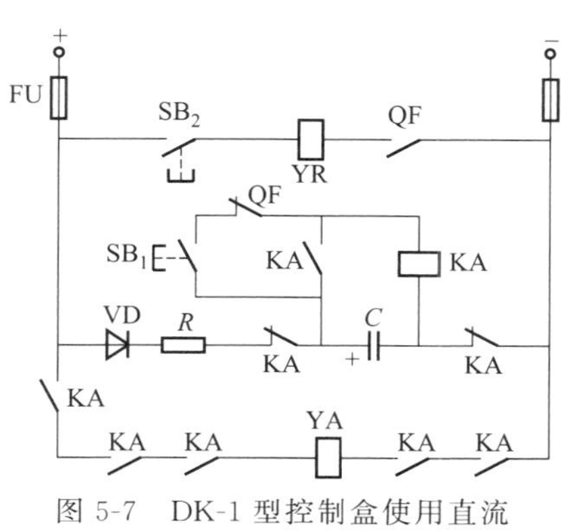

图 5-7　DK-1 型控制盒使用直流电源电磁铁合闸线路

（3）DK-2 型控制盒使用交流电源电磁铁合闸线路

DK-2 型控制盒使用交流电源电磁铁合闸线路，如图 5-8

所示。图中，$SB_1$ 为合闸按钮，YA 为合闸线圈，V 为双向晶闸管，A 为 555 时基集成电路，VS 为稳压管，其他为阻容元件及二极管。

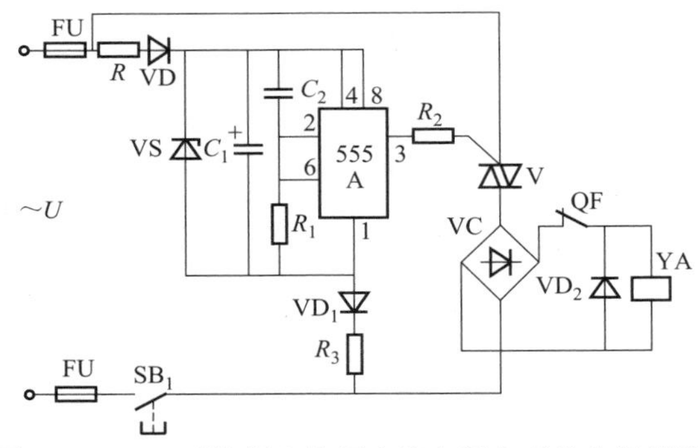


图 5-8 DK-2 型控制盒使用交流电源电磁铁合闸线路

工作原理：接通电源，按下合闸按钮 $SB_1$，交流电源经电阻 $R$ 降压后，通过 VD 整流、$C_1$ 滤波、VS 稳压，给 555 时基集成电路 A 提供约 15V 的工作电压。由于开始接通电源瞬间，电容 $C_2$ 上是无电压的，即 A 的 2、6 脚为低电平，A 的 3 脚输出高电平，双向晶闸管 V 触发导通，合闸电磁铁线圈得电吸合，电容 $C_2$ 通过 $R_1$ 的充电，A 的 2、6 脚电平随之逐渐升高，当电压达到 $2/3E$ 时（$E$ 为稳压管 VS 的稳压值），A 的 3 脚输出低电平，双向晶闸管 V 关闭，YA 失电释放。

采用延时电路是为了使合闸线圈多通电一点时间，以便断路器可靠地合闸。

## 5.6.2 上海产 DW15-200～DW15-630 系列断路器电磁铁吸合储能合闸线路

上海人民电器厂生产的断路器，其电磁铁合闸必须通过随附的控制盒来控制。控制盒有以下几种：DK-5A、DK-5D、DK-5Db，均用于脱扣器为热-电磁式断路器；DK-5AD、DK-5DD，均用于脱扣器为电子式的断路器。

DK-5A、DK-5AD 交流电源控制线路如图 5-9 所示；DK-5D、DK-5DD 直流电源控制线路如图 5-10 所示；DK-5Db 直流电源控制线路如图 5-11 所示。

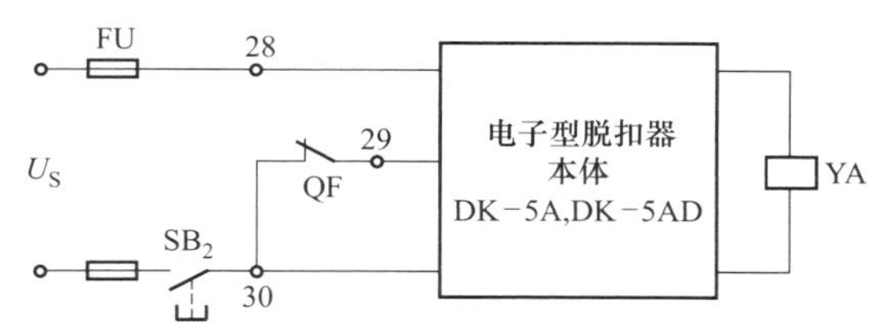


图 5-9 DK-5A、DK-5AD 交流电源控制线路

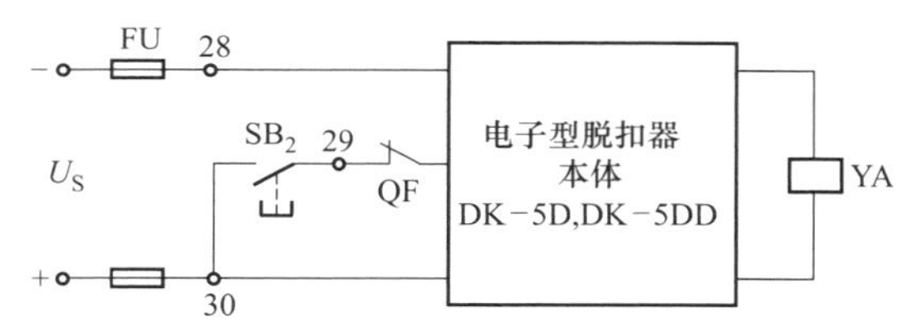


图 5-10 DK-5D、DK-5DD 直流电源控制线路

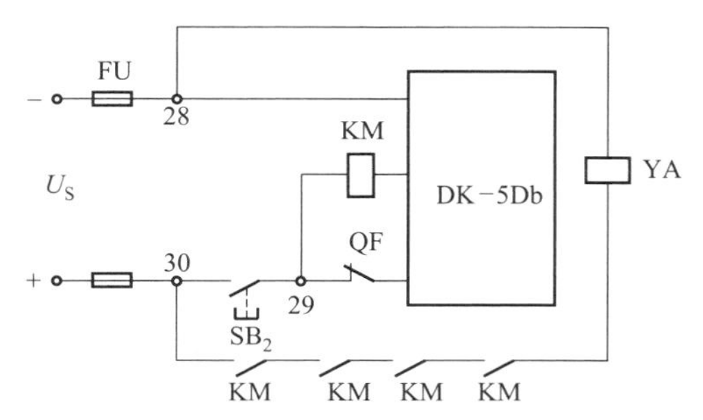


图 5-11 DK-5Db 直流电源控制线路

电路中，$SB_2$ 为合闸按钮，YA 为合闸电磁铁线圈，KM 为接触器，QF 为断路器辅助触点，$U_S$ 为控制盒操作电源。

### 5.6.3 DW15-200～DW15-4000系列断路器电动机合闸线路

DW15-200～DW15-4000 系列断路器电动机合闸线路为无预储能合闸线路，如图 5-12 所示。图中，$SB_1$ 为合闸按钮，$SB_2$ 为分闸按钮，M 为合闸储能电动机，$KA_1$、$KA_2$ 为中间继电器，QF 为断路器辅助触点，SQ 为行程开关（终端开关）。

工作原理：接通操作电源，按下合闸按钮 $SB_1$，继电器 $KA_1$ 得电吸合并自锁，其常开触点闭合，电动机 M 启动运转，当运转

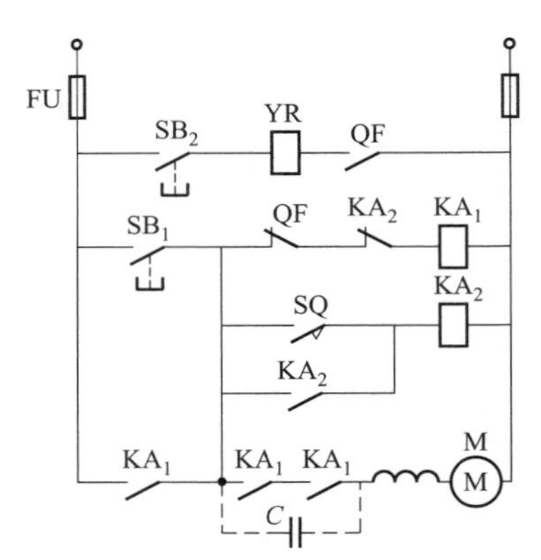


图 5-12 断路器电动机合闸线路

到终点位置时，行程开关 SQ 闭合，继电器 $KA_2$ 得电吸合并自锁，其常闭触点断开，继电器 $KA_1$ 失电释放，电动机停转，合闸过程结束。

跳闸时，按下分闸按钮 $SB_2$，跳闸线圈 YR 得电吸合，断路器 QF 跳闸，电路回复到初始状态。

## 5.6.4 DW15 系列断路器热-电磁式过电流脱扣器

热-电磁式过电流脱扣器具有过载长延时和短路瞬时动作保护功能。电磁式短路瞬时过电流脱扣器由拍合式电磁铁组成，主回路母线穿过铁芯。当发生短路电流时，由拍合式衔铁动作，使断路器跳闸。出厂时过电流瞬动整定值已调整完毕，用户不得自行调节。热式长延时过电流脱扣器由速饱和电流互感器与双金属片热继电器组成，如图 5-13 所示。其刻度标记分别为 0.64、0.8、1，即长延时电流整定值可调范围为 0.64～0.8～1.0 倍的断路器额定电流。

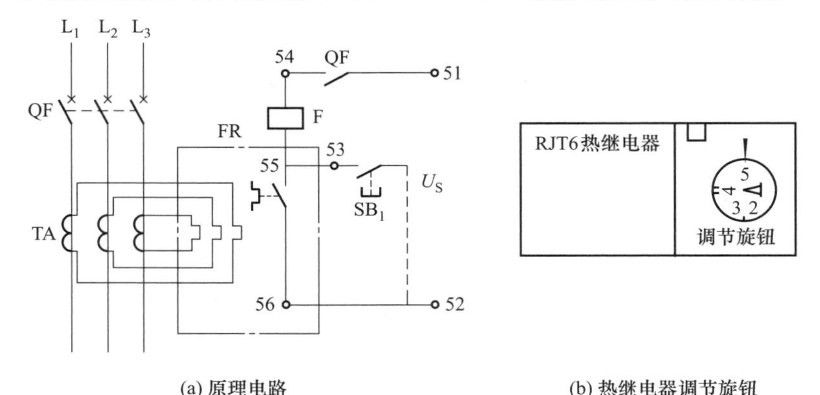


(a) 原理电路　　(b) 热继电器调节旋钮

图 5-13 热式长延时过电流脱扣器原理电路

电路中，TA 为速饱和电流互感器，F 为分励脱扣器线圈，$SB_1$ 为分闸按钮，FR 为热继电器，QF 为断路器及辅助触点。

工作原理：当负荷电流达到过电流脱扣器动作整定值时，经速饱和电流互感器TA，流过热继电器FR的热元件的电流使其发热，经一段延时后，FR的常开触点闭合，接通分励脱扣器线圈F的电源，脱扣器吸合，使断路器QF跳闸。

## 5.6.5 DW15系列断路器电子式脱扣器

图5-14为电子式脱扣器原理框图。图中，$TA_v$为电流电压变换器，TC为电源变压器，$SB_1$为分励按钮，$SB_2$为复位按钮，$SB_3$为试验按钮，C为零压延时附件，Q为欠压脱扣线圈，L为漏电闭锁触点，F为分励脱扣线圈，QF为断路器辅助触点。

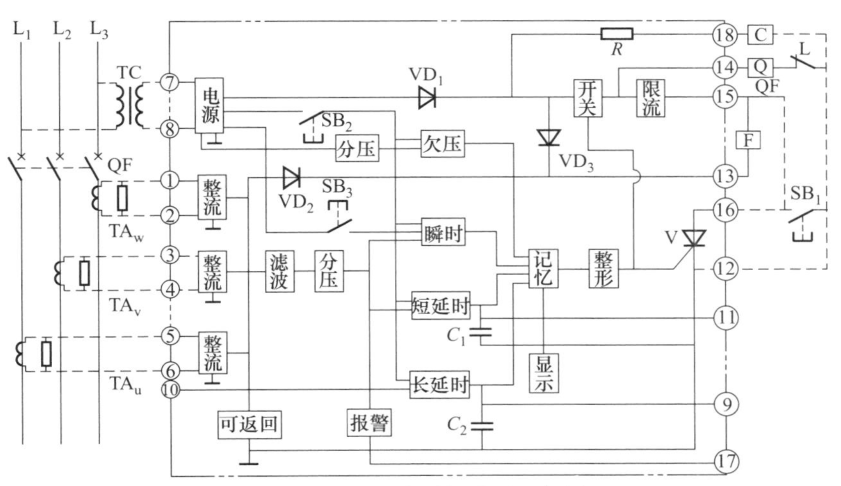


图5-14　电子式脱扣器原理框图

工作原理：电源部分是将电源变压器输出的交流50V经整流、滤波后分成两部分，一部分作为欠电压的信号，进入欠压信号检测取样环节；另一部分进入稳压源，由稳压源分别提供恒定的16V及9V直流电源，供整个线路工作使用。

脱扣器的电流信号来自贯穿断路器3根母线上的电流电压变换器。这个变换器在整个脱扣器可整定的电流范围内，同一次侧电流成比例线性变化。电流电压变换器输出的信号，经整流滤波后输入至信号检测区别环节进行检测，然后按量值大小分别送入后级阀门电路。它将前级输入的信号处理后去控制电子开关及晶闸管元件，驱动执行元件（分励、欠压脱扣器等），使断路器跳闸。

记忆、显示电路将长延时、短延时、瞬动等环节的信号进行传递并点亮相应的发光二极管，在断路器分断后能继续保持发光二极管处于发光状态。当电网馈给脱扣器的工作电源始终保持时，则发光二极管始终发光，以供用户判定故障原因；当工作电源失去时，则能将动作信息（发光二极管发光）保持记忆 2h 以上。此时如不按动复位按钮 $SB_2$，断路器则不能闭合，以防止事故扩大。

如需检查断路器脱扣功能是否正常，可按瞬动试验按钮 $SB_3$，断路器即行分断。这说明断路器的机械部分及脱扣器中瞬动、整形、放大、显示等各部电路工作均为正常。

脱扣器插座接上零压延时器后，可使原欠电压延时脱扣扩展为零电压延时脱扣器。延时时间分 1s、3s、5s 三挡。

如需整定电流，可从电流电压变换器输入脱扣器处（插座 1～6 处）送入交流 15V 的倍数电压，将脱扣器各环节整定在相应的数值上。

脱扣器按保护要求不同可分为以下几种。

① 3APⅠ型：三段选择性配电保护。

② 2APⅠ型：二段［长延时、瞬时（3～10）$I_e$］配电保护。

③ 2ADⅠ型：二段［长延时、瞬时（8～15）$I_e$］非选择性配电保护。

④ 2APⅢ型：矿用二段非选择性配电保护。

⑤ 2AFⅣ型：发电机保护。

脱扣器调节面板如图 5-15 所示。

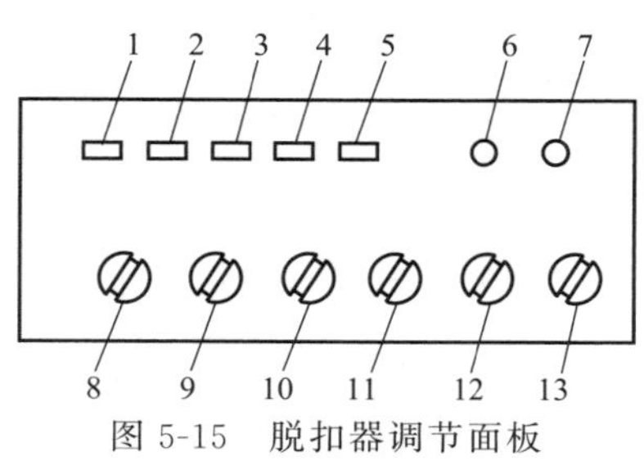


图 5-15 脱扣器调节面板

1—瞬时故障指示器；2—短延时故障指示器；3—长延时故障指示器；4—欠压故障指示器；5—脱扣器正常工作指示器；6—复位按钮；7—瞬动试验按钮；8—欠压延时时间调节旋钮；9—瞬时整定电流调节旋钮；10—短延时整定电流调节旋钮；11—过载延时时间调节旋钮；12—长延时整定电流调节旋钮；13—过载报警整定电流调节旋钮（按用户需要配用）

### 5.6.6 DW15 系列和 ME 系列断路器欠电压脱扣器

欠电压脱扣器是长期工作的，当电源电压降落于动作电压范围内时脱扣器释放，并直接带动脱扣半轴旋转，使断路器断开。

欠电压脱扣器分瞬时脱扣和延时脱扣两种。其中达到欠电压延时脱扣的方式也有两种：一种是电子式脱扣器（见本节 5.6.5 项）；另一种是阻容式延时脱扣器，其线路如图 5-16 所示。图中，Q 为欠电压脱扣器线圈。

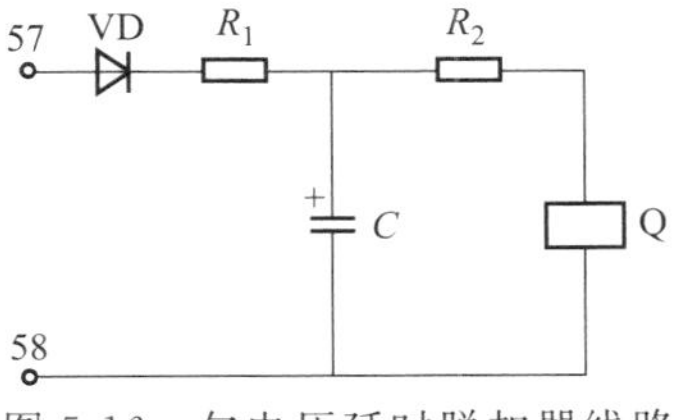

图 5-16 欠电压延时脱扣器线路

工作原理：控制电源（交流 220V）接通后，220V 电源经二极管 VD 整流，向电容 $C$ 充电，当电容 $C$ 上的电压达到一定值后，欠电压脱扣器线圈 Q 吸合。

如果系统电源瞬时剧烈下跌或失电时，电容 $C$ 上的电压将经过电阻 $R_2$ 向欠电压脱扣器线圈 Q 放电，以维持脱扣器继续吸合。如果在这段时间系统电压恢复正常，则断路器不会跳闸。

调整电容 $C$ 和电阻 $R_1$、$R_2$ 的参数值，可改变延时时间。

### 5.6.7 ME 系列断路器电动机预储能带释能交流操作合闸线路

ME 系列断路器电动机预储能带释能交流操作合闸线路如图 5-17所示。图中，$SB_1$ 为合闸按钮，$SB_3$ 为储能按钮，YR 为释能电磁铁，$KM_1$ 为防二次合闸接触器，$KM_2$ 为储能接触器，$KM_3$

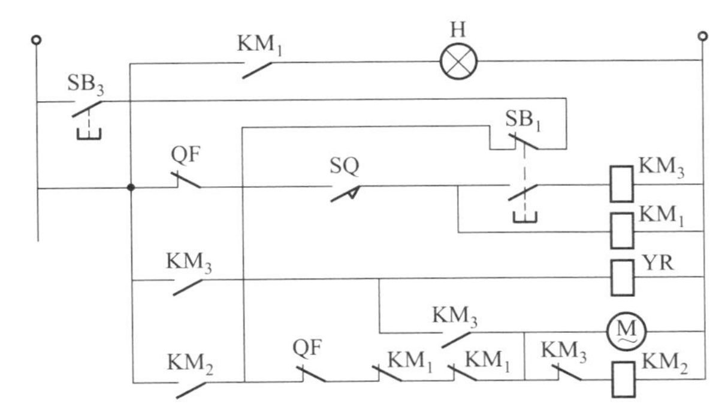

图 5-17 ME 系列断路器电动机预储能带释能交流操作合闸线路

为合闸接触器，QF 为断路器辅助触点，SQ 为行程开关，H 为储能指示灯。图中未画出的分闸按钮 $SB_2$ 与分励线圈串接。

工作原理：合闸时，先按下储能按钮 $SB_3$，接触器 $KM_2$ 得电吸合并自锁，其常开触点闭合，电动机 M 启动运转，当运转至终点位置时，行程开关 SQ 闭合，接触器 $KM_1$ 吸合，其常闭触点断开，$KM_2$ 失电释放，电动机停转，储能结束。由于接触器 $KM_2$ 常开触点闭合，储能指示灯 H 亮。再按下合闸按钮 $SB_1$，接触器 KM 得电吸合，其常开触点闭合，释能电磁铁 YR 吸合动作，断路器合闸。在 $KM_3$ 吸合期间，其常闭触点断开，切断 $KM_2$ 线圈回路，其常开触点闭合，电动机得电运转。断路器合闸后，其常闭辅助触点断开，接触器 $KM_1$ 失电释放，同时切断 $KM_2$ 线圈回路。

跳闸时，按下分闸按钮 $SB_2$，分励线圈（图中未画）得电吸合，断路器跳闸，电路回复到初始状态。

### 5.6.8 ME 系列断路器电动机预储能带释能直流操作合闸线路

ME 系列断路器电动机预储能带释能直流操作合闸线路如图 5-18所示。图中，$SB_1$ 为合闸按钮，$SB_3$ 为储能按钮，YR 为释能电磁铁，$KM_1$ 为防二次合闸接触器，$KM_2$ 为储能接触器，$KM_3$ 为合闸接触器，QF 为断路器辅助触点，QS 为行程开关，H 为储能指示灯，$R$ 为限流电阻，$C_1$、$C_2$ 为电容。

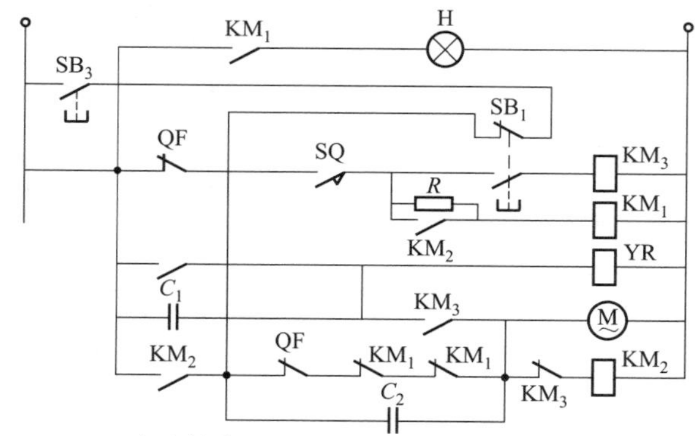


图 5-18 ME 系列断路器电动机预储能带释能直流操作合闸线路

线路的工作原理与 5.6.5、5.6.6、5.6.7 项相同，只是控制回路电流为直流而已。

# 5.7 开关和熔断器的选用

## 5.7.1 铁壳开关的选用

铁壳开关，又称刀熔开关，常用于功率在 22kW 及以下电动机的控制及保护。铁壳开关的优点是操作简单，价格低；不足之处是不能遥控操作，热保护误差较大。因此只用于重要程度不高的场所及功率较小的设备。选择铁壳开关时应重点考虑以下三个因素。

① 铁壳开关的额定绝缘电压为 550V，可直接用于 380V 供电系统。但不允许用于矿井中。

② 必须全面考虑铁壳开关的额定分断能力。这是因为，熔断器（填料封闭管式螺栓连接熔断器）的额定分断能力较高（如 RT12 为 80kA），而开关部件所能承受的动热稳定能力较低（如 HH10D 开关为 50kA），所以铁壳开关的额定分断能力应以后者为准。

③ 额定工作电流应与被控电动机配套。

a. 开关部件的选择。开关部件带负载能力及可控制电动机功率见表 5-26。

表 5-26　开关部件带负载能力及可控制电动机功率

| 型　号 | 额定工作电流/A | | | 可控制交流电动机功率/kW |
|---|---|---|---|---|
| | AC-21 | AC-22 | AC-23 | |
| HH10D-20 | 20 | | 8 | 4 |
| HH10D-32 | 32 | | 14 | 7.5 |
| HH10D-63 | 63 | | 25 | 11 |
| HH10D-100 | 100 | | 40 | 22 |

表中，AC-21 为通断电阻性负载，包括适当的过负载；AC-22 为通断电阻和电感混合负载，包括适当过负载；AC-23 为通断电动机负载或其他高电感性负载。

b. 熔断器熔芯的选择。熔断器有 20A、32A、63A、100A 四种规格，每种规格内又可配若干种熔芯。熔断器熔芯额定电流见表 5-27。熔芯的额定电流一般可按电动机额定电流的 2～2.5 倍来选择。

表 5-27 熔断器熔芯的额定电流

| 熔断器代号 | 额定电流/A | |
|---|---|---|
| | 熔断器 | 熔芯 |
| A1 | 20 | 2、4、6、10、16、20 |
| A2 | 32 | 20、25、32 |
| A3 | 63 | 32、40、50、63 |
| A4 | 100 | 63、80、100 |

### 5.7.2 闸刀开关的选用

小型电动机通常用瓷底胶盖闸刀开关来控制，闸刀开关和配用的熔丝可按表 5-28 来选择。

表 5-28 根据电动机容量选择闸刀开关和熔丝

| 电动机容量/kW | | 配用胶盖闸刀开关的规格/A | 配用熔丝额定电流/A |
|---|---|---|---|
| 单相 | 1.1 | 2×10 | 15 |
| | 1.5 | 2×15 | 20 |
| | 3 | 2×30 | 50 |
| | 4.5 | 2×60 | 70 |
| 三相 | 2.2 | 3×15 | 15 |
| | 4 | 3×30 | 30 |
| | 5.5 | 3×60 | 35 |

常用瓷底胶盖闸刀开关有 HK1 型和 HK2 型，单相额定电压为 220V，三相额定电压为 380V。

### 5.7.3 熔断器的选用

熔断器在线路中主要起短路保护和过载保护作用。当线路发生短路故障时，熔断器能迅速熔断，切断电源回路，保护线路和电气设备；熔断器也可作过载保护，但作过载保护时可靠性不高，作过载保护时熔断器的保护特性必须与被保护设备的过载特性有良好的配合。

熔断器的种类很多，常用的熔断器如图 5-19 所示。

(1) 熔断器类型的选择

熔断器的种类很多，常用的熔断器种类及适用范围如下。

① 瓷插式熔断器（如 RC1A 型）。具有结构简单、使用方便等优点，广泛用于照明线路及电动机控制线路中。熔断器的额定电流

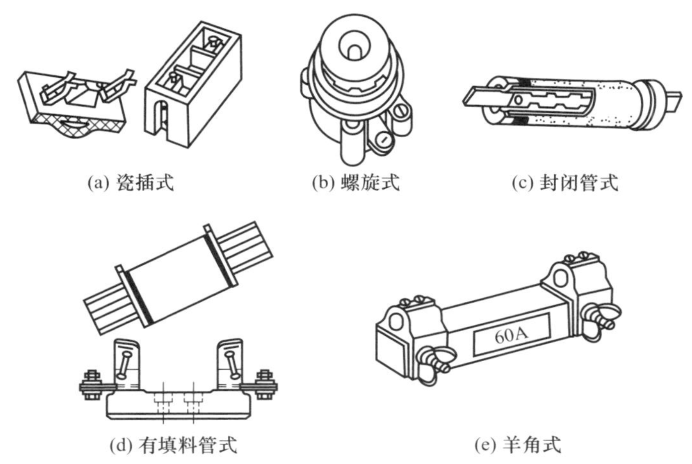


(a) 瓷插式　(b) 螺旋式　(c) 封闭管式

(d) 有填料管式　(e) 羊角式

图 5-19 常用的熔断器

为 5～200A；熔丝（片）的额定电流为 3～200A。

在振动场所，不宜选用瓷插式熔断器。不然，就有可能因为振动致使瓷插盖松脱，造成断电或缺相供电。缺相供电时有可能烧毁电动机。

② 螺旋式熔断器（如 RL1、RL2 型）。具有结构紧凑、更换熔芯方便等优点，主要用于照明线路及电动机控制线路中。熔断器的额定电流为 15～200A；熔芯的额定电流为 6～200A。

③ 封闭管式熔断器（如 RM10 型）。具有很好的灭弧功能，更换方便，主要用于变电所等工作电流较大的场所和大型设备中。熔断器的额定电流为 15～600A；熔体的额定电流为 6～600A。

④ 有填料管式熔断器（如 RTO 型）。具有较高的分断能力和较好的可靠性，可以用所附的绝缘手柄带电更换熔体等，主要用于变电所等工作电流大的场所及大型设备中。熔断器的额定电流为 50～100A，熔体额定电流为 5～1000A。

⑤ 有填料封闭管式筒形帽熔断器（如 RT14 型）。具有结构简单、更换熔芯方便、可直接安装在端子排轨道上等优点，主要用于照明线路及开关柜内的控制线路中。熔断器的额定电流有 20A、32A、63A 三种规格，熔芯的额定电流为 2～63A。

⑥ 快速熔断器（如 RLS、RSO、RS3 型）。具有分断能力大、

分断速度快等优点，主要在变流装置中保护晶闸管用。熔断器的额定电流为5～700A；熔芯的额定电流为3～700A。

此外，还有国外引进的高分断能力的熔断器，如NT型、NGT型等。

(2) 熔体额定电流的选择

① 照明或电阻性负载线路　熔体额定电流大于或等于被保护线路上所有照明电器或电阻性负载工作电流之和。

② 电动机

a. 单台直接启动电动机：熔体额定电流=(1.5～2.5)×电动机额定电流。

b. 多台直接启动电动机：总保护熔体额定电流=(1.5～2.5)×各台电动机电流之和。

c. 降压启动电动机：熔体额定电流=(1.5～2)×电动机额定电流。

③ 配电变压器高、低压侧　为了保护变压器不受损害，应在变压器一、二次侧装设保护装置。小型变压器通常在高压侧采用高压熔断器保护，在低压侧采用低压熔断器保护。根据运行经验，高、低压熔丝可按以下原则选择。

a. 容量为5～125kV·A的农用变压器，其高压熔丝按2～3倍额定电流选择；容量在125kV·A以上的变压器，高压熔丝按1.5～2倍额定电流选择。

b. 变压器低压熔丝按1～1.5倍额定电流来选择。

④ 并联电容器组　熔体额定电流 $I_{er}=KI_e$。

式中，$K$ 为系数，一般为1.5～2.5；对于新型BRV系列熔断器，取1.5～2，以1.6～1.7为好；$I_e$ 为电容器的额定电流。

电容器的额定电流可按下式计算：

$$I_e=2\pi fCU_e\times10^{-6}\ \text{(A)}$$

式中，$f$ 为电源频率，Hz；$C$ 为电容器电容量，μF；$U_e$ 为电容器的额定电压，V。

部分高压电容器熔丝选择见表5-29。

⑤ 电焊机：

熔体额定电流=(1.5～2.5)×负荷电流

表 5-29 部分高压电容器熔丝选择

| 型号 | 额定电压/V | 额定电流/A | 相数 | 熔丝额定电流/A | 熔丝直径/mm |
|---|---|---|---|---|---|
| BW6.3-12-1W | 6.3 | 1.90 | 1 | 3 | 1根0.15 |
| BW6.3-16-1W | 6.3 | 2.53 | 1 | 4 | 2根0.1 |
| BW10.5-12-1W | 10.5 | 1.15 | 1 | 2 | 1根0.1 |
| BW10.5-16-1W | 10.5 | 1.52 | 1 | 3 | 1根0.15 |
| BWF6.3-22-1W | 6.3 | 3.48 | 1 | 7.5 | 2根0.2 |
| BWF6.3-25-1W | 6.3 | 3.96 | 1 | 7.5 | 2根0.2 |
| BWF6.3-40-1W | 6.3 | 6.33 | 1 | 10 | 2根0.2 |
| BWF6.3-50-1W | 6.3 | 7.93 | 1 | 15 | 3根0.25 |
| BWF10.5-22-1W | 10.5 | 2.11 | 1 | 4 | 2根0.1 |
| BWF10.5-25-1W | 10.5 | 2.37 | 1 | 4 | 2根0.1 |
| BWF10.5-30-1W | 10.5 | 2.87 | 1 | 5 | 2根0.15 |
| BWF10.5-40-1W | 10.5 | 3.79 | 1 | 7.5 | 2根0.2 |
| BWF10.5-50-1W | 10.5 | 4.75 | 1 | 7.5 | 2根0.2 |

⑥ 电子整流元件：

熔体额定电流≥1.57×整流元件额定电流

常用低压熔丝的规格见表5-30。

表 5-30 常用低压熔丝规格

| 种类 | 直径/mm | 近似英规线号 | 额定电流/A | 种类 | 直径/mm | 近似英规线号 | 额定电流/A |
|---|---|---|---|---|---|---|---|
| 青铅合金丝(其中铅≥98.5%，锑0.3%～1.5%) | 0.08 | 44 | 0.25 | 青铅合金丝(其中铅≥98.5%，锑0.3%～1.5%) | 1.16 | 19 | 6 |
| | 0.15 | 38 | 0.5 | | 1.26 | 18 | 8 |
| | 0.20 | 36 | 0.75 | | 1.51 | 17 | 10 |
| | 0.22 | 35 | 0.8 | | 1.66 | 16 | 11 |
| | 0.28 | 32 | 1 | | 1.75 | 15 | 12.5 |
| | 0.29 | 31 | 1.05 | | 1.98 | 14 | 15 |
| | 0.36 | 28 | 1.25 | | 2.38 | 13 | 20 |
| | 0.4 | 27 | 1.5 | | 2.78 | 12 | 25 |
| | 0.46 | 26 | 1.85 | | 3.14 | 10 | 30 |
| | 0.5 | 25 | 2 | | 3.81 | 9 | 40 |
| | 0.54 | 24 | 2.25 | | 4.21 | 8 | 45 |
| | 0.58 | 23 | 2.5 | | 4.44 | 7 | 50 |
| | 0.65 | 22 | 3 | | 4.91 | 6 | 60 |
| | 0.94 | 20 | 5 | | 6.24 | 4 | 70 |

续表

| 种类 | 直径/mm | 近似英规线号 | 额定电流/A | 熔断电流/A |
|---|---|---|---|---|
| 铅锡合金丝（其中铅75%，锡25%） | 0.508 | 25 | 2 | 3 |
| | 0.559 | 24 | 2.3 | 3.5 |
| | 0.61 | 23 | 2.6 | 4 |
| | 0.71 | 22 | 3.3 | 5 |
| | 0.813 | 21 | 4.1 | 6 |
| | 0.915 | 20 | 4.8 | 7 |
| | 1.22 | 18 | 7 | 10 |
| | 1.63 | 16 | 11 | 16 |
| | 1.83 | 15 | 13 | 19 |
| | 2.03 | 14 | 15 | 22 |
| | 2.34 | 13 | 18 | 27 |
| | 2.65 | 12 | 22 | 32 |
| | 2.95 | 11 | 26 | 37 |
| | 3.26 | 10 | 30 | 44 |

| 种类 | 直径/mm | 近似英规线号 | 额定电流/A | 熔断电流/A |
|---|---|---|---|---|
| 铜线 | 0.23 | 34 | 4.3 | 8.6 |
| | 0.25 | 33 | 4.9 | 9.6 |
| | 0.27 | 32 | 5.5 | 11 |
| | 0.32 | 30 | 6.8 | 13.5 |
| | 0.37 | 28 | 8.6 | 17 |
| | 0.46 | 26 | 11 | 22 |
| | 0.56 | 24 | 15 | 30 |
| | 0.71 | 22 | 21 | 41 |
| | 0.74 | 12 | 22 | 43 |
| | 0.91 | 20 | 31 | 62 |
| | 1.02 | 19 | 37 | 73 |
| | 1.22 | 18 | 49 | 98 |
| | 1.42 | 17 | 63 | 125 |
| | 1.63 | 16 | 78 | 156 |
| | 1.83 | 15 | 96 | 191 |
| | 2.03 | 14 | 115 | 229 |

## 5.8 接触器、继电器、漏电保护器及指示灯的选择

### 5.8.1 交流接触器的选择及实例

交流接触器是一种用来接通和分断交流电路的电器。它还具有低电压释放的保护作用。接触器适用于较频繁操作和远距离控制，是用途广泛的控制电器之一。

（1）交流接触器的分类

交流接触器按使用类别可分为轻任务（一般任务）和重任务两类。轻任务接触器如CJ16、3TB（德国）、DSL（德国）等系列；重任务接触器如CJ20、CJ40、B（德国）等系列。另外，还有重任务及频繁操作的接触器，如CZ系列真空接触器。交流接触器的使用类别如下。

① AC-1系列：无感或微感负载、电阻炉、钨丝灯。

② AC-2系列：绕线型电动机的启动、反接制动与反向、密接通断。

③ AC-3 系列：笼型电动机的启动、运转中分断。

④ AC-4 系列：笼型电动机的启动、反接制动与反向、密接通断。

用于 AC-1 类负载时，所选接触器的额定电流与负载电流相近。

用于 AC-2 类负载时，如电动机功率大于 20kW，可选用 CJ20、CJ40、B（德国）系列，其额定电流与负载电流相近。

用于 AC-4 类负载时，可选用 CJ20、CJ40、B（德国）系列，按适当降低接触器的控制容量来选用；或选用 CKJ、CZ 系列真空接触器。

用于重负载、频繁操作，要求强分断能力及环境恶劣的场所，可选用 CKJ、CZ 系列真空接触器。

用于切换电容时，可选用 CJ16、CJ19、CJ20C、CJ41、EB、VB 等系列的专用交流接触器。

（2）交流接触器的选择

交流接触器应按使用类别、工作电压、容量、工作制及操作频率、电寿命等进行选择。

① 按额定工作电压、额定工作电流选择。

a. 交流接触器主触点的额定工作电压有 220V、380V、660V、1140V；辅助触点的额定工作电压有交流 380V、直流 220V；线圈的额定电压有 110V、220V、380V、660V、1140V 等。它们的选择应与所使用电网的额定电压相一致。

b. 交流接触器的额定工作电流按 R5 系列有 6.3A、10A、16A、25A、40A、63A、100A、160A、250A、400A、630A、1000A、1600A、2500A、4000A 等。应根据负荷类别、负荷大小、操作频率等具体情况正确选择。

② 按额定工作制选择。交流接触器有下列 4 种工作制。

a. 间断长期工作制（8h 工作制）。此为基本工作制，接触器的约定发热电流 $I_{th}$ 由这种工作制来确定。

b. 不间断工作制。在此工作制下，接触器主触点在承载一稳定电流超过 8h（如几星期、几个月甚至几年）不分断。

c. 断续周期工作制。断续周期工作制的操作频率和通电持续率由产品标准规定。

d. 短时工作制。此工作制的标准值触点通电时间分为10min、30min、60min和90min。

③ 按操作频率选择。操作频率与产品的寿命、额定工作电流等有关。交流接触器的操作频率一般为300～1200次/h。

④ 按使用类别选择。按接通、分断能力来区分使用类别，接触器的接通和分断能力随着用途和控制对象的不同而有很大的差异，它是选用接触器的主要依据。

⑤ 对于动作频繁且重载工作（AC-4、AC-2）的接触器，如行车、机床用接触器，可将接触器降低1～2个电流等级使用，以免触点损坏。

⑥ 按接触器通断能力选择。接触器主触点的接通与分断能力，在1.05倍的额定电压，功率因数为0.35，每次通电时间不大于0.2s，每次操作间隔6～12s的情况下：

a. 150A及以下的接触器，能承受接通12倍额定电流100次，分断10倍额定电流20次；

b. 250A及以上的接触器，能承受接通10倍额定电流100次，分断8倍额定电流25次。

交流接触器主触点的额定电流可由下面经验公式计算：

$$I_{ec}=\frac{P_e}{KU_e}\times 10^3$$

式中，$I_{ec}$为主触点的额定电流，A；$P_e$为被控电动机的额定功率，kW；$U_e$为被控电动机的额定电压，V；$K$为系数，取1～1.4。

实际选择时，接触器主触点的额定电流大于上式计算值。

**【例5-3】** 有一台Y系列异步电动机，额定功率$P_e$为22kW，额定电压$U_e$为380V，试选择交流接触器。

**解：**

$$I_{ec}=\frac{P_e}{KU_e}\times 10^3=\frac{22\times 10^3}{1.2\times 380}=48.3\ (\text{A})$$

式中，$K$取1.2。

因此可选CJ20-63A交流接触器。线圈电压视控制电源电压而定，一般有220V和380V的。

对于反复短时工作制的接触器，其额定工作电流应不小于等效发热电流。对于普通异步电动机，等效发热电流可按下式计算：

$$I_{dx}=\sqrt{\frac{I_q^2t_q+I_e^2t_e}{T}}=\sqrt{\frac{(KI_e)^2t_q+I_e^2(\mathrm{TD}\cdot T)}{T}}$$

$$=I_e\sqrt{\frac{K^2t_q+\mathrm{TD}\cdot T}{T}}$$

式中 $I_{dx}$——等效发热电流，A；

$I_e$——电动机额定电流，A；

$I_q$——电动机启动电流，A；

$t_q$——电动机启动时间，s；

$t_e$——电动机在额定转速下的工作时间，s，$t_e=\mathrm{TD}\cdot T$；

TD——通电持续率，%；

$T$——每一操作循环的全周期，s。

**【例5-4】** 一台Y160M-4型异步电动机，额定功率$P_e$为11kW，额定电流$I_e$为22.6A，用于反复短时工作制。通电持续率$TD$为40%，每操作循环的全周期$T$为2min，该电动机的启动时间$t_q$为8s，试选择接触器。

**解：** 电动机的等效发热电流为

$$I_{dx}=I_e\sqrt{\frac{K^2t_q+\mathrm{TD}\cdot T}{T}}$$

$$=22.6\times\sqrt{\frac{6^2\times8+0.4\times120}{120}}=22.6\times1.24=28\ (\mathrm{A})$$

因此可选择CJ20-40型、40A、额定电压（视控制电路）可采用220V或380V的接触器。

### 5.8.2 直流接触器的选择及实例

直流接触器的用途与交流接触器相同，只不过它用于直流电路。

（1）直流接触器的分类

直流接触器的使用类别如下。

① DC-1系列：用于无感或微感负载，如电阻炉。

② DC-3 系列：用于并励直流电动机的启动、反接制动、反向和点动通断。

③ DC-5 系列：用于串励直流电动机的启动、反接制动、反向和点动通断。

(2) 直流接触器的选择

直流接触器的选择条件与交流接触器基本相同。应按使用类别、工作电压、容量、工作制及操作频率、电寿命等进行选择。

① 按额定工作电压、额定工作电流选择

a. 直流接触器主触点的额定工作电压按不同使用场合选择。

· 一般工业使用场合，主要有 220V、330V、440V、600V、750V 和 1200V 等。

· 用于牵引场合，有 600V。

· 用于蓄电池供电场合，主要有 24V、30V、48V 和 72V。

直流接触器的辅助触点的额定工作电压主要有交流 380V、直流 220V。

线圈的额定电压有 24V、48V、110V、220V、330V、440V、600V 等。

它们的选择应与所使用电源的额定电压相一致。

b. 直流接触器的额定工作电流主要有 1.5A、2.5A、5A、10A、20A、40A、60A、100A、150A、250A、400A、600A、1000A、1500A、2500A 和 4000A 等。应根据负荷类别、负荷大小、操作频率等具体情况进行选择。

② 按额定工作制选择　直流接触器有下列 4 种工作制。

a. 间断长期工作制（即 8h 工作制）：中、大容量直流接触器作为主开关用，多属此类工作制。

b. 长期工作制（即不间断工作制）：中、大容量直流接触器作为总开关用，多属此类工作制。

c. 反复短时工作制（即断续周期工作制）：绝大多数直流接触器主要用于此类工作制。

d. 短时工作制：可分以下几种。

· 60min 工作制：主要用于控制蓄电池供电的电动车辆中的行车场合。

· 15min 工作制：主要用于控制蓄电池供电的电动车辆中的油泵直流电动机场合。

· 5min 工作制：主要用于控制蓄电池供电的电动车辆中的油泵直流电动机场合。

· 15s 工作制：主要用于高压断路器的合闸系统及直流电动机的能耗制动回路中。

(3) 按操作频率选择

操作频率与产品的寿命、额定工作电流、额定工作电压及负荷的使用类别有关。1000A 以下直流接触器的操作频率一般为 600～1200 次/h，1000A 及以上直流接触器的操作频率一般为 150～300 次/h。目前产品的额定操作频率主要有 150 次/h、240 次/h、300 次/h、600 次/h、1200 次/h 五种。

当使用场合的操作频率高于直流接触器的额定操作频率时，应选用额定工作电流大一级的产品。

(4) 按使用类别选择（详见 5.2.2 项）

(5) 按控制性质选择（见表 5-31）

**表 5-31　按控制性质选用直流接触器**

| 回路类别 | 负荷性质 | 选用产品类别 | 产品容量 |
|---|---|---|---|
| 主回路 | DC-1，DC-3 | 具有两常开或两常闭主触点的产品 | 按产品额定工作电流选用 |
| | DC-5 | | 按产品额定工作电流的 30%～50%选用 |
| 能耗回路 | DC-3，DC-5 | 具有一常闭主触点的产品 | 按产品额定工作电流选用 |
| 启动回路 | DC-3，DC-5 | 具有一常开主触点的产品 | 按产品额定工作电流选用 |
| 动力制动回路 | DC-2～DC-4 | 具有两常开主触点的产品 | 按产品额定工作电流选用 |
| 高电感回路 | 电磁铁 | 具有两常开主触点的产品 | 选用比回路电流等级大一级的产品 |

常用的直流接触器有 CZ0 系列，额定电流有 40A、100A、150A、250A、400A、600A，额定电压 440V；有 CZ18 系列，额定电流有 40A、80A，额定电压 440V。

**【例 5-5】** 试根据下列负荷情况选择直流接触器。已知负荷电流 $I_f$ 为 80A，控制回路电压为 220V。

① 用于主回路，负荷性质 DC-5。

② 用于能耗回路，负荷性质 DC-3。

③ 用于启动回路，负荷性质 DC-5。

④ 用于高电感回路，负荷性质为电磁铁。

**解：** 参考表 5-31，可分别选择。

① $I_e=(0.3\sim0.5)I_f=(0.3\sim0.5)\times80=24\sim40$（A）。因此可选择 CZ0-40 型、额定电流为 40A、额定电压 440V，线圈电压为 220V 的直流接触器。

②、③按 $I_e=I_f=80A$ 选择。因此可选择 CZ0-100 型、额定电流为 100A 的直流接触器。

④ 按 $I_e$ 大于 $I_f$ 一级的选择。因此可选择 CZ0-100 型、额定电流为 100A 或 CZ0-150 型、额定电流为 150A（可靠性更高）的直流接触器。

选择接触器时，还要考虑主触点数量，以及辅助触点的动合、动断触点的数量应满足实际的需要。

### 5.8.3 固体继电器的选择

固体（态）继电器（简称 SSR）没有任何可动触点或部件，但具有相当于电磁继电器的功能，是一种无触点电子开关。当施加输入信号时，其主回路呈导通状态；当无信号输入时呈阻断状态。它可以用微弱的控制信号对几十安甚至几百安电流的负载实施无触点的接通和断开。

固体继电器与电磁继电器相比，具有抗振性能好、工作可靠、对外干扰小、抗干扰能力强、开关速度快、寿命长、能与逻辑电路兼容等优点。因此应用广泛，现已扩展到电磁继电器无法应用的领域，如计算机终端接口、程控装置、腐蚀潮湿环境及要求防爆的场所等。

但固体继电器也有不足之处，主要是导通压降、漏电流大，交直流通用性差，触点单一，耐温及过载能力差等。

固体继电器有许多类型，也有很多分类方法。固体继电器按其负载特性来分，有交流固体继电器和直流固体继电器两类，而交流固体继电器又可分为过零型和非过零型；固体继电器按隔离方式分，有光隔离固体继电器和变压器隔离固体继电器。另外，还可按封装结构和用途分类。

交流固体继电器结构如图 5-20 所示；直流固体继电器结构如图 5-21 所示。

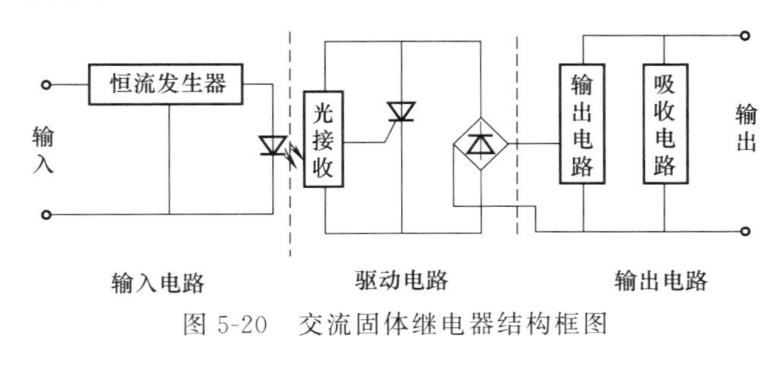


图 5-20 交流固体继电器结构框图

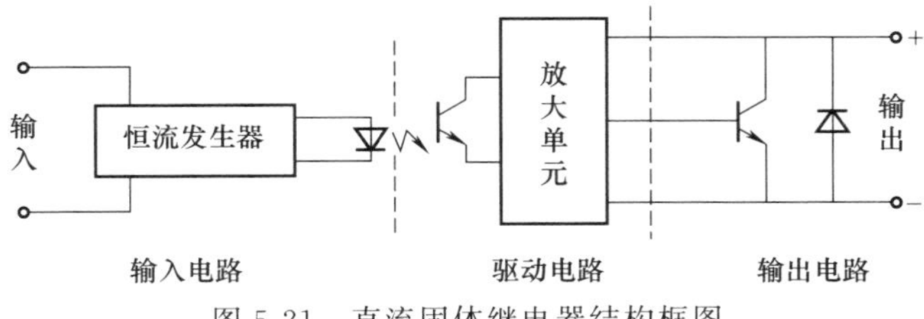


图 5-21 直流固体继电器结构框图

固体继电器的选择如下。

① 合理选择额定电流。由于晶闸管的过载能力比一般电磁元件小，为提高工作的可靠性，选择晶闸管的通态平均电流时必须留有足够的余量。不同负载，产生的涌流是不同的，应根据不同负载，留出不同的余量。通常，对纯电阻负载，可按负载额定电流的80%选用；对冷阻性负载（如冷光卤钨灯）、电容性负载、感性负载及可能造成很大冲击电流的负载，可按负载额定电流的 50%～30%选用。

② 选择时还应考虑固体继电器类型、工作环境温度及继电器是否带散热器等因素。一般直流固体继电器过负载（浪涌）的额定值远小于同功率的交流固体继电器；当工作环境温度上升或固体继电器不带散热器时，其输出电流将下降。

③ 对输入端驱动的要求。固体继电器属于电流型输入器件，当输入晶闸管充分导通后，触发功率晶闸管导通。输入触发信号应

有足够大的功率。激励不足或阶跃电平上升沿不陡，都有可能造成功率晶闸管处于临界导通状态。一般厂家提供的SSR产品标准驱动电流为10mA，考虑到全温度工作范围（－40～70℃）、输入发光管的寿命和抗干扰能力等因素，最佳触发工作电流为12～25mA为宜。7404、7405、7406、7407、244、MC1413以及晶体管器件都能满足驱动要求。但当输入电流超过50mA时，长期工作将降低发光管的寿命，甚至损坏发光管。

④ 当输入电压超过固体继电器的输入电压最大值时，需在外部串联限流电阻。限流电阻可按下式计算：

$$R=\frac{U_{cc}-U_{e}}{I_{ie}}$$

$$P>I_{ie}^{2}R$$

式中 $R$——限流电阻值，Ω；

$P$——限流电阻的功率，W；

$U_{cc}$——线路输入（控制）电压最大值，V；

$U_{ie}$，$I_{ie}$——固体继电器额定输入电压和电流，V，A。

⑤ 抑制反极性电压。固体继电器输入端可能引入的反极性电压，切不可超过其规定的反极性电压值，否则会造成固体继电器损坏。

⑥ $RC$吸收回路与截止态漏电流。SSR产品内部一般装有RC吸收回路，用以吸收浪涌电压和提高SSR的电压上升率（$dU/dt$）指标。由于产品体积的限制，$RC$吸收回路的$R$值一般取100Ω左右、$C$值取0.068～0.1μF。这对绝大多数的纯电阻负载是适用的。但对感性或容性负载，需外配$RC$回路。外配$RC$回路的经验数值：$R$为20～40Ω（功率大于5W），$C$为0.22～0.47μF。

必须指出，$RC$吸收回路会增加晶闸管的截止态漏电流，而漏电流增大又会使高灵敏负载（电磁阀、电磁继电器等）误动作。因此，外配$RC$回路中电容的参数应尽可能小，否则应在负载两端并联分流电阻以减小漏电流对负载的影响。

⑦ 过电流和过电压保护。过电流保护可采用快速熔断器或熔丝。快速熔断器可按额定工作电流的1.5倍选择，小容量的SSR选用熔丝即可。

过电压保护，除在输入端加装$RC$吸收回路外，还应在输入端并联氧化锌压敏电阻（如MY31型、MYH12型、MYH20型等），形成组合保护。压敏电阻可按以下要求选用。

a. 交流220V的SSR，可选用通流容量为1kA、标称电压$U_{1mA}$为430～480V的压敏电阻。

b. 交流380V的SSR，可选用通流容量1kA、标称电压$U_{1mA}$为750～820V的压敏电阻。

c. 较大容量的电动机和变压器，可选用通流容量为3kA的压敏电阻。

### 5.8.4 时间继电器的选择

时间继电器的特点是当它接收到信号后，经过一段时间延时，其触点才动作。因此通过时间继电器可实现按时间顺序进行控制。时间继电器按不同的延时原理，可分为电磁式、空气阻尼式、电动机式、电热式、钟摆式和晶体管式等。目前生产上用得最多的是电磁式、空气阻尼式和晶体管式时间继电器。

电磁式时间继电器具有普通电压、电流继电器等三大电磁系统，它是在上述电磁继电器上附装磁阻尼或机械阻尼装置构成的。

电动机式时间继电器是由同步电动机带动齿轮传动而取得延时动作的，延时精度高。延时范围为0.5s～24h。

晶体管式（又称电子式）时间继电器具有延时范围广、精度高、调节方便等优点。其结构类型又分为阻容式和数字式两类。阻容式利用$RC$电路充放电原理构成延时电路；数字式采用计算器式延时电路，延时较长。阻容式延时范围为0.05s～1h，属中等延时时间；数字式为长延时，延时范围为几小时至十几小时。

各类时间继电器的性能比较见表5-32。

表5-32 各类时间继电器的性能比较

| 类别 | | 延时范围 | 精度 | 环境温度/℃ | 参考型号 | 备注 |
|---|---|---|---|---|---|---|
| 电磁式 | | 10ms～2s | ±10% | −20～40 | JRB、JR-2 | |
| 机械式 | 钟表机构 | 0.1～10s | ±2% | −20～40 | DS-110、DS-120 | |
| | 电动机式 | 0.5s至数小时 | ±2% | −10～40 | JS-10、JS-11 | 直流产品制造困难 |
| 电热式 | 热敏电阻式 | 0.5～100s | | | | |
| | 双金属片式 | 1～200s | ±10% | −55～85 | JF-7F、JE-10M | |

续表

| 类别 | | | 延时范围 | 精度 | 环境温度/℃ | 参考型号 | 备注 |
|---|---|---|---|---|---|---|---|
| 阻尼式 | 空气阻尼式 | | 0.4～180s | ±10% | | JS-7、JSK-1 | |
| | 水银式 | | 0.25～20s | | | JSS | |
| 电子式 | 闸流管式 | | 10ms～600s | ±4% | －10～50 | | 低压直流困难 |
| | 晶体管式 | 阻容式 | 10ms～60s | +5% | －20～50 | JS-12、JSB-3 | 特殊要求可用于－55～85℃ |
| | | 计数式 | 0.1～9999s | +1 位 | 0～40 | JSSB | |

## 5.8.5 热继电器的选择及实例

热继电器是利用电流热效应的一种保护继电器，其内部有一双金属片（热元件），当电流达到一定值时，由于双金属片被加热弯曲，从而顶断控制回路，使用电设备不致过载而烧坏。热继电器主要用于电动机过载保护。

热继电器按动作方式可分为以下三种。

① 双金属片式：利用双金属片受热弯曲的原理去推动触点动作。

② 易熔合金式：利用过载电流发热使易熔合金达到某温度值，合金熔化，使继电器动作。

③ 利用材料磁导率（或电阻值）随温度变化而变化的特性制成的热继电器。

其中双金属片热继电器具有结构简单、体积小、成本较低的优点，因而得到广泛应用。

（1）热继电器的选择

热继电器主要根据电动机的工作环境、启动情况及负载性质来选用。

① 当热继电器所保护的电动机为星形接法时，可选用两极，最好为三极的热继电器；当电动机为三角形接法时，必须采用三极带断相保护的热继电器。

② 热继电器的整定值一般可取电动机的额定电流或为额定电流的 0.95～1.05 倍。对于过载能力差的电动机，则按 0.6～0.8 倍

选择。

③ 热继电器在 $6I_e$ 下的动作时间应大于电动机的启动时间。一般热继电器在 $6I_e$ 下的可返回时间与动作时间的关系（$I_e$ 为热元件的额定电流）为

$$t_f=(0.5\sim0.7)t_d$$

式中　$t_f$——热继电器在 $6I_e$ 下的可返回时间，s；

$t_d$——热继电器在 $6I_e$ 下的动作时间，s。

④ 要求操作频率较高时，可选用带速饱和电流互感器的热继电器。

⑤ 可采用电动机断相保护器保护电动机的断相。

（2）热继电器的调整

投入前必须对热继电器的整定电流进行调整，以保证热继电器的整定电流与被保护电动机的额定电流相匹配。

例如，对于一台 Y-160$M_1$-2 型 11kW 异步电动机，额定电流为 21.8A，可使用 JR20-25 型热继电器，热元件整定电流为 17～21～25A，可先按一般情况整定在 23A。若运行中发现经常提前动作，而电动机温升又不高，可改变整定电流为 25A 继续观察；若在 23A 时，电动机温升高，而热继电器滞后动作，则可改在 21A 进行观察。如此调整，以得到最佳配合。

（3）热继电器连接导线的选择

必须按规范正确选用热继电器的连接导线。如果连接导线太细，会缩短热继电器的脱扣动作时间；导线太粗，则会延长热继电器的脱扣动作时间。连接导线可参照表 5-33 选用。导线应采用铜线，若不得已要用铝线时，导线截面积应扩大约 1.8 倍，且导线端头应搪锡。

表 5-33　热继电器连接导线的选择

| 热继电器额定电流 $I_e$/A | 连接导线截面积/$mm^2$ | 热继电器额定电流 $I_e$/A | 连接导线截面积/$mm^2$ |
|---|---|---|---|
| $0<I_e\leqslant8$ | 1 | $50<I_e\leqslant65$ | 16 |
| $8<I_e\leqslant12$ | 1.5 | $65<I_e\leqslant85$ | 25 |
| $12<I_e\leqslant20$ | 2.5 | $85<I_e\leqslant115$ | 35 |
| $20<I_e\leqslant25$ | 4 | $115<I_e\leqslant150$ | 50 |
| $25<I_e\leqslant32$ | 6 | $150<I_e\leqslant160$ | 70 |
| $32<I_e\leqslant50$ | 10 | | |

另外，热继电器的出线端螺钉必须拧紧，以免螺钉松动导致接触电阻增大，影响热元件的温升，引起误动作。

**【例 5-6】** 一台 Y132$S_2$-2 型异步电动机，额定功率为 7.5kW、额定电压为 380V、额定电流为 15A，用于长期工作，使用环境温度为−5℃，试选择热继电器，如何整定电流。

**解：** 根据电动机的额定电流 15A，可选择 RJ14-20/2 型热继电器，其热元件额定电流为 14～22A。

长期工作的电动机，热继电器的整定电流为

$$I_{zd}=(0.95\sim1.05)I_{ed}=(0.95\sim1.05)\times15$$
$$=14.25\sim15.75\ (A)，暂取15A。$$

热继电器在不同空气温度下的整定电流如图 5-22 所示。

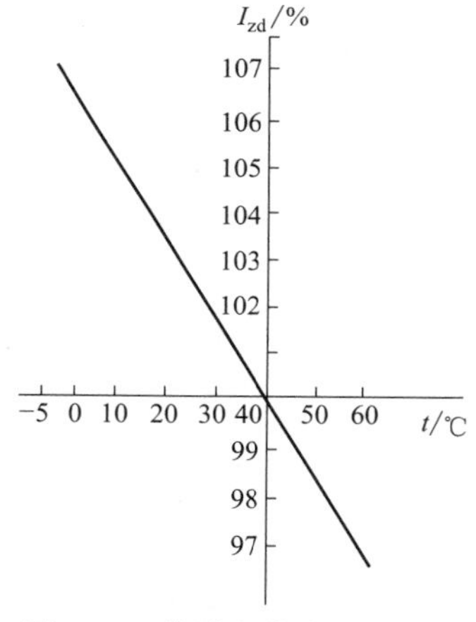

图 5-22 热继电器在不同空气温度下的整定电流

−5℃时，由图 5-22 查得，整定电流应提高至 106%，即 $I'_{zd}=15\times1.06=15.9$ (A)，电流调在约 16A 的位置。

若取 $I_{zd}=1.05I_{ed}=1.05\times15=15.8$ (A)，则−5℃时，$I'_{zd}=1.06\times15.8=16.7$ (A)。

另外，温度降低，有利于电动机散热。根据电动机运行规定：当周围空气温度 $t$ 低于 35℃时，电动机的额定电流允许增加 $(35-t)\%$，但最多不应超过 8%～10%，可见−5℃时电动机额定电流可达 $I'_{ed}=1.1I_{ed}=1.1\times15=16.5$ (A)。

这样−5℃时，电流可整定在 $I'_{zd}=1.05I'_{ed}=1.05\times16.5=17.3$ (A)，即最大可将热继电器调到约 17A。

### 5.8.6 热继电器的技术数据

（1） 主要技术参数

① 温度补偿范围：−25～+40℃。

② 热元件的热稳定性：热元件额定电流 $I_e>100$A 时，通以

$8I_e$；$I_e \leqslant 100A$时，通以$10I_e$，则热继电器稳定可靠动作5次不损坏。

③ 控制触头寿命：对于一般用途热继电器为1000次。

④ 复位时间：自动不大于5min，手动不大于2min。

⑤ 电流调节范围：66%～100%。

⑥ 保护特性：热继电器的保护特性具有反时限性，即过载电流与额定电流的比值越大，相应的热继电器动作时间就越短。热继电器保护特性见表5-34。

表5-34　热继电器的保护特性

| 整定电流倍数 | 动作时间 | 备　注 |
|---|---|---|
| 1.05 | 大于2h | 从冷状态开始 |
| 1.2 | 小于20min | 从热状态开始 |
| 1.5 | 2.5A以下小于1min<br>2.5A以上小于2min | 从热状态开始 |
| 6.0 | 不小于3～8s | 从冷状态开始 |

注：热状态开始是指热元件已被加热至稳定状态。

(2) 热继电器的技术数据

JR16、JR16B系列和JRS1、JRS系列热继电器的技术数据见表5-35～表5-38；GR系列热继电器的技术数据见表5-39。

表5-35　JR16系列热继电器技术数据

| 型号 | 热元件编号 | 热元件额定电流/A | 整定电流调节范围/A |
|---|---|---|---|
| JR16-20/3<br>JR16-20/3D | 1 | 0.35 | 0.25～0.3～0.35 |
| | 2 | 0.5 | 0.32～0.4～0.5 |
| | 3 | 0.72 | 0.45～0.6～0.72 |
| | 4 | 1.1 | 0.68～0.9～1.1 |
| | 5 | 1.6 | 1.0～1.3～1.6 |
| | 6 | 2.4 | 1.5～2.0～2.4 |
| | 7 | 3.5 | 2.2～2.8～3.5 |
| | 8 | 5.0 | 3.2～4.0～5.0 |
| | 9 | 7.2 | 4.5～6.0～7.2 |
| | 10 | 11.0 | 6.8～9.0～11.0 |
| | 11 | 16.0 | 10.0～13.0～16.0 |
| | 12 | 22.0 | 14.0～18.0～22.0 |

续表

| 型号 | 热元件编号 | 热元件额定电流/A | 整定电流调节范围/A |
|---|---|---|---|
| JR16-60/3<br>JR16-60/3D | 13 | 22.0 | 14.0～18.0～22.0 |
| | 14 | 32.0 | 20.0～26.0～32.0 |
| | 15 | 45.0 | 28.0～36.0～45.0 |
| | 16 | 63.0 | 40.0～50.0～63.0 |
| JR16-150/3<br>JR16-150/3D | 17 | 63.0 | 40.0～50.0～63.0 |
| | 18 | 85.0 | 53.0～70.0～85.0 |
| | 19 | 120.0 | 75.0～100.0～120.0 |
| | 20 | 160.0 | 100.0～130.0～160.0 |

表 5-36 JR16B 系列热继电器技术数据

| 型号 | 额定电流/A | 热元件等级 | |
|---|---|---|---|
| | | 热元件额定电流/A | 整定电流调节范围/A |
| JR16B-20/3<br>JR16B-20/3D | 20 | 0.35 | 0.25～0.35 |
| | | 0.50 | 0.32～0.50 |
| | | 0.72 | 0.45～0.72 |
| | | 1.1 | 0.68～1.1 |
| | | 1.6 | 1.0～1.6 |
| | | 2.4 | 1.5～2.4 |
| | | 3.5 | 2.2～3.5 |
| | | 5 | 3.2～5 |
| | | 7.2 | 4.5～7.2 |
| | | 11 | 6.8～11 |
| | | 16 | 10～16 |
| | | 22 | 14～22 |
| JR16B-60/3<br>JR16B-60/3D | 60 | 22 | 14～22 |
| | | 32 | 20～32 |
| | | 45 | 28～45 |
| | | 63 | 40～63 |
| JR16B-150/3<br>JR16B-150/3D | 150 | 63 | 40～63 |
| | | 85 | 53～85 |
| | | 120 | 75～120 |
| | | 160 | 100～160 |

表 5-37　JRS1 系列热继电器技术数据

| 型号 | 主电路 | | 控制触点 | | 热元件 | | |
|---|---|---|---|---|---|---|---|
| | 额定绝缘电压/V | 额定电流/A | 额定工作电压/V | 额定工作电流/A | 编号 | 额定整定电流/A | 整定电流调节范围/A |
| JRS1-12/Z<br>JRS1-12/F | 660 | 12 | 220 | 4 | 1 | 0.15 | 0.11～0.13～0.15 |
| | | | | | 2 | 0.22 | 0.15～0.18～0.22 |
| | | | | | 3 | 0.32 | 0.22～0.27～0.32 |
| | | | 380 | 3 | 4 | 0.47 | 0.32～0.40～0.47 |
| | | | | | 5 | 0.72 | 0.47～0.60～0.72 |
| | | | | | 6 | 1.1 | 0.72～0.90～1.1 |
| | | | | | 7 | 1.6 | 1.1～1.3～1.6 |
| | | | 500 | 2 | 8 | 2.4 | 1.6～2.0～2.4 |
| | | | | | 9 | 3.5 | 2.4～3.0～3.5 |
| | | | | | 10 | 5.0 | 3.5～4.2～5.0 |
| | | | | | 11 | 7.2 | 5.0～6.0～7.2 |
| | | | | | 12 | 9.4 | 6.8～8.2～9.4 |
| | | | | | 13 | 12.5 | 9.0～11～12.5 |
| JRS1-25/Z<br>JRS1-25/F | 660 | 25 | 220 | 4 | 14 | 12.5 | 9.0～11～12.5 |
| | | | 380 | 3 | 15 | 18 | 12.5～15～18 |
| | | | 500 | 2 | 16 | 25 | 18～22～25 |

表 5-38　JRS 系列热继电器的保护特性

| 整定电流倍数 | 动作时间 | 起始条件 | 周围空气温度/℃ |
|---|---|---|---|
| 1.05 | ＞2h | 冷态 | 20±5 |
| 1.20 | ＜20min | 热态 | |
| 1.50 | ＜3min | 热态 | |
| 6 | ＞5s | 冷态 | |
| 任意两相 1.0，另一相 0.9 | ＞2h | 冷态 | |
| 任意两相 1.1，另一相 0.10 | ＜20min | 热态 | |
| 1.00 | ＞2h | 冷态 | 55±2 |
| 1.20 | ＜20min | 热态 | |
| 1.05 | ＞2h | 冷态 | －10±2 |
| 1.30 | ＜20min | 热态 | |

注：手动复位时间小于 2min。

表 5-39 GR 系列热继电器技术数据

| 型号 | 电源 | 额定工作电流/A | 整定电流范围/A | 功能及用途 |
| --- | --- | --- | --- | --- |
| GR1-20/3D | 50～60Hz AC 660V | 20 | 0.25～150 | 热过载保护、断相保护、温度补偿、手动或自动复位;作电动机的过载断相保护 |
| GR1-60/3D | | 60 | | |
| GR1-150/3D | | 150 | | |
| GR2-12/F | | 12 | 0.11～32 | 热过载保护、断相保护、温度补偿、手动脱扣、手动复位及脱扣动作信号指示;作电动机的过载及断相保护 |
| GR2-25/F | | 25 | | |
| GR2-32/F | | 32 | | |
| GR3-12.5 | 50～400Hz、AC 660V DC 800V | 12.5 | 0.1～180 | 热过载保护、断相保护、温度补偿、手动测试脱扣、手动复位、自动复位及脱扣动作信号指示;作电动机的过载及断相保护 |
| GR3-25 | | 25 | | |
| GR3-32 | | 32 | | |
| GR3-63 | | 63 | | |
| GR3-180 | | 180 | | |

## 5.8.7 漏电保护器的选择及实例

漏电保护器俗称触电保安器、漏电开关，是一种行之有效的防止人身触电和防止漏电引起的火灾、电气设备损坏等事故的保安电器。

漏电保护器主要由零序电流互感器、漏电脱扣器、试验检查部分（电阻和试验按钮）和开关装置等部分组成。零序电流互感器供检测漏电电流用；漏电脱扣器是将检测到的漏电电流与一个预定基准值作比较，从而判断是否动作；开关装置由漏电脱扣器控制，以分合被保护电路；试验检查部分是为检验漏电保护器能否正确动作而设置的。

(1) 农网漏电保护器的选择

农网漏电保护应以配电变压器台区为独立单位，各自组成一个保护网络，可按照三级漏电保护配备。

① 漏电总保护　漏电总保护即一级保护，装在配电盘上。漏电保护器需与低压断路器或接触器配合使用。用于漏电总保护的鉴漏式漏电保护器的种类有总路普通式、总路节能式、分路普通式和分路节能式等。其中总路节能式是较理想的一种。它无须主导线穿绕零序电流互感器，只要将交流接触器线圈与漏电保护器的两个接线端子相接即可，不仅安装接线十分简单，而且能大幅度降低交流接触器线圈的电耗，彻底消除电磁噪声。

漏电保护器的额定漏电动作电流为300mA，额定触电动作电流为100mA，动作时限应为0.2～0.3s。

② 中级保护 中级保护即二级保护，装在集中电表箱中。4～5个家庭设一个漏电保护器。作为二级保护，负荷电流不大，为40～100A，所以应采用直通式的集多种保护功能于一体的低压断路器。可选用单相鉴漏自复式漏电断路器。其突出特点是：体积小、重量轻、负载能力大，对人畜触电电流和线路泄漏电流有较强的鉴别能力。

漏电保护器（断路器）的额定电流为40～100A，额定漏电动作电流选为100mA，额定触电动作电流选为50mA，动作时限选为0.12～0.2s。

③ 末级保护 末级保护即三级保护，装在用户家里。它是用户漏电或触电的主保护。由于用户进线处还装有熔断器和闸刀开关等作为过载和短路保护，因此无须漏电保护器具有短路保护功能。可选用具有漏电、过电压保护（防止长时间过电压烧毁家电）两种功能的JLB系列家用漏电保护器。

漏电保护器的额定电流为20～32A，额定漏电动作电流为30mA，动作时限为不大于0.1s，过电压动作值为285V±5V。

另外，对于农村小型动力（如磨坊、泵房等），宜采用集多种保护功能于一体的漏电断路器。对于三相电动机，可采用DZ15LE/3902或DZ25LE/3902系列漏电断路器；对于单相电动机，可采用DZL38H系列漏电断路器。

上述漏电断路器的额定漏电动作电流为30mA，如果电动机工作场所潮湿，应选择10mA，动作时限应不大于0.1s；额定脱扣电流应选5～6倍电动机额定电流，脱扣电压可选280V±10V。

（2）城市住宅漏电保护器的选型

城市住宅漏电保护一般以每4～5个家庭设一个漏电保护器（单极式）作为一级保护，装在集中电表箱内；也可不设一级保护，而在集中电表箱内装设诸如TSH-32型等双极隔离开关。

如果设一级保护，漏电保护器应选用带有短路、漏电等多功能的漏电断路器，其额定漏电动作电流为300～500mA，动作时限为0.2～0.3ms。

二级保护设在用户配电箱内，可以装在进线侧（包括照明和插座），也可以装在所需要的插座回路中。保护器可选用如 32 型双极断路器和 TSML-32 型漏电保护器等，额定电流可选 32A 级。目前采用 C45N 型组合小型断路器带 ViGiC 漏电保护附件的方案也较多。其额定漏电动作电流为 30mA，动作时限不大于 0.1s。

**【例 5-7】** 某住户实际用电负荷为 23A，欲在总进线回路安装漏电保护器，试选择哪种型号规格。

**解：** 查表 5-41，可选用 C45NLE 型轨道式漏电保护器，2 极，额定电流 25A 或 32A，额定漏电动作电流 30mA，漏电动作时间<0.1s。

当然，也可选择符合上述要求的其他型号的漏电保护器。

### 5.8.8　漏电保护器的技术数据

常用农用漏电保护器的主要技术数据见表 5-40；常用住宅用漏电保护器的技术数据见表 5-41；模数化多功能漏电单元的主要技术数据见表 5-42。

表 5-40　常用农用漏电保护器主要技术数据

| 型号 | 相数 | 额定电压/V | 额定电流/A | 额定漏电动作电流/mA | 额定漏电不动作电流/mA | 漏电动作时间/s |
|---|---|---|---|---|---|---|
| BQZ610-10/D | 单相 | 220 | 10 | 50 | 15 | ≤0.1 |
| BQZ610-25/D | 单相 | 220 | 25 | 50 | 15 | ≤0.1 |
| BQZ610-10 | 三相 | 380 | 10 | 30 | 15 | ≤0.1 |
| BQZ610-20 | 三相 | 380 | 20 | 30 | 15 | ≤0.1 |
| BQZ610-40 | 三相 | 380 | 40 | 30 | 15 | ≤0.1 |
| 瞬时动作型 100A 农用漏电保护器 | 三相 | 380 | 100 | 100 | 50 | ≤0.1 |
| 延时动作型 100A 农用漏电保护器 | 三相 | 380 | 100 | 100 | 50 | 0.1～0.15 |

表 5-41　常用住宅用漏电保护器及其主要技术数据

| 型号 | 名称 | 原理 | 极数 | 额定电压/V | 额定电流/A | 额定漏电动作电流/mA | 漏电动作时间/s | 保护功能 |
|---|---|---|---|---|---|---|---|---|
| DZL18-20 | 漏电自动开关 | 电流动作型(集成电路) | 2 | 220 | 20 | 10<br>15<br>30 | <0.1 | 漏电保护或兼有漏电与过载两种保护，选用时注意 |

续表

| 型号 | 名称 | 原理 | 极数 | 额定电压/V | 额定电流/A | 额定漏电动作电流/mA | 漏电动作时间/s | 保护功能 |
|---|---|---|---|---|---|---|---|---|
| YLC-1 | 移动式漏电保护插座 | 电流动作型 | 单相二极三极 | 220 | 10 | | | 漏电保护专用 |
| CBQ-A | 触电保安器 | 电磁式 | 2 | | 16 | 30 | ≤0.1 | |
| LDB-1 | 漏电自动开关 | 电流动作型 | 2 | 220 | 5<br>10 | 30<br>(漏电不动作电流15mA) | <0.1 | |
| DZL16 | 漏电开关 | 电磁式 | 2 | | 6<br>10<br>16<br>25 | 15<br>30 | ≤0.1 | 漏电保护专用 |
| JC | 漏电开关 | 电磁式 | 2 | | 6<br>10<br>16<br>25 | 30 | ≤0.1 | 漏电保护专用 |
| C45NLE<br>C45ADLE | 漏电断路器 | | 2 | | 6<br>10<br>16<br>20<br>25<br>32<br>40 | 30 | <0.1 | 过载、短路及过压保护 |

**表 5-42 漏电单元的主要技术数据**

| 项 目 | 技术数据 |
|---|---|
| 额定频率 | 50Hz |
| 额定电压 $U_e$ | 220V |
| 额定电流 $I_e$ | 6A、10A、16A、20A、25A、32A(同与之拼装的小型断路器额定电流) |
| 额定漏电动作电流 $I_{\Delta n}$ | 10mA、30mA、100mA、300mA |
| 额定漏电不动作电流 $I_{\Delta n0}$ | 0.5$I_{\Delta n}$ |
| 漏电动作分断时间 | <0.1s |
| 额定漏电接通分断能力 | 1500A |
| 额定短路接通分断能力 | ≥3kA(取决于与之拼装小型断路器的分断能力) |

续表

| 项　　目 | 技术数据 |
| --- | --- |
| 不导致误动作的过电流极限值 | $6I_e$ |
| 过电压动作值 | 264V、286V |
| 过电压不动作值 | 242V |
| 欠电压动作值 | 154V、176V |
| 欠电压不动作值 | 165V、187V |
| 过电压动作时间 | <0.1s |
| 欠电压动作时间 | <0.2s |
| 机械寿命和电寿命(指小型断路器) | 8000 次，其中包括 4000 次电寿命 |
| 外壳防护等级 | IP20 |

### 5.8.9 指示灯的选择与使用

指示灯又称信号灯，一般用于交流或直流回路中作各种信号指示。常用的指示灯有 XD 系列、ND 系列、AD11 系列和 AD14 系列、AD15 系列等。

XD 系列指示灯采用白炽灯作为光源。其缺点是寿命短、耗电量大和温升高。

ND 系列指示灯采用氖泡作为光源，耐冲击，放电电流小，节能。

AD11 系列指示灯采用发光二极管作为光源，具有节能、寿命长等特点。

AD14 系列、AD15 系列指示灯采用特大型、高亮度的发光二极管作为光源，具有节能、寿命长等特点。

(1) 指示灯颜色的选择

指示灯的颜色有红、黄、绿、蓝和白等，可根据辨别和需要进行选择。指示灯的颜色及其含义见表 5-43；指示灯的选色示例见表 5-44。

表 5-43 指示灯的颜色及其含义

| 颜色 | 含义 | 说　明 | 举　例 |
| --- | --- | --- | --- |
| 红色 | 危险或告急 | 有危险或须立即采取行动 | ①润滑系统失压<br>②温度已超(安全)极限<br>③因保护器件动作而停机<br>④有触及带电或运动的部件的危险 |
| 黄色 | 注意 | 情况有变化，或即将发生变化 | ①温度(或压力)异常<br>②当仅能承受允许的短时过载 |

续表

| 颜色 | 含义 | 说　　明 | 举　　例 |
| --- | --- | --- | --- |
| 绿色 | 安全 | 正常或允许进行 | ①冷却通风正常<br>②自动控制系统运行正常<br>③机器准备启动 |
| 蓝色 | 按需要指定用意 | 除红、黄、绿三色之外的任何指定用意 | ①遥控指示<br>②选择开关在“设定”位置 |
| 白色 | 无特定用意 | 任何用意。例如：不能确切地用红色、黄色、绿色时，以及用作“执行”时 | |

**表 5-44　指示灯的选色示例**

| 应用类型 | 开关 | | 指示灯 | | | |
| --- | --- | --- | --- | --- | --- | --- |
| | 功能 | 位置 | 安装位置 | 给操作者的光亮信息 | 光亮信息的用意 | 选用的颜色 |
| 有易触及带电部件的高低压室或试验区 | 主电源断路器 | 闭合 | 室（区）外的入口处 | 入内有危险 | 有触电危险 | 红色 |
| | | 断开 | | 无电 | 安全 | 绿色 |
| 配电开关板 | 支路开关 | 闭合 | 开关板上 | 支路供电 | 供电 | 白色 |
| | | 断开 | | 支路无电 | 无电 | 绿色 |
| 机器的控制与供电装置 | 电源断路器 | 断开 | 操作者的控制台上 | 指示灯不亮：未供电 | | |
| | | 闭合 | | 供电 | 正常状态 | 白色 |
| | 各个启动器 | 闭合 | | 准备就绪 | 机器或操作循环系统可以启动，等于准备完毕 | 绿色 |
| | | 闭合 | | 机器运转 | 启动的确认 | 白色 |
| 抽出危险气体的通风机 | 电动机的启动器 | 闭合 | 风道口 | 注意：风机正在运转 | 注意 | 黄色 |
| | | 断开 | 操作者的控制台上和可能聚集有害气体的区域 | 正在进行抽气 | 安全 | 绿色 |
| | | | | 停止抽气 | 危险 | 红色 |
| 当输送停止时，所输送物料将凝固的输送装置 | 电动机的启动器 | 闭合 | 运输机的近旁 | 运输机在工作，勿触及，离开 | 注意 | 黄色 |
| | | | 操作者的控制台上 | 正常运行 | 正常状态 | 白色 |
| | | 断开 | | 运输机已超载，降低负荷 | 注意 | 黄色 |
| | | | | 超载停止，重新启动 | 须立即采取行动 | 红色 |

（2）指示灯的使用

① 使用ND系列等氖泡指示灯时，应注意线路的分布电容，有时虽已断开指示灯回路，但指示灯仍亮（亮度稍暗些），造成误指示。这时应采取以下措施予以消除。

a. 尽量缩短氖泡指示灯引线长度，以减小分布电容。

b. 采用双断点方法，即在氖泡指示灯的两端各串一断点开关，如各串一继电器的常开触点。

c. 更换成XD系列等指示灯。

② 对于发电机并网用同期指示灯，切不可采用氖泡指示灯，以免误指示造成非同期合闸而酿成重大事故。

③ 使用AD11系列等发光二极管指示灯时，由于发光二极管维持电流小（≤20mA），如果控制回路中有与之串联的元件（如串有一断路器常开触点，而触点上又并联一只消火花电容），当该电容稍有漏电，即使断路器常开触点已断开，AD11指示灯仍会发亮。为此可采取以下措施。

a. 回路中的电容器质量必须好，漏电应极小。

b. 避免或消除AD11系列指示灯信号通道中可能存在的串通、分压现象。

c. 改用XD系列或JND1型指示灯。

④ 在处理AD11系列指示灯的控制、信号系统故障时，应考虑信号灯点燃电压低、维持电流小的特点。

⑤ 交流220V AD11系列指示灯不适合作双向晶闸管的通断指示。这是因为双向晶闸管在没有导通的情况下也有较大的漏电电流，从而造成AD11系列指示灯误指示。

AD11-77×31/24型节能型光字牌不能与ZC-23型冲击继电器配合使用。这是因为ZC-23型冲击继电器最小冲击动作电流大于或等于160mA，而光字牌发光后工作电流仅约为30mA，所以即使灯亮也不能保证冲击继电器正常工作。

## 5.9 灭磁开关

### 5.9.1 灭磁开关的选择及其控制线路

同步发电机在正常停机或发电机内部发生短路、过载、过电压等故障时，都必须迅速将励磁电压（电流）降至零，进行所谓的“灭磁”。

低压发电机通常采用续流灭磁，即阻断励磁装置发出触发脉冲，使晶闸管励磁装置不再输出直流励磁电压（电流），这时由于励磁绕组是感性元件，电流不能立刻消失，其电流将通过续流二极管流动并最终消失，这个过程需数秒时间。

对于高压发电机必须采用灭磁开关灭磁，以确保励磁绕组的绝缘安全。采用灭磁开关灭磁，灭磁迅速而可靠。灭磁开关的额定电流应按发电机额定励磁电流的1.25倍选择。

常用的灭磁开关有BT9404型、DW10M型、DW16M型和CD2型等。它们的控制线路工作原理类似。现以DW10M型灭磁开关为例。

(1) DW10M型灭磁开关的技术数据

DW10M型灭磁开关是在DW10自动空气开关（断路器）的基础上，将一常开触点改为常闭触点而制成的，其技术数据见表5-45。

表5-45 DW10M型灭磁开关技术数据

| 灭磁开关型号 | 额定直流电压/V | 额定电流/A | 主触点数 | 操作方式 | 合闸功率/kW | | 跳闸功率/kW | | 辅助触点 |
|---|---|---|---|---|---|---|---|---|---|
| | | | | | 110V | 220V | 110V | 220V | |
| DW10M-200<br>DW10M-400<br>DW10M-600 | 440 | 200<br>400<br>600 | 两常开一常闭 | 电磁铁 | 1<br>2<br>2 | 1<br>2<br>2 | 85 | 85 | 3常开<br>3常闭 |
| DW10M-1500<br>DW10M-2500 | | 1500<br>2500 | | 电动机 | 0.5<br>1 | 0.5<br>1 | 96 | 96 | |

(2) 灭磁开关的控制线路

① DW10M-200/400/600型灭磁开关（图5-23）。在图5-23中，KM为合闸接触器，YA为合闸线圈，YR为跳闸线圈，KT为时间继电器（JT3-11/5），SA为控制开关（LW2-Z-1a、4.6a、40、20/F8），$H_1$、$H_2$为绿、红灯（XD-2，110V、8W，附电阻2.5kΩ），$SQ_1$、$SQ_2$为终端开关。

工作原理：合闸时，转换开关SA的5、8触点闭合，合闸接触器KM得电吸合并自锁，保证开关可靠合闸，其常开触点闭合，合闸线圈 YA 得电吸合，同时时间继电器 KT 的线圈通电。当合闸到位后，KT 的延时断开常闭触点断开，KM 失电返回，YA 失电释放，而主触点则因闭锁机构的机械闭锁作用而固定在合闸位置，常闭终端开关 $SQ_1$ 断开，常开终端开关 $SQ_2$ 闭合。跳闸时，SA 的 6、7 触点闭合，跳闸线圈 YR 得电吸合跳闸，电路恢复原始状态。

② DW10M-1500/2500 型灭磁开关（图 5-24）。在图 5-24 中，KM 为合闸接触器，YR 为跳闸线圈，M 为合闸电动机，YB 为电动机制动器，KA 为防跳继电器，$SQ_1$、$SQ_2$ 为终端开关，$SQ_3$ 为极限开关，SA 和 $H_1$、$H_2$ 同前。

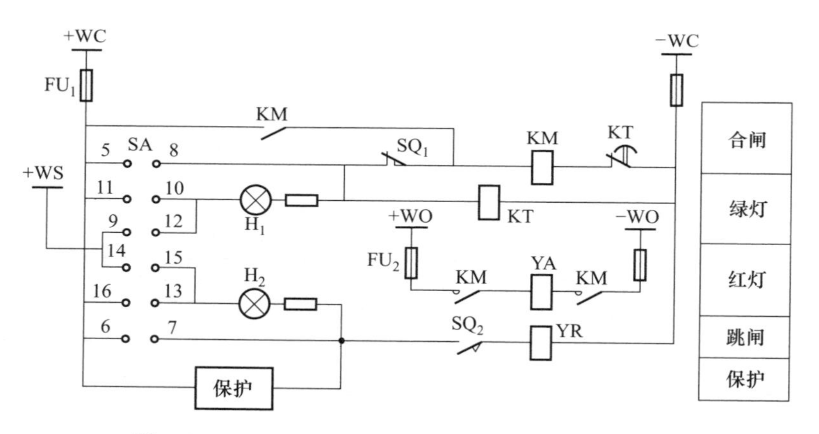


图 5-23 DW10M-200/400/600 型灭磁开关控制线路

工作原理：合闸时，转换开关 SA 的 5、8 触点闭合，合闸接触器 KM 得电吸合并自锁，保证开关可靠合闸，其常开触点闭合，合闸电动机 M 得电运转；同时 KM 的常开辅助触点闭合，防跳跃继电器 KA 得电吸合，其常闭触点断开 KM 的线圈回路。当合闭到位时，终端开关 $SQ_1$ 断开，$SQ_2$ 闭合，极限开关 $SQ_3$ 断开，KM 失电返回，电动机 M 制动停止运转。由于 KA 在合闸脉冲未解除前由其常开触点自锁，因此开关不至于再合闸。跳闸时，SA 的 6、7 触点闭合，跳闸线圈 YR 得电吸合跳闸，电路恢复原始状态。

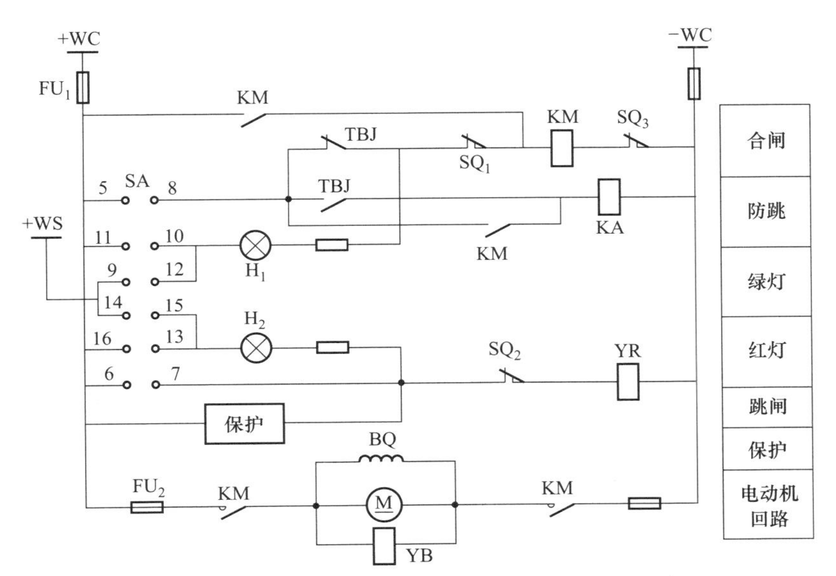


图 5-24 DW10M-1500/2500 型灭磁开关控制线路

## 5.9.2 灭磁开关的安装与使用

(1) 灭磁开关的安装

① 安装前先用 500V 兆欧表测量灭磁开关的绝缘电阻，在周围介质温度为（20±5）℃和相对湿度为 50%～70%时应不小于 10MΩ，否则须作干燥处理。

② 灭磁开关在闭合和断开过程中，其可动部分与灭弧室的零件应无卡阻现象。

③ 安装灭磁开关时，使其支架居于垂直位置，并用 4 个 M8～M12 螺栓固定。

④ 安装时灭磁开关的结构必须平整，不然当旋紧螺栓时可能会损坏灭磁开关的底板。

⑤ 检查分励脱扣器是否能在规定的动作范围内使灭磁开关断开。分励脱扣器的动作电压范围为额定电压的 75%～105%。

⑥ 检查电磁操作的灭磁开关是否能在规定范围内使灭磁开关可靠闭合。电磁铁应能在额定电压的 85%～105%范围内正常

工作。

⑦ 在安装时灭弧室（灭弧罩上部）至相邻电器的导电部分和接地部分的距离应不小于250mm（200～630A）、350mm（1000～2500A）或400mm（4000A）。

⑧ 灭弧开关应接地，接地螺栓处有“⏚”标记，螺栓规格为M8。

（2）灭磁开关的使用

① 使用前应将磁铁工作极面上的防锈油擦净。

② 各个转动及摩擦部分必须定期地涂润滑脂。

③ 灭磁开关在分断强励电流后，应进行触点的检查，并将灭磁开关各部分上的烟痕擦净。在检查触点时必须注意以下几点。

a. 如果在触点接触面上有小的金属颗粒形成，则须用锉刀将其清除，并保持触点原有形状。

b. 如果触点的厚度小于1mm（银钨合金的厚度），则必须更换或调整。调整后的触点参数应符合厂家规定的要求。如DW10M-400/600型灭磁开关的触点参数见表5-46。

**表5-46　DW10M-400/600型灭磁开关的触点参数**

| 名称 | | 初压力/N | 终压力/N | 开距/mm | 超程/mm |
|---|---|---|---|---|---|
| 常开触点 | 弧触点 | 30～40 | 64～80 | 36～40 | — |
| | 主触点 | — | — | >5 | >2 |
| 常闭触点 | | — | — | >20 | — |

注：常开主触点开距系指常开弧触点刚接触时的开距。

④ 灭磁开关除了在分断强励电流后应进行触点检查外，还应定期按③条的规定对触点进行检查。

⑤ 如灭弧室损坏（尽管只有一个灭弧室），则不允许通电使用，必须更换新的。

⑥ 分励脱扣器线圈为短时工作制，使用时必须串联一常开辅助触点；电磁铁操作线圈为短时工作制，通电时间不得大于1s。操作频率间隔最小为5s，不得过于频繁操作，以免烧毁线圈。

# 第6章 继电保护用继电器

## 6.1 保护继电器的分类及型号

### 6.1.1 保护继电器的分类

① 按继电器组成元件分，有机电型（包括电磁型和感应型）、晶体管型和微机型等。电磁型和感应型继电器具有简单可靠、便于维修和使用的特点，目前在我国的小电力系统、小水电和工厂供电系统中仍普遍应用。

② 按继电器在保护装置中的功能分，有测量继电器（又称基本继电器）和辅助继电器两大类。测量继电器装设在继电保护的第一级，用来反映被保护元件的特性参数变化情况，当其特性参数达到整定的动作值时即行动作，例如电流继电器、电压继电器、功率继电器。辅助继电器装设在测量继电器之后，用来实现特定的逻辑功能，例如时间继电器、信号继电器、中间继电器等。

③ 按继电器所反映的物理量分，有电量和非电量两大类。属于电量式的有电流继电器、电压继电器、差动继电器、功率方向继电器以及周波继电器等；属于非电量式的有气体继电器、转速继电器以及温度继电器等。

### 6.1.2 保护继电器的型号命名

保护继电器（包括控制继电器）型号的命名由动作原理、主要功能、设计序号及主要规格代号组成。其型号说明如下：

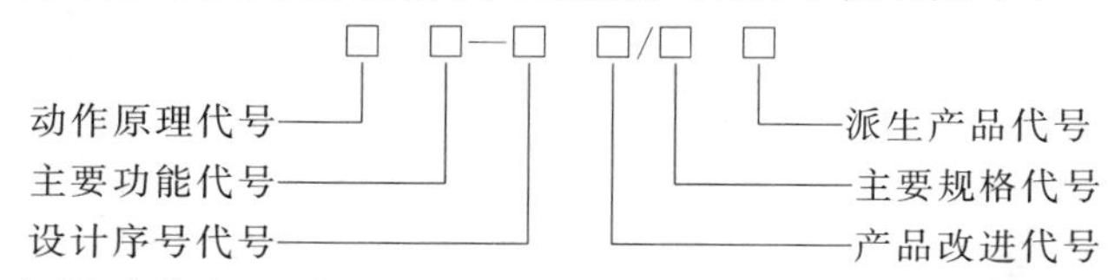


继电器动作原理代号表示方法见表6-1。

继电器主要功能代号表示方法见表6-2。

**表6-1 继电器动作原理代号**

| 序号 | 代号 | 代号含义 | 序号 | 代号 | 代号含义 |
|---|---|---|---|---|---|
| 1 | B | 半导体式 | 8 | M | 电机式 |
| 2 | C | 磁电式 | 9 | N | 功能组件 |
| 3 | D | 电磁式 | 10 | S | 数字式 |
| 4 | F | 附件 | 11 | W | 微机式 |
| 5 | G | 感应式 | 12 | X | 箱子 |
| 6 | J | 晶体管或集成电路式 | 13 | Z | 装置 |
| 7 | L | 整流式 | | | |

**表6-2 继电器主要功能代号**

| 序号 | 代号 | 代号含义 | 序号 | 代号 | 代号含义 |
|---|---|---|---|---|---|
| 1 | BH | 变压器保护 | 19 | GS | 功率因数 |
| 2 | BL | 变压器 | 20 | H | 极化 |
| 3 | BS | 闭锁 | 21 | HH | 横差电流 |
| 4 | C | 冲击，充电 | 22 | HY | 复合电压 |
| 5 | CB | 励磁机保护 | 23 | J | 计数 |
| 6 | CD | 差动 | 24 | JJ | 绝缘监视 |
| 7 | CH | 重合闸 | 25 | L | 电流 |
| 8 | CP | 差频率 | 26 | LC | 过流，重合闸 |
| 9 | CX | 冲击信号 | 27 | LD | 漏电 |
| 10 | D | 接地，定时器 | 28 | LF | 零序电流方向 |
| 11 | DC | 低励磁 | 29 | LG | 零序功率方向 |
| 12 | DJ | 导线监视 | 30 | LL | 零序电流 |
| 13 | DX | 断相 | 31 | LS | 联锁 |
| 14 | PG | 负序功率方向 | 32 | LY | 零序电压 |
| 15 | FL | 负序电流增量 | 33 | M | 电码 |
| 16 | FY | 负序电压增量 | 34 | N | 逆流 |
| 17 | FZ | 匝间保护 | 35 | NG | 逆功率 |
| 18 | CP | 过频率 | 36 | P | 平衡 |

续表

| 序号 | 代号 | 代号含义 | 序号 | 代号 | 代号含义 |
| --- | --- | --- | --- | --- | --- |
| 37 | QP | 欠频率 | 45 | ZB | 具有保持中间 |
| 38 | S | 时间 | 46 | ZJ | 交流中间 |
| 39 | T | 同步检查 | 47 | ZK | 快速中间 |
| 40 | X | 信号 | 48 | ZL | 电流中间 |
| 41 | XB | 相位比较 | 49 | ZY | 电压中间 |
| 42 | XM | 密封触点信号 | 50 | ZS | 延时中间 |
| 43 | Y | 电压 | 51 | ZM | 密封触点中间 |
| 44 | Z | 中间，阻抗 | | | |

设计序号和主要规格代号用阿拉伯数字表示。

产品改进后，但外形尺寸不变时，可在设计序号或主要规格后加改进代号A、B、C表示。阿城继电器厂的产品代号为E，表示该产品的性能和尺寸均有改变，如代号H表示与原产品为互换产品，如DL30型与DL30H型产品可以互换使用。

## 6.2 电磁型电流继电器的选用

### 6.2.1 电磁型电流继电器的技术数据及选择实例

(1) DL-10系列电流继电器

DL-10系列电流继电器的主要技术数据见表6-3。

表6-3 DL-10系列电流继电器的主要技术数据

| 型号 | 最大整定值/A | 整定范围/A | 线圈串联 | | | 线圈并联 | | | 在第一整定电流时消耗的功率/V·A | 接点规格 | | 返回系数 |
| --- | --- | --- | --- | --- | --- | --- | --- | --- | --- | --- | --- | --- |
| | | | 动作电流/A | 热稳定电流/A | | 动作电流/A | 热稳定电流/A | | | 常开 | 常闭 | |
| | | | | 长期 | 1s | | 长期 | 1s | | | | |
| DL-11 | 0.01 | 0.0025～0.01 | 0.0025～0.005 | 0.02 | 0.6 | 0.005～0.01 | 0.04 | 1.2 | 0.08 | 1 | | 0.8 |
| DL-12 | | | | | | | | | | | 1 | |
| DL-13 | | | | | | | | | | 1 | 1 | |
| DL-11 | 0.04 | 0.01～0.04 | 0.01～0.02 | 0.05 | 1.5 | 0.02～0.04 | 0.1 | 3 | 0.08 | 1 | | |
| DL-12 | | | | | | | | | | | 1 | |
| DL-13 | | | | | | | | | | 1 | 1 | |
| DL-11 | 0.05 | 0.0125～0.05 | 0.0125～0.025 | 0.08 | 2.5 | 0.025～0.05 | 0.16 | 5 | 0.08 | 1 | | |
| DL-12 | | | | | | | | | | | 1 | |
| DL-13 | | | | | | | | | | 1 | 1 | |

续表

| 型号 | 最大整定值/A | 整定范围/A | 线圈串联 | | | 线圈并联 | | | 在第一整定电流时消耗的功率/V·A | 接点规格 | | 返回系数 |
|---|---|---|---|---|---|---|---|---|---|---|---|---|
| | | | 动作电流/A | 热稳定电流/A | | 动作电流/A | 热稳定电流/A | | | 常开 | 常闭 | |
| | | | | 长期 | 1s | | 长期 | 1s | | | | |
| DL-11<br>DL-12<br>DL-13 | 0.2 | 0.05～0.2 | 0.05～0.1 | 0.3 | 12 | 0.1～0.2 | 0.6 | 24 | 0.1 | 1<br><br>1 | <br>1<br>1 | 0.8 |
| DL-11<br>DL-12<br>DL-13 | 0.6 | 0.15～0.6 | 0.15～0.3 | 1 | 45 | 0.3～0.6 | 2 | 90 | 0.1 | 1<br><br>1 | <br>1<br>1 | |
| DL-11<br>DL-12<br>DL-13 | 2 | 0.5～2 | 0.5～1 | 4 | 100 | 1～2 | 8 | 200 | 0.1 | 1<br><br>1 | <br>1<br>1 | |
| DL-11<br>DL-12<br>DL-13 | 6 | 1.5～6 | 1.5～3 | 10 | 300 | 3～6 | 20 | 600 | 0.1 | 1<br><br>1 | <br>1<br>1 | |
| DL-11<br>DL-12<br>DL-13 | 10 | 2.5～10 | 2.5～5 | 10 | 300 | 5～10 | 20 | 600 | 0.15 | 1<br><br>1 | <br>1<br>1 | |
| DL-11<br>DL-12<br>DL-13 | 20 | 5～20 | 5～10 | 15 | 300 | 10～20 | 30 | 600 | 0.25 | 1<br><br>1 | <br>1<br>1 | |
| DL-11<br>DL-12<br>DL-13 | 50 | 12.5～50 | 12.5～25 | 20 | 450 | 25～50 | 40 | 900 | 1.0 | 1<br><br>1 | <br>1<br>1 | |
| DL-11<br>DL-12<br>DL-13 | 100 | 25～100 | 25～50 | 20 | 450 | 50～100 | 40 | 900 | 2.5 | 1<br><br>1 | <br>1<br>1 | |
| DL-11<br>DL-12<br>DL-13 | 200 | 50～200 | 50～100 | 20 | 450 | 100～200 | 40 | 900 | 10 | 1<br><br>1 | <br>1<br>1 | 0.7 |

说明：

① 触点数目：见表 6-4。

② 触点容量：当电压在 220V 以下且电流在 2A 以下时，在具有电感负荷的直流回路（时间常数 $T$ 不大于 5ms）中，能断开 50W；当电压在 220V 以下及电流在 2A 以下时，交流回路中能断开 250V·A。

③ 动作时间：在 1.2 倍整定电流时，$t=0.15$s；在 2 倍整定

电流时，$t=0.02\sim0.03$s。

表 6-4 电流、电压继电器触点数目

<table>
<tr><th rowspan="2">型 号</th><th colspan="2">触点数量</th></tr>
<tr><th>常开</th><th>常闭</th></tr>
<tr><td>DL-11</td><td>1</td><td></td></tr>
<tr><td>DL-12</td><td></td><td>1</td></tr>
<tr><td>DL-13</td><td>1</td><td>1</td></tr>
<tr><td>DL-21C、31，DY-21C、26C、31、35，LY-32</td><td>1</td><td></td></tr>
<tr><td>DL-22C，DY-22C，LY-31、34</td><td></td><td>1</td></tr>
<tr><td>DL-23C、32，DY-23C、28C、32、30、32/60C，LY-33、35</td><td>1</td><td>1</td></tr>
<tr><td>DL-33，DY-33、37</td><td>2</td><td>1①</td></tr>
<tr><td>DL-34，DY-34、38、34/60C</td><td>1</td><td>2</td></tr>
<tr><td>DL-24C，DY-24C、29C，LY-37</td><td>2</td><td></td></tr>
<tr><td>DL-25C，DY-25C，LY-36</td><td></td><td>2</td></tr>
</table>

① 苏州继电器厂产品无此常闭触点。

（2）DL-20C 系列和 DL-30 系列电流继电器

DL-20C 系列和 DL-30 系列电流继电器的主要技术数据见表 6-5。

表 6-5 DL-20C 系列和 DL-30 系列电流继电器主要技术数据

<table>
<tr><th rowspan="2">型号</th><th rowspan="2">最大整定电流/A</th><th colspan="2">额定电流/A</th><th colspan="2">长期允许电流/A</th><th rowspan="2">电流整定范围/A</th><th colspan="2">动作电流/A</th><th rowspan="2">最小整定值时的功率消耗/V·A</th><th rowspan="2">返回系数</th></tr>
<tr><th>线圈串联</th><th>线圈并联</th><th>线圈串联</th><th>线圈并联</th><th>线圈串联</th><th>线圈并联</th></tr>
<tr><td rowspan="4">DL-21C、31<br>DL-22C、32<br>DL-23C、33<br>DL-24C、34<br>DL-25C</td><td>$0.0049^{+}$</td><td></td><td></td><td></td><td></td><td>只有一点刻度</td><td>0.00245</td><td>0.0049</td><td rowspan="2"></td><td rowspan="2"></td></tr>
<tr><td>$0.0064^{+}$</td><td></td><td></td><td></td><td></td><td>只有一点刻度</td><td>0.0032</td><td>0.0064</td></tr>
<tr><td>$0.01^{+}$</td><td>0.02</td><td>0.04</td><td>0.02</td><td>0.04</td><td>0.0025～0.01</td><td>0.0025～0.005</td><td>0.005～0.01</td><td rowspan="2">0.4</td><td rowspan="2">0.8</td></tr>
<tr><td>0.05</td><td>0.08</td><td>0.16</td><td>0.08</td><td>0.16</td><td>0.0125～0.05</td><td>0.0125～0.025</td><td>0.025～0.05</td></tr>
</table>

续表

| 型号 | 最大整定电流/A | 额定电流/A | | 长期允许电流/A | | 电流整定范围/A | 动作电流/A | | 最小整定值时的功率消耗/V·A | 返回系数 |
|---|---|---|---|---|---|---|---|---|---|---|
| | | 线圈串联 | 线圈并联 | 线圈串联 | 线圈并联 | | 线圈串联 | 线圈并联 | | |
| DL-21C、31<br>DL-22C、32<br>DL-23C、33<br>DL-24C、34<br>DL-25C | 0.2 | 0.3 | 0.6 | 0.3 | 0.6 | 0.05～0.2 | 0.05～0.1 | 0.1～0.2 | 0.55(0.5) | 0.8 |
| | 0.6 | 1 | 2 | 1 | 2 | 0.15～0.6 | 0.15～0.3 | 0.3～0.6 | | |
| | 2 | 3 | 6 | 4 | 8 | 0.5～2 | 0.5～1 | 1～2 | | |
| | 6 | 6[10] | 12[20] | 6[10] | 12[20] | 1.5～6 | 1.5～3 | 3～6 | 0.55 | |
| | 10 | 10 | 20 | 10 | 20 | 2.5～10 | 2.5～5 | 5～10 | 0.8 | |
| | 15+ | 10 | 20 | 15 | 30 | 3.75～15 | 3.75～7.5 | 7.5～15 | 0.8(0.85) | |
| | 20 | 10 | 20 | 15 | 30 | 5～20 | 5～10 | 10～20 | 0.8(1) | |
| | 50 | 15 | 30 | 20 | 40 | 12.5～50 | 12.5～25 | 25～50 | 6(2.8) | |
| | 100 | 15 | 30 | 20 | 40 | 25～100 | 25～50 | 50～100 | 20(7.5) | |
| | 200 | 15 | 30 | 20 | 40 | 50～200 | 50～100 | 100～200 | (32) | 0.7 |

注：1. 圆括号内数字为 DL-20C 系列电流继电器的数据。

2. 方括号内数字为苏州继电器厂和成都继电器厂 DL-30 系列电流继电器的数据。

3. 有“+”者表示仅许昌继电器厂 DL-30 系列电流继电器有此规格。

说明：

① 触点数目：见表 6-4。

② 触点容量：DL-20C 系列，直流（$T=50$ms）为 40W，交流为 200V·A；DL-30 系列同 DL-10 系列。

③ 动作时间：DL-20C 和 DL-30 系列均同 DL-10 系列。

**【例 6-1】** 一台 400kW、400V 低压水轮发电机，定子额定电流为 722A，试选择过电流保护用电流继电器，并整定。

**解：** 过电流继电器接于二次回路，电流互感器可采用穿心式 LMZ1-0.66 型、1000/5A。接于相电流的过电流继电器可选择 DL-11/6 型，额定电流为 10A（两只线圈串联）和 20A（两只线圈并联）。

过电流继电器的动作电流整定值可按下式计算：

$$I_{dzj}=\frac{K_k I_e}{K_h n_1}$$

式中　$I_{dzj}$——过电流继电器动作电流整定值，A；

$I_e$——发电机额定电流，A；

$n_1$——电流互感器的变比；

$K_k$——继电器可靠系数，取1.2；

$K_h$——继电器返回系数，取0.85。

$$I_{dzj}=\frac{K_k I_e}{K_h n_1}=\frac{1.2\times 722}{0.85\times 200}\approx 5.1(\mathrm{A})$$

过电流继电器的两只线圈并联连接，则每只线圈中流过的电流为5.1/2A≈2.6A。所以整定指针应拨到面板刻度盘的约2.6A位置上。

## 6.2.2　电磁型电流继电器内部接线

电磁型电流继电器的内部接线如图6-1所示。

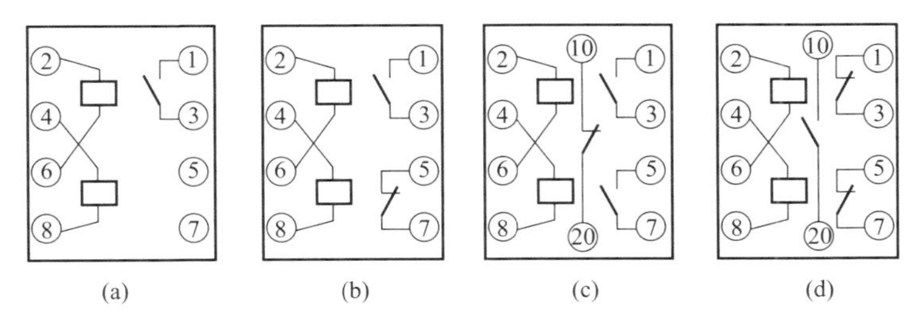


图6-1　电磁型电流继电器内部接线（背后端子）

其中，图（a）为DL-11、31、31H型；图（b）为DL-13、32、32H型；图（c）为DL-33、33H型；图（d）为DL-34、34H型。

## 6.2.3　电磁型电流继电器的调试

（1）使用前的检查

继电器在使用前应检查有无在运输中产生的损坏，即将继电器整定在第一整定点上，用手将可动系统往磁极方向转动，然后放开，可动系统应当转回到原来位置，直到止挡。

(2) 继电器的重新调整

继电器重新调整时，必须保证以下几点。

① 可动系统的轴向活动量为0.15～0.25mm。

② 动片和磁极间的气隙应均匀，在任何动作情况下，动片和磁极不应相碰。

③ 在动作过程中，可动系统不得停滞在中间位置。

④ 当指针由第一刻度旋向最大刻度时，游丝各圈不得相碰。

⑤ 当触点在打开位置时，动、静触点间总气隙不小于1.5mm。

⑥ 静触点片和限制片的间隙为0.1～0.3mm。

(3) 最小整定值的调整

最小整定值的调整主要是改变游丝的反作用力的大小，最大整定值的调整主要是改变动片和磁极间的气隙等。

(4) 动作电流过大或过小的调整

如果动作电流过大或过小，可以进行以下调整。

① 可动衔铁（舌片）的起始位置。当动作值偏小时，舌片的起始位置远离磁极；反之，则靠近磁极。

② 调整反作用弹簧。

③ 适当调整触点压力也能改变动作值。

(5) 返回系数的调整

返回系数定义为

$$返回系数=\frac{返回电流}{动作电流}$$

一般DL-10系列电流继电器的返回系数约为0.80，DL-30系列不小于0.85。

影响返回系数的主要因素有：轴尖与轴承的配合状况、轴承的清洁状况、静触点位置以及舌片端部与磁极的间隙和舌片的位置。

如果返回系数不符合要求，可作以下调整。

① 改变可动衔铁（舌片）的起始角和终止角。舌片起始位置离开磁极愈远，返回系数愈小；反之，返回系数愈大。

② 变更舌片两端的弯曲程度，以改变舌片与磁极间的距离。该距离愈远，返回系数也愈大；反之，返回系数愈小。

③ 适当调整触点压力，但应注意触点压力不宜过小。

# 6.3 感应型过电流继电器的选用

## 6.3.1 感应型过电流继电器的技术数据

GL-10、GL-20 系列过电流继电器的主要技术数据见表 6-6。

表 6-6　GL-10、GL-20 系列过电流继电器主要技术数据

| 型号 | 额定电流/A | 感应元件动作电流/A | 10 倍动作电流时的动作时间/s | 返回系数 | 最小整定值消耗功率/V·A | 电磁元件动作电流倍数 |
|---|---|---|---|---|---|---|
| GL-11/10<br>GL-11/5 | 10<br>5 | 4,5,6,7,8,9,10<br>2,2.5,3,3.5,4,4.5,5 | 0.5,1,2,3,4 | 0.85 | 15 | 2～8 |
| GL-12/10<br>GL-12/5 | 10<br>5 | 4,5,6,7,8,9,10<br>2,2.5,3,3.5,4,4.5,5 | 2,4,8,12,16 | 0.85 | | |
| GL-13/10<br>GL-13/5 | 10<br>5 | 4,5,6,7,8,9,10<br>2,2.5,3,3.5,4,4.5,5 | 2,3,4 | 0.80 | | |
| GL-14/10<br>GL-14/5 | 10<br>5 | 4,5,6,7,8,9,10<br>2,2.5,3,3.5,4,4.5,5 | 8,12,16 | 0.80 | | |
| GL-15/10<br>GL-15/5 | 10<br>5 | 4,5,6,7,8,9,10<br>2,2.5,3,3.5,4,4.5,5 | 0.5,1,2,3,4 | 0.80 | | |
| GL-16/10<br>GL-16/5 | 10<br>5 | 4,5,6,7,8,9,10<br>2,2.5,3,3.5,4,4.5,5 | 4,8,10,12,16 | 0.80 | | |
| GL-21/10<br>GL-21/5 | 10<br>5 | 4,5,6,7,8,9,10<br>2,2.5,3,3.5,4,4.5,5 | 0.5,1,2,3,4 | 0.85 | | |
| GL-22/10<br>GL-22/5 | 10<br>5 | 4,5,6,7,8,9,10<br>2,2.5,3,3.5,4,4.5,5 | 2,4,8,12,16 | 0.85 | | |
| GL-23/10<br>GL-23/5 | 10<br>5 | 4,5,6,7,8,9,10<br>2,2.5,3,3.5,4,4.5,5 | 2,3,4 | 0.80 | | |
| GL-24/10<br>GL-24/5 | 10<br>5 | 4,5,6,7,8,9,10<br>2,2.5,3,3.5,4,4.5,5 | 8,12,16 | 0.80 | | |
| GL-25/10<br>GL-25/5 | 10<br>5 | 4,5,6,7,8,9,10<br>2,2.5,3,3.5,4,4.5,5 | 0.5,1,2,3,4 | 0.80 | | |
| GL-26/10<br>GL-26/5 | 10<br>5 | 4,5,6,7,8,9,10<br>2,2.5,3,3.5,4,4.5,5 | 8,12,16 | 0.80 | | |

说明：

① 触点数目：GL-11、GL-12、GL-21、GL-22 型过电流继电器具有一副常开触点，但可改为常闭触点；GL-13、GL-14、GL-23、GL-24 型过电流继电器具有一副常开或常闭触点和一副延时闭合信号触点；GL-15、GL-25 型过电流继电器具有一副常开触点和一副常闭触点进行切换；GL-16、GL-26 型过电流继电器具有一副常开常闭切换触点和一副延时闭合的信号触点。

② 触点容量：GL-11、GL-12、GL-13、GL-14、GL-21、GL-22、GL-23、GL-24 型过电流继电器主触点能接通 5A，断开 2A（电压在 220V 以下）；GL-15、GL-16、GL-25、GL-26 型过电流继电器主触点由变流器供电，且当电流为 3.5A 时，总电阻不大于 4.5Ω，可接通和断开电流至 150A。

## 6.3.2 感应型过电流继电器的动作特性曲线

感应型过电流继电器的动作特性曲线如图 6-2 所示。图中，$I_J$ 为流过继电器的电流，$I_{dzj}$ 为动作整定电流；曲线 *abc* 为感应元件的反时限特性，*bb′d* 为电磁元件的瞬时（速断）特性。当线圈通过的电流为动作电流的 20%～30%时，圆盘开始转动。圆盘转动的速度与线圈中通过的电流成正比。当线圈中的电流达到动作电流值时，圆盘受作用力和反作用力的联合作用，使扇形轮与蜗杆啮合，扇形轮开始上升。经过一段时间后，扇形轮的杆臂碰到衔铁左边的突柄，突柄随即上升，至一定程度时，衔铁即吸向电磁铁，使触点接通。因为继电器的动作时间与通过线圈的电流成反比，所以叫反时限特性。当通过线圈的电流很大时，衔铁便直接被吸下，动作变成瞬时的。速断特性动作电流为整

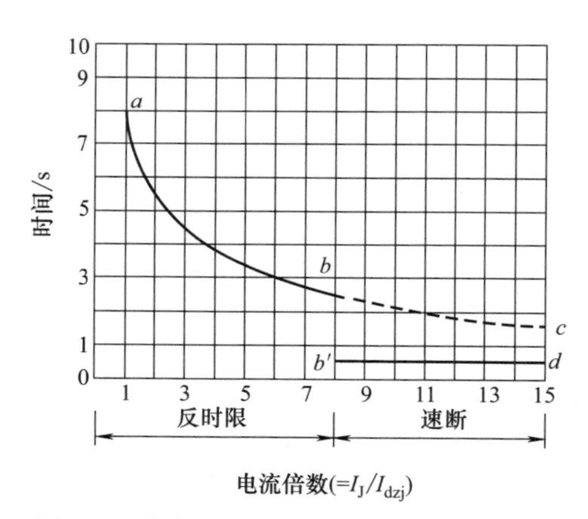


图 6-2 感应型过电流继电器动作特性曲线

定动作电流的2～15倍。

GL-10系列、GL-20系列过电流继电器的动作特性曲线如图6-3所示。曲线图上的每条曲线都标有动作时限，如0.5s、0.7s、1.0s等，表示继电器通过10倍的整定动作电流所对应的动作时限。例如，某继电器通过螺杆及插销被调整至10倍整定动作电流下动作时限为2.0s的曲线上时，若其线圈通入3倍的整定动作电流，可从该曲线上查得此时继电器的动作时限$t_{op}=3.5s$。

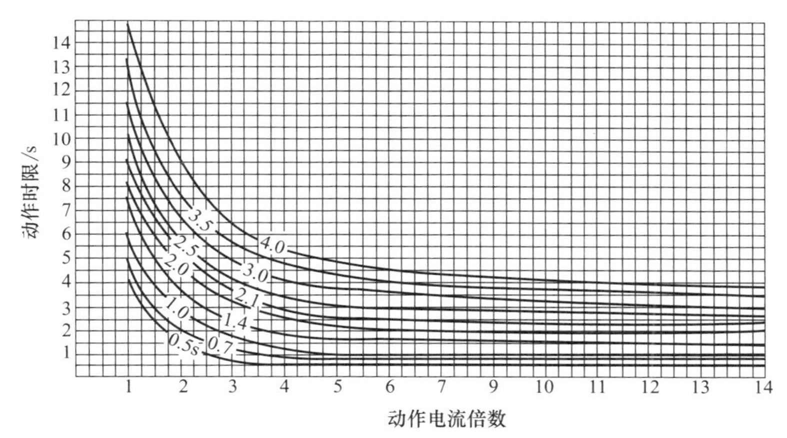


图6-3　GL-10、GL-20系列过电流继电器的动作特性曲线

## 6.3.3　感应型过电流继电器内部接线

感应型过电流继电器内部接线如图6-4所示。

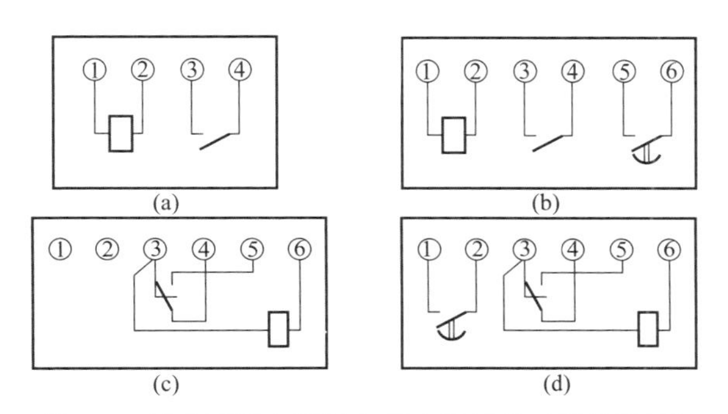


图6-4　感应型过电流继电器内部接线（背后端子）

其中，图（a）为GL-11、GL-12、GL-21、GL-22型；图（b）为GL-13、GL-14、GL-23、GL-24型；图（c）为GL-15、GL-25型；图（d）为GL-16、GL-26型。

### 6.3.4 感应型过电流继电器的调试

（1）动作电流的调节

继电器的动作电流（即感应元件动作电流），通过插销改变线圈匝数来进行级进调节，并可通过调节弹簧来进行微调。

（2）动作时限的调节

继电器的动作时限，通过动作时限调节螺杆来调节，调节方法见6.3.2。

（3）返回系数调节

感应型过电流继电器的返回系数应不小于0.80。如返回系数太小，可调节框架上的感应铁片和相对电磁元件的距离，此距离愈大，返回系数也就愈大。另外，也可以改变螺杆与扇形齿轮的啮合深度，深度增大时返回系数将降低。

（4）动作电流过大调节

如果继电器的动作电流过大，可减小弹簧压力。

（5）速断电流倍数调节

继电器的速断电流倍数，可通过调节螺钉来调节。

## 6.4 整流型过电流继电器的选用

### 6.4.1 整流型过电流继电器的技术数据

LL-10A、LL-10AH系列过电流继电器主要技术数据见表6-7。

表6-7 LL-10A、LL-10AH系列过电流继电器主要技术数据

| 型号 | 额定电流/A | 整定值 | | | 返回系数（不小于） | 功率消耗（不大于）/V·A |
|---|---|---|---|---|---|---|
| | | 动作电流/A | 10倍整定值下动作时间/s | 瞬动电流倍数 | | |
| LL-11A/5、11AH/5 | 5 | 2、2.5、3、3.5、4、4.5、5 | 0.5～4 | 2～8 | 0.85 | 10 |
| LL-11A/10、11AH/10 | 10 | 4、5、6、7、8、9、10 | | | | |

续表

| 型号 | 额定电流/A | 整定值 | | | 返回系数(不小于) | 功率消耗(不大于)/V·A |
|---|---|---|---|---|---|---|
| | | 动作电流/A | 10倍整定值下动作时间/s | 瞬动电流倍数 | | |
| LL-12A/5、12AH/5 | 5 | 2、2.5、3、3.5、4、4.5、5 | 2～16 | 2～8 | 0.85 | 10 |
| LL-12A/10、12AH/10 | 10 | 4、5、6、7、8、9、10 | | | | |
| LL-13A/5、13AH/5 | 5 | 2、2.5、3、3.5、4、4.5、5 | 2～4 | 2～8 | 0.85 | 10 |
| LL-13A/10、13AH/10 | 10 | 4、5、6、7、8、9、10 | | | | |
| LL-14A/5、14AH/5 | 5 | 2、2.5、3、3.5、4、4.5、5 | 8～16 | | | |
| LL-14A/10、14AH/10 | 10 | 4、5、6、7、8、9、10 | | | | |

注：瞬动电流倍数$=\frac{\text{瞬动电流}}{\text{动作电流整定值}}$。

说明如下。

① 触点数目。LL-11A、LL-12A 型过电流继电器具有一副常开触点，但可改为常闭触点；LL-13A、LL-14A 型过电流继电器具有一副瞬动的常开主触点和一副延时动作的常开信号触点。主触点也可改为常闭触点。

② 触点容量。常开主触点能接通 5A 电流，断开 2A 电流（电压在 220V 以下），主触点由变流器供电，且当电流为 4A 时，总电阻不大于 4Ω，可接通和断开电流至 50A；常开信号触点在电压为 220V 的情况下，能接通和断开电流为 0.2A 的直流无感电路或电流为 0.5A 的交流电路。

## 6.4.2 整流型过电流继电器的延时特性曲线

LL-10A、LL-10AH 系列过电流继电器的延时特性曲线如图 6-5所示。图中，曲线 1 为最大延时整定值时的特性曲线；曲线 2 为 LL-13A、LL-13AH、LL-14A、LL-14AH 型继电器最小延时整定值时的特性曲线；曲线 3 为 LL-11A、LL-11AH、LL-12A、LL-12AH 型继电器最小延时整定值时的特性曲线。

## 6.4.3 整流型过电流继电器的调试

LL-10 系列过电流继电器（见图 6-6）可按以下步骤进行调试。

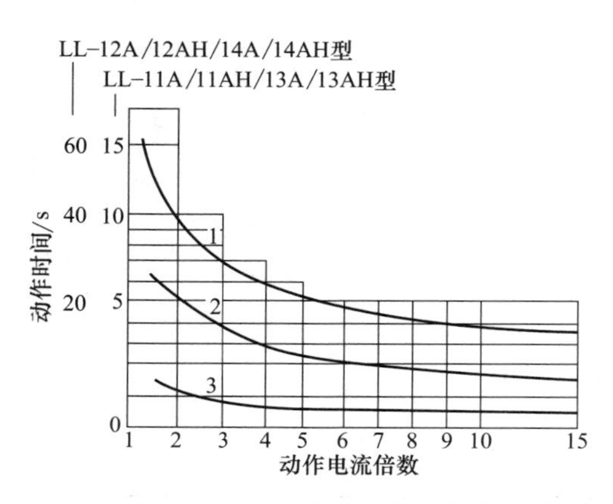


图 6-5　LL-10A、LL-10AH 系列过流继电器延时特性曲线

注：动作电流倍数＝$\frac{\text{互感器 TA 一次侧电流}}{\text{动作电流整定值}}$

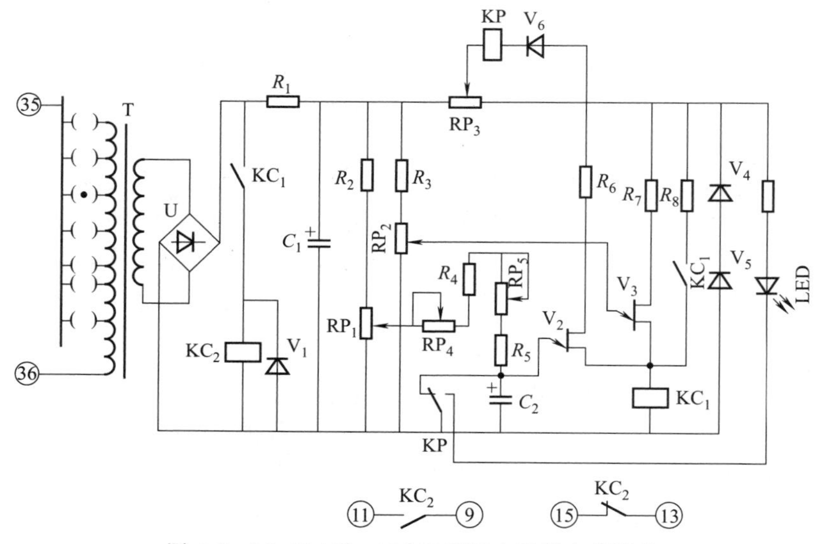


图 6-6　LL-11AH、12AH 型过电流继电器线路

① 继电器在使用前应进行机械检查。检查各部件是否灵活、正常；$KC_2$ 的动合触点闭合时信号指示器应当转到动作位置，当 $KC_2$ 可动系统返回后，用手即可将动作指示器转回到复归位置；

检查各电气元件位置是否正常，焊接是否可靠等。

② 将动作电流调整螺钉拧在所需的整定孔内，在继电器端子1、2间通50Hz正弦波形的交流电流，检查继电器启动部件动作时的电流是否符合动作电流整定值。如相差较大，可适当转动游丝支片；同时检查返回系数是否符合要求，如不符合，可适当调整接触系统和止挡螺钉。当启动部件返回时，动断触点应当可靠闭合（用欧姆表测量，接触电阻不大于1Ω），动触点片和绝缘拉杆之间应当有用眼观察得到的间隙（0.1～0.2mm），同时动合触点的断开距离不小于0.5mm。当启动部件动作时，动合触点应可靠闭合，触点超行程不小于0.2mm，同时动断触点的断开距离不小于0.5mm。

③ 将继电器插入外壳内，转动速动调整旋钮进行速动电流整定，整定好后锁紧螺母，然后借助电动秒表进行延时整定。继电器铭牌上的延时刻度是按10倍整定动作电流标出的，其他动作电流倍数下的动作时间可参照图6-3算出。试验时应当通50Hz正弦交流电流。如果用变流器供电，建议采用220V/36V、2kV·A的变压器，并在220V侧串联电阻后加220V电压，用调该电阻的方法调整电流大小，36V侧接入继电器电流线圈和电流表（用仪用电流互感器），不得另接其他负载。

④ 电位器$RP_1$的分压位置与继电器延时特性曲线有关，出厂时已调整好，一般不应再调整。如确有必要调整，应先松开锁紧螺母，用小螺钉微量调整，并借助电动秒表测出延时特性曲线，调整好后紧固锁紧螺母。对于用户自行调整电位器$RP_1$后的继电器，制造厂不保证延时特性。

⑤ 电路板上的电气元件如有更换，必须重新校验速动电流特性和延时特性。

## 6.5 电压继电器的选用

### 6.5.1 电压继电器的技术数据及选择实例

① DY-20C、DY-30系列电磁型电压继电器主要技术数据见表6-8和表6-9。

表 6-8 DY-20C 系列电压继电器主要技术数据

| 名称 | 型号 | 整定范围/V | 线圈串联 | | 线圈并联 | | 最小整定电压消耗功率/V·A | 返回系数 |
|---|---|---|---|---|---|---|---|---|
| | | | 动作电压/V | 长期允许电压/V | 动作电压/V | 长期允许电压/V | | |
| 过电压 | DY-21C | 15～60 | 30～60 | 70 | 15～30 | 35 | 1 | 0.8 |
| | DY-22C | 50～200 | 50～200 | 220 | 50～100 | 110 | 1 | 0.8 |
| | DY-23C | 50～200 | 50～200 | 220 | 50～100 | 110 | 1 | 0.8 |
| | DY-24C | 100～400 | 200～400 | 440 | 100～200 | 220 | 1 | 0.8 |
| | DY-25C | 100～400 | 200～400 | 440 | 100～200 | 220 | 1 | 0.8 |
| 低电压 | DY-26C | 12～48 | 24～48 | 70 | 12～24 | 35 | 1 | 1.25 |
| | DY-28C | 40～160 | 80～160 | 220 | 40～80 | 110 | 1 | 1.25 |
| | DY-29C | 80～320 | 160～320 | 440 | 80～160 | 220 | 1 | 1.25 |

表 6-9 DY-30 系列电压继电器主要技术数据

| 名称 | 型号 | 整定范围/V | 线圈串联 | | | 线圈并联 | | | 返回系数 |
|---|---|---|---|---|---|---|---|---|---|
| | | | 额定电压/V | 动作电压/V | 长期允许电压/V | 额定电压/V | 动作电压/V | 长期允许电压/V | |
| 过电压 | DY-32/60C<br>DY-31<br>DY-32 | 15～60 | 200 | 30～60 | 220 | 100 | 15～30 | 110 | 0.8 |
| | | 15～60 | 60 | 30～60 | 70 | 30 | 15～30 | 35 | |
| | | 50～200 | 200 | 100～200 | 220 | 100 | 50～100 | 110 | |
| | | 100～400 | 400 | 200～400 | 440 | 200 | 100～200 | 220 | |
| 低电压 | DY-35<br>DY-36 | 12～48 | 60 | 24～48 | 70 | 30 | 12～24 | 35 | 1.25 |
| | | 40～160 | 200 | 80～160 | 220 | 100 | 40～80 | 110 | |
| | | 80～320 | 400 | 160～320 | 440 | 200 | 80～160 | 220 | |

说明如下：

a. 触点数目 见表 6-4。

b. 触点容量 与 DL-10 系列电流继电器相同。

② LY-30 型整流电压继电器主要技术数据见表 6-10。

表 6-10 LY-30 系列整流电压继电器主要技术数据

| 型号 | 整定范围/V | 线圈串联 | | 线圈并联 | | 最小整定电压消耗功率/V·A | 返回系数 |
|---|---|---|---|---|---|---|---|
| | | 额定电压/V | 长期允许电压/V | 额定电压/V | 长期允许电压/V | | |
| LY-31～LY-37 | 15～60 | 200 | 220 | 100 | 110 | 1 | 不大于1.25 |
| | 40～160 | 200 | 220 | 100 | 110 | 1 | |
| | 80～320 | 400 | 440 | 200 | 220 | 1 | |

整流型电压继电器本身为电磁式，交流电压经电阻降压、整流后加在两个线圈上［其内部接线见图6-7（h）］。两个线圈可以串联或并联，以增大继电器的整定范围。

继电器的动作值可以通过转动刻度盘上的指针改变游丝的作用力矩来改变。

说明如下。

a. 触点数目　见表6-4。

b. 触点容量　与DL-10系列电流继电器相同。

**【例6-2】** 一台400kW、400V低压水轮发电机，试选择过电压继电器，并整定。

**解：** 接于相电压的过电压继电器可选择DJ-131/400型，额定电压为200V（两只线圈并联）和400V（两只线圈串联）。

过电压继电器的动作电压可按下式整定：

$$U_{dzj}=1.25U_e/\sqrt{3}$$

式中　$U_{dzj}$——过电压继电器的动作电压整定值，V；

$U_e$——发电机额定电压，V。

$$U_{dzj}=1.25U_e/\sqrt{3}=1.25\times400/\sqrt{3}\approx288(V)$$

过电压继电器的两只线圈串联连接，则每只线圈上所承受的电压为288/2V=144V，所以整定指针应拨到面板刻度盘的约140V位置上。

### 6.5.2 电压继电器内部接线

电磁型和整流型电压继电器的内部接线如图6-7所示。其中，图（a）为DY-31、DY-35型；图（b）为DY-32、DY-36型；图（c）为DY-33、DY-37型；图（d）为DY-34、DY-38型；图（e）为DY-32/60C型；图（f）为DY-33/60C型；图（g）为DY-34/60C型；图（h）为LY-31型。

### 6.5.3 电压继电器的调试

电压继电器的调试方法和要求与电流继电器的调试方法和要求基本相同。

过电压继电器的返回系数应为0.85～0.90。计算公式为

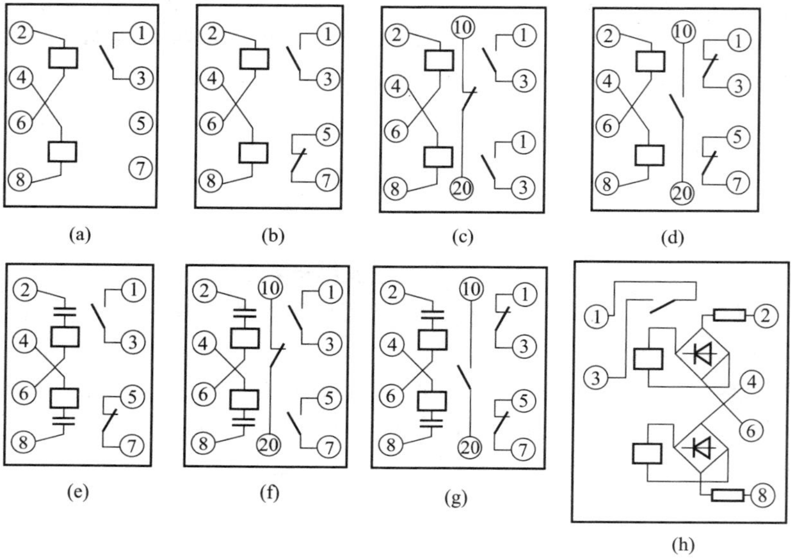

(a)　(b)　(c)　(d)

(e)　(f)　(g)　(h)

图 6-7　DY-30 系列和 LY-31 型电压继电器内部接线（背后端子）

$$返回系数=\frac{返回电压}{动作电压}$$

当返回系数大于 0.9 时，应适当调整触点压力。

试验低电压继电器时，应先对继电器加以 100V 的电压，消除继电器的振动，然后降低电压至继电器舌片开始落下，记下此电压，即为动作电压；再升高电压至舌片开始被吸上，这时的电压即为返回电压，低电压继电器的返回系数不应大于 1.2，用于强行励磁时不应大于 1.06。

## 6.6 中间继电器的选用

### 6.6.1 中间继电器的技术数据

中间继电器用于各种保护线路中作为辅助继电器，以增加主保护继电器的触点数目和触点容量。

中间继电器的种类很多，从用途上分可分为控制用继电器和继电保护用中间继电器两大类。用于继电保护的中间继电器有DZ型、DZJ型（交流操作）、DZB型（带自保持线圈）、DZS型（延时动作）、DZK型（快速动作）和BZS型（晶体管式延时动作）等。

① DZ-10系列中间继电器的主要技术数据见表6-11。

**表6-11 DZ-10系列中间继电器主要技术数据**

| 型号 | 额定电压/V | 触点数目 常开 | 触点数目 常闭 | 线圈电阻/Ω | 消耗功率/V·A |
|---|---|---|---|---|---|
| DZ-15 | 24 | 2 | 2 | 100 | 7 |
| DZ-15 | 48 | 2 | 2 | 400 | |
| DZ-15 | 110 | 2 | 2 | 2150 | |
| DZ-15 | 220 | 2 | 2 | 10000 | |
| DZ-17 | 24 | 4 | | 100 | |
| DZ-17 | 48 | 4 | | 400 | |
| DZ-17 | 110 | 4 | | 2150 | |
| DZ-17 | 220 | 4 | | 10000 | |

| 触点容量 负荷特性 | 直流电压/V | 交流电压/V | 长期通过电流/A | 最大断开电流/A |
|---|---|---|---|---|
| 无感负荷 | 220 | | 5 | 1 |
| | 110 | | 5 | 5 |
| 有感负荷 | 220 | | 5 | 0.5 |
| | 110 | | 5 | 4 |
| | | 220 | 5 | 5 |
| | | 110 | 5 | 10 |

注：1. 继电器的最小动作电压为70%额定电压（$U_e$），热稳定电压为110%额定电压。

2. 继电器用于直流操作电路中，用来增加触点的数目和触点容量。

3. 继电器动作和返回都是瞬时的，动作时间为0.05s。

② DZ-200系列中间继电器的主要技术数据见表6-12。

**表6-12 DZ-200系列中间继电器主要技术数据**

| 型号 | | 触点形式 | 线圈类型 | 额定电压/V | 额定电流/A |
|---|---|---|---|---|---|
| DZY/DZJ-201 | DZY/DZJ-201X | 002 | 一个电压工作线圈 | 380<br>220<br>127<br>110<br>100<br>60<br>48<br>36<br>24<br>12 | |
| DZY/DZJ-202 | DZY/DZJ-202X | 006 | | | |
| DZY/DZJ-203 | DZY/DZJ-203X | 202 | | | |
| DZY/DZJ-204 | DZY/DZJ-204X | 220 | | | |

续表

| 型　号 | 触点形式 | 线圈类型 | 额定电压/V | 额定电流/A |
|---|---|---|---|---|
| DZY-205 DZY-205X<br>DZJ-205 DZJ-205X | 240 | 一个电压工作线圈 | 380<br>220<br>127<br>110<br>100<br>60<br>48<br>36<br>24<br>12 | |
| DZY-206 DZY-206X<br>DZJ-206 DZJ-206X | 400 | | | |
| DZY-207 DZY-207X<br>DZJ-207 DZJ-207X | 402 | | | |
| DZY-208 DZY-208X<br>DZJ-208 DZJ-208X | 420 | | | |
| DZY-209 DZY-209X<br>DZJ-209 DZJ-209X | 600 | | | |
| DZY-210 DZY-210X<br>DZJ-210 DZJ-210X | 602 | | | |
| DZY-211 DZY-211X<br>DZJ-211 DZJ-211X | 620 | | | |
| DZY-212 DZY-212X<br>DZJ-212 DZJ-212X | 800 | | | |
| DZY-213 DZY-213X<br>DZJ-213 DZJ-213X | 004 | | | |
| DZY-214 DZY-214X<br>DZJ-214 DZJ-214X | 060 | | | |
| DZY-215 DZY-215X<br>DZJ-215 DZJ-215X | 062 | | | |
| DZY-216 DZY-216X<br>DZJ-216 DZJ-216X | 080 | | | |
| DZY-217 DZY-217X<br>DZJ-217 DZJ-217X | 242 | | | |
| DZY-218 DZY-218X<br>DZJ-218 DZJ-218X | 260 | | | |
| DZY-219 DZY-219X<br>DZJ-219 DZJ-219X | 422 | | | |
| DZY-220 DZY-220X<br>DZJ-220 DZJ-220X | 440 | | | |

续表

| 型号 | 触点形式 | 线圈类型 | 额定电压/V | 额定电流/A |
|---|---|---|---|---|
| DZL-201 DZL-201X | 002 | 一个电流工作线圈 | 380<br>220<br>170<br>110<br>100<br>60<br>48<br>36<br>24<br>12 | 0.25<br>0.5<br>1<br>2<br>4<br>8 |
| DZL-202 DZL-202X | 006 | | | |
| DZL-203 DZL-203X | 202 | | | |
| DZL-204 DZL-204X | 220 | | | |
| DZL-205 DZL-205X | 240 | | | |
| DZL-206 DZL-206X | 400 | | | |
| DZL-207 DZL-207X | 402 | | | |
| DZL-208 DZL-208X | 420 | | | |
| DZL-209 DZL-209X | 600 | | | |
| DZL-210 DZL-210X | 602 | | | |
| DZL-211 DZL-211X | 620 | | | |
| DZL-212 DZL-212X | 800 | | | |
| DZL-213 DZL-213X | 004 | | | |
| DZL-214 DZL-214X | 060 | | | |
| DZL-215 DZL-215X | 062 | | | |
| DZL-216 DZL-216X | 080 | | | |
| DZL-217 DZL-217X | 242 | | | |
| DZL-218 DZL-218X | 260 | | | |
| DZL-219 DZL-219X | 422 | | | |
| DZL-220 DZL-220X | 440 | | | |
| DZB-213 DZB-213X | 202 | 一个电压线圈，一个电流线圈，均可作为工作线圈或保持线圈 | 12<br>24<br>48<br>110<br>220 | 0.25<br>0.5<br>1<br>2<br>4<br>8 |
| DZB-214 DZB-214X | 220 | | | |
| DZB-217 DZB-217X | 402 | | | |
| DZB-226 DZB-226X | 400 | 一个电压工作线圈，两个电流保持线圈 | | |
| DZB-228 DZB-228X | 420 | | | |
| DZB-233 DZB-233X | 202 | 一个电压工作线圈，两个电流保持兼阻尼线圈 | | |
| DZB-243 DZB-243X | 202 | | | |

续表

| 型　　号 | 触点形式 | 线圈类型 | 额定电压/V | 额定电流/A |
|---|---|---|---|---|
| DZB-257　DZB-257X | 402 | 一个电压工作线圈、四个电流保持线圈 | 12<br>24<br>48<br>110<br>220 | 0.25<br>0.5<br>1<br>2<br>4<br>8 |
| DZB-259　DZB-259X | 600 | | | |
| DZB-262　DZB-262X | 006 | 一个电压工作线圈、四个电流保持兼阻尼线圈 | | |
| DZB-278　DZB-278X | 420 | 一个电流工作线圈、一个电压保持线圈、一个阻尼线圈 | 110 | |
| DZB-284　DZB-284X | 220 | 一个电流工作线圈、一个电流保持线圈、一个电压保持线圈 | 24<br>48<br>110<br>220 | |
| DZS-213　DZS-213X | 202 | 一个电压工作线圈 | | |
| DZS-216　DZS-216X | 400 | | | |
| DZS-229　DZS-229X | 600 | | | |
| DZS-233　DZS-233X | 202 | | | |
| DZS-236　DZS-236X | 400 | | | |
| DZS-249　DZS-249X | 600 | | | |
| DZS-254　DZS-254X | 220 | 一个电压工作线圈、两个阻尼线圈 | | |
| DZK-211　DZK-211X | 002 | 一个电压工作线圈 | | |
| DZK-216　DZK-216X | 400 | | | |
| DZK-226　DZK-226X | 400 | 一个电压工作线圈、两个电流保持线圈 | | |
| DZK-236　DZK-236X | 400 | 一个电压工作线圈、三个电流保持线圈 | | |
| DZK-244　DZK-244X | 220 | 一个电流工作线圈、一个电压保持线圈 | | |

注：X 型除上述主触点外还有一副动合带机械保持的信号触点。

③ DZB-100 系列中间继电器的主要技术数据见表 6-13。

④ DZS-10B 系列延时中间继电器的主要技术数据见表 6-14。

表 6-13 DZB-100 系列中间继电器主要技术数据

| 型号 | 额定电压/V | 额定电流/A | 触点数目 | | 电流线圈个数 | 消耗功率/W | |
|---|---|---|---|---|---|---|---|
| | | | 常开 | 常闭 | | 电压线圈 | 电流线圈 |
| DZB-115 | 110,220 | 1,2,4 | 2 | 2 | 1 | 4 | 4.5 |
| DZB-127 | 110,220 | 1,2,4 | 4 | | 2 | 25 | 2×4.5 |
| DZB-138 | 24,48,110,220 | 1,2,4,8 | 3 | 1 | 2 | 10 | 2×4.5 |

注：1. DZB-115 型中的继电器具有一个电压线圈和一个电流线圈，可以单独操作，用于自动重合闸线路中以防止断路器的“跳跃”。

2. DZB-138 型中的继电器具有一个电压线圈、两个电流保持线圈和一个阻尼线圈，利用阻此线圈可以获得必要的延时，用在整套保护中以保证被控制电器的可靠动作（延时 0.06s）。

3. 电压线圈的最小动作电压为 70%$U_e$，长期允许电压为 110%$U_e$，电流线圈在 3 倍额定电流时允许通电 2s。

表 6-14 DZS-10B 系列延时中间继电器主要技术数据

| 型号 | 延时方式 | 额定数据 | | 接点数量 | |
|---|---|---|---|---|---|
| | | 电压/V | 电流/A | 常开 | 转换 |
| DZS-11B | 延时动作 | 220,110,48 24,12 | | 2 | 2 |
| DZS-12B | 延时返回 | | | 2 | 2 |
| DZS-13B | 延时动作 | | | 3 | |
| DZS-14B | 延时返回 | | | 3 | |
| DZS-15B | 电压延时动作，电流保持 | 220,110 | 1,2,4 | 4 | |
| | | 48,24,12 | 2,4,6 | | |
| DZS-16B | | 220,110 | 1,2,4 | 3 | |
| | | 48,24,12 | 2,4,6 | | |

## 6.6.2 中间继电器内部接线

① DZ-10 系列中间继电器的内部接线如图 6-8 所示。其中，图（a）为 DZ-15 型；图（b）为 DZ-16 型；图（c）为 DZ-17 型。

② DZ-100 系列中间继电器的内部接线如图 6-9 所示。

③ DZS-100 系列中间继电器的内部接线如图 6-10 所示。其中，图（a）为 DZS-115 型；图（b）为 DZS-117 型；图（c）为 DZS-127 型；图（d）为 DZS-136 型；图（e）为 DZS-145 型。

④ DZJ-10 系列交流中间继电器的内部接线如图 6-11 所示。

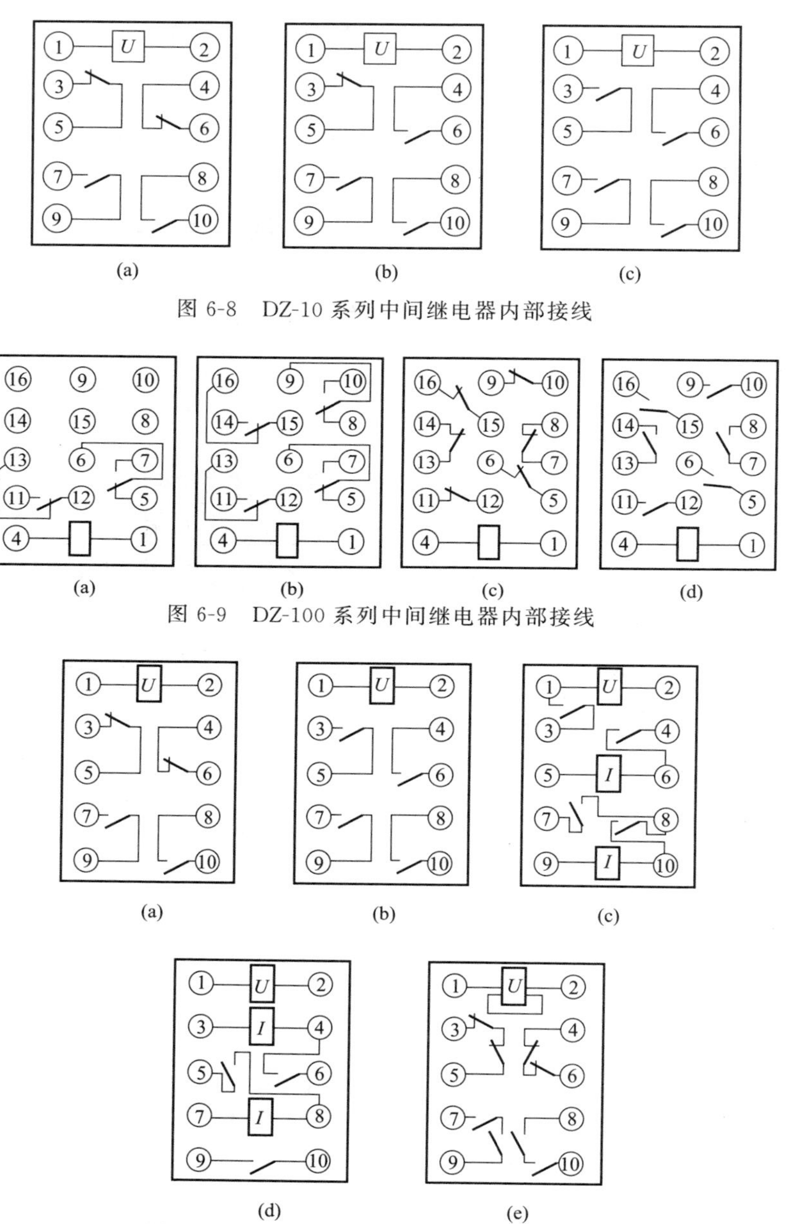

(a) (b) (c)

图 6-8 DZ-10 系列中间继电器内部接线

(a) (b) (c) (d)

图 6-9 DZ-100 系列中间继电器内部接线

(a) (b) (c)

(d) (e)

图 6-10 DZS-100 系列中间继电器内部接线

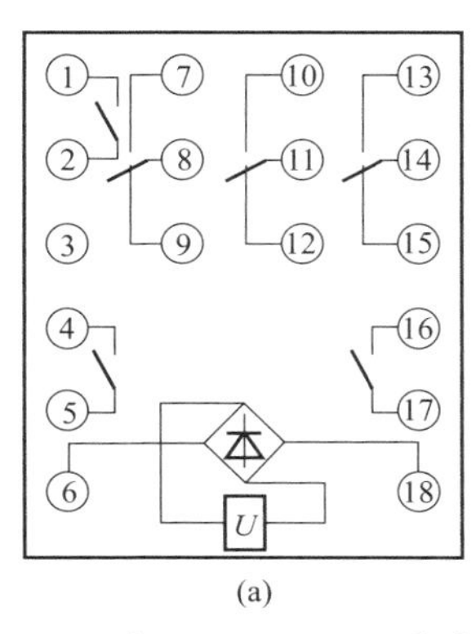


(a)

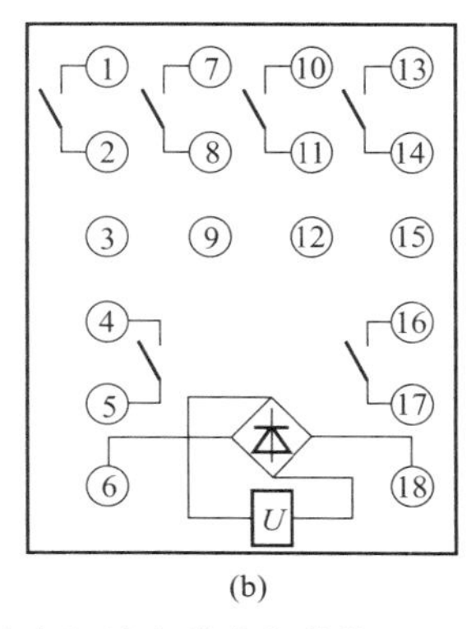


(b)

图 6-11 DZJ-10 系列交流中间继电器内部接线

### 6.6.3 中间继电器的调试

常开触点间隙为 0.6～0.8mm，此时继电器应当满足在额定电压（或额定电流）下的动作时间要求。

常闭触点每个接触片的压力为 0.1N，常开触点闭合后超行程为 0.2～0.3mm。

在室温下调整继电器的动作电压、返回电压、动作时间、返回时间和保持值。试验时激励量应突然施加，应符合产品的技术要求。其中，动作值是输入激励量突然施加，使继电器能可靠动作的最小值；返回值是继电器处于额定输入激励量的工作状态下，降低输入激励量使继电器返回到起始位置时的最大值。

对于有自保持线圈的继电器，应测量保持线圈的保持值。继电器的动作电压和保持电压不大于额定电压的 70%，动作电流与保持电流不大于额定电流的 80%；继电器的返回电压不小于其额定电压的 5%，返回电流不小于其额定电流的 2%。

加速和延长继电器动作时间的方法如下。

(1) 加速继电器动作时间的方法

① 减小衔铁质量和行程。

② 减小正常位置时衔铁与铁芯的间隙。

如要求加速返回，可增强反作用弹簧的拉力。

(2) 延长继电器动作时间的方法

① 采用阻尼环或阻尼线圈（已考虑继电器本身结构）。

② 增大正常位置时衔铁与铁芯的间隙。

(3) 延长继电器返回时间的方法

① 同延长继电器动作时间方法①。

② 减小动作状态时衔铁与铁芯的间隙。

③ 减小反作用弹簧的拉力。

动作时间和返回时间调整后，应重新试验继电器的动作值、返回值和保持值。

# 6.7 时间继电器的选用

## 6.7.1 时间继电器的技术数据

① DS-30 系列时间继电器的主要技术数据见表 6-15。

表 6-15 DS-30 系列时间继电器主要技术数据

<table>
<tr><th colspan="2">型号</th><th rowspan="2">电源</th><th rowspan="2">额定电压/V</th><th rowspan="2">延时范围/s</th><th rowspan="2">滑动延时触点</th><th rowspan="2">拖针</th><th rowspan="2">延时变差/s</th><th colspan="2">功率消耗(不大于)</th></tr>
<tr><th>短期工作</th><th>长期工作</th><th>短期工作</th><th>长期工作</th></tr>
<tr><td>DS-31</td><td>DS-31C</td><td rowspan="14">直流</td><td rowspan="14">220<br>110<br>48<br>24</td><td rowspan="4">0.125～1.25</td><td>—</td><td>—</td><td rowspan="4">0.06</td><td rowspan="14">25W</td><td rowspan="14">15W</td></tr>
<tr><td>DS-31/2</td><td>DS-31C/2</td><td>√</td><td></td></tr>
<tr><td>DS-31/X</td><td>DS-31C/X</td><td>—</td><td>√</td></tr>
<tr><td>DS-31/2X</td><td>DS-31C/2X</td><td>√</td><td>√</td></tr>
<tr><td>DS-32</td><td>DS-32C</td><td rowspan="4">0.5～5</td><td>—</td><td>—</td><td rowspan="4">0.125</td></tr>
<tr><td>DS-32/2</td><td>DS-32C/2</td><td>√</td><td>—</td></tr>
<tr><td>DS-32/X</td><td>DS-32C/X</td><td>—</td><td>√</td></tr>
<tr><td>DS-32/2X</td><td>DS-32C-2X</td><td>√</td><td>√</td></tr>
<tr><td>DS-33</td><td>DS-33C</td><td rowspan="4">1～10</td><td>—</td><td>—</td><td rowspan="4">0.25</td></tr>
<tr><td>DS-33/2</td><td>DS-33C/2</td><td>√</td><td>—</td></tr>
<tr><td>DS-33/X</td><td>DS-33C/X</td><td>—</td><td>√</td></tr>
<tr><td>DS-33/2X</td><td>DS-33C/2X</td><td>√</td><td>√</td></tr>
<tr><td>DS-34</td><td>DS-34C</td><td rowspan="2">2～20</td><td>—</td><td>—</td><td rowspan="2">0.5</td></tr>
<tr><td>DS-34/2</td><td>DS-34C/2</td><td>√</td><td>—</td></tr>
</table>

续表

| 型号 | | 电源 | 额定电压/V | 延时范围/s | 滑动延时触点 | 拖针 | 延时变差/s | 功率消耗（不大于） | |
|---|---|---|---|---|---|---|---|---|---|
| 短期工作 | 长期工作 | | | | | | | 短期工作 | 长期工作 |
| DS-34/X | DS-34C/X | 直流 | 220<br>110<br>48<br>24 | 2～20 | — | √ | 0.5 | 25W | 15W |
| DS-34/2X | DS-34C/2X | | | | √ | √ | | | |
| DS-35 | DS-35C | 交流 | 220<br>127<br>110<br>100 | 0.125～1.25 | — | — | 0.06 | 20W | |
| DS-35/2 | DS-35C/2 | | | | √ | | | | |
| DS-36 | DS-36C | | | 0.5～5 | — | | 0.125 | | |
| DS-36/2 | DS-36C/2 | | | | √ | | | | |
| DS-37 | DS-37C | | | 1～10 | — | | 0.25 | | |
| DS-37/2 | DS-37C/2 | | | | √ | | | | |
| DS-38 | DS-38C | | | 2～20 | — | | 0.5 | | |
| DS-38/2 | DS-38C/2 | | | | √ | | | | |

注：长期工作的型号应有外附电阻 $R_f$，打“√”者表示有滑动延时触点和拖针。

说明：

a. 触点容量：继电器触点长期接通电流为5A，断开感性负荷为50W（电压不大于220V，电流不大于3A，时间常数小于5ms）。

b. 动作值与返回值：直流继电器动作电压不大于额定电压的70%，交流继电器动作电压不大于额定电压的85%，返回电压不小于额定电压的5%。

c. 交直流短时工作的时间继电器，线圈可承受110%额定电压并历时2min；交直流长时期工作的时间继电器，线圈（经外附电阻）可长期承受110%额定电压。

DS系列时间继电器需长期运行时，应在继电器⑦与⑰号端子间接外附电阻（表6-16）。

② DS-20系列时间继电器的主要技术数据见表6-17。

③ DS-110、120系列时间继电器的主要技术数据见表6-18。

④ DSJ-10系列时间继电器的主要技术数据见表6-19。

表 6-16 外附电阻 $R_f$ 的阻值

| 电压/V | 直流 | | | | 交流 | | | |
|---|---|---|---|---|---|---|---|---|
| | 220 | 110 | 48 | 24 | 220 | 127 | 110 | 100 |
| 电阻/Ω | 2700 | 680 | 130 | 33 | 2200 (2700) | 510 (680) | 510 (680) | 430 (510) |

注：括号内的数值为许昌继电器厂的产品数据。

表 6-17 DS-20 系列时间继电器主要技术数据

| 型号 | 额定电压/V | 时间整定范围/s | 动作电压/% | 返回电压/% | 动作时间变差②/s | 功率消耗 | 接点规范 | | |
|---|---|---|---|---|---|---|---|---|---|
| | | | | | | | 延时常开 | 瞬时转换 | 滑动延时 |
| DS-21、DS-21/C | 直流 24 | 0.2～1.5 | ≤70 (75)① | ≤5 | 0.07 | ≤10W | 1 | 1 | 1 |
| DS-22、DS-22/C | 48 | 1.2～5 | | | 0.16 | | | | |
| DS-23、DS-23/C | 110 | 2.5～10 | | | 0.26 | | | | |
| DS-24、DS-24/C | 220 | 5～20 | | | 0.5 | | | | |
| DS-25 | 交流 110 | 0.2～1.5 | ≤85 | | 0.07 | ≤35V・A | | | |
| DS-26 | 127 | 1.2～5 | | | 0.16 | | | | |
| DS-27 | 220 | 2.5～10 | | | 0.26 | | | | |
| DS-28 | 380 | 5～20 | | | 0.5 | | | | |

① 为 DS-21/C～24/C 的数值。

② 指在最大整定时间的变差值。

表 6-18 DS-110、120 系列时间继电器主要技术数据

| 型号 | 电流种类 | 额定电压 $U_e$/V | 延时整定范围/s | 动作电压不大于 | 返回电压不小于 | 主接点动作时间变差不大于/s | 功率消耗不大于 |
|---|---|---|---|---|---|---|---|
| DS-111C | 直流 | 24 48 110 220 | 0.1～0.3 | 70%$U_e$ | 5%$U_e$ | 0.06 | 12W |
| DS-112C | | | 0.25～3.5 | | | 0.12 | |
| DS-113C | | | 0.5～9 | | | 0.25 | |
| DS-111 | | | 0.1～1.3 | | | 0.06 | 30W |
| DS-112、115 | | | 0.25～3.5 | | | 0.12 | |
| DS-113、116 | | | 0.5～9 | | | 0.25 | |
| DS-121 | 交流 | 100 110 127 220 380 | 0.1～1.3 | 85%$U_e$ | | 0.06 | 85V・A |
| DS-122、125 | | | 0.25～3.5 | | | 0.12 | |
| DS-123、126 | | | 0.5～9 | | | 0.25 | |

表 6-19　DSJ-10 系列时间继电器主要技术数据

| 型　号 | 额定值 | | 时间整定范围/s | 动作时间变差/s | 滑动接点闭合时间/s | 时间机构动作时间/s | 功率消耗不大于/V·A | 长期闭合电流/A | |
|---|---|---|---|---|---|---|---|---|---|
| | 电压/V | 频率/Hz | | | | | | 主接点 | 瞬时接点 |
| DSJ-11 | 100<br>110 | 50 | 0.1～1.3 | 0.06 | 0.05～0.1 | 1.5 | | | |
| DSJ-12 | 127 | | 0.25～3.5 | 0.12 | 0.12～0.25 | 4 | 15 | 5 | 3 |
| DSJ-13 | 220<br>380 | 60 | 0.5～9 | 0.25 | 0.3～0.65 | 10 | | | |

## 6.7.2　时间继电器内部接线

① DS-30H 系列时间继电器内部接线如图 6-12 所示。其中，图（a）为 DS-31H～DS-34H 型；图（b）为 DS-31H/C～DS-

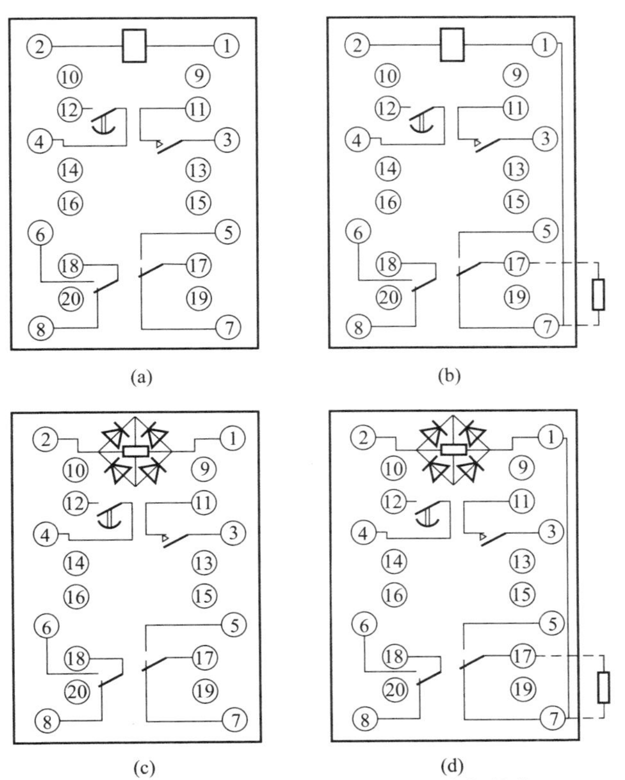

(a)　(b)　(c)　(d)

图 6-12　DS-30H 系列时间继电器内部接线

34H/C 型；图（c）为 DS-35H～DS-38H 型；图（d）为 DS-35H/C～DS-38H/C 型。

② DSJ-10 系列时间继电器内部接线如图 6-13所示（注：继电器为通电状态）。

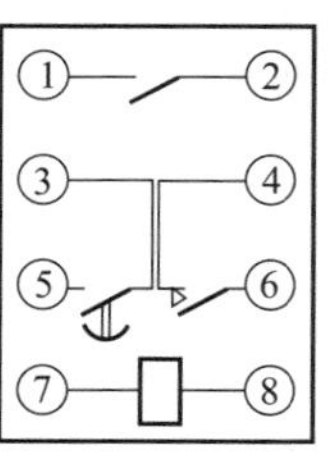

图 6-13 DSJ-10 系列时间继电器内部接线

### 6.7.3 时间继电器的调试

首先，将动触点在钟表机构的轴上固定牢固。按下衔铁，动触点应在静触点 1/3 处开始接触并在其上滑行到 1/2 处，然后停止。释放后，动触点能迅速返回。

其次，按下衔铁，钟表机构开始走动，直至终止位置，走动均匀。释放后，迅速返回。接着进行动作电压和返回电压校验，其值应符合产品的技术要求。

最后，进行动作时间校验。在继电器线圈电压额定值下进行校验。对于刻度盘的指示数值，均应进行校验，在每一刻度上最好进行 3 次测定，取其平均值。

当测得的时间与刻度不符时，应按以下方法进行调整。

① 当刻度起始位置与定值不相符时，则可通过适当调整刻度盘的位置来满足要求。

② 当最大刻度处与定值不相符时，则应调整钟表机构。对于有滑动触点的时间继电器；应先满足①的要求，然后调整滑动触点的静触点弹片，以达到要求。如果这样做仍达不到要求，则需对钟表机构进行调整。

当继电器全刻度误差超过下列数值时，应对钟表机构进行调整。

① DS-31、DS-31C、DS-35、DS-35C 型：(1.25±0.05)s。

② DS-32、DS-32C、DS-36、DS-36C 型：(5±0.1)s。

③ DS-33、DS-33C、DS-37、DS-37C 型：(10±0.2)s。

④ DS-34、DS-34C、DS-38、DS-38C 型：(20±0.4)s。

调整后，必须重复校验一次。

## 6.8 信号继电器的选用

### 6.8.1 信号继电器的技术数据

信号继电器的型号有 DX-10、DX-30 等系列。它们均用于直流操作电源。

DX-11 型信号继电器的主要技术数据见表 6-20 和表 6-21。

表 6-20　DX-11 型信号继电器主要技术数据（用于电流继电器）

| 额定电流/A | 长期电流/A | 动作电流/A | 线圈电阻/Ω | 功率消耗/W |
| --- | --- | --- | --- | --- |
| 0.01 | 0.03 | 0.01 | 2200 | 0.3 |
| 0.015 | 0.045 | 0.015 | 1000 | 0.3 |
| 0.025 | 0.075 | 0.025 | 320 | 0.3 |
| 0.05 | 0.15 | 0.05 | 70 | 0.3 |
| 0.075 | 0.225 | 0.075 | 30 | 0.3 |
| 0.1 | 0.3 | 0.1 | 18 | 0.3 |
| 0.15 | 0.45 | 0.15 | 8 | 0.3 |
| 0.25 | 0.75 | 0.25 | 3 | 0.3 |
| 0.5 | 1.5 | 0.5 | 0.7 | 0.3 |
| 1 | 3 | 1 | 0.2 | 0.3 |

表 6-21　DX-11 型信号继电器主要技术数据（用于电压继电器）

| 额定电压/V | 长期电压/V | 动作电压/V | 线圈电阻/Ω | 功率消耗/W |
| --- | --- | --- | --- | --- |
| 220 | 242 | 132 | 24400 | 2 |
| 110 | 121 | 66 | 7500 | 2 |
| 48 | 53 | 29 | 1440 | 2 |
| 24 | 26.5 | 14.5 | 360 | 2 |
| 12 | 13.5 | 7.2 | 87 | 2 |

DX-11 型信号继电器有两副常开触点。

DX-30 系列信号继电器有以下几种型号。

① DX-31A 型：电压或电流动作，具有掉牌信号，机械保持，手复归。

② DX-32A 型：电压或电流动作，具有灯光信号，电压保持，电复归。

③ DX-32B 型：电压或电流动作，具有灯光信号，电压保持，电复归，较 DX-32A 型多一组常开触点。

DX-30 系列信号继电器的技术数据如下。

① 额定值：继电器工作线圈电压（单位为 V）为直流 220、110、48、24 和 12；电流额定值（单位为 A）为 0.01、0.015、

0.02、0.025、0.04、0.05、0.075、0.08、0.1、0.15、0.2、0.25、0.5、0.75、1、2和4。

② 触点容量：在电压不大于220V的直流感性负荷电路（时间常数为$5\times10^{-3}$s）中，不大于30W；在电压不大于220V的交流电路中，不大于200W。

③ 动作值：继电器动作电压不大于额定电压的70%，动作电流不大于额定电流的90%。

④ 保持值：继电器的保持值不大于额定保持电压的80%。

⑤ 返回值：不小于额定值的5%。

⑥ 功率消耗：电流线圈不大于0.3W，电压线圈不大于3W。DX-32A型电压保持回路在220V时不大于10W，110V时不大于5W，48V时不大于3W；DX-32B型电压保持回路在220V时不大于20W，110V时不大于10W，48V时不大于4W。

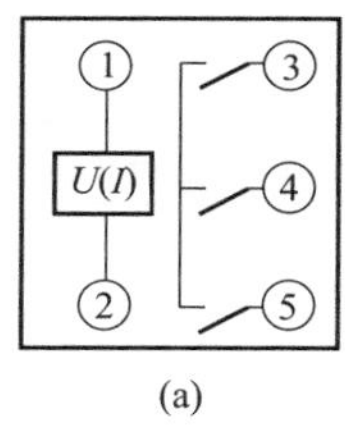


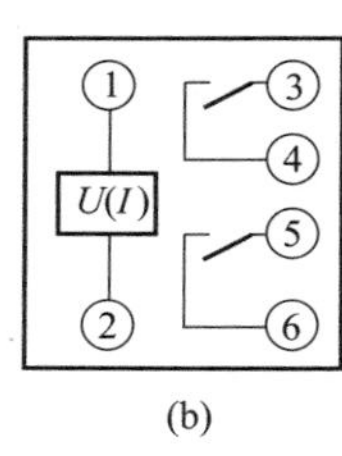


图6-14 DX-11、DX-11A型信号继电器内部接线

### 6.8.2 信号继电器内部接线

DX-11、DX-11A型信号继电器的内部接线如图6-14所示。其中，图（a）为DX-11型；图（b）为DX-11A型。

### 6.8.3 信号继电器的调试

首先检查调整动触点与静触点的间隙，应不小于0.8mm。断电闭锁后，触点超行程不小于0.2mm。再重点校验信号继电器的动作值和返回值。调节调压器或变阻器，使电压（电流）逐渐上升，使继电器衔铁刚好吸动，信号牌落下，此时的电压（电流）值即为信号继电器的动作电压（电流值）。然后逐渐降低电压（电流）至继电器衔铁开始返回至原始位置上，此时的电压（电流）值即为返回电压（电流）值。

动作值与返回值应符合产品的技术要求。如果不符合要求，可调整弹簧拉力以及衔铁与铁芯之间的距离等。调整后，必须重复试验一次。

# 6.9 冲击继电器的选用

## 6.9.1 冲击继电器的技术数据

① ZC-11AH型交流冲击继电器的主要技术数据见表6-22。

表6-22 ZC-11AH型交流冲击继电器主要技术数据

| 额定电压 $U_e$/V | 冲击动作电流/A | 信号回路最大电流/A | 出口元件 | | 触点容量 | 出口元件功耗/W | 电寿命/次 |
|---|---|---|---|---|---|---|---|
| | | | 动作电压 | 返回电压 | | | |
| AC220<br>AC110<br>AC100 | ≤0.2 | <4 | ≤75% $U_e$ | ≤5% $U_e$ | ≤220V,≤0.2A<br>$\tau$=5ms,40W;<br>≤220V,≤0.25A<br>50V·A($\cos\varphi$=0.4) | 5 | $3\times10^4$ |

动作间隔时间：

a. 信号回路为线性电阻时，1个信号（0.2A）消失后不大于8s，20个信号（4A）同时消失后不大于30s。

b. 信号回路为白炽灯时，1个信号（0.2A）消失后不大于2s，20个信号（4A）同时消失后不大于10s。

② CJ1、CJ2、ZC-21A、ZC-23、PC-3和ZC-11A型冲击继电器的主要技术数据见表6-23；BC-30系列冲击继电器的主要技术数据见表6-24。

表6-23 冲击继电器主要技术数据

| 型号 | 额定电压/V | | 出口中间继电器 | | 触点断开容量 | | 动作电流/A | | 触点数量 | 外形尺寸/mm×mm×mm |
|---|---|---|---|---|---|---|---|---|---|---|
| | 交流 | 直流 | 工作电压/V | 返回电压/V | 交流/V·A | 直流/W | 动作 | 最大 | | |
| CJ1 | | 24<br>48<br>110<br>220 | 80% | | | 220V<br>0.25A | >0.2 | 4 | 2 | 128×94×155 |
| CJ2 | | | 80% | | | 10 | 0.1 | 2 | 1 | 115×72×153 |
| ZC-21A、ZC-23 | | | 70% | 5% | 50 | 40 | >0.16 | 3.2 | 3 | 186×80×122 |
| PC-3 | | 48<br>110<br>220 | 70% | 5% | | 20 | >0.1 | 15 | 3 | 146×64×105 |

续表

| 型号 | 额定电压/V | | 出口中间继电器 | | 触点断开容量 | | 动作电流/A | | 触点数量 | 外形尺寸/mm×mm×mm |
|---|---|---|---|---|---|---|---|---|---|---|
| | 交流 | 直流 | 工作电压/V | 返回电压/V | 交流/V·A | 直流/W | 动作 | 最大 | | |
| ZC-11A | 110<br>220 | | 70% | 5% | 50 | 40 | ＞0.2 | 3 | 3 | 186×80×122 |

表 6-24 BC-30 系列冲击继电器主要技术数据

| 直流额定电压/V | 最小动作电流/A | 最大稳定电流/A | 功率消耗/W | | | | | 触点容量 |
|---|---|---|---|---|---|---|---|---|
| | | | 直流额定值 | 220V | 110V | 48V | 24V | |
| 24、48<br>110<br>220 | 0.135 | 3 | 不动作时 | ＜18 | ＜12 | ＜5 | ＜3 | 直流 40W<br>交流 50V·A |
| | | | 重复回路 20 回 | ＜60 | ＜50 | ＜45 | ＜30 | |

外附电阻的配置如表 6-25 所示。

表 6-25 外附电阻的配置

| 直流额定电压/V | 外附电阻 | |
|---|---|---|
| | 型号及规格 | 数量 |
| 220 | RXYD-50-3kΩ | 1 |
| 110 | RXYD-50-1.2kΩ | 1 |
| 48 | RXYD-50-510Ω | 1 |
| 24 | | |

## 6.9.2 冲击继电器内部接线

ZC-11AH 型冲击继电器的电路及内部接线如图 6-15 所示。

工作原理：继电器利用一串联在信号回路的附加电阻 $R_f$（FZ-5 型），得到一与信号电路冲击电流成正比的电压降，然后将此电压降经倍压整流、电容滤波后送入微分回路，将持续的正弦波变成按指数规律衰减的微分电流脉冲去启动灵敏继电器 $K_1$，再由 $K_1$ 启动出口中间继电器 $K_2$，从而启动报警装置。

当微分电流趋向于零时，$K_1$ 触点返回，中间继电器 $K_2$ 的触点继续自保持。

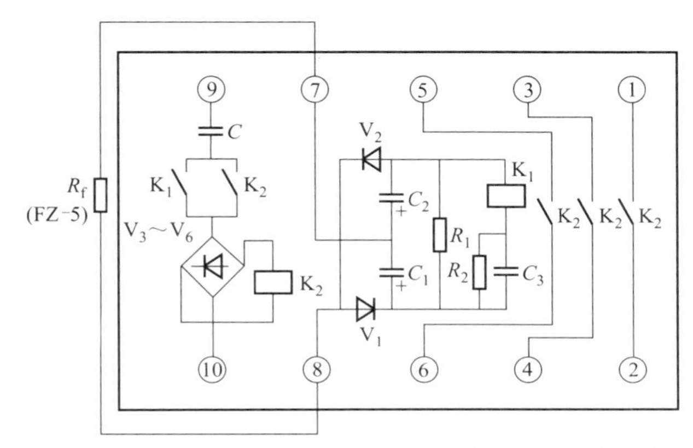

图 6-15 ZC-11AH 型交流冲击继电器电路及内部接线

复归过程：按下按钮 SB 或时间继电器动断触点经一定延时断开（接在端子⑩上，图中未画出），使 $K_2$ 线圈回路断电，$K_2$ 返回，停止报警。此时，如信号没有消失，由于微分回路的过渡过程已经完毕，$K_1$ 线圈上没有电流，故不能动作，所有元件均已复归，准备第二次动作。当信号回路中冲击电流消失后，电容 $C_1$、$C_2$ 上的电压通过电阻 $R_1$ 进行放电，电容 $C_3$ 上的电压经 $R_2$ 放电，$R_2$ 还有在多条信号回路动作时提高继电器灵敏度的作用，并限制了 $C_3$ 对 $R_2$（因 $R_1 < R_2$）放电时使继电器的灵敏继电器 $K_1$ 误动作的可能性。

## 6.9.3 冲击继电器的调试

以 ZC-11AH 型冲击继电器为例，其使用线路如图 6-16 所示。当任一被保护设备的信号继电器（$KS_1 \sim KS_n$）动作时，冲击继电器中的灵敏继电器 $K_1$ 便吸合，其常开触点闭合，出口中间继电器 $K_2$ 得电吸合并自锁，并启动报警装置。

冲击继电器的调试方法如下。

① 按图 6-16 接好线路后即可进行试验［注意：继电器需与相应的附加电阻 $R_f$（FZ-5 型）配合使用］，在接通不大于 0.2A 的冲击电流时，继电器应可靠动作。

② 在图 6-15 中附加电阻上（端子⑦、⑧）接通 0.2A 电流，且前后的动作间隔时间不大于 8s 的条件下，如继电器不能可靠动

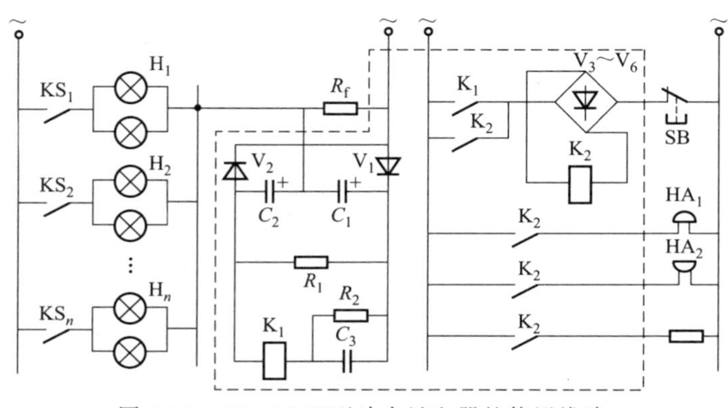


图 6-16 ZC-11AH 型冲击继电器的使用线路

作，则应按以下顺序检查。

首先，在继电器出口中间继电器 $K_2$（图 6-15 中端子⑨、⑩）上加以额定电压，看动作是否正常。

其次，检查灵敏继电器 $K_1$ 的触点在电容微分电流通电时，是否闭合（电容充电电流即微分电流趋向于零时应断开）。

最后，继电器在每增加一个信号电流 0.2A 时，滤波电容 $C_1$、$C_2$ 上的电压增加 2V 左右，微分电容 $C_3$ 上的电压增加 4～4.5V。如达不到此值，应检查电容器是否漏电、击穿或脱焊。

③ 如微分电容上无电压，说明微分回路脱焊或 $K_1$ 线圈断线。

④ 如继电器有叫声，应检查电容及二极管是否击穿。

⑤ 如出口中间继电器 $K_2$ 不能自保持或不动作，应检查 $K_2$ 的电源值、自保持触点接通是否良好及线圈有无断线。

⑥ 如继电器接通 0.2A 电流时能动作，接通 1A 稳定电流后，继电器出现自保持不能复归时，则说明微分电容 $C_3$ 的漏电流变大，应更换 $C_3$。

⑦ 继电器放电时间过长或稳定电流消失时，继电器再次动作，说明 $R_1$ 或 $R_2$ 脱焊。

⑧ 继电器复归试验。按下按钮 SB，继电器 $K_2$ 应失电释放，$K_2$ 的触点应全部返回。如松开 SB 后，继电器再次吸合，则应检查 $K_1$ 触点是否返回。如 $K_1$ 返回，$K_2$ 触点不返回，则应检查 $K_1$

触点。若信号电流全部去掉后 $K_1$ 触点仍不返回，则说明 $K_1$ 触点黏合，应更换或检修 $K_1$ 触点。若去掉信号电流后，$K_1$ 触点能返回，则电容 $C_3$ 的漏电流大，应更换 $C_3$。

### 6.9.4 防止冲击继电器烧毁的措施

如果某信号灯发生短路（如灯座因灯泡拧得过紧压迫中心弹片与外壁相连而造成回路短路），将会烧毁冲击继电器。这是因为信号回路发生短路时，信号母线 220V 直流电压直接加载，而 $R_0$（继电器内部电阻）及冲击继电器的阻值不至于使通过回路的电流达到继电器的动作电流而跳闸，从而造成冲击继电器过载烧毁。

为了防止此类事故的发生，除了在更换信号灯泡或灯座时，应先作检测再连接回路投入运行外，还可在 $R_0$ 两端并联一个 24V 直流中间继电器。这样，当冲击继电器过载时该继电器动作，其常闭触点断开，退出冲击继电器。此外，还可利用该继电器触点，发出“电源消失”“冲击继电器过载”等信号，便于运行人员监察并及时处理。而在正常情况下，又能确保冲击继电器正常动作。

必须指出：如果中央信号装置中采用节能型（发光二极管式）光字牌（工作电流小于 20mA），则冲击继电器不能采用 ZC-23 型、ZC-11 型、ZC-11AH 型、ZC-11A 型、JC-2 型和 BC-30 系列等，因为这些继电器的最小动作电流都很大，而若控制回路断线，回路中的 20mA 电流无法启动该冲击继电器，因而不能发出报警信号。解决的方法之一是采用 ZC-23A 型冲击继电器，其最小动作电流为 15mA，小于回路中 20mA 的电流，能够满足最小启动冲击电流的要求，且其引脚接线位置与 ZC-23 型冲击继电器完全一样，替换方便。

## 6.10 差动继电器的选用

### 6.10.1 差动继电器的种类及技术数据

差动继电器的种类有多种，应根据具体使用条件选用，以达到良好的保护性能。

① 带加强型速饱和中间变流器的差动继电器。这类继电器有

BCH-2 型、DCD-2 型等。

这类继电器是针对解决励磁涌流问题而设计的。其核心部分是带短路线圈的饱和中间变流器。短路线圈的存在，使得在具有非周期分量电流时，继电器的动作电流大为增加，从而提高了躲避励磁涌流和外部短路时暂态不平衡电流的性能。

使用时应正确确定短路线圈的匝数，匝数越多，躲避涌流的性能越好，但内部短路时，继电器的动作延时就长。对中小型变压器，由于励磁涌流倍数大，非周期分量衰减快，对保护动作要求又较低，应选较多匝数；对大型变压器，则应选较少匝数。最后选用的抽头应由变压器空投试验来确定。同时，灵敏度校验应按内部短路时最小短路电流来进行。如不满足要求，则应选用带制动特性的差动继电器。

DCD-2 型和 DCD-2M 型差动继电器的主要技术数据见表 6-26。

表 6-26 DCD-2 型和 DCD-2M 型差动继电器主要技术数据

| 额定值 | 动作值(安匝) | 电流整定有效范围 | 可靠系数 | 动作时间/ms | 功耗/V·A | 触点形式 | 触点容量 |
|---|---|---|---|---|---|---|---|
| 5A<br>50Hz | 60±4 | 用于三绕组变压器 3～12A(60 安匝)<br>用于二绕组变压器或发电机 1.55～12A | 5 倍动作电流≥1.35<br>2 倍动作电流≥1.2 | 3 倍动作电流≤35 | ≤16 | DCD-2<br>1 动合<br>DCD-2M<br>1 动合<br>1 动断 | DC<br>50W<br>AC<br>250V·A |

② 带制动特性的差动继电器。这类继电器有 BCH-1 型、DCD-5 型等。

带制动特性的差动继电器是利用变压器等的穿越电流来产生制动作用，使得穿越电流大时，产生的制动作用大，并且使继电器的动作电流也随制动作用的大小而变化。这样，在任何外部短路电流的情况下，继电器的动作电流都能大于相应的不平衡电流，从而既提高灵敏度，又不至于误动作。

使用时应按以下原则正确接入制动线圈。

a. 对于单侧电源的双绕组变压器，制动线圈应接在负荷侧。

b. 对于双侧电源的双绕组变压器，制动线圈应接在大电源侧。

c. 对于单侧电源的三绕组变压器，制动线圈应接在区外短路电流的最大受电侧。

d. 对于双侧电源的三绕组变压器，制动线圈应接在无电源侧。

e. 对于三侧电源的三绕组变压器，制动线圈的接入地点应通过计算来整定，可在区外短路电流最大的那一侧，或大电源侧，或调压侧。

总之，制动线圈的接入原则：外部短路时，应使其制动作用最大，保护不误动作；在内部短路时，应使制动作用最小，保护灵敏度最高。

③ 多侧制动的差动继电器。这类继电器有 BCH-4 型、DCD-4 型等。

这类继电器由 DL-11 型电流继电器和中间速饱和变流器两部分组成。后者具有制动特性、躲避励磁涌流的直流助磁特性及消除不平衡电流影响的性能等。

一般用于多绕组变压器的差动保护。当采用 BCH-1 型或 DCD-5型不能满足灵敏度要求时，可采用 BCH-4 型或 DCD-4 型差动继电器。

DCD-4 型差动继电器的主要技术数据见表 6-27。

表 6-27　DCD-4 型差动继电器主要技术数据

| 额定值 | 动作安匝 | 动作电流整定范围/A | 可靠系数 | 动作时间/s | 触点容量/W | 功率消耗 | | 长期通过电流/A |
|---|---|---|---|---|---|---|---|---|
| | | | | | | 正常/V·A | 动作/V·A | |
| 5A 50Hz | 60±4 | 2.2～15 | ≥1.35 | ≤0.035（3倍动作电流） | ≥50 | ≤7.5 | ≤20 | 10 |

④ 谐波制动的差动继电器。这类继电器有 LCD-4 型、LCD-5 型和 LCD-5A 型等。

谐波制动继电器利用励磁涌流中有较大的 2 次谐波分量，而短路电流中几乎没有 2 次谐波分量这一特征，来区分励磁涌流和短路电流。它由比率制动部分、差动部分、二次谐波制动部分、差动电流速断部分和极化继电器等组成。

比率制动部分是用来防止外部短路时，由于不平衡电流影响而造成误动作。二次谐波制动部分是用来防止变压器空载投入时出现励磁涌流而造成保护误动作。当设备内部发生严重故障时，短路电流大，使电流互感器严重饱和，其二次电流可能出现很大的各次谐波分量，产生极大的制动力矩使差动元件拒动，为此设置差动速断元件，当短路电流达到4～10倍额定电流时，速断元件动作，使出口断路器跳闸。

⑤ 鉴别波形间断角原理的差动继电器。这类继电器有BCD-23型、BCD-32A型、BCD-22A型和JCD-2A型、JCD-4A型等。

这类继电器是利用励磁涌流波形间存在较大的间断角，而短路电流波形间无间断角的两种波形间的差别，区别出是涌流还是短路，从而躲过励磁涌流的影响，并利用制动特性躲过不平衡电流影响而构成的差动继电器。

变压器励磁涌流的间断角一般为120°～180°，为了可靠地躲过各种变压器的励磁涌流，闭锁角 $\theta_b$ 应取励磁涌流间断角的下限120°；若取可靠系数为2，则 $\theta_b=60°$。

这类继电器具有动作时间快、最小动作电流小（小于变压器额定电流）的优点。

### 6.10.2 差动继电器的使用

① 继电器应固定在垂直屏板上，其周围环境应无尘埃或腐蚀性气体，并且光线充足，便于检查。

② 在使用继电器前应进行必要的检查，不应有在运输过程中产生的损坏，接线及紧固零件不应松脱，可动系统没有阻滞现象。

③ 在使用继电器的过程中，应进行定期检查，当触点烧焦发黑时应用蘸有汽油的纱布轻轻擦拭，不许用砂纸或其他磨料清洁触点。

④ 当更换触点时应重新调整、校验执行元件，其主要项目与方法如下。

a. 触点应能自由活动，其活动范围应满足动静触点在刚刚相碰时就同时接触（即静触点片还未产生弯曲就已同时接触），在断开位置，当动触点在自由活动时不致触及静触点片。

b. 可动系统的轴向活动量应在0.15～0.25mm之间。

c. 动片和磁极间气隙应当保证在满足技术条件的任何动作条件下，动片和磁极不能相碰。

d. 指针应很好地在刻度盘上转动，且不过紧和过松，同时，指针在任何工作位置下，游丝各圈不应互相接触。

e. 触点打开时，动触点和静触点间的总气隙不小于 1.6mm，但静触点片与止挡片间的距离为 0.1～0.3mm。

f. 测量动作电压和动作电流使之满足动作电压 1.56V 左右，动作电流 0.225A 左右。

### 6.10.3　差动继电器的调试

以 BCH-2 型差动继电器为例，其执行元件是 DL-11/0.2 型电流继电器（线圈并联），其试验接线及校验方法与电磁型电流继电器的相同。测量至少重复进行 3 次，取其平均值。

对动作电压的要求可放宽至（15±0.06）V，动作电流为 0.22～0.26A，执行的返回系数为 0.75～0.85。如果达不到上述要求，可以拨动刻度盘把手，同时采用改变动作电压和电流或调整舌片限位螺钉等方法进行处理。

（1）继电器触点动作可靠性的检验

调节变阻器，用 2.5 倍动作电流进行冲击试验，继电器触点应接触良好，无振动和火花。

（2）速饱和变流器的极性检查

极性检查可采用直流法或交流法，检查方法与变压器和互感器的极性检查方法相同。若采用交流法，接线如图 6-17 所示。将差动线圈均整定在 40 匝位置，在工作线圈上接一只 0～3V 的交流电压表。先按图 6-17（a）接线，通入 1A 电流，若电压表指示为

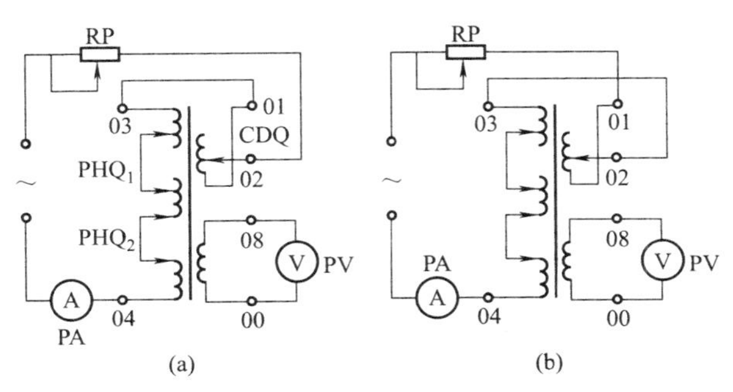


图 6-17　速饱和变流器极性试验接线

2V，再按图 6-17（b）接线，电压表指示为零，这说明 01、04 和 00 为同极端子。

（3）速饱和变流器伏安特性试验

试验分别按图 6-18 所示的两种接法进行。图（a）为平衡线圈通电时的接法，图（b）为差动线圈通电时的接法。将 03、04 和 01、02 整定在 40 匝上，00、08 接一低刻度、高内阻的电压表。试验时通以 0.5A、1A、1.5A、2A、2.5A、3A、5A、7.5A、10A、12.5A、15A 和 20A 的电流，测量 00、08 端子的电压。根据测量结果绘制伏安特性曲线。平衡线圈与差动线圈的曲线应相同，其误差不应大于±10%。试验时动作要迅速，以免因长时间通电而使线圈被烧坏。

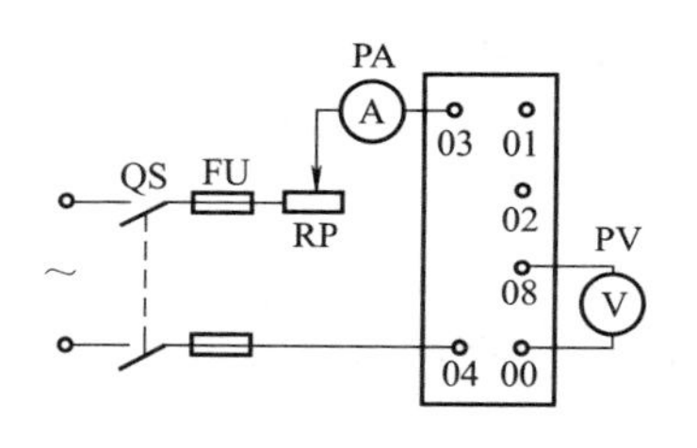


(a) 平衡线圈通电时的接法

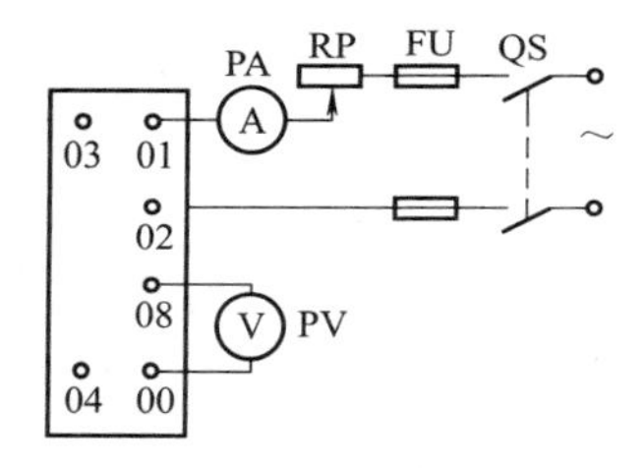


(b) 差动线圈通电时的接法

图 6-18　速饱和变流器伏安特性试验接线

标准的速饱和变流器伏安特性曲线如图 6-19 所示。

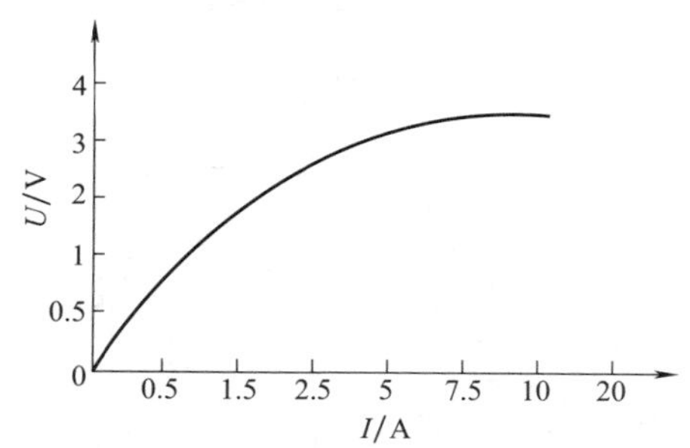


图 6-19　速饱和变流器伏安特性曲线

（4）速饱和变流器匝比试验

试验接线如图 6-20 所示。将 01-02 固定在 40 匝，08、00 接一低刻度、高内阻（1kΩ/V以上）电压表，03-04分别置于1匝、2匝、3匝、4匝、5匝、10匝、20匝、30匝、40匝，两线圈所通入的电流应使其安匝相等，可参照表6-28中的数字。电压表的指示应接近于零，最大不得超过10mV。

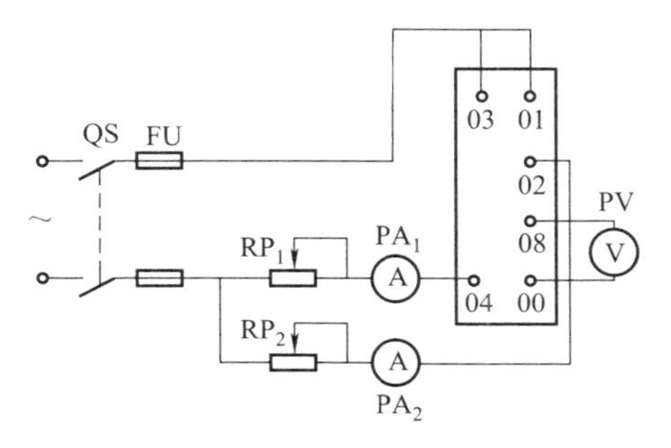


图6-20 速饱和变流器匝比试验接线图

表6-28 01-02与03-04匝数和电流

| | | | | | | | | |
|---|---|---|---|---|---|---|---|---|
| 01-02 | 匝数 | 40 | 40 | 40 | 40 | 0 | 40 | 40 |
| | 电流/A | 0.5 | 1 | 1 | 1 | 1 | 1 | 2 |
| 03-04 | 匝数 | 1 | 2 | 4 | 5 | 10 | 20 | 40 |
| | 电流/A | 20 | 20 | 10 | 8 | 4 | 2 | 2 |

（5）差动继电器的整体试验

试验接线如图6-21（a）所示。在01和02端子上通入电流，使继电器动作，此动作电流与匝数的乘积应等于（110±10）A·匝，试验动作电流和匝数应基本符合表6-28所列数值。然后做返

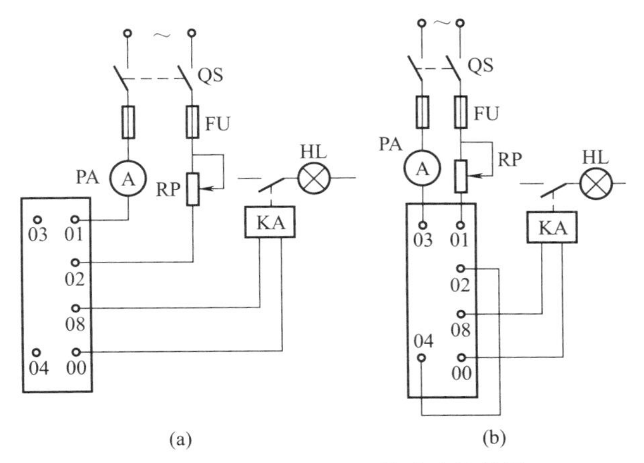


图6-21 差动继电器整体试验接线图

回电流试验，其返回系数应为0.75～0.85。

如果作为电机的差动保护，平衡线圈与差动线圈串联使用时，可按图6-21（b）接线，并适当增加试验所测的点数。

# 6.11 接地继电器的选用

## 6.11.1 接地继电器的技术数据

DD-1、DD-1H、DD-11型接地继电器用于小电流接地电力系统中，作为高电压三相交流发电机和电动机的接地零序过电流保护。继电器线圈接入零序电流互感器（电缆式、母线式或由三个相电流组成的零序电流滤过器）。此三种接地继电器均为电磁式瞬时动作继电器。

工作原理：继电器在磁系统上装有两个线圈，当线圈中通过电流时，在导磁体中产生磁通，形成驱使继电器动作的电磁力。在两个线圈中均增加补偿线圈，以提高继电器的灵敏度。

继电器的线圈既可以串联又可以并联，并联较串联时的动作值增大1倍。

DD-1、DD-1H、DD-11型接地继电器主要技术数据见表6-29。

表6-29 DD-1、DD-1H、DD-11型接地继电器主要技术数据

| 型号 | 整定范围/mA | 动作值变差（不大于） | 动作值极限误差（不大于） | 线圈串联 | | 线圈并联 | |
|---|---|---|---|---|---|---|---|
| | | | | 动作电流/mA | 阻抗/Ω | 动作电流/mA | 阻抗/Ω |
| DD-1/40 | 10～40 | 6%整定值 | — | 10～20 | 100 | 20～40 | 25 |
| DD-1/50 | 12.5～50 | | | 12.5～25 | 80 | 25～50 | 20 |
| DD-1/60 | 15～60 | | | 15～30 | 60 | 30～60 | 15 |
| DD-1H/40 | 10～40 | 5%整定值 | ±6%整定值 | 10～20 | 100 | 20～40 | 25 |
| DD-1H/50 | 12.5～50 | | | 12.5～25 | 80 | 25～50 | 20 |
| DD-1H/60 | 15～60 | | | 15～30 | 60 | 30～60 | 15 |
| DD-11/40 | 10～40 | 6%整定值 | | 10～20 | 80 | 20～40 | 20 |
| DD-11/50 | 12.5～50 | | | 12.5～25 | 52 | 25～50 | 13 |
| DD-11/60 | 15～60 | | | 15～30 | 36 | 30～60 | 9 |

说明如下。

① 额定电流 100mA、50Hz。

② 阻抗角 线圈串联或并联时均为+35°。

③ 动作时间 1.2倍整定电流（DD-1H型为1.1倍整定电流）时不大于0.3s，3倍整定电流（DD-1H型为2倍整定电流）时不大于0.1s。

④ 返回系数 不小于0.5。

⑤ 功率消耗 最小整定电流时不大于0.012V·A。

⑥ 触点断开容量 当电压不大于250V、电流不大于0.5A时，在直流有感负载电路[时间常数$5\times10^{-3}$s，DD-1H型为$(5\pm0.75)\times10^{-3}$s]中为20W，在交流电路（功率因数为0.4±0.1，仅DD-1H型有功率因数数据）中为100V·A。

⑦ 触点长期允许电流 长期允许电流为1A（仅DD-1H型有此数据）。

## 6.11.2 接地继电器内部接线

DD-1、DD-1H、DD-11型接地继电器的内部接线如图6-22所示。

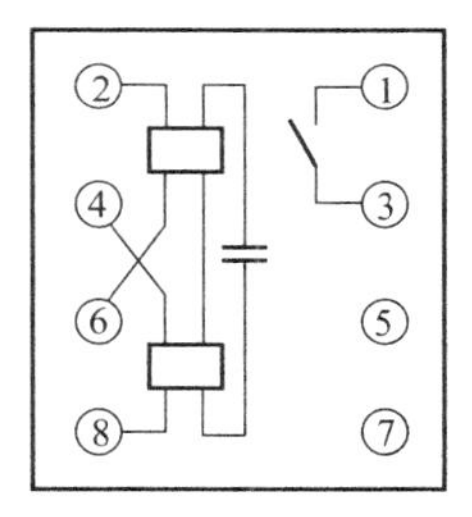

图6-22 DD-1、DD-1H、DD-11型接地继电器内部接线

## 6.11.3 接地继电器的调试

（1）使用前检查

继电器在使用前，应检查有无在运输中产生的损坏，即将继电器指针整定在第一整定点上，用手将可动系统往磁极方向转动，然后放开，可动系统应当转回到原来位置，直到止挡。

（2）继电器重新调整

继电器重新调整时，必须保证以下几点。

① 可动系统的轴向活动量在0.15～0.25mm之间。

② 动片和磁极间的气隙应均匀，在任何动作情况下，动片和磁极不应相碰。

③ 在动作过程中，可动系统不得滞在中间位置。

④ 当指针由第一刻度旋向最大刻度时，游丝各圈不得相碰。

⑤ 当触点在打开位置时，动静触点间总气隙不小于1.5mm。

⑥ 静触点片和限制片间的间隙为0.1～0.3mm。

(3) 最小和最大整定值的调整

最小整定值的调整，主要是改变游丝的反作用力的大小；最大整定值的调整，主要是改变动片和磁极间的气隙等。

# 6.12 自动重合闸装置的选用

## 6.12.1 自动重合闸装置的工作原理

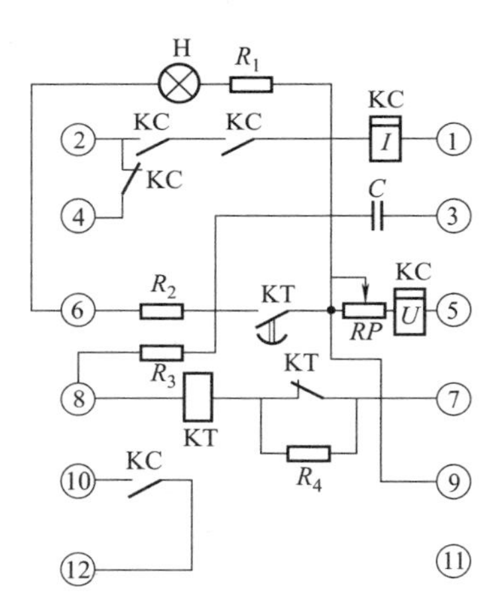

图6-23 DCH-1、DCH-1A、DCH-1H型自动重合闸装置内部接线

自动重合闸装置可用于线路、变压器和母线，其中用于线路的最为广泛。

常用的一次自动重合闸装置有DCH-1、DCH-1A、DCH-1H、DH-1、DH-2、DH-3型等。它们的内部接线如图6-23～图6-25所示。

工作原理（图6-23）：重合闸装置由一个中间继电器KC、一个时间继电器KT和一些电阻、电容元件组成。当电力线路正常时，重合闸装置中的电容$C$经电阻$R_3$充满电，为整个装置做好动作准备。当断路器由于保护动作或其他原因而跳闸时，断路器的辅助触点闭合，时间继电器KT得电，经过一段延时后，其延时闭合常开触点闭合，电容$C$通过中间继电器KC的电压线圈放电，KC吸合，其各触点便接通KC的电流线圈，并自锁到断路器完全合闸。如果线路上发生的是暂时性故障，则合闸成功后，电容$C$自行充电，装置重新处于准备动作状态。如果线路上存在永久性故障，则此时重合闸不成功，断路器第二次跳闸。但这一段时间远远小于电容$C$充电到中间继电器KC启动所必需的时间，因此保证装置只动作一次。

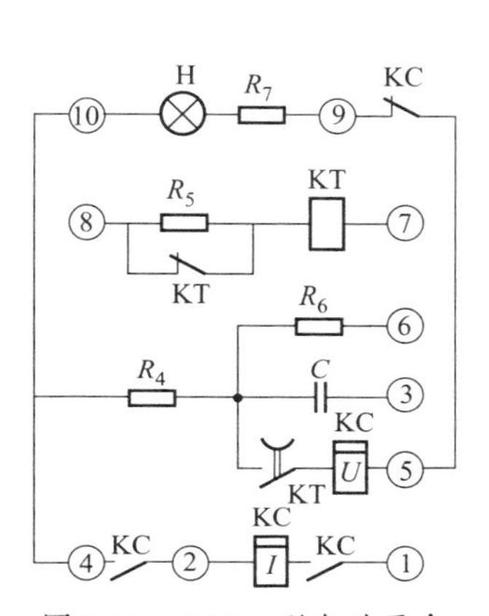

图 6-24 DH-2 型自动重合闸装置内部接线

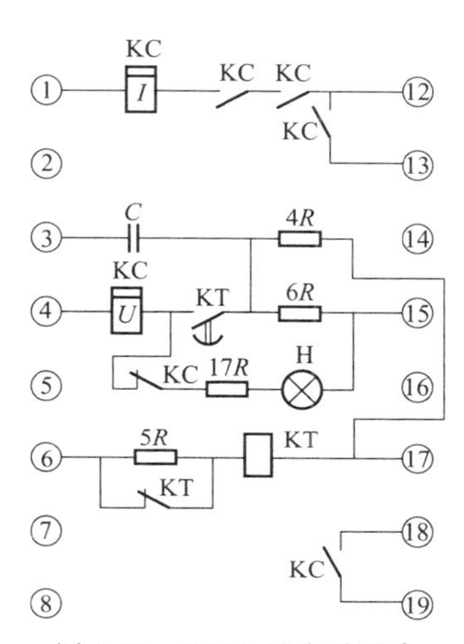

图 6-25 DH-3 型自动重合闸装置内部接线

## 6.12.2 自动重合闸装置的技术数据

DCH-1、DCH-1A、DCH-1H、DH-1、DH-2、DH-3 型等自动重合闸装置的主要技术数据见表 6-30；装置中间继电器 KC 的电流线圈的电流额定值与断路器合闸接触器线圈的额定电流见表 6-31。

表 6-30 一次重合闸装置的主要技术数据

| 型号 | 额定值 | | 时间元件 | | 准备下一次动作时间/s | 中间元件电流线圈功率消耗(不大于)/W |
|---|---|---|---|---|---|---|
| | 电压/V | 电流/A | 型号 | 延时范围/s | | |
| DH-1、DH-2 | 直流 110 220 | 直流 0.25 0.5 1 2.5 | DS-112C | 0.25～3.5 | 15～25 | 1.35 |
| DH-3 | | | DS-22 | 1.2～5 | | |
| DCH-1、DCH-1A | | | DS-32C/2 | 0.5～5 | | 1 |
| DCH-1H | | 0.25～4 | | 1.2～5 | | 10 |

表 6-31 装置规格的选择表

| 断路器合闸接触器线圈的额定电流/A | 0.3～0.6 | 0.6～1.2 | 1.2～3 | 3～7.5 |
|---|---|---|---|---|
| 装置中间元件电流线圈的额定电流/A | 0.25 | 0.5 | 1 | 2.5 |

说明：

① 在额定电压 $U_e$ 下，当环境温度为（20±5）℃（DCH-1H 型为 20℃±2℃），相对湿度为 70%（DCH-1H 型不大于 65%）时，电容器充电到中间继电器动作所必需的时间在 15～25s 范围内。

② 在 70%$U_e$（DCH-1H 型为 75%$U_e$）下，当环境温度为 20℃±5℃（DCH-1H 型为 20℃±2℃），相对湿度不大于 70%（DCH-1H 型不大于 65%）时，电容器充电到中间继电器动作所必需的时间不大于 2min。

③ 当中间继电器电压线圈去掉电压，电流线圈施加额定电流 $I_e$ 时，衔铁应保持在吸合位置。

④ 触点断开容量。当电压不大于 250V、电流不大于 2A 时，在直流有感负载电路 [时间常数为（5±0.75）$\times 10^{-3}$s] 中为 20W，在交流电路（功率因数为 0.4±0.1）中 DCH-1H 为 80V·A。

⑤ 触点长期允许电流。DCH-1H 型为 1A。

⑥ 时间元件的线圈串联附加电阻后，能长期经受 110% 额定电压。

### 6.12.3 自动重合闸装置的调试

现以 DH-3 型自动重合闸装置为例介绍其调试方法（图 6-25）。其他各重合闸装置与此类同。

（1）时间元件的调试

① 当两副主触点的指针在零位时，两动触点的中心应与两静触点的中心相切，允许差别不大于 0.2mm。

② 延时触点的超行程应不小于 0.3mm。

③ 瞬时转换触点间隙不小于 2mm，超行程不小于 0.5mm，触点偏心不大于 0.2mm。

（2）装置运行的复查

装置在运行前需复检装置准备动作时间（应在 15～25s 内）和时间元件的延时调整范围（表 6-30）。

（3）装置准备动作时间

主要靠改变中间元件的调整螺钉的位置来达到。

(4) 各元件的主要功能

① 时间元件 KT。用以调整从装置启动到发出接通断路器合闸线圈电路的脉冲为止的延时。该元件有一对延时、可以调整的常开触点和一对延时滑动触点及两对瞬时转换触点。

② 中间元件 KC。由电码继电器构成，是装置的出口元件，用以发出接通断路器合闸线圈电路的脉冲。继电器由两个线圈组成：电压线圈 KC（U），用于中间元件的启动；电流线圈 KC（I），用于当中间元件启动后使衔铁继续保持在合闸位置。

③ 电容器 $C$。用于保证装置只动作一次。

④ 充电电阻 $4R$。用于限制电容的充电速度。

⑤ 附加电阻 $5R$。用于保证时间元件 KT 的线圈热稳定性。

⑥ 放电电阻 $6R$。在保护动作，但重合闸不应当动作（禁止重合闸）时，电容经过它放电。

⑦ 信号灯 H。在装置的接线中，监视中间元件的触点和控制按钮的辅助触点是否正常。故障发生时信号灯应熄灭，当直流电源发生中断时，信号灯也应熄灭。

⑧ 附加电阻 $17R$。用于降低信号灯 H 上的电压。

# 第7章 风机、水泵和起重设备

## 7.1 风机的安装与选用

### 7.1.1 离心风机的安装与试车

离心通风机（以下简称风机）可作工矿厂房、科研机关及大型公共建筑物通风换气之用，既可用作输入气体，又可用作输出气体。

（1）风机的安装

① 安装前，首先应对风机各部分的机件进行检查，对叶轮、主轴和轴承等机件更应特别仔细检查，如发现损伤，应予修好，然后用煤油清洗轴承箱内部。同时要做好以下工作。

a. 在一些接合面上，为了防止生锈，减少拆卸困难，应涂上一些润滑脂或机械油。

b. 在上接合面的螺栓时，如有定位销钉，应先上好销钉，拧紧后，再拧紧螺栓。

c. 检查机壳内及其他壳体内部，不应有掉入的和遗留的工具或杂物。

② 安装风机时，输气管道的重量不应加在机壳上，按图纸校正进风口与叶轮之间的间隙尺寸，保持轴为水平位置。

③ 安装进风口管道时，可以直接利用进风口本身的螺栓进行连接。此时进风口固定是靠三个沉头螺钉。为使叶轮易于装卸，靠

近进风口的管道应有一段用螺栓连接。

④ 出风口被安装成某一角度时，后圆盘应适当旋转，使标牌保持水平位置。对于如4-72型No8～12风机的角钢法兰面也应保持水平。

⑤ 安装4-72型No8D～12D风机时，利用千分尺和塞尺测量风机主轴和电动机轴的同心度及联轴器两端面不平行度，应符合以下要求。

a. 两轴不同心度允差为0.05mm。

b. 联轴器两端面不平行度允差为0.1mm。

⑥ 风机安装完毕后，用手或杆拨动转子，检查是否有过紧或碰撞现象。在无过紧或碰撞的情况下，方可进行试转。

⑦ 电动机安装后，要安装皮带轮和联轴器的护罩，如进风口处不接进气管道，则需加添防护网或其他安全装置。

其他部件，按图纸要求进行安装。

(2) 风机的试车

① 将进风调节门关闭、出风调节门稍开。

② 按照电动机铭牌规定接上电源。

③ 检查主回路和控制回路及保护元件，均应正常。

④ 检查电动机转向与风机转向是否相符。然后接联轴器螺栓和防护罩，以免转向不符，使风机轴上螺母松脱，影响正常使用。

⑤ 电动机电源应接有电压表、电流表，以随时监视电动机的负载，以免过载；如有过载，应调节进出风管调节门，防止造成事故。

⑥ 检查轴承温度是否正常，温升一般不高于40℃。

⑦ 检查风机在运转中是否有不正常声响，如有金属摩擦声，应立即停车检查。

⑧ 风机初期试车24h后，应停车检查各部，如无异常情况，方可正式运转。

### 7.1.2 离心风机的使用

(1) 使用的环境条件

① 输送气体种类：空气和其他不自燃的、对人体无害的、对钢铁材料无腐蚀性的气体。

② 气体内的杂质：气体内不许有黏性物质，所含的尘土及硬

质细颗粒物不大于 150mg/m$^3$。

③ 气体的温度：不超过 80℃。

（2）启动及性能调整

① 启动前的检查

a. 启动前再次检查各部螺栓是否拧紧，有无杂质落入。

b. 进出风管调节门是否恢复到前样（即进风阀门全闭，出风阀门稍开）。

c. 轴承润滑油是否加够。

② 性能调整

a. 渐渐地把进风调节门全开，把出风调节门调节到需要程度。

b. 如发现风量过大，不符合使用要求，或短时间内需要较小的风量，可利用调节装置进行调整。

c. 调节风量时，要注意电动机不可过载。

（3）使用要点

① 消除风道不必要的转弯及锐角，以减小风道阻力，减少风压和流量的损失。

② 必须正确设计风机的进、出风口面积，尤其是进风口面积设计必须合理，否则风机的效率会大打折扣，并且满足不了实际需要。

③ 定期检查及清扫风机及风道内的灰尘、污垢，防止锈蚀，有利于通风。一般在使用 1000h 后，应检查清扫一次，一年大修一次。

④ 对风机的检修，不许在运行中进行。

⑤ 风机所采用的电动机功率，系指在特定工况下，加上机械损失与应有的贮备量而言，并非出风口全开时所需的功率，如风机的出口或入口不接管路或未加外界阻力而进行空运转，则电动机也有烧毁的危险。安全起见，应在风机的出口或入口管路中加上阀门，启动电动机时将其关闭，运转后将阀门慢慢开启，达到规定工况为止，并注意电动机的电流是否超过规定值。

⑥ 积极采用调速装置调节风量。风机耗电量与风机转速的三次方成正比。当使用中的风机流量比实际所需要的流量大，或因工艺需要，风机流量不是恒定而是有时大有时小时，采用调速控制能显著地节约电能。如果采用调节风门的方法来控制流量，则在风门上会造成很大的节流损耗。风机调速控制可采用电磁离合器（滑差电机）、变频器来

实现，使用后者效果更好，目前多采用变频调速控制。

(4) 风机的特性曲线

掌握并应用好风机的特性曲线，能正确选择和经济合理地使用风机。

风机做功能力的大小可以用流量 $Q$、全压 $H$ 的大小来反映。在一定转速下，一台风机的流量 $Q$ 与全压 $H$ 之间有一个对应的关系，这个关系用 $Q$-$H$ 坐标图来表示，即为风机的 $Q$-$H$ 性能曲线。同样有流量 $Q$ 与轴功率 $N$ 的 $Q$-$N$ 曲线，流量 $Q$ 与效率 $\eta$ 的 $Q$-$\eta$ 曲线等。9-19No7.1 风机特性曲线如图 7-1 所示。

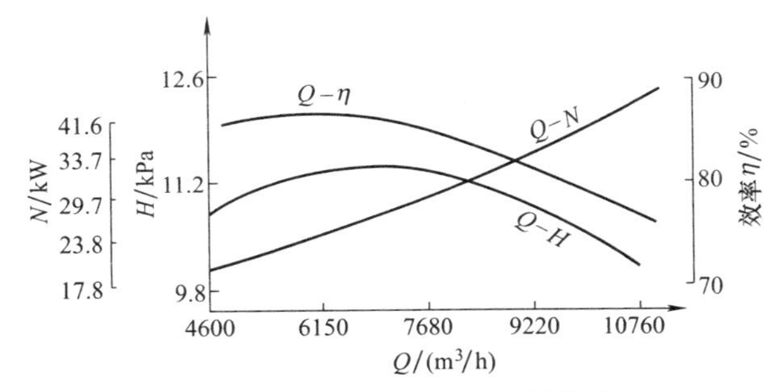


图 7-1 9-19No7.1 风机特性曲线

从特性曲线上可以看出，风机在某一对应的 $Q$-$H$ 值运行时，风机将有最高效率，这时的 $Q$、$H$、$\eta$ 值即为该台风机的额定参数。风机的流量是根据生产、工艺的需要来决定的，全压是根据管道阻力特性曲线来决定的。当风机运行点落在低效区域或节流运行时，风机运行就不经济。因此只要掌握和应用特性曲线，就能正确选择和经济合理地使用风机。

### 7.1.3 高效节能玻璃钢轴流风机的安装

玻璃钢轴流风机的叶片采用空心机翼扭曲翼型，质量轻，约为金属风机叶片质量的四分之一。叶片角度可在 39°～45°之间调节。主轴为 45 钢制作，与轮壳相配合锥度为 1∶12。前后整流罩为玻璃钢制作，呈流线型，其作用能减少进风阻力，风量集中，防止产生涡流，可提高风机效率。$10^4 m^3/h$ 风量耗电在 1.1kW·h 左右，风机效率可达 80%以上。

(1) 结构

玻璃钢轴流风机由机座、轴承箱、叶轮、叶片、风机、皮带盘等20余种配件组成。

① 机座为落地式HJ36-56铸铁件，固定简易，抗震性能好。

② 轴承箱为水平分裂压盖式HJ12-28铸铁箱体。

③ 轴承选用重磅型，单列向心球轴承与推力向心滚柱轴承。

④ 叶片采用空心机翼扭曲翼型，质量轻，启动力矩小。

⑤ 主轴为45钢制作，与轮壳相配合锥度为1∶12。

⑥ 前后整流罩为玻璃钢制作，呈流线型，节能。

(2) 玻璃钢轴流风机的安装

① 机座基础必须坚固，地脚螺栓尺寸应事先留预埋孔，机座要水平校正。

② 轴承箱体及主轴均已装配检验，并已固定在机座上，叶轮上轴紧固后，叶片按号码入座，角度一致（可在39°～45°之间按需要调节）。

③ 风机叶轮由电动机方向正视，应作逆时针方向运转。

④ 传动部分：电动机可采用单速、双速或晶闸管串级调速、变频调速。

传动皮带为C型三角皮带（长度见表7-1）。

表7-1 风机安装基础尺寸 单位：mm

| S | C4953 | C4394 | C3658 | C3653 |
|---|---|---|---|---|
| R | 150 | 150 | 150 | 150 |
| Q | 480 | 480 | 400 | 400 |
| P | 300 | 250 | 200 | 200 |
| N | 1520 | 1250 | 1050 | 900 |
| M | 1450 | 1150 | 950 | 800 |
| L | 1020 | 1020 | 800 | 580 |
| K | 70 | 65 | 65 | 65 |
| J | 500 | 460 | 320 | 320 |
| I | 720 | 700 | 535 | 535 |
| H | 850 | 850 | 700 | 700 |
| G | 650 | 650 | 500 | 500 |
| F | 900 | 900 | 750 | 750 |
| E | 1100 | 1100 | 950 | 950 |
| D | 1300 | 1250 | 1100 | 1100 |

续表

| S | C4953 | C4394 | C3658 | C3653 |
| --- | --- | --- | --- | --- |
| C | 1100 | 1100 | 920 | 810 |
| B | 1400 | 1400 | 1220 | 1110 |
| A | $\phi$2710 | $\phi$2110 | $\phi$1710 | $\phi$1310 |
| 机　　号 | 26# | 20# | 16# | 12# |

注：1. A 为安装玻璃钢集风器预留墙孔。

2. S 为三角皮带代号；C 为 C 型，数字为皮带内径长度（mm）。

⑤ 风机安装完毕在试车前必须在轴承箱内加好 20 号机油。

⑥ 风机集风器的安装比较简单。安装时应先将每张叶片与集风器之间用 3～4mm 厚的小木板垫塞，然后用混凝土浇灌固定，待水泥干燥后，将小木板除去即可。也可用扁铁圈箍代替小木板垫塞。

风机的安装基础如图 7-2 所示，基础尺寸见表 7-1。

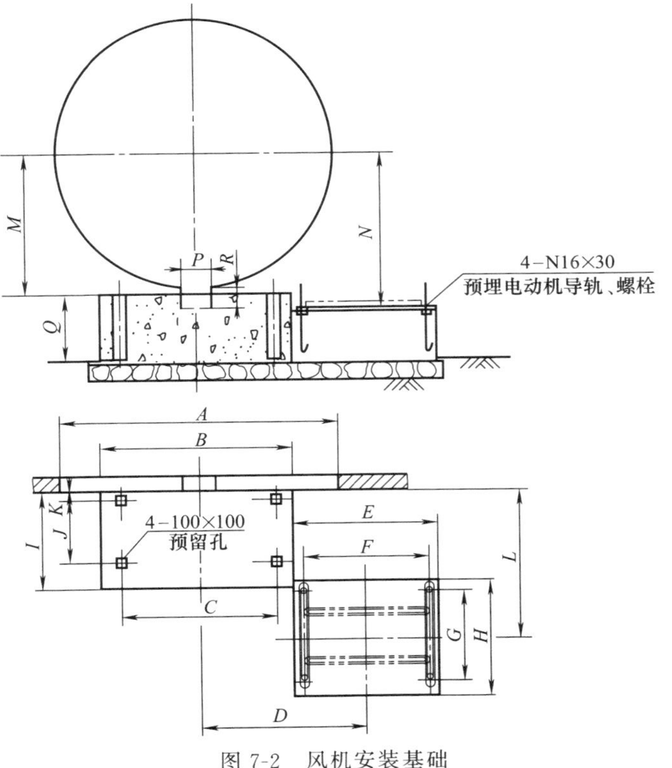


图 7-2　风机安装基础

风机的安装示意图如图 7-3 所示，各机件见表 7-2。

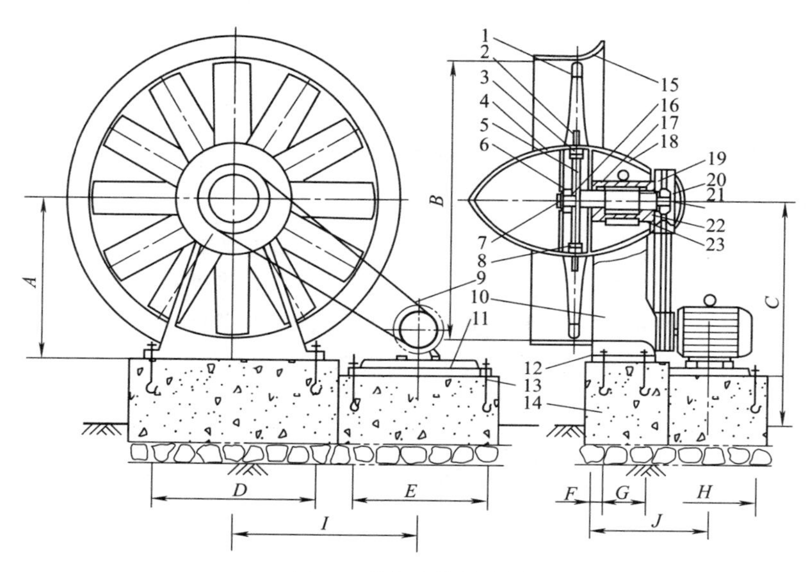


图 7-3 风机安装示意图

**表 7-2 风机机件**

| 编号 | 名 称 | 编号 | 名 称 | 编号 | 名 称 |
| --- | --- | --- | --- | --- | --- |
| 1 | 叶片 | 9 | 三角皮带 | 17 | 轴承箱盖 |
| 2 | 叶片支杆 | 10 | 机座 | 18 | 前整流罩 |
| 3 | 叶轮罩 | 11 | 电动机导轨 | 19 | 风机皮带轮 |
| 4 | 后整流罩 | 12 | 地脚螺钉 | 20 | 皮带盘整流罩 |
| 5 | 叶轮 | 13 | 导轨地脚螺栓 | 21 | 风机主轴 |
| 6 | 叶轮毂 | 14 | 风机基础 | 22 | 轴承 |
| 7 | 防松垫片 | 15 | 集风器 | 23 | 轴承箱座 |
| 8 | 紧固螺母 | 16 | 铆钉 | | |

## 7.1.4 高效节能玻璃钢轴流风机的使用及技术数据

（1）使用要点

类同离心风机的使用。另外须注意以下几点。

① 轴承温度不得高于63℃，并应定期更换润滑油，以保持运转灵活。

② 新安装的风机使用2周后必须把润滑油更换一次，然后每隔2周加油一次，不宜过多。

③ 检修周期一年一次。

(2) 几种常用的玻璃钢轴流风机的技术数据（见表7-3～表7-6）

表7-3 FZ40A-11No20风机技术数据

| 安装角 | 转速/(r/min) | 风量/($10^4m^3/h$) | 全压/Pa | 轴功率/kW | 效率/% |
|---|---|---|---|---|---|
| 45° | 660 | 17.63 | 531 | 31.68 | 82 |
| | | 18.25 | 495 | 30.2 | 83 |
| | | 19.19 | 464 | 29.1 | 85 |
| | 620 | 16.2 | 500 | 27.44 | 82 |
| | | 17.28 | 455 | 26 | 84 |
| | | 19.81 | 384 | 24.85 | 85 |
| | 560 | 15.4 | 420 | 21.62 | 83 |
| | | 17.04 | 400 | 22.25 | 85 |
| | | 18.48 | 287 | 19.8 | 87 |
| 43° | 660 | 15.1 | 485 | 24.48 | 83 |
| | | 16.3 | 402 | 21.16 | 86 |
| | | 17.2 | 358 | 21.12 | 80 |
| | 620 | 14.18 | 418 | 20.31 | 81 |
| | | 15.3 | 373 | 19.55 | 81 |
| | | 16.1 | 343 | 18.71 | 82 |
| | 560 | 13.76 | 379 | 19.07 | 76 |
| | | 14.3 | 343 | 17.47 | 78 |
| | | 15.29 | 304 | 16.76 | 77 |
| 41° | 660 | 14.2 | 379 | 19.41 | 80 |
| | | 15.1 | 354 | 18.8 | 79 |
| | | 16 | 309 | 17.36 | 79 |

续表

| 安装角 | 转速/(r/min) | 风量/($10^4m^3/h$) | 全压/Pa | 轴功率/kW | 效率/% |
| --- | --- | --- | --- | --- | --- |
| 41° | 620 | 13.4 | 392 | 19.2 | 76 |
| | | 14.3 | 316 | 16.28 | 77 |
| | | 15.1 | 285 | 15.15 | 79 |
| | 560 | 12.7 | 364 | 18.6 | 69 |
| | | 13.31 | 317 | 16.25 | 72 |
| | | 14.29 | 277 | 15.4 | 71 |

表 7-4　FZ38.5A-11No26 风机技术数据

| 安装角 | 转速/(r/min) | 风量/($10^4m^3/h$) | 全压/Pa | 轴功率/kW | 效率/% |
| --- | --- | --- | --- | --- | --- |
| 42° | 560 | 21.2 | 392 | 30.4 | 76 |
| | | 23.5 | 355 | 29.7 | 78 |
| | | 26 | 304 | 28.5 | 77 |
| | 485 | 19.5 | 387 | 28.1 | 75 |
| | | 22.1 | 343 | 27.4 | 77 |
| | | 24 | 299 | 26.2 | 76 |

表 7-5　FZ37.5A-11No16 风机技术数据

| 安装角 | 转速/(r/min) | 风量/($10^4m^3/h$) | 全压/Pa | 轴功率/kW | 效率/% |
| --- | --- | --- | --- | --- | --- |
| 45° | 750 | 5.6 | 407 | 7.91 | 79 |
| | | 6.1 | 345 | 7.31 | 80 |
| | | 7 | 294 | 7.06 | 81 |
| | 660 | 4.9 | 372 | 6.5 | 78 |
| | | 5.7 | 315 | 6.24 | 80 |
| | | 6.2 | 278 | 5.97 | 80 |

表 7-6　FZ50A-11No12 风机技术数据

| 安装角 | 转速/(r/min) | 风量/($10^4m^3/h$) | 全压/Pa | 轴功率/kW | 效率/% |
| --- | --- | --- | --- | --- | --- |
| 45° | 750 | 8.5 | 417 | 12.3 | 80 |
| | | 9.7 | 465 | 11.98 | 82 |
| | | 12 | 289 | 11.9 | 81 |

续表

| 安装角 | 转速 /(r/min) | 风量 /($10^4m^3$/h) | 全压 /Pa | 轴功率 /kW | 效率 /% |
|---|---|---|---|---|---|
| 45° | 660 | 7.6 | 392 | 10.48 | 79 |
| | | 8.9 | 335 | 10.34 | 80 |
| | | 11 | 269 | 10.13 | 81 |

## 7.2 水泵的安装与选用

泵的种类繁多，有叶片式、容积式、喷射式等。叶片式又分为离心式、轴流式和混流式。而离心泵又可分为单级泵、多级泵、低压泵、中压泵和高压泵等。工厂使用最广泛的是离心泵。在给排水及空调设备中几乎都使用离心泵。

### 7.2.1 水泵的安装

(1) 水泵的结构

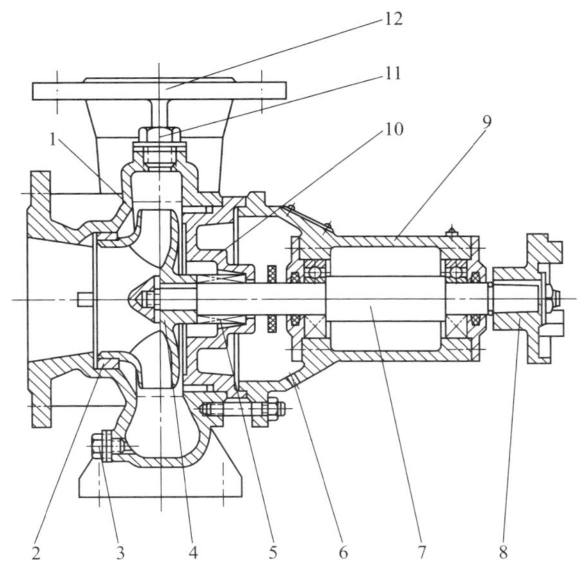


图7-4　水泵的结构

1—泵体；2—口环；3—放水螺塞；4—叶轮；5—密封件；6—漏水孔；7—轴；8—联轴器；9—轴承体；10—泵盖；11—加水螺塞；12—出水口

以常用的单级单吸悬臂式离心泵为例，其结构如图 7-4 所示。它主要由泵体、泵盖、叶轮、轴、密封件、轴承体等组成。

(2) 水泵的安装

① 清除底座上的油腻和污垢，把底座放在地基上。

② 用水平仪检查底座的水平度，允许用楔铁找平。

③ 用水泥浇灌底座和地脚螺栓孔眼。待水泥干固后，拧紧地脚螺栓，重新检查水平度。

④ 清理底座的支持平面和水泵脚及电动机脚的平面，并把水泵和电动机安装到底座上去。

⑤ 检查水泵轴和电动机轴中心线是否一致，允许用薄垫片调整使其同心。保持电动机和泵联轴器的轴向间隙为 2mm 左右，一周内的不均匀允差为 0.3mm。

⑥ 水泵的外壳必须可靠接地（接零），以确保使用的安全。

ZB 型水泵的外形及安装尺寸如图 7-5 和表 7-7 所示。

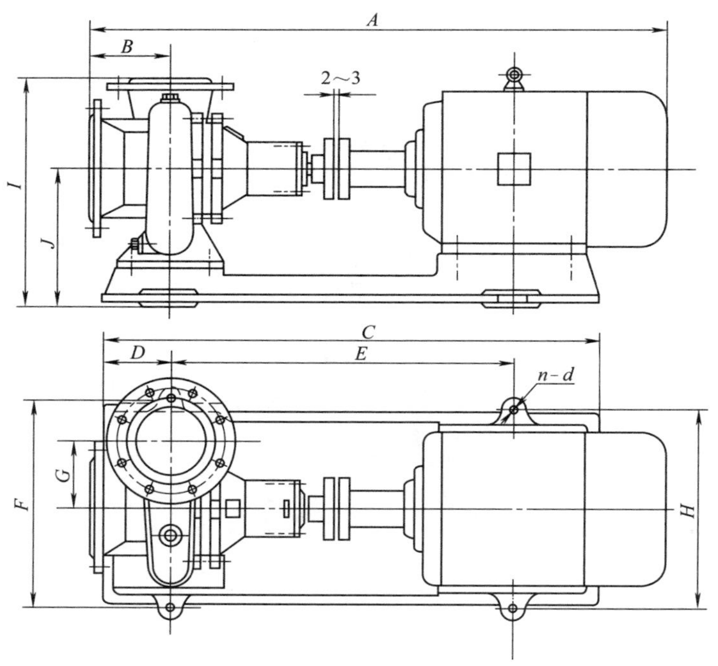


图 7-5　ZB 型水泵的外形

表7-7　ZB型水泵的安装尺寸　　单位：mm

| 型号 \ 代号 | A | B | C | D | E | F | G | H | I | J | n-d |
|---|---|---|---|---|---|---|---|---|---|---|---|
| 80ZB-22 | 886 | 100 | 750 | 74 | 550 | 300 | 93.5 | 340 | 452 | 192 | 4-$\phi$16 |
| 80ZB-22A | 812 | 100 | 700 | 73 | 512 | 302 | 93.5 | 305 | 442 | 182 | 4-$\phi$16 |
| 100ZB-22 | 886 | 100 | 765 | 86 | 550 | 340 | 114 | 340 | 522 | 222 | 4-$\phi$16 |
| 150ZB-22 | 1072 | 144 | 950 | 135 | 640 | 404 | 136 | 390 | 585 | 260 | 4-$\phi$20 |

（3）水泵抽水装置示意图（图7-6）

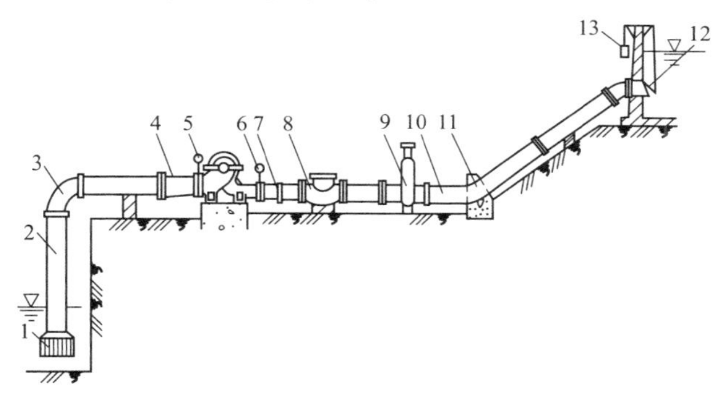


图7-6　离心水泵抽水装置示意图

1—滤网和底阀；2—进水管；3—90°弯头；4—偏心异径接头；5—真空表；6—压力表；7—渐扩接头；8—逆止阀；9—闸阀；10—出水管；11—45°弯头；12—拍门；13—平衡锤

## 7.2.2　水泵的使用

（1）水泵使用要点

① 启动前应检查泵及管路结合处有无松动现象，检查旋转方向是否正确，转动是否灵活，不能有卡阻、异声等不正常现象。

② 水泵在运转过程中轴承温升不应超过40℃，最高温度不应超过80℃。

③ 加满引水后才能启动水泵，以防止轴封因干磨而损坏。

④ 要防止进水管路漏气，底阀应完全浸没在水中，防止堵塞和漏气。

⑤ 在运行中若发现有异常声响、振动、流量及压力下降、轴

承温度过高等，应停机检查。

⑥ 注意机械密封件的拆装，保持动、静环密封面的清洁。

⑦ 尽量使水泵的流量和扬程在铭牌上的使用范围内运转，从而获得最大节能效益。

⑧ 冬季泵内积水应放干，以防止冻裂；长期停用的水泵应拆开擦干水渍，并在转动部位和结合处涂以油脂，妥善保存。

⑨ 定期检查口环磨损情况。对于 80ZB-22 和 100ZB-22 泵，口环间隙在直径方向大于 1.5mm 时应更换，150ZB-22 泵，口环间隙在直径方向不应超过 2mm。

⑩ 正确设计管路，减少管道阻力，节约电能。如尽可能缩短管道长度，减少接头、弯头和阀门，尤其要避免锐角的出现；提高管道内壁的光洁度或加涂层；及时清除管道内壁污垢等。

⑪ 采用调速装置调节流量。水泵的耗电量与机组的转速的三次方成正比，根据实际需要流量，通过调速控制，可显著地节约电能，而且泵在低流量下运行有较高的效率。如果采用调节阀门（节流阀门）等方法来调速，则会在调节阀门上损耗大量的电能。

（2）水泵的特性曲线

掌握并应用好水泵的特性曲线，能正确选择和经济合理地使用水泵。

水泵做功能力的大小，可以用流量 $Q$ 及扬程 $H$ 的大小来反映。在一定的转速下，一台水泵的流量 $Q$ 与扬程 $H$ 之间有一个对应的关系。这个关系用 $Q$-$H$ 坐标图来表示，即为水泵的 $Q$-$H$ 性能曲线。同样有流量 $Q$ 与轴功率 $N$ 的 $Q$-$N$ 曲线，流量 $Q$ 与效率 $\eta$ 的 $Q$-$\eta$ 曲线。8Sh-6 型水泵的特性曲线如图 7-7 所示。

由图 7-7 可见，水泵在某一对应 $Q$-$H$ 值运行时，水泵将有最高效率，这时的 $Q$、$H$、$\eta$ 值即为该台水泵的额定参数。水泵的运行点是由其水泵特性曲线与管道特性曲线的交点来确定的。

水泵的能力是由流量及扬程决定的。流量由供水负荷决定。

在开式管路方式，如由接水池向高处水池扬水的场合，总扬程为泵的进口水位与出口水位的高度差（实际扬程）和管路、接头、阀门等处的水头损失之和。

在闭式管路方式，如空调设备的循环管路中，则没有实际扬程。这时泵的总扬程为管路、接头、阀门及管路中其他装置的阻力所造成的损失扬程之和。

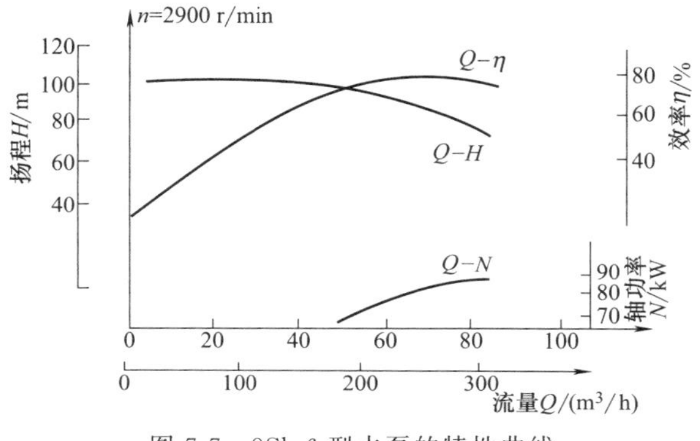


图 7-7　8Sh-6 型水泵的特性曲线

### 7.2.3　潜水泵的使用及拆装

潜水泵使用不当容易造成触电事故。使用时必须充分注意安全措施。

(1) 使用潜水泵的注意事项

① 严格安装质量，正确接线。潜水泵外壳、电动机外壳、进水管等均应可靠连接，并采取保护接地（接零）。

② 电源线必须采用双层绝缘电缆。应经常检查电源线的绝缘。当发现电源线的外层绝缘破损时应及时更换。否则电源线的内层极易破损。一旦出现内层破损，就会因漏电而发生触电事故。

③ 潜水泵在使用前应用绝缘电阻表检测绝缘电阻，其值应不小于 0.5MΩ。否则，要打开放水孔和放气孔，进行烘干处理。

④ 潜水泵的电缆经常要移动，使用时常拖在地上，容易损伤或折断，因此应经常检查。若发现有严重问题，必须更换，以免漏电。

⑤ 搬动潜水泵时必须先切断电源。否则，带电搬动过程中若发生拉断接零（接地）线或相线碰壳、导线绝缘损伤等情况，就会造成触电事故。

⑥ 在搬动潜水泵时切不可利用电源线借力。否则，会破坏潜

水泵的密封性，拉伤导线或拉松导线接头。

⑦ 要保护好电缆，不能让它与井壁摩擦或受挤压及拉力，应用尼龙绳将它的下端拴在水泵耳环上，上端拴在井口的机架上。

⑧ 外皮磨损的电缆，即使用绝缘胶带包缠好也不可置于水中，因为水会经磨损处渗入电缆芯线，并流到电动机内部，使电动机烧毁。

⑨ 潜水泵浸入水中的深度（从叶轮中心算起），最大为 3m，最小为 0.5m。

⑩ 新的或重新换过整体或密封盒的潜水泵，使用 50h 后，应检查密封是否良好，以后每个月检查一次，同时检查电动机转子和定子间的屏蔽套筒密封是否良好。

⑪ 检查潜水泵的放水孔、放气孔、放油孔和电缆接头处的封口塞有无松动，如有松动，必须旋紧。

⑫ 启动潜水泵前，要认真检查闸刀开关、熔丝、电缆等是否良好，连接是否牢固，配用是否正确；然后让潜水泵在地面上空转 3～5min（时间不宜过长，以免影响电动机散热而损坏电动机及零件），并检查电动机的旋转方向。一切正常后，方可放入水中使用。

⑬ 经常检查潜水泵的运行情况和井中水位的变化情况，切不可让潜水泵露出水面或陷入淤泥中，以免损坏电动机。如果发现出水量显著减小、电动机突然停转或出现不正常的响声，应停电提泵检查。

⑭ 如发现接地不良，开关、机组或电路有漏电现象，应迅速切断电源，进行检查处理。

⑮ 潜水泵不能抽取含沙量大的水，尤其是采用机械密封的潜水泵。当抽取含沙量大的水时，密封件的使用寿命将急剧缩短。因此，当发现井水含沙量明显增多时，应停止抽水，检查井泵，必要时应重新洗井。

⑯ 潜水泵的开机和停机不宜过于频繁，以免造成电动机过热甚至烧毁。停机至再次启动的时间间隔一般应在 5min 以上。

⑰ 潜水泵运行时，严禁在水井出水池附近洗东西；严禁在湿手、湿脚时操作电气开关，以防止发生触电事故。

⑱ 使用日久，如泵体锈蚀，应除锈涂漆。潜水泵不用时，应

认真检查保养，放置在干燥通风处保存。注意泵上不要堆放杂物，电缆不能受压，要防止被老鼠咬坏。

（2）潜水泵电动机和深井泵电动机绝缘好坏的判断

影响潜水泵和深井泵电动机绝缘的因素有三个，可分别从这三个方面进行绝缘电阻测试，以判断它们的绝缘状况。

① 电缆。将电缆全部浸入水中，只将接电动机绕组端及出线头离开水面，用绝缘电阻表测量电缆的绝缘电阻，正常情况下其值应大于200MΩ。电缆如有缺陷，则不能使用。

② 电动机。将电动机的绕组全部浸入水中，只将电缆与绕组端接头脱离水面，用绝缘电阻表测量绝缘电阻。正常情况下，聚氯乙烯塑料绕组线的绝缘电阻值应大于40MΩ，聚乙烯塑料绕组线的绝缘电阻值应大于200MΩ。若绕组的绝缘电阻值达不到要求，需对电动机做烘干处理。

③ 接头。将接头和经过检查的电动机绕组全部浸入水中，用绝缘电阻表测量绝缘电阻，其值应该与接头没有浸入水中时一致。如有降低，则说明接头有缺陷，需对接头进行返工。

维修经验表明，大部分故障是由接头不良引起的。

（3）潜水泵的拆装

潜水泵的拆卸步骤如下。

① 先拆去滤网，然后连同管接头拆去上泵盖。

② 旋出叶轮上端的紧固螺母。注意它是反螺纹螺母。

③ 拆去叶轮和泵座。

④ 拆去导水锥套、叶轮垫座、键和甩水器。

⑤ 旋开放油孔、封口塞，并放油。

⑥ 旋开进水节中部的两个小螺钉，取出导轴承，抽出钢轴套。

⑦ 拆去进水节。

⑧ 拆去整体式密封盒；先拆去定位片上的小螺钉，取出定位片，再用两个改锥分别卡在密封盒中部进油孔中，同时用力上撬，即可取下密封盒。

⑨ 拆去电动机上、下端盖，取出屏蔽套。

装配时，其顺序正好与拆卸顺序相反。应特别注意各部位的橡胶密封环，不可受损、变形或装歪。损伤或老化的密封环应予以更换。装配完毕，应用空压泵做气压试验（约 0.2MPa），各密封部位不应漏气。

在拆装过程中，不能用铁锤等硬物直接锤打被拆装的零件，而应用木块垫着轻敲。

### 7.2.4 水泵试运行及停机

（1）水泵启动前的准备工作

① 检查水泵和电动机的基础及各连接件是否牢固。

② 检查水泵和电动机两轴是否同心，联轴器安装是否良好。安装机泵时应严格校正。

③ 用手转动联轴器或皮带，看转动是否灵活，皮带松紧是否合适；检查机泵各部有无卡阻现象。

④ 对于用机油润滑的轴承，检查油位是否正常，油质是否良好。

⑤ 检查电动机接线和电路是否正确、良好，保护接地（接零）是否可靠，电缆绝缘是否良好。

⑥ 检查配电盘上各电气元件及仪表是否完好，熔丝、热继电器的选择与整定是否正确。

⑦ 检查电源电压是否正常。

⑧ 检查水位是否正常，进水池内有无水草等杂物；检查底阀浸入水中的深度。

⑨ 离心泵出口管路上装有闸门的，在启动前应关闭；深井泵出水管上的闸阀不能完全关死，以免从机井水面到闸阀之间这段管路里的空气因启动时无法排出而引起机组和管路振动。轴流泵的出口闸门应全开。

⑩ 对于需要灌水启动的水泵，开车前要灌满水（较大型泵用抽真空的办法）。深井泵和轴流泵开车前需灌水润滑橡皮轴承。

⑪ 必要时再测量一下电动机的绝缘电阻是否符合要求。

（2）水泵试运行

当做好机泵启动前的准备工作后，将水泵和进水管路内部全部灌满水，关闭抽气孔或灌水装置的阀门，然后启动电动机。如离心泵，待转速达到额定值后，慢慢打开闸阀，水泵即投入正常运行。

机泵投入运行后，应注意以下事项。

① 监视配电盘上的电流表、电压表指示是否正常，特别是电流表指示值不能超过电动机的额定电流，以免烧坏电动机。如电流过大，则应检查电动机功率是否与水泵匹配，负载是否卡阻等。

② 检查水泵流量是否正常，检查进水池的水位变化和有无杂物进入池内。

③ 检查电动机外壳和轴承部位的温度，若过于烫手，应停机检查。

④ 用试听棒听机组是否有异常的振动和声响。

⑤ 检查盘根处（即水泵填料处）滴水是否正常，每分钟10～30滴为正常。如漏水严重，可调整一下盘根压盖的松紧程度。

⑥ 检查水泵和水管各部分有无漏水和进气现象，吸水管路应保证不漏气。

⑦ 对于皮带传动的水泵，若发现皮带内侧发亮、有打滑现象，水泵转速下降时，应抹或涂上适当的皮带油；若皮带过紧或过松，应调整到合适的松紧程度。

若在试运行中发现有严重故障，如机泵强烈振动，发出异常声响，电动机或电气设备冒烟或有焦臭味等，应立即停机检查，处理好后再进行试机。

（3）水泵停机

① 对于离心泵，停机前应先关闭压力表，再慢慢关闭出水管上的闸阀，然后关闭真空表，最后切断电动机的电源。这样做可以避免压力表因受到过高压力而损坏，还可防止出水池的水向水泵倒流，引起机组倒转而造成事故。

② 对于轴流泵和混流泵，一般出水管上不装闸阀，可以直接停机。

③ 冬季停机后应立即放掉泵内和管内的存水，以防冻裂水泵和管路。注意，关闸时间不可过长，一般不得超过5min，否则泵内水温很快升高，容易引起机件损坏。

④ 对于深井泵，停机后不能立即再启动，以防水流产生冲击。一般应过5min后才能再次启动。

⑤ 停机后，把机器表面的水渍擦掉，以防止生锈。

⑥ 长期停机或冬季使用水泵时，停机后应打开泵壳下面的放水塞，把水放净，以防止锈蚀或冻裂水泵。

⑦ 停机后，可根据运行中发现的问题进行检查、修理和保养。轴承润滑机油一般一个月更换一次，润滑脂一般半年至一年更换一次。

### 7.2.5 离心泵、混流泵的故障处理

离心泵是液体受离心力的作用，沿径向流出叶轮的一种叶片泵，又叫径流泵。

混流泵是在离心力和推力双重作用下，液体沿斜向流出叶轮的一种叶片泵，又叫对角线式泵。

离心泵、混流泵的常见故障及处理方法见表7-8。

**表7-8 离心泵、混流泵的常见故障及处理方法**

| 序号 | 故障现象 | 可能原因 | 处理方法 |
| --- | --- | --- | --- |
| 1 | 电动机带不动水泵 | ①电动机功率过小<br>②泵轴被锈住<br>③水泵叶轮与泵壳严重摩擦<br>④轴承损坏<br>⑤填料压盖压得过紧<br>⑥填料与泵轴干摩擦<br>⑦机组安装不良，水泵和电动机两轴不同心<br>⑧传动皮带过紧或过松 | ①更换大功率的电动机<br>②清除泵轴锈蚀<br>③拆开重装或更换叶轮<br>④更换轴承，平时加强维护<br>⑤适当旋松填料压盖螺钉<br>⑥向泵壳内灌满水，重新启动机组<br>⑦重新安装，调整轴心位置<br>⑧调整皮带的松紧度 |
| 2 | 水泵不出水 | ①实际扬程超过水泵额定扬程太多<br>②水泵安装太高，超出了泵的允许吸水高度或进水管口淹没深度不够<br>③水泵充水不足<br>④进水侧漏气，如填料压得太松，泵轴与轴套之间的缝隙过大<br>⑤叶轮未紧固或损坏<br>⑥水泵旋转方向不对<br>⑦进水管管口或底阀被杂物堵塞，底阀不灵活或锈住<br>⑧进水管路安装不合格，如用弯头与水泵进口直接连接<br>⑨水泵转速过低 | ①降低实际扬程或更换高扬程的水泵，或两台泵串联<br>②降低水泵安装高度或设法抬高进水池水位<br>③开车前应将水泵充足水<br>④适当拧紧填料压盖螺钉，水泵装配要正确<br>⑤要把叶轮紧固在泵轴上，对于损坏的叶轮需更换<br>⑥调换电动机的任意两根接线，改变旋转方向<br>⑦清除杂物或除锈<br>⑧泵进水口必须有一平直管段，其坡度应稍微向水泵进口上斜<br>⑨调整传动皮带松紧度，提高水泵转速 |

续表

| 序号 | 故障现象 | 可能原因 | 处理方法 |
| --- | --- | --- | --- |
| 3 | 水泵出水量不足 | ①进水管淹没水中的深度不够，泵内吸入空气<br>②进水侧漏气<br>③过流部分，如底阀、进水管、叶轮、闸阀等局部被水草等杂物阻塞<br>④水中含砂量过大<br>⑤拦污栅被堵塞，造成进水池水位过低，或出水池壅水，泄流不畅，使出水池水位抬高<br>⑥密封环（耐磨环）或叶轮磨损过多或损坏<br>⑦水泵转速过低<br>⑧电动机功率不足 | ①增加进水管长度，加深淹没深度<br>②按第2条④项处理<br>③清除杂物<br>④要求含砂量一般应小于7%，最大不宜超过10%<br>⑤及时清除污物<br>⑥更换密封环或叶轮<br>⑦按第2条⑨项处理<br>⑧更换大功率的电动机 |
| 4 | 噪声和振动过大 | ①地脚螺栓松动<br>②叶轮和泵壳摩擦<br>③叶轮不平衡<br>④叶轮、联轴器或皮带轮松动<br>⑤泵壳内有杂物阻塞<br>⑥泵轴损坏或轴瓦间隙过大<br>⑦机组安装不良，如直接传动的两轴心没对正<br>⑧吸水扬程过高<br>⑨机组的基础尺寸过小，重量过轻 | ①拧紧地脚螺栓<br>②调整两者间隙<br>③调整叶轮，使其平衡<br>④加以紧固<br>⑤清除杂物<br>⑥修理或更换泵轴，调整轴瓦间隙或更换轴瓦<br>⑦重新安装，调整轴心位置<br>⑧降低水泵安装高度，减小吸水扬程<br>⑨应按设计要求制作基础 |
| 5 | 耗用功率过大（超负荷） | ①水泵转速过高<br>②泵轴弯曲或轴承损坏<br>③叶轮与泵壳摩擦<br>④叶轮因吸入杂物，被卡在泵壳中<br>⑤流量及扬程超过使用范围<br>⑥直接传动的两轴心没有对正，或皮带传动的皮带过紧 | ①调整电动机与水泵的传动比，降低水泵转速<br>②校直泵轴或更换轴承<br>③调整好两者间隙<br>④清除杂物<br>⑤调整流量、扬程的大小<br>⑥调整轴心位置，或调整皮带的松紧度 |

续表

| 序号 | 故障现象 | 可能原因 | 处理方法 |
| --- | --- | --- | --- |
| 6 | 轴承温度过高 | ①轴承润滑脂(油)质量不良<br>②轴承缺油<br>③传动皮带过紧<br>④轴承损坏或安装不良<br>⑤泵轴弯曲或直接传动的两轴不同心<br>⑥轴向推力过大,如叶轮平衡孔被堵塞 | ①更换优质的润滑脂(油)<br>②及时加油<br>③调整皮带的松紧度<br>④更换轴承或重新安装,调整轴承间隙<br>⑤校直泵轴,调整轴心位置<br>⑥疏通平衡孔 |
| 7 | 填料过热 | ①填料压得过紧<br>②水封管被堵塞或水封环安装位置不当 | ①旋松填料压盖螺钉,调整至每分钟滴水30～60滴<br>②清除杂物或将水封环的位置对准水封管口 |
| 8 | 填料漏水多、磨损快 | ①填料压盖过松<br>②填料磨损过多、变质、发硬<br>③与填料接触的轴或轴套磨损过多 | ①旋紧填料压盖螺钉,调整至每分钟滴水30～60滴<br>②更换填料<br>③修理或更换轴或轴套 |

### 7.2.6 轴流泵的故障处理

轴流泵是液体在推力作用下，沿轴向流出叶轮的叶片泵，又叫旋桨泵。

轴流泵的常见故障及处理方法见表7-9。

**表7-9 轴流泵的常见故障及处理方法**

| 序号 | 故障现象 | 可能原因 | 处理方法 |
| --- | --- | --- | --- |
| 1 | 电动机带不动水泵 | ①电动机功率过小<br>②泵轴被锈住<br>③水泵叶轮与泵壳严重摩擦<br>④轴承损坏<br>⑤填料压盖压得过紧<br>⑥填料与泵轴干摩擦<br>⑦机组安装不良,水泵和电动机两轴不同心<br>⑧传动皮带过紧或过松 | ①更换大功率的电动机<br>②清除泵轴锈蚀<br>③拆开重装或更换叶轮<br>④更换轴承,平时加强维护<br>⑤适当旋松填料压盖螺钉<br>⑥向泵壳内灌满水,重新启动机组<br>⑦重新安装,调整轴心位置<br>⑧调整皮带的松紧度 |

续表

| 序号 | 故障现象 | 可能原因 | 处理方法 |
| --- | --- | --- | --- |
| 2 | 水泵不出水 | ①水泵的旋转方向不对，动叶片装反或水泵转速过低<br>②水泵叶片损坏或叶片固定螺栓松动，叶片走动<br>③叶轮叶片缠有大量杂物<br>④叶轮淹没在水中的深度不够 | ①改变水泵的旋转方向，调整动叶片安装位置，提高水泵转速<br>②重新安装叶片，拧紧螺栓<br>③停机回水几次，清除杂物。如果仍不出水，应拆卸水泵、清除杂物<br>④降低水泵安装高度 |
| 3 | 水泵出水量不足 | ①叶片外缘磨损或叶片部分破损<br>②扬程过高<br>③叶轮安装高度偏高，叶轮淹没在水中的深度不够<br>④水泵转速过低<br>⑤叶轮安装角度不对<br>⑥叶片上缠有水草等杂物<br>⑦进水池过小，两台水泵的距离过近，水泵离池壁或池底太近 | ①更换叶片<br>②降低扬程<br>③降低叶轮安装高度，增加淹没深度<br>④调整电动机与水泵的传动比或皮带的松紧度，提高水泵转速<br>⑤调整叶片安装角度<br>⑥停车回水几次，清除杂物<br>⑦加大进水池，加大两台水泵的距离，加大水泵与池壁、池底的距离 |
| 4 | 电动机过载 | ①扬程过高<br>②出水管有阻塞或管路拍门未全部开启<br>③水泵转速过高<br>④橡胶轴承磨损，叶片与动叶圈内壁摩擦<br>⑤水泵叶片缠有水草等杂物<br>⑥叶片安装角度超过规定<br>⑦叶片紧固螺钉松动，叶片走动 | ①降低扬程或更换大功率电动机<br>②清理出水管，开启拍门<br>③调整电动机与水泵的传动比，降低水泵的转速<br>④更换橡胶轴承，重新安装、调整叶片<br>⑤停机回水几次，清除杂物<br>⑥调整叶片安装角度<br>⑦调整叶片，拧紧螺钉 |

续表

| 序号 | 故障现象 | 可能原因 | 处理方法 |
| --- | --- | --- | --- |
| 5 | 机组有杂声或振动 | ①地脚螺栓松动<br>②叶片与动叶圈内壁摩擦<br>③泵轴与电动机轴弯曲或不同心<br>④部分叶片破损或脱落<br>⑤叶片上缠有水草等杂物<br>⑥叶片安装角度不一致<br>⑦泵层大梁强度不够<br>⑧进水流态不稳定，产生漩涡<br>⑨刚性联轴器间隙不一致<br>⑩ 轴承损坏<br>⑪ 橡胶轴承紧固螺栓松脱或损坏<br>⑫ 叶轮拼紧螺栓松动或联轴器销钉、螺栓松动 | ①拧紧地脚螺栓<br>②重新安装、调整叶片<br>③校直转轴，调整轴心位置<br>④更换或安装叶片<br>⑤停机回水几次，清除杂物<br>⑥调整叶片安装角度，使其保持一致<br>⑦加固大梁<br>⑧降低水泵安装高度，后墙加隔板，防止产生漩涡。同一水池如有多台水泵，各水泵应加隔板<br>⑨ 调整联轴螺栓的松紧程度，使联轴器间隙一致<br>⑩ 更换轴承<br>⑪ 拧紧螺栓或更换螺栓<br>⑫ 紧固螺栓和销钉 |

## 7.2.7 深井泵的故障处理

将叶轮置于井内水位以下，动力机置于井口上，用一根长的传动轴来带动水泵叶轮工作的泵，叫做长轴井泵，又叫深井泵。

深井泵的常见故障及处理方法见表7-10。

**表7-10 深井泵的常见故障及处理方法**

| 序号 | 故障现象 | 可能原因 | 处理方法 |
| --- | --- | --- | --- |
| 1 | 水泵不能启动或突然不转 | ①电动机功率过小<br>②泵轴被锈住<br>③水泵叶轮与泵壳严重摩擦<br>④轴承损坏<br>⑤填料压盖压得过紧<br>⑥填料与泵轴干摩擦<br>⑦机组安装不良，水泵和电动机两轴不同心<br>⑧传动皮带过紧或过松 | ①更换大功率的电动机<br>②清除泵轴锈蚀<br>③拆开重装或更换叶轮<br>④更换轴承，平时加强维护<br>⑤适当旋松填料压盖螺钉<br>⑥向泵壳内灌满水，重新启动机组<br>⑦重新安装，调整轴心位置<br>⑧调整皮带的松紧度 |

续表

| 序号 | 故障现象 | 可能原因 | 处理方法 |
|---|---|---|---|
| 2 | 水泵启动困难 | ①电源电压过低<br>②电源线过长、过细<br>③橡胶轴承和轴配合不当，间隙太小<br>④泵轴弯曲，轴和橡胶轴承摩擦或卡住<br>⑤未加润滑水或加水不足 | ①检查电源电压。电压无法调高时，只能停机，否则会损坏电动机<br>②更换成截面积较大的导线<br>③重新装配好<br>④逐节检查橡胶轴承的松紧程度和传动的平直度，校直泵轴<br>⑤加足润滑水（最好用肥皂水或洗衣粉水） |
| 3 | 运行过程中功率增大（电流表或功率表读数突然增大） | ①叶轮间隙过小，与导水壳产生摩擦<br>②电动机轴承损坏<br>③填料太紧<br>④水中含泥沙过多 | ①调整叶轮间隙<br>②更换轴承<br>③适当旋松压盖螺母<br>④应拆泵洗井 |
| 4 | 水泵不出水或出水量不足 | ①水位下降过多<br>②叶轮与泵轴松脱或叶轮磨损<br>③输水管破裂漏水<br>④滤水管或输水管被杂物堵塞<br>⑤泵轴脱扣或断裂<br>⑥水泵转速过低<br>⑦管路中结冰 | ①加长输水管和传动轴<br>②重新装配或更换叶轮<br>③检修漏水处<br>④清除杂物<br>⑤重新装配或更换泵轴<br>⑥查明原因，提高转速<br>⑦化冰后再开机 |
| 5 | 轴承过热 | ①轴承缺油或油质不良<br>②检修保养时轴承加油过多<br>③轴承损坏<br>④电动机轴与泵轴不同心<br>⑤泵轴弯曲 | ①添加或更换润滑脂<br>②应按轴承空间约2/3加润滑脂<br>③更换轴承<br>④调整轴心位置<br>⑤校直泵轴 |
| 6 | 机组有杂声和振动 | ①启动时未加润滑水<br>②叶轮与导流壳摩擦<br>③泵轴弯曲<br>④传动轴与电动机轴心没有对正<br>⑤橡胶轴承磨损<br>⑥填料变质发硬<br>⑦轴承损坏 | ①加足润滑水<br>②旋紧调节螺母，增大轴向间隙<br>③校直泵轴<br>④调整轴心位置<br>⑤更换橡胶轴承<br>⑥更换填料<br>⑦更换轴承 |

### 7.2.8 潜水泵的故障处理

潜水泵是将泵轴与电动机轴直接相连成一整体的抽水机组，整个抽水机组全部潜入水中工作。泵抽出的水通过扬水管被输送到地面出水池中。

潜水泵的常见故障及处理方法见表7-11。

表7-11 潜水泵的常见故障及处理方法

| 序号 | 故障现象 | 可能原因 | 处理方法 |
| --- | --- | --- | --- |
| 1 | 水泵不能启动或突然不转 | ①电源停电或电压过低<br>②电源线过长、过细<br>③熔丝熔断<br>④闸刀开关接触不良<br>⑤电缆接头断开<br>⑥电源缺相<br>⑦电动机损坏<br>⑧叶轮被杂物卡住 | ①检查电源电压。电压过低而又无法调高时，只能停机，否则会损坏电动机<br>②更换成截面积较大的导线<br>③查明原因，更换合适的熔丝<br>④检修闸刀开关<br>⑤连接好接线<br>⑥检查电源，查明缺相原因，并处理<br>⑦更换或修理电动机<br>⑧清除杂物 |
| 2 | 水泵出水量不足 | ①叶轮倒转<br>②叶轮磨损或损坏<br>③滤网、叶轮、出水管被堵<br>④水泵或泵管漏水<br>⑤电动机转子断条<br>⑥转速过低 | ①调换电源的任意两根接线<br>②修复或更换叶轮<br>③清除杂物<br>④检修漏水处<br>⑤修理断条或更换转子<br>⑥查明原因，提高转速 |
| 3 | 运行声音不正常 | ①水泵入水太浅，吸入空气<br>②电源缺相，电动机单相运行<br>③轴承磨损，发出“咯咯”响声<br>④叶轮松动，与泵壳摩擦 | ①水泵必须位于水下0.5～3m<br>②检查电源，查明缺相原因，并处理<br>③更换轴承<br>④将螺母拧紧，紧固叶轮 |
| 4 | 电动机定子绕组烧坏 | ①电源电压过低，使电动机长期过载运行<br>②水泵运行时偏离额定值太大，如离心式叶轮扬程过低，致使流量加大，引起电动机过载；轴流式叶轮由于扬程超过额定值过大，引起电动机过载<br>③水中含泥沙量太多<br>④叶轮被杂物卡住 | ①检查电源，避免水泵在电压过低时运行<br>②应按使用说明书规定正确使用潜水泵<br>③不能在此类水中使用，应拆泵洗井<br>④清除杂物 |

续表

| 序号 | 故障现象 | 可能原因 | 处理方法 |
| --- | --- | --- | --- |
| 4 | 电动机定子绕组烧坏 | ⑤电源缺相,电动机单相运行<br>⑥开关、线路及接线松动或开路<br>⑦电动机露出水面,运行时间超过5min<br>⑧电动机陷入泥浆中,散热不良<br>⑨潜水泵启动、停机过于频繁<br>⑩电缆破损后渗水,定子绕组受潮<br>⑪潜水泵密封部分失效 | ⑤检查电源,加强维护,必要时配以热继电器作过载保护<br>⑥查明原因,并修复线路;接线要牢靠<br>⑦水泵必须位于水下0.5～3m<br>⑧加强巡视,避免电动机陷入泥浆中<br>⑨正确使用潜水泵<br>⑩保护好电缆,电缆破损后应及时更换<br>⑪检修潜水泵,更换密封件 |

## 7.2.9 潜水泵水下电缆接头的处理

潜水泵电缆接头处于深水层下，因水压太大容易发生接头进水，造成故障。为此可用以下方法加以处理。

先准备好以下材料：①绝缘胶布、自粘橡胶带各两盘；②直径为32mm的厚壁塑料管或ABS管道，约35cm长。

然后按以下步骤施工：

① 将电源电缆和泵体电缆头剪开，剥去线皮后用水砂布擦拭线芯，再用丙酮水除净杂质，放置在干净处晾干。

② 将电缆穿入塑料管或ABS管中，将三对接头的多股铜芯线均分成几小股，然后一一对应拧接在一起，使之接触良好，并做好搪锡处理。

③ 用绝缘胶布半叠式缠绕两遍并压实，再用自粘橡胶带缠包，并且不留任何缝隙。最后将3个接头并在一起，再缠绕一遍绝缘胶布和自粘胶带。

④ 将塑料管或ABS管移到接头上，使接头处于管子中间。在电源电缆的那一端用绝缘胶布和自粘胶带将管口封紧。

⑤ 将管子立起放置，泵体电缆那一端在上面。管子要绑附在固定物上，把热融的石蜡水倒入上口内，倒满为止，使之不外溢，晾凉至硬固为止。

⑥ 用绝缘胶布和自粘胶带再把上口封紧即可。

再把接头浸入水中，隔12h后摇测绝缘电阻，必须在5MΩ以上，最后往机壳内加满蒸馏水，即可下水投入运行。

### 7.2.10 喷灌系统喷头的故障处理

喷灌系统的喷头形式很多，常见的有摇臂式和蜗轮杆式等旋转式喷头。旋转式喷头的常见故障及处理方法见表7-12。

表7-12 旋转式喷头的常见故障及处理方法

| 序号 | 故障现象 | 可能原因 | 处理方法 |
|---|---|---|---|
| 1 | 水舌性状异常，射程小于标定值的85%，且雾化不良 | ①喷头有毛刺或损伤<br>②喷嘴内部损坏严重<br>③整流器扭曲变形<br>④流道内有异物阻塞 | ①拆下喷头打磨光滑或更换喷头<br>②更换喷嘴<br>③拆下修理或更换<br>④拆开喷头，清除杂物 |
| 2 | 水舌性状尚可，但射程不够 | ①喷头转数太快<br>②工作压力不够高 | ①调小喷头转数<br>②调高压力 |
| 3 | 喷头转动部分漏水 | ①垫圈磨损、止水胶圈损坏或安装不当<br>②垫圈中进入泥沙<br>③喷头加工精度不够，空心轴与套轴的端面不能密合 | ①更换垫圈及止水胶圈；若安装不当，则应重新安装<br>②拆下空心轴清洗干净<br>③拆下检修或更换元件 |
| 4 | 摇臂式喷头不转动或转速很低 | ①安装时套轴拧得太紧<br>②空心轴与套轴的间隙太小<br>③空心轴与套轴之间被泥沙阻塞 | ①适当拧松套轴<br>②上车床车大或打磨加大间隙<br>③拆开清洗干净 |
| 5 | 摇臂式喷头摇臂张角太小，水甩不开 | ①摇臂和摇臂轴配合过紧<br>②摇臂弹簧压得太紧<br>③摇臂安装过高<br>④水压力不足 | ①适当加大间隙<br>②适当调松<br>③调低摇臂的位置<br>④调高水压 |
| 6 | 摇臂式喷头敲击无力 | 敲击块太薄，致使摇臂的力量尚未完全敲击在喷体上即被冲开 | 应将敲击块适当加厚 |
| 7 | 摇臂甩开后不能返回 | 摇臂弹簧太松 | 调紧弹簧 |

续表

| 序号 | 故障现象 | 可能原因 | 处理方法 |
| --- | --- | --- | --- |
| 8 | 摇臂敲击忽快忽慢 | ①摇臂和摇臂轴配合过松<br>②摇臂轴松动 | ①重新装配、调整<br>②重新装配 |
| 9 | 叶轮式喷头叶轮空转，但喷头不转 | ①换向齿轮没有搭上<br>②叶轮轴与小蜗轮之间的联结螺钉松脱或销钉脱落<br>③大蜗轮与套轴之间的定位螺钉松动 | ①扳动换向拨杆，使齿轮搭上<br>②拧紧联结螺钉或换上销钉<br>③拧紧定位螺钉 |
| 10 | 叶轮式喷头水舌正常，但叶轮不转 | ①蜗轮、齿轮或空心轴与套轴之间锈死<br>②蜗轮、蜗杆或齿轮缺油，阻力过大<br>③定位螺钉拧得太紧<br>④叶轮被杂物卡死 | ①拆开清洗干净后加油重新装好。平时加强保养工作<br>②加注润滑油，用手转动正常<br>③适当拧松定位螺钉<br>④拆开清除杂物 |

## 7.3 起重机的安装与使用

### 7.3.1 起重机滑接线和滑接器的安装

(1) 滑接线（滑触线）的安装

① 滑接线的布置，应符合设计要求，需考虑运行及维护的方便和安全。当设计无规定时，应符合以下要求。

a. 滑接线距离地面的高度，不得低于3.5m；在有汽车通过部分滑接线距离地面的高度，不得低于6m。

b. 滑接线与设备和氧气管道的距离，不得小于1.5m；与易燃气体、液体管道的距离，不得小于3m；与一般管道的距离，不得小于1m。

c. 裸露式滑接线应与司机室同侧安装；当工作人员上下有碰触滑接线危险时，必须设有遮栏保护。

② 滑接线的支架及其绝缘子的安装，应符合以下要求。

a. 支架不得在建筑物伸缩缝和轨道梁结合处安装。

b. 支架安装应平整牢固，并应在同一水平面或垂直面上。

c. 绝缘子、绝缘套管不得有机械损伤及缺陷；表面应清洁；

绝缘性能良好；在绝缘子与支架和滑接线的钢固定件之间，应加设红钢纸垫片。

d. 安装于室外或潮湿场所的滑接线绝缘子、绝缘套管，应采用户外式。

e. 绝缘子两端的固定螺栓，宜采用高标号水泥砂浆灌注，并应能承受滑接线的应力。

③ 滑接线的安装，应符合以下要求。

a. 接触面应平整无锈蚀，导电应良好。

b. 额定电压为0.5kV以下的滑接线，其相邻导电部分和导电部分对接地部分之间的净距离不得小于30mm；户内3kV滑接线其相间和对地的净距离不得小于100mm；当不能满足以上要求时，滑接线应采取绝缘隔离措施。

c. 起重机在终端位置时，滑接器与滑接线末端的距离不应小于200mm；固定装设的型钢滑接线，其终端支架与滑接线末端的距离不应大于800mm。

d. 型钢滑接线所采用的材料，应进行平直处理，其中心偏差不宜大于长度的1/1000，且不得大于10mm。

e. 滑接线安装后应平直；滑接线之间的距离应一致，其中心线应与起重机轨道的实际中心线保持平行，其偏差应不小于10mm；滑接线之间的水平偏差或垂直偏差，应小于10mm。

f. 型钢滑接线长度超过50m或跨越建筑物伸缩缝时，应装设伸缩补偿装置。

g. 辅助导线宜沿滑接线敷设，且应与滑接线进行可靠的连接；其连接点之间的间距不应大于12m。

h. 型钢滑接线在支架上应能伸缩，并宜在中间支架上固定。

i. 型钢滑接线除接触面外，表面应涂以红色的油漆或相色漆。

④ 滑接线伸缩补偿装置的安装，应符合以下要求。

a. 伸缩补偿装置应安装在与建筑物伸缩缝距离最近的支架上。

b. 在伸缩补偿装置处，滑接线应留有10～20mm的间隙，间隙两侧的滑接线端头应加工圆滑，接触面应安装在同一水平面上，其两端间高度差不应大于1mm。

c. 型钢滑接线焊接时，应附连接托板；用螺栓连接时，应加跨接软线。

d. 轨道滑接线焊接时，焊条和焊缝应符合钢轨焊接工艺对材料和质量的要求，焊好后接触表面应平直光滑。

e. 圆钢滑接线应减少接头。

f. 导线与滑接线连接时，滑接线接头处应镀锡或加焊有电镀层的接线板。

⑤ 分段供电滑接线的安装，应符合以下要求。

a. 分段供电的滑接线，当各分段电源允许并联运行时，分段间隙应为20mm；不允许并联运行时，分段间隙应比滑接器与滑接线接触长度大40mm；3kV滑接线，应符合设计要求。

b. 分段供电不允许并联运行的滑接线间隙处，应采用硬质绝缘材料的托板连接，托板与滑接线的接触面应在同一水平面上。

c. 滑接线分段间隙的两侧相位应一致。

⑥ 3kV滑接线的安装除应符合以上第①～⑤条的规定外，尚应符合以下要求。

a. 高压绝缘子安装前应进行耐压试验。

b. 3kV滑接线固定装置的构件，铸铜长夹板、短夹板、托板、垫板、辅助连接板及接线板等，在安装前应按设计图制作完毕；当所采用的型钢、双沟铜线分段组装时，应按相编号，接缝应严密、平直。

(2) 滑接器（滑触器）的安装

① 滑接器支架的固定应牢靠，绝缘子和绝缘衬垫不得有裂纹、破损等缺陷，导电部分对地的绝缘应良好，相间及对地的距离应符合第(1)项第③条的有关规定。

② 滑接器应沿滑接线全长可靠地接触，自由无阻地滑动，在任何部位滑接器的中心线（宽面）不应超出滑接线的边缘。

③ 滑接器与滑接线的接触部分，不应有尖锐的边棱；压紧弹簧的压力，应符合要求。

④ 槽型滑接器与可调滑杆间，应移动灵活。

⑤ 自由悬吊滑接线的轮型滑接器，安装后应高出滑接线中间托架，并且不应小于10mm。

### 7.3.2 滑接线的安装工艺

吊车滑接线的安装步骤及施工工艺如下。

① 测量定位。安装支架的间距为 2m（转弯处为 1～1.5m），支架距地面高度不得低于 3.5m，在汽车通过部分不得低于 6m。不符合上述要求时，应采取安全防护措施。装设支架的位置一般放在吊车梁的预留孔处，各支架都要装在同一水平及垂直面上。

② 安装支架。根据现场实际情况加工好支架，支架上所有固定螺栓孔冲成椭圆形，以便调整。安装前需将支架涂上红丹漆和灰色面漆，以防锈蚀。在梁、柱上安装支架，可用螺栓固定；在钢梁上安装支架，可直接用电焊焊接固定。

③ 胶合瓷瓶。固定滑接线的瓷瓶，一般采用 WX-01 型或 WX-02 型无轨电车瓷瓶。瓷瓶和螺栓（M10）胶合所用的填料为水泥（强度等级不小于 42.5 级）∶砂＝1∶1 的砂浆，并加入 0.5%石膏用水调成。胶合后需养护三天方可安装滑接线。也可用 3∶1 的水泥石膏做胶合剂。

滑接线，在安装前均应锉平、除锈、校直调平。型钢滑接线连接，应采用托板（小一级厚度的角钢），用电焊焊接固定，如图 7-8 所示；圆钢滑接线应尽量避免中间接头，若需连接时，应将焊接好的圆钢对头锉光，并使其有足够的机械强度。

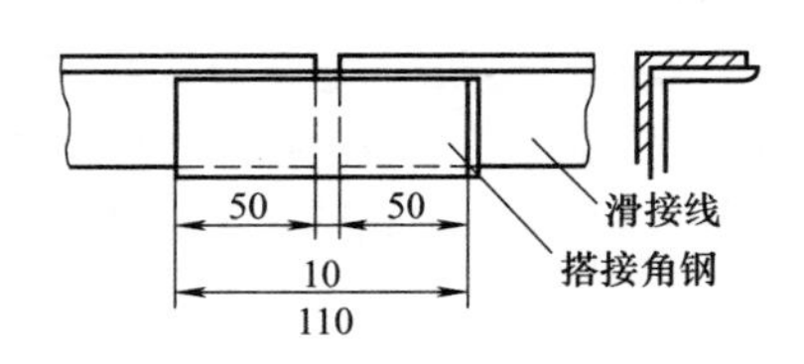


图 7-8 角钢滑接线的连接

吊装时，应防止滑接线弯曲，安装后需校平调直。要求滑接线和轨道的水平误差不大于 10mm，垂直误差不大于 20mm。

滑接线长度超过 50m 时，应设置补偿装置，以适应建筑物沉降和温度变化。补偿装置的安装方法如图 7-9 所示。滑接线伸缩缝的间隙，一般为 10～20mm。伸缩缝处两端的边缘应加工圆滑，并用软导线跨接，导线截面积应不小于电源线的截面积。

电源线与滑接线的连接方法如图 7-10 所示。在滑接线上焊一根 40mm×4mm 的扁钢，扁钢上预先钻好螺栓孔，在孔的周围搪

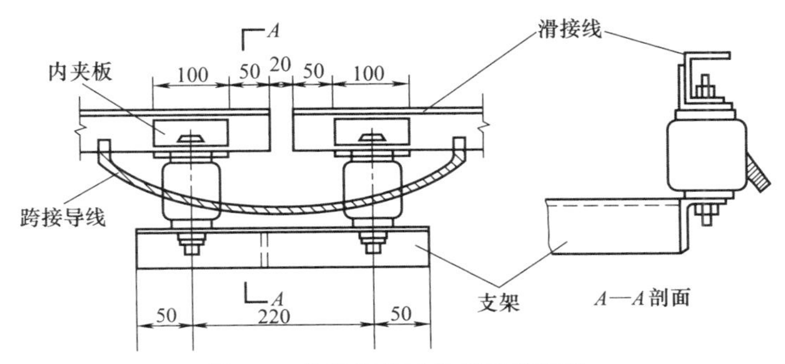


图 7-9　角钢滑接线伸缩补偿装置

一层锡，以便使接线端子与扁钢接触良好。

角钢滑接线在瓷瓶上固定的一般方法如图 7-11（a）所示。在多尘厂房或露天易结冰的场所，所使用的角钢滑接线宜按 L 形装设，即角钢的宽平面向下，如图 7-11（b）所示。

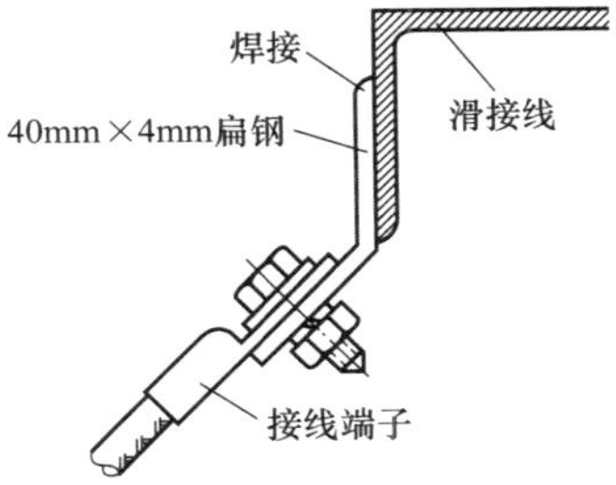

图 7-10　电源进线连接法

④ 滑接线刷漆着色。滑接线安装完毕后，应在非接触面上刷铅油（红丹漆）和红色漆各一遍，集电器的接触表面涂少许黄油，以防锈蚀。

另外，还应注意以下三个问题：

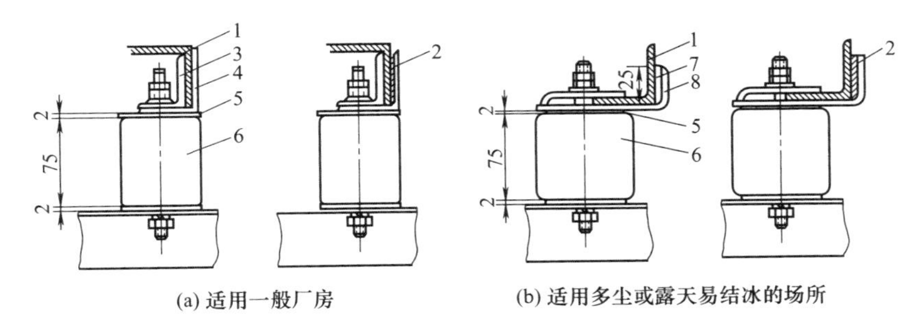


图 7-11　角钢滑接线在瓷瓶上的固定方法

1—角钢滑触线；2—辅助母线；3—内夹板；4—外夹板；
5—红钢纸；6—绝缘子；7—垫块；8—压板

其一，滑接线应设于桥式起重机操作小室的另外一侧，以利于安全。如滑接线必须同操作小室装于同侧时，则必须采取安全隔离措施，保证操作人员上下不会触及滑接线。

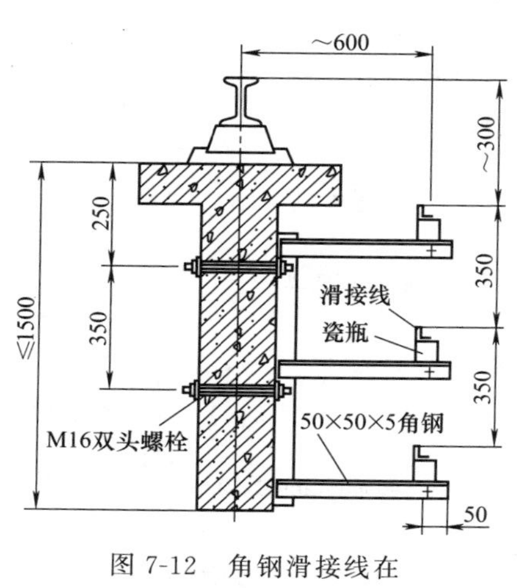


图 7-12 角钢滑接线在钢筋混凝土梁上安装

其二，当同一车间内有几台吊车时，应在两端留有检修段。检修段的长度应不小于起重机桥身的宽度，并用开关与工作段滑触线联络。滑触线的工作段与检修段的绝缘间隙为 30mm。

其三，吊车轨道应可靠接地，两轨道的连接应用截面积不小于 $100mm^2$ 的扁钢焊牢。

角钢滑接线在钢筋混凝土梁上的安装如图 7-12 所示。电动葫芦及悬挂梁式吊车滑接线的安装如图 7-13 所示。间距 $L_1$、$L$ 的尺寸见表 7-13。

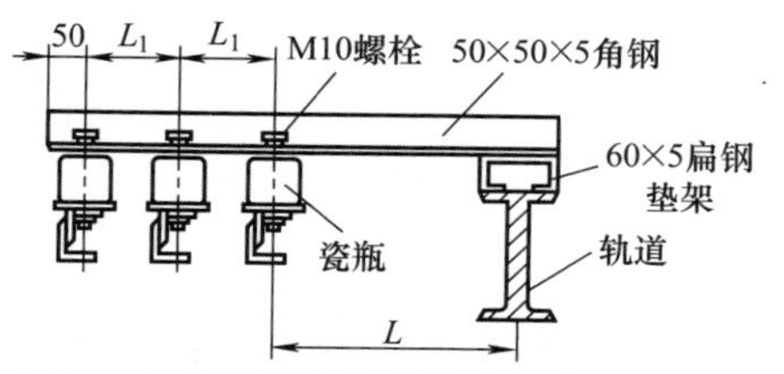


图 7-13 电动葫芦及悬挂梁式吊车滑接线安装

表 7-13 $L_1$ 和 $L$ 的尺寸

| 名称 | 起重量/t | $L_1$/mm | $L$/mm |
|---|---|---|---|
| 电动葫芦 | 0.25～0.5<br>1～5 | 83<br>115 | 190<br>225 |
| 悬挂梁式 | 0.5～5 | 150 | 400 |

滑接线安装预留长度按表 7-14 规定计算。

表7-14　滑接线安装预留长度

| 序号 | 项　　目 | 预留长度/(m/根) | 说　　明 |
|---|---|---|---|
| 1 | 圆钢、铜母线与设备连接 | 0.2 | 从设备端子接口起算 |
| 2 | 圆钢、铜母线终端 | 0.5 | 从最后一个支持点起算 |
| 3 | 角钢母线终端 | 1.0 | 从最后一个支持点起算 |
| 4 | 扁钢母线终端 | 1.3 | 从最后一个支持点起算 |
| 5 | 扁钢母线分支 | 0.5 | 分支线预留 |
| 6 | 扁钢母线与设备连接 | 0.5 | 从设备接线端子接口起算 |
| 7 | 轻轨母线终端 | 0.8 | 从设备接线端子接口起算 |

## 7.3.3　软电缆吊索和自由悬吊滑接线的安装

(1) 软电缆吊索和自由悬吊滑接线的安装要求

① 终端固定装置和拉紧装置的机械强度应符合要求，其最大拉力应大于滑接线或吊索的最大拉力。

② 当滑接线和吊索长度小于或等于25m时，终端拉紧装置的调节余量不应小于0.1m；当滑接线和吊索长度大于25m时，终端拉紧装置的调节余量不应小于0.2m。

③ 滑接线或吊索拉紧时的弛度，应根据其材料规格和安装时的环境温度选定，滑接线间的弛度偏差不应大于20mm。

④ 滑接线与终端装置之间的绝缘应可靠。

圆钢滑接线末端拉紧支架在墙上的固定如图7-14所示。

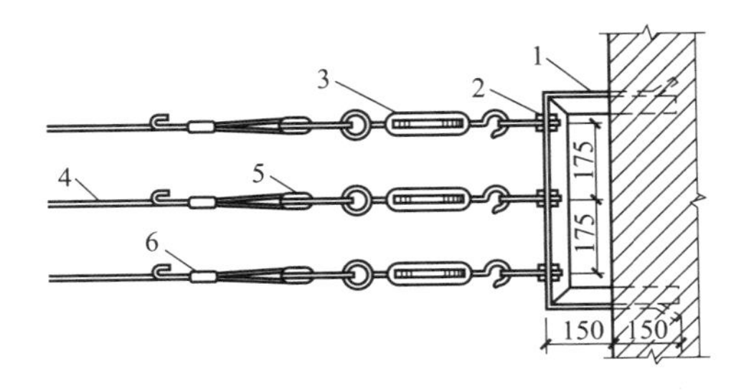


图7-14　圆钢滑接线末端拉紧支架在墙上的固定

1—50×50×5角钢；2—M15螺栓；3—M14花篮螺栓；4—圆钢滑接线；5—J-2型拉线绝缘子；6—夹线器

（2）悬吊式软电缆的安装要求

① 当采用型钢作软电缆滑道时，型钢应安装平直，滑道应平正光滑，机械强度应符合要求。

② 悬挂装置的电缆夹应与软电缆可靠固定，电缆夹间的距离不宜大于5m。

③ 软电缆安装后，其悬挂装置沿滑道移动应灵活、无跳动，不得卡阻。

④ 软电缆移动段的长度，应比起重机移动距离长15%～20%，并应加装牵引绳，牵引绳长度应短于软电缆移动段的长度。

⑤ 软电缆移动部分两端，应分别与起重机、钢索或型钢滑道牢固固定。

（3）卷筒式软电缆的安装要求

① 起重机移动时，不应挤压软电缆。

② 安装后软电缆与卷筒应保持适当拉力，但卷筒不得自动转动。

③ 卷筒的放缆和收缆速度，应与起重机移动速度一致；利用重砣调节卷筒时，电缆长度和重砣的行程应相适应。

④ 起重机放缆到终端时，卷筒上应保留两圈以上的电缆。

### 7.3.4 起重机滑接线的选择

起重机滑接线通常采用角钢、扁钢、圆钢和扁铝线等。滑接线的截面根据负载电流来选择，并以尖峰电流校验电压损失。当电压损失超过允许值时，再按允许的电压损失重新选择截面。

（1）滑接线的安全载流量

用作滑接线的母线和型钢的允许载流量见表7-15～表7-17。

表7-15 扁铝母线（LMY）允许载流量 单位：A

| 母线截面积/mm² | 25℃ | | 35℃ | | 40℃ | |
|---|---|---|---|---|---|---|
| | 平放 | 竖放 | 平放 | 竖放 | 平放 | 竖放 |
| 15×3 | 156 | 165 | 138 | 135 | 127 | 134 |
| 20×3 | 204 | 215 | 180 | 190 | 166 | 175 |
| 25×3 | 252 | 265 | 219 | 230 | 204 | 215 |
| 30×4 | 347 | 365 | 309 | 325 | 285 | 300 |
| 40×4 | 456 | 480 | 404 | 425 | 375 | 395 |

续表

| 母线截面积/mm² | 25℃ | | 35℃ | | 40℃ | |
|---|---|---|---|---|---|---|
| | 平　放 | 竖　放 | 平　放 | 竖　放 | 平　放 | 竖　放 |
| 40×5 | 518 | 540 | 452 | 475 | 418 | 440 |
| 50×5 | 632 | 665 | 556 | 585 | 518 | 545 |
| 50×6 | 703 | 740 | 617 | 650 | 570 | 600 |
| 60×6 | 826 | 870 | 731 | 770 | 680 | 715 |
| 60×8 | 975 | 1025 | 855 | 900 | 788 | 830 |
| 60×10 | 1100 | 1155 | 960 | 1010 | 890 | 935 |
| 80×6 | 1050 | 1150 | 930 | 1010 | 860 | 935 |
| 80×8 | 1215 | 1320 | 1060 | 1155 | 985 | 1070 |
| 80×10 | 1360 | 1480 | 1190 | 1295 | 1105 | 1200 |
| 100×6 | 1310 | 1425 | 1160 | 1260 | 1070 | 1160 |
| 100×8 | 1495 | 1625 | 1310 | 1425 | 1210 | 1315 |
| 100×10 | 1675 | 1820 | 1470 | 1595 | 1360 | 1475 |
| 120×8 | 1750 | 1900 | 1530 | 1675 | 1420 | 1550 |
| 120×10 | 1905 | 2070 | 1685 | 1830 | 1620 | 1760 |

**表7-16　扁铜母线（TMY）允许载流量**　　单位：A

| 母线截面积/mm² | 25℃ | | 35℃ | | 40℃ | |
|---|---|---|---|---|---|---|
| | 平　放 | 竖　放 | 平　放 | 竖　放 | 平　放 | 竖　放 |
| 15×3 | 200 | 210 | 176 | 185 | 162 | 171 |
| 20×3 | 261 | 275 | 233 | 245 | 214 | 225 |
| 25×3 | 323 | 340 | 285 | 300 | 271 | 285 |
| 30×4 | 451 | 475 | 394 | 415 | 366 | 385 |
| 40×4 | 593 | 625 | 522 | 550 | 484 | 510 |
| 40×5 | 665 | 700 | 588 | 551 | 551 | 580 |
| 50×5 | 816 | 860 | 721 | 760 | 669 | 705 |
| 50×6 | 906 | 955 | 797 | 840 | 735 | 775 |
| 60×6 | 1069 | 1125 | 940 | 990 | 873 | 920 |
| 60×8 | 1251 | 1320 | 1101 | 160 | 1016 | 1070 |
| 60×10 | 1395 | 1475 | 1230 | 1295 | 1133 | 1195 |
| 80×6 | 1360 | 1480 | 1195 | 1300 | 1110 | 1205 |
| 80×8 | 1553 | 1690 | 1361 | 1480 | 1260 | 1370 |
| 80×10 | 1747 | 1900 | 1531 | 1665 | 1417 | 1540 |
| 100×6 | 1665 | 1810 | 1557 | 1592 | 1356 | 1475 |
| 100×8 | 1911 | 2080 | 1674 | 1820 | 1546 | 1685 |
| 100×10 | 2121 | 2310 | 1865 | 2025 | 1720 | 1870 |
| 120×8 | 2210 | 2400 | 1940 | 2110 | 1800 | 1955 |
| 120×10 | 2435 | 2650 | 2152 | 2340 | 1996 | 2170 |

表 7-17 用作滑接线的型钢技术数据

| 滑接线类型 | 主要尺寸/mm | 截面积/mm² | 1m 的质量/kg | 25℃时长期允许负载电流/A | | 电阻/(Ω/km) |
|---|---|---|---|---|---|---|
| | | | | 交流 50Hz | 直 流 | |
| 圆钢 | $\phi$6 | 28 | 0.222 | 30 | 43 | 5.1 |
| | $\phi$8 | 50 | 0.395 | 47 | 76 | 2.88 |
| | $\phi$10 | 78 | 0.617 | 57 | 103 | 1.85 |
| 扁钢 | 30×8 | 240 | 1.88 | 152 | 280 | 0.60 |
| | 50×8 | 400 | 3.14 | 247 | 450 | 0.36 |
| 角钢 | 25×25×4 | 186 | 1.46 | 147 | 222 | 0.78 |
| | 30×30×4 | 227 | 1.78 | 184 | 306 | 0.64 |
| | 40×40×4 | 308 | 2.42 | 247 | 410 | 0.47 |
| | 45×45×4 | 429 | 3.37 | 296 | 510 | 0.38 |
| | 50×50×5 | 480 | 3.77 | 328 | 566 | 0.30 |
| | 60×60×6 | 601 | 5.42 | 396 | 740 | 0.21 |
| | 65×65×8 | 987 | 7.75 | 450 | 922 | 0.147 |
| | 75×75×8 | 1150 | 9.03 | 518 | 1085 | 0.126 |
| | 75×75×10 | 1410 | 11.1 | 524 | 1180 | 0.103 |
| 铁路狭轨类型 | 7 | 885 | 6.93 | | — | 0.226 |
| | 8 | 1076 | 8.42 | | — | 0.186 |
| | 11 | 1431 | 11.2 | | — | 0.146 |
| | 15 | 1880 | 14.72 | | — | 0.106 |
| | 18 | 2307 | 18.06 | | — | 0.087 |
| | 24 | 3270 | 24.04 | | — | 0.061 |

注：表中所列长期允许负载电流系指周围空气温度为 25℃、最高发热温度达 70℃而言。

(2) 滑接线的电压损失

扁铝线在三相交流时的电压损失列于表 7-18；常用滑接线型钢在三相交流时的电压损失列于表 7-19～表 7-21。

表 7-18 扁铝线在三相交流时的电压损失 单位：V/km

| 电流/A | 扁铝线规格 | | | | | | | | | | | | | | | | | |
|---|---|---|---|---|---|---|---|---|---|---|---|---|---|---|---|---|---|---|
| | 15×3 | | 20×3 | | 25×3 | | 30×3 | | 30×4 | | 40×4 | | 40×5 | | 50×5 | | 50×6 | |
| | 功率因数 | | | | | | | | | | | | | | | | | |
| | 0.5 | 0.65 | 0.5 | 0.65 | 0.5 | 0.65 | 0.5 | 0.65 | 0.5 | 0.65 | 0.5 | 0.65 | 0.5 | 0.65 | 0.5 | 0.65 | 0.5 | 0.65 |
| 49 | 50 | 54 | 40 | 43 | — | — | — | — | — | — | — | — | — | — | — | — | — | — |
| 100 | 98 | 108 | 80 | 86 | 68 | 72 | 60 | 63 | — | — | — | — | — | — | — | — | — | — |
| 150 | 147 | 162 | 120 | 129 | 102 | 108 | 90 | 94 | 78 | 81 | 66 | 66 | — | — | — | — | — | — |
| 200 | — | — | 160 | 172 | 136 | 144 | 120 | 126 | 104 | 108 | 88 | 88 | 80 | 80 | 70 | 69 | — | — |

续表

| 电流/A | 扁铝线规格 | | | | | | | | | | | | | | | | | |
|---|---|---|---|---|---|---|---|---|---|---|---|---|---|---|---|---|---|---|
| | 15×3 | | 20×3 | | 25×3 | | 30×3 | | 30×4 | | 40×4 | | 40×5 | | 50×5 | | 50×6 | |
| | 功率因数 | | | | | | | | | | | | | | | | | |
| | 0.5 | 0.65 | 0.5 | 0.65 | 0.5 | 0.65 | 0.5 | 0.65 | 0.5 | 0.65 | 0.5 | 0.65 | 0.5 | 0.65 | 0.5 | 0.65 | 0.5 | 0.65 |
| 250 | — | — | — | — | 170 | 180 | 150 | 156 | 130 | 135 | 110 | 110 | 100 | 100 | 88 | 67 | 83 | 80 |
| 300 | — | — | — | — | — | — | 180 | 190 | 156 | 162 | 131 | 133 | 120 | 119 | 105 | 104 | 99 | 96 |
| 350 | — | — | — | — | — | — | — | — | 182 | 189 | 153 | 155 | 140 | 139 | 123 | 121 | 116 | 112 |
| 400 | — | — | — | — | — | — | — | — | — | — | 175 | 177 | 160 | 159 | 140 | 138 | 132 | 128 |
| 450 | — | — | — | — | — | — | — | — | — | — | 197 | 199 | 180 | 199 | 158 | 156 | 149 | 144 |
| 500 | — | — | — | — | — | — | — | — | — | — | — | — | 200 | 207 | 175 | 173 | 165 | 160 |
| 650 | — | — | — | — | — | — | — | — | — | — | — | — | — | — | 228 | 232 | 214 | 232 |
| 750 | — | — | — | — | — | — | — | — | — | — | — | — | — | — | — | — | 248 | 248 |

| 电流/A | 扁铝线规格 | | | | | | | | | | | | | | | | | |
|---|---|---|---|---|---|---|---|---|---|---|---|---|---|---|---|---|---|---|
| | 60×6 | | 60×8 | | 60×10 | | 80×6 | | 80×8 | | 80×10 | | 100×6 | | 100×8 | | 100×10 | |
| | 功率因数 | | | | | | | | | | | | | | | | | |
| | 0.5 | 0.65 | 0.5 | 0.65 | 0.5 | 0.65 | 0.5 | 0.65 | 0.5 | 0.65 | 0.5 | 0.65 | 0.5 | 0.65 | 0.5 | 0.65 | 0.5 | 0.65 |
| 300 | 90 | 89 | 83 | 81 | — | — | — | — | — | — | — | — | — | — | — | — | — | — |
| 350 | 105 | 103 | 97 | 95 | — | — | — | — | — | — | — | — | — | — | — | — | — | — |
| 400 | 120 | 118 | 111 | 108 | 106 | 93 | 102 | 99 | — | — | — | — | — | — | — | — | — | — |
| 500 | 150 | 148 | 139 | 135 | 132 | 116 | 127 | 124 | 119 | 114 | 113 | 107 | — | — | — | — | — | — |
| 600 | 180 | 178 | 167 | 162 | 158 | 139 | 152 | 149 | 142 | 136 | 136 | 129 | 133 | 129 | 125 | 119 | — | — |
| 700 | 210 | 207 | 195 | 189 | 185 | 162 | 178 | 174 | 166 | 159 | 159 | 150 | 155 | 151 | 146 | 139 | 143 | 135 |
| 800 | 240 | 237 | 222 | 216 | 211 | 185 | 203 | 199 | 190 | 182 | 181 | 172 | 178 | 173 | 167 | 159 | 163 | 154 |
| 900 | 270 | 266 | 250 | 243 | 238 | 208 | 229 | 224 | 213 | 204 | — | 193 | 200 | 194 | 188 | 179 | 183 | 174 |
| 1000 | — | — | 278 | 270 | 264 | 232 | 254 | 249 | 237 | 227 | 227 | 214 | 222 | 216 | 209 | 199 | 204 | 193 |
| 1200 | — | — | 334 | 324 | 317 | 278 | 305 | 298 | 284 | 272 | 272 | 257 | 266 | 259 | 251 | 238 | 245 | 231 |
| 1400 | — | — | — | — | — | — | — | — | 332 | 318 | 318 | 300 | 311 | 302 | 292 | 278 | 285 | 270 |
| 1600 | — | — | — | — | — | — | — | — | — | — | — | — | 355 | 345 | 334 | 318 | 326 | 309 |

注：上述数值为扁铝线相距250mm时的值。

### 表7-19 圆钢、扁钢做成的滑接线在三相交流时的电压损失

单位：V/km

| 电流/A | 圆钢/mm | | | | 扁钢/mm | | | |
|---|---|---|---|---|---|---|---|---|
| | φ8 | | φ10 | | 30×8 | | 50×8 | |
| | 功率因数 | | | | | | | |
| | 0.5 | 0.65 | 0.5 | 0.65 | 0.5 | 0.65 | 0.5 | 0.65 |
| 10 | 216 | 226 | 169 | 185 | 50 | 54 | 39 | 42 |
| 20 | 379 | 415 | 314 | 348 | 127 | 139 | 73 | 80 |

续表

| 电流/A | 圆钢/mm | | | | 扁钢/mm | | | |
|---|---|---|---|---|---|---|---|---|
| | $\phi$8 | | $\phi$10 | | 30×8 | | 50×8 | |
| | 功率因数 | | | | | | | |
| | 0.5 | 0.65 | 0.5 | 0.65 | 0.5 | 0.65 | 0.5 | 0.65 |
| 30 | 513 | 560 | 421 | 464 | 204 | 224 | 120 | 131 |
| 40 | 617 | 720 | 534 | 584 | 252 | 287 | 178 | 195 |
| 50 | 735 | 860 | 642 | 704 | 309 | 359 | 218 | 240 |
| 60 | 906 | 1020 | 733 | 808 | 373 | 408 | 253 | 277 |
| 70 | — | — | 845 | 920 | 406 | 445 | 294 | 322 |
| 80 | — | — | — | — | 440 | 480 | 329 | 358 |
| 90 | — | — | — | — | — | — | 345 | 386 |
| 100 | — | — | — | — | — | — | 379 | 405 |
| 120 | — | — | — | — | — | — | 431 | 473 |
| 140 | — | — | — | — | — | — | 480 | 525 |
| 160 | — | — | — | — | — | — | 524 | 572 |

表 7-20 铁轨做成的滑接线在三相交流时的电压损失

单位：V/km

| 电流/A | 铁轨类型 | | | | | | | | | | | |
|---|---|---|---|---|---|---|---|---|---|---|---|---|
| | 7 | | 8 | | 11 | | 15 | | 18 | | 24 | |
| | 功率因数 | | | | | | | | | | | |
| | 0.5 | 0.65 | 0.5 | 0.65 | 0.5 | 0.65 | 0.5 | 0.65 | 0.5 | 0.65 | 0.5 | 0.65 |
| 300 | 520 | 552 | 497 | 525 | — | — | — | — | — | — | — | — |
| 350 | 592 | 630 | 566 | 600 | 465 | 494 | 398 | 422 | — | — | — | — |
| 400 | 660 | 760 | 630 | 665 | 520 | 552 | 448 | 476 | 417 | 442 | 358 | 380 |
| 500 | 788 | 838 | 755 | 800 | 625 | 665 | 540 | 574 | 508 | 540 | 446 | 474 |
| 600 | 915 | 970 | 873 | 925 | 725 | 770 | 625 | 664 | 590 | 525 | 522 | 555 |
| 700 | 1040 | 1100 | 985 | 1045 | 825 | 875 | 712 | 756 | 670 | 712 | 592 | 627 |
| 800 | 1130 | 1200 | 1070 | 1130 | 910 | 965 | 786 | 835 | 742 | 786 | 652 | 692 |
| 900 | — | — | 1150 | 1220 | 990 | 1050 | 860 | 910 | 810 | 860 | 720 | 765 |
| 1000 | — | — | — | — | 1060 | 1130 | 925 | 980 | 870 | 925 | 780 | 830 |
| 1200 | — | — | — | — | — | — | 1055 | 1120 | 955 | 1055 | 884 | 938 |
| 1400 | — | — | — | — | — | — | — | — | 1110 | 1175 | 982 | 1040 |
| 1600 | — | — | — | — | — | — | — | — | — | — | 1075 | 1140 |

表 7-21 角钢做成的滑接线在三相交流时的电压损失

单位：V/km

| 电流/A | 角钢尺寸 | | | | | | | | | | | | | | | | | |
|---|---|---|---|---|---|---|---|---|---|---|---|---|---|---|---|---|---|---|
| | 25×25×3 | | 30×30×4 | | 40×40×4 | | 45×45×5 | | 50×50×5 | | 60×60×6 | | 65×65×8 | | 75×75×8 | | 75×75×10 | |
| | 功率因数 | | | | | | | | | | | | | | | | | |
| | 0.5 | 0.65 | 0.5 | 0.65 | 0.5 | 0.65 | 0.5 | 0.65 | 0.5 | 0.65 | 0.5 | 0.65 | 0.5 | 0.65 | 0.5 | 0.65 | 0.5 | 0.65 |
| 100 | 474 | 515 | — | — | — | — | — | — | — | — | — | — | — | — | — | — | — | — |
| 125 | 550 | 600 | 460 | 500 | — | — | — | — | — | — | — | — | — | — | — | | | |
| 150 | 625 | 690 | 520 | 570 | 420 | 450 | — | — | — | — | — | — | — | — | — | — | — | — |
| 175 | 700 | 760 | 575 | 630 | 470 | 512 | 418 | 456 | 390 | 425 | — | — | — | — | — | — | — | — |
| 200 | 770 | 835 | 630 | 690 | 520 | 566 | 460 | 502 | 425 | 465 | — | — | — | — | — | — | — | — |
| 250 | 900 | 975 | 735 | 809 | 616 | 670 | 540 | 592 | 495 | 540 | 428 | 468 | 394 | 430 | — | — | — | — |
| 300 | 1020 | 1100 | 835 | 905 | 686 | 748 | 608 | 665 | 556 | 608 | 482 | 525 | 442 | 482 | 400 | 436 | 390 | 424 |
| 350 | — | — | 930 | 1005 | 752 | 820 | 672 | 732 | 610 | 665 | 538 | 585 | 490 | 535 | 442 | 480 | 430 | 470 |
| 400 | — | — | 1020 | 1100 | 824 | 900 | 740 | 802 | 670 | 730 | 588 | 642 | 534 | 585 | 478 | 520 | 464 | 506 |
| 500 | — | — | — | — | 980 | 1070 | 858 | 935 | 770 | 890 | 682 | 745 | 618 | 675 | 550 | 600 | 525 | 572 |
| 600 | — | — | — | — | — | — | 968 | 1060 | 885 | 960 | 760 | 828 | 695 | 760 | 620 | 675 | 600 | 655 |
| 750 | — | — | — | — | — | — | — | — | 1025 | 1120 | 870 | 950 | 800 | 875 | 722 | 686 | 710 | 755 |
| 900 | — | — | — | — | — | — | — | — | — | — | 900 | 1080 | 895 | 980 | 818 | 894 | 805 | 880 |
| 1100 | — | — | — | — | — | — | — | — | — | — | — | — | — | — | 942 | 1030 | 900 | 980 |

## 7.3.5 起重机保护设备及电源线的选择

单台起重机（FZ＝25％）断路器、配电保护及导线的选择，见表 7-22。

单台起重机（FZ＝40％）断路器、配电保护及导线的选择，见表 7-23。

两台桥式起重机组（FZ＝40％）断路器、配电保护及导线的选择，见表 7-24。

三台桥式起重机组（FZ＝40％）断路器、配电保护及导线的选择，见表 7-25。

龙门吊式起重机（FZ＝25％）断路器、配电保护及导线的选择，见表 7-26。

表 7-22　单台起重机（FZ=25%）断路器、配电保护及导线的选择

| 起重机类型 | 起重量/t | 总功率/kW | 电动机功率/kW/电流/A | | | | | | DZ20型断路器DZ20Y/358 | | 角钢滑接线 | | BLV型铝芯500V绝缘导线/mm² | 碳素钢电线套管TC(DG)/mm | 镀锌焊接钢管SC(G)/mm |
|---|---|---|---|---|---|---|---|---|---|---|---|---|---|---|---|
| | | | 主钩 | 副钩 | 大车 | 小车 | 计算电流/A | 尖峰电流/A | 额定电流/A | 脱扣电流/A | 规格尺寸/mm×mm×mm | 每10m ΔU/% | | | |
| 电动葫芦 | 0.5 | 1.1 | 0.8/3 | — | — | 0.3/0.9 | 3 | 17 | 100 | 16 | L30×30×4 | 0.19 | 3×2.5 | 16 | 15 |
| | 1 | 2.8 | 2.2/6.3 | — | — | 0.6/1.9 | 6.4 | 27 | 100 | 16 | L30×30×4 | 0.30 | 3×2.5 | 16 | 15 |
| | 2 | 4.1 | 3.5/9.2 | — | — | 0.6/1.9 | 9.2 | 36 | 100 | 16 | L30×30×4 | 0.40 | 3×2.5 | 16 | 15 |
| | 3 | 6 | 5/13 | — | — | 1/2.9 | 13 | 61 | 100 | 16 | L30×30×4 | 0.67 | 3×2.5 | 16 | 15 |
| | 5 | 8.5 | 7.5/19.7 | — | — | 1/2.9 | 19.7 | 90 | 100 | 20 | L40×40×4 | 0.87 | 3×4 | 16 | 15 |
| 梁式起重机 | 0.5 | 3.3 | 0.8/3 | — | 2.2/5 | 0.3/0.9 | 5 | 19 | 100 | 16 | —30×4<br>L40×40×4 | 0.34<br>0.20 | 3×2.5 | 16 | 15 |
| | 1 | 5 | 2.2/6.4 | — | 2.2/5 | 0.6/1.9 | 6.4 | 29 | 100 | 16 | —30×4<br>L40×40×4 | 0.52<br>0.31 | 3×2.5 | 16 | 15 |
| | 2 | 6.3 | 3.5/9.2 | — | 2.2/5 | 0.6/1.9 | 9.2 | 38 | 100 | 16 | —30×4<br>L40×40×4 | 0.69<br>0.48 | 3×2.5 | 16 | 15 |
| | 3 | 8.9 | 5/13 | — | 2.2/5 | 0.6/1.9 | 13 | 62 | 100 | 16 | —30×4<br>L40×40×4 | 1.12<br>0.60 | 3×2.5 | 16 | 15 |
| | 5 | 11.4 | 7.5/19.7 | — | 2.2/5 | 1.7/3.9 | 19.7 | 90 | 100 | 20 | L40×40×4 | 0.87 | 3×4 | 19 | 15 |

续表

| 起重机类型 | 起重量/t | 总功率/kW | 电动机功率/kW/电流/A | | | | | | DZ20型断路器DZ20Y/358 | | 角钢滑接线 | | BLV型铝芯500V绝缘导线/mm² | 碳素钢电线套管TC(DG)/mm | 镀锌焊接钢管SC(G)/mm |
|---|---|---|---|---|---|---|---|---|---|---|---|---|---|---|---|
| | | | 主钩 | 副钩 | 大车 | 小车 | 计算电流/A | 尖峰电流/A | 额定电流/A | 脱扣电流/A | 规格尺寸/mm×mm×mm | 每10m ΔU/% | | | |
| 单主梁桥式起重机 | 5 | 15.9 | 7.5/19.7 | — | 2×3.5/9.2 | 1.4/4 | 19.4 | 51 | 100 | 16 | L40×40×4 | 0.50 | 3×4 | 19 | 15 |
| | 8 | 23.2 | 11/28 | — | 2×5/15 | 2.2/6.4 | 28 | 73 | 100 | 16 | L40×40×4 | 0.70 | 3×6 | 19 | 15 |
| | 10 | 28.2 | 11/28 | — | 2×7.5/21 | 2.2/6.4 | 34 | 79 | 100 | 40 | L40×40×4 | 0.75 | 3×10 | 25 | 25 |
| | 12.5 | 29.5 | 16/43 | — | 2×5/15 | 3.5/9.2 | 36 | 105 | 100 | 40 | L40×40×4 | 0.96 | 3×10 | 25 | 25 |
| | 16/3 | 35.5 | 22/57 | 11/28 | 2×5/15 | 3.5/9.2 | 43 | 134 | 100 | 50 | L50×50×5 | 0.97 | 3×16 | 32 | 25 |
| | 20/5 | 42 | 22/57 | 16/43 | 2×7.5/21 | 5/15 | 51 | 142 | 100 | 63 | L50×50×5 | 1.00 | 3×25 | 38 | 32 |
| | 32/8 | 67 | 40/100 | 16/43 | 2×11/28 | 5/15 | 82 | 242 | 100 | 100 | L75×75×8 | 1.08 | 3×50 | 51 | 51 |
| | 50/12.5 | 79.5 | 50/117 | 30/69.5 | 2×11/28 | 7.5/21 | 97 | 284 | 100 | 100 | L75×75×8 | 1.21 | 3×50 | 51 | 51 |
| 双梁桥式起重机 | 5 | 23.2 | 11/28 | 11/28 | 2×5/15 | 2.2/7.2 | 27.8 | 67 | 100 | 32 | L40×40×4 | 0.65 | 3×6 | 19 | 15 |
| | 10 | 29.5 | 16/43 | 11/28 | 2×5/15 | 3.5/10 | 35 | 104 | 100 | 40 | L40×40×4 | 0.96 | 3×10 | 25 | 25 |
| | 15/3 | 35.5 | 22/57 | 11/28 | 2×5/15 | 3.5/10 | 43 | 134 | 100 | 50 | L50×50×5 | 0.97 | 3×16 | 32 | 25 |
| | 20/5 | 35.5 | 22/57 | 16/43 | 2×5/15 | 3.5/10 | 43 | 134 | 100 | 50 | L50×50×5 | 0.97 | 3×16 | 32 | 40 |
| | 30/5 | 65 | 45/110 | 16/43 | 2×7.5/21 | 5/15 | 78 | 254 | 100 | 80 | L75×75×8 | 1.13 | 3×35 | 51 | 65 |
| | 50/10 | 89.5 | 60/133 | 30/72 | 2×11/28 | 7.5/21 | 107 | 320 | 200 | 125 | L75×75×8 | 1.32 | 3×70 | 64 | — |

表 7-23 单台起重机（FZ=40%）断路器、配电保护及导线的选择

| 起重机类型 | 起重量/t | 总功率/kW | 电动机功率/kW/电流/A | | | | | | DZ20型断路器DZ20Y/358 | | 角钢滑接线 | | BLV型铝芯500V绝缘导线/mm² | 碳素钢电线套管TC(DG)/mm | 镀锌焊接钢管SC(G)/mm |
|---|---|---|---|---|---|---|---|---|---|---|---|---|---|---|---|
| | | | 主钩 | 副钩 | 大车 | 小车 | 计算电流/A | 尖峰电流/A | 额定电流/A | 脱扣电流/A | 规格尺寸/mm×mm×mm | 每10m ΔU/% | | | |
| 单主梁桥式起重机 | 5 | 22.8 | 13/29.5 | — | 2/4.2/10 | 1.4/5.3 | 35 | 79 | 100 | 40 | L40×40×4 | 0.77 | 3×10 | 25 | 25 |
| | 8 | 27.7 | 17.5/50 | — | 2×4/9.5 | 2.2/7 | 42 | 117 | 100 | 50 | L40×40×4 | 1.06 | 3×16 | 32 | 25 |
| | 10 | 44.8 | 25/73 | — | 2×8.8/25 | 2.2/7 | 68 | 178 | 100 | 80 | L50×50×5 | 1.16 | 3×35 | 51 | 40 |
| | 12 | 35.8 | 23.5/62 | — | 2×8.8/25 | 3.5/10 | 54 | 147 | 100 | 63 | L50×50×5 | 1.05 | 3×25 | 38 | 32 |
| | 16/3 | 56.1 | 40/106 | 11/27.5 | 2×6.3/19 | 3.5/10 | 85 | 244 | 100 | 100 | L75×75×8 | 1.18 | 3×50 | 51 | 51 |
| | 20/5 | 72.6 | 50/119 | 16/46 | 2×8.8/25 | 5/15 | 110 | 289 | 200 | 125 | L50×50×5+LMY−30×3 | 0.47 | 3×70 | 64 | 65 |
| | 32/8 | 87 | 65/170 | — | 2×11/27.5 | 5/15 | 132 | 387 | 200 | 160 | L50×50×5+LMY−30×3 | 0.61 | 3×95 | 76 | 80 |
| | 50/12.5 | 102 | 80/208 | — | — | 5/15 | 155 | 467 | 200 | 160 | L50×50×5+LMY−30×3 | 0.73 | 3×95 | 76 | 80 |
| 双梁桥式起重机 | 5 | 27.8 | 13/29 | 11/31 | 2×6.3/19 | 2.2/7 | 42 | 100 | 100 | 50 | L40×40×4 | 0.93 | 3×16 | 32 | 25 |
| | 10 | 39.6 | 23.5/62 | 11/31 | 2×6.3/19 | 3.5/10 | 59 | 152 | 100 | 63 | L50×50×5 | 1.06 | 3×25 | 38 | 32 |
| | 15/3 | 69.1 | 48/114 | 11/31 | 2×8.8/25 | 3.5/10 | 104 | 275 | 200 | 160 | L75×75×8 | 1.18 | 3×95 | 76 | 80 |
| | 20/5 | 69.1 | 48/114 | 16/43 | 2×8.8/25 | 3.5/10 | 104 | 275 | 200 | 160 | L75×75×8 | 1.18 | 3×95 | 76 | 80 |
| | 30/5 | 94 | 63/165 | 16/43 | 2×13/29 | 5/15 | 141 | 389 | 200 | 160 | L50×50×5+LMY−30×3 | 0.61 | 3×95 | 76 | 80 |
| | 50/10 | 105.5 | 63/165 | 30/72 | 2×17.5/50 | 7.5/21 | 158 | 406 | 200 | 160 | L50×50×5+LMY−30×3 | 0.64 | 3×95 | 76 | 80 |

表7-24　两台桥式起重机组（FZ=40%）断路器、配电保护及导线的选择

| 起重机组合起重量/t | 总额定功率/kW | 计算电流/A | 尖峰电流/A | DZ20型断路器DZ20Y/358 | | 滑接线 | | BLV型铝芯500V绝缘导线/$mm^2$ | 碳素钢电线套管TC(DG)/mm | 镀锌焊接钢管SC(G)/mm |
|---|---|---|---|---|---|---|---|---|---|---|
| | | | | 额定电流/A | 脱扣电流/A | 角钢或角钢加铝母线规格/mm×mm×mm | 每10m ΔU/% | | | |
| 5+5 | 55.6 | 64 | 127 | 100 | 80 | L50×50×5 | 0.93 | 3×35 | 51 | 40 |
| 10+5 | 67.4 | 78 | 178 | 100 | 80 | L50×50×5 | 1.19 | 3×35 | 51 | 40 |
| 10+10 | 79.2 | 91 | 192 | 100 | 100 | L50×50×5 | 1.23 | 3×50 | 51 | 51 |
| 15/3+5 | 96.9 | 111 | 296 | 200 | 125 | L50×50×5+LMY−30×3 | 0.47 | 3×70 | 64 | 65 |
| 15/3+10 | 108.7 | 125 | 310 | 200 | 125 | L50×50×5+LMY−30×3 | 0.49 | 3×70 | 64 | 65 |
| 15/3+15/3 | 138.2 | 159 | 344 | 200 | 160 | L50×50×5+LMY−30×3 | 0.54 | 3×95 | 76 | 80 |
| 20/5+5 | 96.9 | 111 | 296 | 200 | 125 | L50×50×5+LMY−30×3 | 0.47 | 3×70 | 64 | 65 |
| 20/5+10 | 108.7 | 125 | 310 | 200 | 125 | L50×50×5+LMY−30×3 | 0.49 | 3×70 | 64 | 65 |
| 20/5+15/3 | 138.2 | 159 | 344 | 200 | 160 | L50×50×5+LMY−30×3 | 0.54 | 3×95 | 76 | 80 |
| 20/5+20/5 | 138.2 | 159 | 344 | 200 | 160 | L50×50×5+LMY−30×3 | 0.54 | 3×95 | 76 | 80 |
| 30/5+5 | 121.8 | 150 | 418 | 200 | 160 | L50×50×5+LMY−30×3 | 0.66 | 3×95 | 76 | 80 |
| 50/5+10 | 133.6 | 154 | 421 | 200 | 160 | L50×50×5+LMY−30×3 | 0.67 | 3×95 | 76 | 80 |
| 30/5+15/3 | 163.1 | 188 | 455 | 200 | 200 | L50×50×5+LMY−30×3 | 0.72 | 3×150 | — | 80 |
| 30/5+20/5 | 163.1 | 188 | 455 | 200 | 200 | L50×50×5+LMY−30×3 | 0.72 | 3×150 | — | 80 |
| 30/5+30/5 | 188 | 216 | 484 | 200 | 225 | L50×50×5+LMY−30×3 | 0.76 | 3×150 | — | 80 |

表 7-25 三台桥式起重机组（FZ=40%）断路器、配电保护及导线的选择

| 起重机组合起重量/t | 总额定功率/kW | 计算电流/A | 尖峰电流/A | DZ20 型断路器 DZ20Y/358 | | 滑接线 | | BLV 型铝芯 500V 绝缘导线/$mm^2$ | 碳素钢电线套管 TC(DG)/mm | 镀锌焊接钢管 SC(G)/mm |
|---|---|---|---|---|---|---|---|---|---|---|
| | | | | 额定电流/A | 脱扣电流/A | 角钢或角钢加铝母线规格/mm×mm×mm | 每 10m $\Delta U$/% | | | |
| 10+5+5 | 95 | 90 | 195 | 100 | 100 | L75×75×8 | 0.92 | 3×50 | 51 | 51 |
| 10+10+5 | 107 | 102 | 206 | 200 | 125 | L75×75×8 | 0.96 | 3×70 | 64 | 65 |
| 10+10+10 | 119 | 113 | 217 | 200 | 125 | L50×50×5+LMY−30×3 | 0.34 | 3×70 | 64 | 65 |
| 15/3+5+5 | 125 | 118 | 310 | 200 | 125 | L50×50×5+LMY−30×3 | 0.49 | 3×70 | 64 | 65 |
| 20/3+5+5 | 125 | 118 | 310 | 200 | 125 | L50×50×5+LMY−30×3 | 0.49 | 3×70 | 64 | 65 |
| 15/3+10+5 | 137 | 130 | 321 | 200 | 160 | L50×50×5+LMY−30×3 | 0.51 | 3×95 | 76 | 80 |
| 15/3+10+10 | 148 | 141 | 332 | 200 | 160 | L50×50×5+LMY−30×3 | 0.52 | 3×95 | 76 | 80 |
| 20/5+10+10 | 148 | 141 | 332 | 200 | 160 | L50×50×5+LMY−30×3 | 0.52 | 3×95 | 76 | 80 |
| 15/3+15/3+5 | 166 | 158 | 349 | 200 | 160 | L50×50×5+LMY−30×3 | 0.55 | 3×95 | 76 | 80 |
| 20/5+15/3+5 | 166 | 158 | 349 | 200 | 160 | L50×50×5+LMY−30×3 | 0.55 | 3×95 | 76 | 80 |
| 15/3+15/3+10 | 178 | 169 | 360 | 200 | 180 | L50×50×5+LMY−30×3 | 0.57 | 3×120 | 76 | 80 |
| 20/5+15/3+10 | 178 | 169 | 360 | 200 | 180 | L50×50×5+LMY−30×3 | 0.57 | 3×120 | 76 | 80 |
| 20/5+20/5+10 | 178 | 169 | 360 | 200 | 180 | L50×50×5+LMY−30×3 | 0.57 | 3×120 | 76 | 80 |
| 15/3+15/3+15/3 | 207 | 197 | 388 | 200 | 200 | L50×50×5+LMY−30×3 | 0.61 | 3×150 | — | 80 |
| 20/5+15/3+15/3 | 207 | 197 | 388 | 200 | 200 | L50×50×5+LMY−30×3 | 0.61 | 3×150 | — | 80 |
| 20/5+20/5+15/3 | 207 | 197 | 388 | 200 | 200 | L50×50×5+LMY−30×3 | 0.61 | 3×150 | — | 80 |
| 20/5+20/5+20/5 | 207 | 197 | 388 | 200 | 200 | L50×50×5+LMY−30×3 | 0.61 | 3×150 | — | 80 |

表 7-26 龙门吊式起重机（FZ=25%）断路器、配电保护及导线的选择

| 起重量/t | 跨度/m | 总额定功率/kW | 分项电动机功率/kW/电流/A | | | | 计算电流/A | 尖峰电流/A | DZ20型断路器DZ20Y/358 | | 滑接线 | | BLV型铝芯500V绝缘导线/mm² | 碳素钢电线套管TC(DG)/mm | 镀锌焊接钢管SC(G)/mm |
|---|---|---|---|---|---|---|---|---|---|---|---|---|---|---|---|
| | | | 主钩 | 副钩 | 大车 | 小车 | | | 额定电流/A | 脱扣电流/A | 角钢规格/mm×mm×mm | 每10m ΔU/% | | | |
| 5 | 18 | 23.2 | 11/28 | — | 2×5/15 | 2.2/7.2 | 27.8 | 73 | 100 | 32 | L40×40×4 | 0.70 | 3×6 | 19 | 15 |
| | 22～30 | 28.2 | 11/28 | — | 2×7.5/21 | 2.2/7.2 | 33.8 | 79 | 100 | 40 | L40×40×4 | 0.75 | 3×10 | 25 | 25 |
| | 35 | 35.2 | 11/28 | — | 2×11/28 | 2.2/7.2 | 42.2 | 87 | 100 | 50 | L40×40×4 | 0.85 | 3×16 | 32 | 25 |
| 10 | 18～22 | 34.5 | 16/43 | — | 2×7.5/21 | 3.5/9.2 | 41.4 | 110 | 100 | 50 | L40×40×4 | 1.00 | 3×16 | 32 | 25 |
| | 26～35 | 43 | 16/43 | — | 2×11/28 | 3.5/9.2 | 52 | 121 | 100 | 63 | L40×40×4 | 1.08 | 3×25 | 38 | 32 |
| | 18～22 | 31 | 11/28 | — | 2×7.5/21 | 5/15 | 37.2 | 82 | 100 | 40 | L40×40×4 | 0.78 | 3×10 | 25 | 25 |
| 15/3 | 26 | 38 | 11/28 | — | 2×11/28 | 5/15 | 45.6 | 90 | 100 | 50 | L40×40×4 | 0.86 | 3×16 | 32 | 25 |
| | 30～35 | 49 | 22/57 | — | 2×11/28 | 5/15 | 59 | 150 | 100 | 63 | L50×50×5 | 1.04 | 3×25 | 38 | 32 |
| | 18～22 | 36 | — | — | 2×7.5/21 | 5/15 | 43.2 | 112 | 100 | 50 | L40×40×4 | 1.01 | 3×16 | 32 | 25 |
| 20/5 | 26 | 43 | — | — | 2×11/28 | 5/15 | 52 | 121 | 100 | 63 | L40×40×4 | 1.08 | 3×25 | 38 | 32 |
| | 30～35 | 67 | — | — | 2×16/43 | 5/15 | 80 | 192 | 100 | 100 | L75×75×8 | 0.90 | 3×50 | 51 | 51 |
| | 18 | 46.4 | — | — | — | — | 41.8 | 89 | 100 | 50 | L40×40×4 | 0.86 | 3×16 | 32 | 25 |
| 5+5 | 22～30 | 56.4 | — | — | — | — | 51 | 104 | 100 | 63 | L40×40×4 | 0.98 | 3×25 | 38 | 32 |
| | 35 | 70.4 | — | — | — | — | 63 | 118 | 100 | 80 | L40×40×4 | 1.07 | 3×25 | 51 | 40 |
| | 18～22 | 69 | — | — | — | — | 62 | 142 | 100 | 63 | L50×50×5 | 1.00 | 3×25 | 38 | 32 |
| 10+10 | 26～35 | 86 | — | — | — | — | 77 | 159 | 100 | 80 | L50×50×5 | 1.08 | 3×35 | 51 | 40 |
| | 18～22 | 62 | — | — | — | — | 56 | 110 | 100 | 63 | L40×40×4 | 1.00 | 3×25 | 38 | 32 |
| | 26 | 76 | — | — | — | — | 68 | 124 | 100 | 80 | L50×50×5 | 1.09 | 3×35 | 51 | 40 |
| 15/3+15/3 | 30～35 | 98 | — | — | — | — | 88 | 195 | 100 | 100 | L75×75×8 | 0.92 | 3×50 | 51 | 51 |
| | 18～22 | 72 | — | — | — | — | 65 | 145 | 100 | 80 | L50×50×5 | 1.02 | 3×35 | 51 | 40 |
| 20/5+20/5 | 26 | 86 | — | — | — | — | 77 | 159 | 100 | 80 | L50×50×5 | 1.08 | 3×35 | 51 | 40 |
| | 30～35 | 134 | — | — | — | — | 121 | 252 | 100 | 125 | L75×75×8 | 1.10 | 3×70 | 64 | 65 |

### 7.3.6 起重机配线、保护装置和照明的安装

(1) 配线安装要求

① 起重机上的配线，应符合下列要求。

a. 起重机上的配线除弱电系统外，均应采用额定电压不低于500V的铜芯多股电线或电缆。多股电线截面面积不得小于$1.5mm^2$，多股电缆截面面积不得小于$1.0mm^2$。

b. 在易受机械损伤、热辐射或有润滑油滴落部位，电线或电缆应装于钢管、线槽、保护罩内或采取隔热保护措施。

c. 电线或电缆穿过钢结构的孔洞处，应将孔洞的毛刺去掉，并应采取保护措施。

d. 起重机上电缆的敷设，应符合下列要求：

· 应按电缆引出的先后顺序排列整齐，不宜交叉；强电与弱电电缆宜分开敷设，电缆两端应有标牌。

· 固定敷设的电缆应卡固，支持点距离不应大于1m。

· 电缆固定敷设时，其弯曲半径应大于电缆外径的5倍；电缆移动敷设时，其弯曲半径应大于电缆外径的8倍。

e. 起重机上的配线应排列整齐，导线两端应牢固地压接相应的接线端子，并应标有明显的接线编号。

② 起重机上电线管、线槽的敷设，应符合下列要求。

a. 钢管、线槽应固定牢固。

b. 露天起重机的钢管敷设，应使管口向下或有其他防水措施。

c. 起重机所有的管口应加装护口套。

d. 线槽的安装应符合电线或电缆敷设的要求，电线或电缆的进出口处应采取保护措施。

(2) 保护装置安装要求

① 制动装置的安装，应符合下列要求。

a. 制动装置的动作应迅速、准确、可靠。

b. 处于非制动状态时，闸带、闸瓦与闸轮的间隙应均匀，且无摩擦。

c. 当起重机的某一机构是由两组在机械上互不联系的电动机驱动时，其制动器的动作时间应一致。

② 行程限位开关、撞杆的安装，应符合下列要求。

a. 起重机行程限位开关动作后，应能自动切断相关电源，并应使起重机各机构在下列位置停止：

• 吊钩、抓斗升到离极限位置不小于100mm；起重臂升降的极限角度符合产品使用说明书上的规定。

• 起重机桥架和小车等，离行程末端不得小于200mm。

• 一台起重机邻近另一台起重机，相距不得小于400mm。

b. 撞杆的装设及其尺寸的确定，应保证行程限位开关可靠动作，撞杆及撞杆支架在起重机工作时不应晃动。撞杆宽度应能满足机械（桥架及小车）横向窜动范围的要求，撞杆的长度应能满足机械（桥架及小车）最大制动距离的要求。

c. 撞杆在调整定位后，应固定可靠。

③ 当起重机的某一机构是由两组在机械上互不联系的电动机驱动时，两台电动机应有同步运行和同时断电的保护装置。

④ 起重机防止桥架扭斜的联锁保护装置，应灵敏可靠。

⑤ 起重机的音响信号装置，应清晰可靠。

⑥ 起重机限制器的调试，应符合下列要求：

a. 起重机限制器综合误差不应大于8%。

b. 当载荷达到额定起重量的90%时，应能发出提示性报警信号。

c. 当载荷达到额定起重量的110%时，应能自动切断起升机构电动机的电源，并应发出禁止性报警信号。

(3) 接地安装要求

① 起重机电气装置的构架、钢管、滑接线支架等非带电金属部分，均应接地（接零）。

② 装有接地滑接触头时，滑接触头与轨道及接地滑接线应可靠接地（接零）。

③ 司机室与起重机的构架如采用螺栓固定，则司机室与起重机之间应用圆钢或扁钢进行跨接。圆钢直径不小于6mm，扁钢截面积不小于48mm$^2$、厚度不小于3mm。跨接点不少于两处。

(4) 照明装置的安装要求

① 起重机主断路器切断电源后，照明不应断电。

② 灯具配件应齐全，悬挂牢固，运行时灯具应无剧烈摆动。

③ 照明回路应设置专用零线或隔离变压器，不得利用电线管或起重机本身的接地线作零线。

④ 安全变压器或隔离变压器应安装牢固，绝缘良好。

### 7.3.7 桥式起重机的故障处理

桥式起重机俗称行车、吊车或天车。它一般由桥架、小车、大车、提升机构、主滑线和辅助滑线等组成。

大车：安装在大车架上，横跨车间在走台上沿着轨道可以作纵向（左或右）运行。

小车：安装在小车架上，沿着主梁上的轨道可以作横向（前或后）运行。

提升机构：安装在小车架上，它的提升装置可以作竖向（上升或下降）运行。对于小型桥式起重机，它相当一台电动葫芦。

（1）凸轮控制器

凸轮控制器是控制电动机运行的最重要的设备，有KT10、KT12、KT14和KT16等系列，它们的工作原理类同。下面介绍控制一台三相绕线式异步电动机的KT14-25J/1型凸轮控制器控制线路，见图7-15。该线路常用于桥式起重机大车电动机的启动、停止、正转、反转、调速及安全保护等。

KT-25J/1型凸轮控制器共有12对触点，左边4对触点连接电源和电动机定子绕组，用以控制电动机的正反转，因为定子电流较大，所以触点上装有灭弧罩；中间5对触点接调速电阻箱和电动机转子，用来控制转子外接电阻的接入或切除，实现电动机的启动和调速；右边3对触点接控制线路，起限位保护和零位保护的作用。为了减少控制器触点数量，采用不对称切除转子电阻法（中、小容量电动机均采用此法）。

① 定子电路的控制。图7-16所示是控制器控制电动机正反转的4对触点（1～4）的分合情况。

当控制器手柄置于零位时，4对触点全断开，电动机不转动。当手柄置于正转位置时，只有触点2与4闭合，电源$L_1$相（即$X_{11}$）与U接通，电源$L_3$相（即$X_{31}$）与W接通，电源$L_2$相（即$X_{21}$）与V接通，电动机正转。当手柄置于反转位置时，只有触点

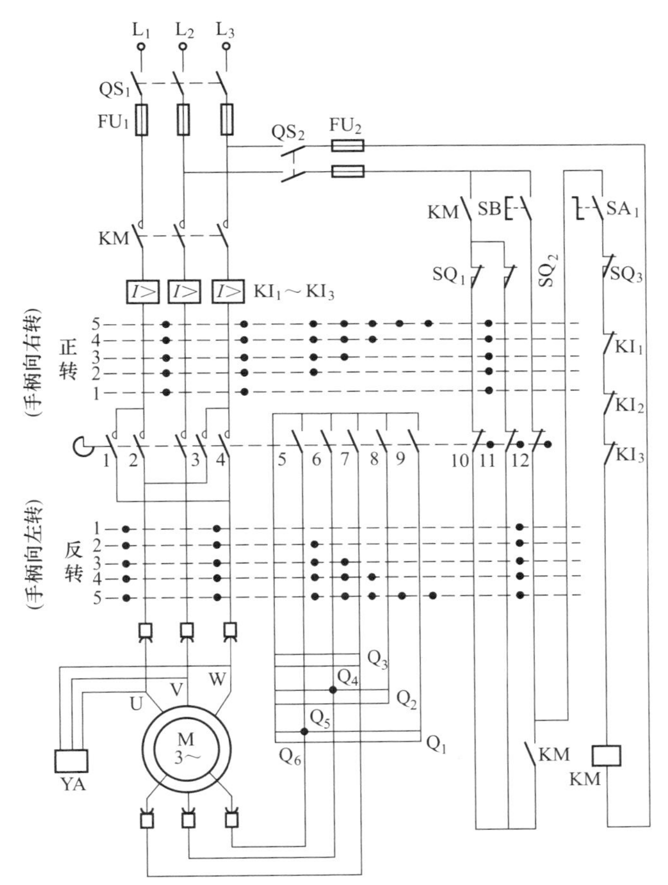


图7-15 KT-25J/1型凸轮控制器控制线路

1与3闭合，电源$L_1$、$L_3$（即$X_{11}$、$X_{31}$）分别与W和U接通，电源改变了相序，电动机反转。

② 转子速度的控制。凸轮控制器有5对触点（5～9）用于接入或切除电动机转子的电阻，进而控制电动机的转速。外接调速电阻采用不对称连接方式，这样连接虽然会出现转子三相电流不对称，但由于电动机容量不大和电阻级数较多，故不会给电动机带来危害。采用不对称连接方式能减少触点使用数量，简化控制线路。

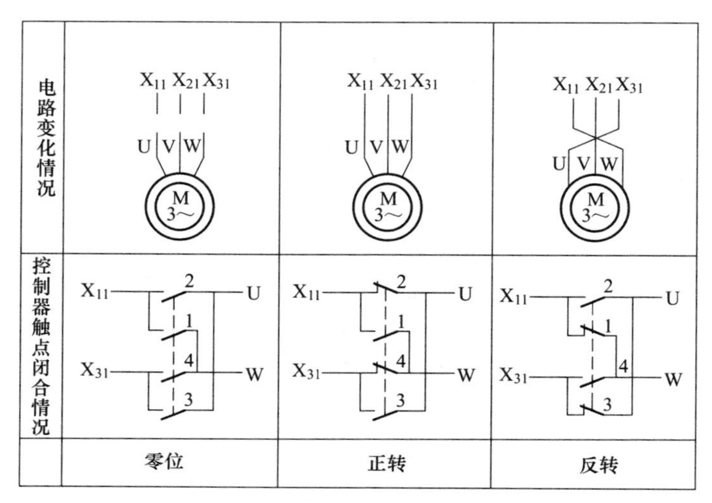


图 7-16 4 对触点的分合情况

利用凸轮控制器可逐级切除转子外接电阻：当触点 5～9 依次闭合时，转子外接调速电阻逐级被切除，电动机转速逐级上升。

③ 凸轮控制器的安全联锁触点。图 7-16 中的触点 12 是用来作零位启动保护的，只有将控制器手柄置于零位时它才闭合，这时电动机才能启动。在运行中，如遇突然断电又恢复时，电动机也不能自启动，而必须将手柄置于零位后才能重新启动。当凸轮控制器置于零位时，联锁触点 10、11 闭合；当凸轮控制器手柄置于反转位置时，触点 11 闭合、10 断开；当手柄置于正转位置时，触点 10 闭合、11 断开。它们分别与正转和反转限位开关 $SQ_1$、$SQ_2$ 组成移动机构（大车或小车）的限位保护电路。

④ 控制电路的工作原理。合上电源开关 $QS_1$ 和控制开关 $QS_2$，控制器手柄置于零位，电动机不转动，触点 10～12 均闭合，合上紧急开关 $SA_1$。如大车顶无人，舱口关好后（即触点开关 $SQ_3$ 闭合），按下启动按钮 SB，接触器 KM 得电吸合并自锁（通过限位开关 $SQ_1$、$SQ_2$）。

当控制器手柄置于正转（上升或向前）第一挡时，触点 1、3 闭合，电动机正转。此时控制调速电阻的 5 对触点全断开，全部电阻接入转子电路，电动机以最低转速开始运转。

当控制器手柄置于正转第二挡时，触点5闭合，电阻$Q_5$～$Q_6$被短接，转速上升。同理，当手柄置于正转第三、四、五挡时，电阻$Q_4$～$Q_6$、$Q_3$～$Q_6$、全部电阻短接，电动机逐级升速。如果将手柄由第五挡逐挡扳回第一挡时，调速电阻就逐级接入，电动机将逐级降速。

当控制器手柄置于反向（下降或向后）位置时，触点2、4闭合，电动机反转。手柄在各挡位置时电动机的运转状况与正转时相同。

当电动机M通电运转时，电磁抱闸YA得电吸合，松开抱闸；当控制器手柄置于零位或限位保护动作时，接触器KM和电磁抱闸YA同时失电释放，使移动机构准确停车。

该线路能用于以下保护：过电流继电器KI用于过电流保护；事故紧急开关$SA_1$用于紧急保护；舱口安全开关$SQ_3$用于安全保护，只有关好舱口后才能开车。

（2）KT14-25J/1型凸轮控制器的故障处理

桥式起重机的故障处理，主要是对大车、小车和提升机构等3部分相对独立的电动机控制装置的故障进行处理。对于小型桥式起重机，其提升机构相当于一台电动葫芦，其故障处理请见本节二项；而小车电动机只是正反转控制线路，故障处理较简单。小型起重机的大车和大、中型起重机的小车及提升机构常用凸轮控制器控制。

KT14-25J/1型凸轮控制器的常见故障及处理方法见表7-27。

表7-27　KT14-25J/1型凸轮控制器的常见故障及处理方法

| 故障现象 | | 可能原因 | 处理方法 |
|---|---|---|---|
| 接触器KM | 接触器不吸合 | ①电源无电压<br>②控制线路熔断器$FU_2$熔断<br>③控制线路断线或线头脱落<br>④舱口安全开关$SQ_3$未合上<br>⑤安全联锁开关、紧急开关$SA_1$接线脱落或接触不良<br>⑥控制器手柄在工作位置上<br>⑦过电流继电器的联锁触点未压合<br>⑧接触器KM线圈烧坏或断线 | ①测量电源电压<br>②更换熔体<br>③检查并接好线路<br>④合上舱口安全开关<br>⑤接好线路，检修触点<br>⑥应打在启动位置<br>⑦调整触点及弹簧压力<br>⑧更换线圈或接好断线处 |

续表

| 故障现象 | | 可能原因 | 处理方法 |
|---|---|---|---|
| 接触器KM | 接触器工作中经常自动释放 | ①接触器触点接触不良，有污垢<br>②触点烧坏<br>③负荷电流太大<br>④舱门开关 $SQ_3$ 松动<br>⑤轨道不平，使滑触线接触不良<br>⑥滑块与滑触线接触不良 | ①清洁触点，调整弹簧压力<br>②用细锉刀修整或更换触点<br>③重新设计线路或更换容量大的接触器<br>④检查门开关，使其接触良好<br>⑤修整轨道<br>⑥检查滑块与滑触线的接触情况 |
| 电动机 | 电动机过热 | ①机械卡阻<br>②电源电压偏低<br>③电源电压波动大<br>④操作过于频繁<br>⑤电动机风道被灰污堵塞 | ①检修机械传动部分，加润滑油<br>②测量电源电压，减轻负荷<br>③应使电源电压保持在额定电压的±5%范围内<br>④应按电动机额定持续率工作<br>⑤清洁风道 |
| | 电动机转速缓慢 | ①电源电压下降<br>②机械卡阻<br>③制动器未完全松开<br>④启动电阻未完全切除<br>⑤导电器接触不良 | ①测量电源电压<br>②检查传动机构并排除卡阻<br>③检查并调整制动器<br>④检查最末级加速电阻接触器是否动作或触点接触是否良好<br>⑤检修移动供电装置 |
| | 电动机带负载后即停转 | ①电源电压过低<br>②启动电阻数值不符合要求<br>③电动机本身有故障，如匝间短路，绕组断线等 | ①测量电源电压<br>②按设计要求选用启动电阻<br>③检修电动机 |
| | 电动机只能向一个方向转动 | ①反向的极限限位开关 $SQ_1$ 或 $SQ_2$ 接触不良、脱线或线路有断线<br>②控制器反向触点接触不良或控制转动机构有故障<br>③反向接触器及其线路有故障 | ①检查并消除限位开关及线路的故障<br>②检修控制器，使触点接触良好<br>③检修接触器及线路，若接触器线圈烧坏，则加以更换 |
| 集电器 | 滑线火花大 | ①滑线与集电器接触不良<br>②滑线上有弧坑、污垢、铁锈 | ①调整集电器与滑线的接触面，使其接触良好<br>②清扫滑线，校正不平处 |

续表

| 故障现象 | | 可能原因 | 处理方法 |
| --- | --- | --- | --- |
| 集电器 | 集电器卡住或掉落 | ①滑线端子与隔板相对处有棱边<br>②滑线变形<br>③集电器固定螺栓松动 | ①去掉棱边<br>②校正滑线<br>③拧紧螺栓 |
| 电缆 | 电缆损坏或拉断 | ①电缆截面积选得过小<br>②电缆长度不够,长期受张力<br>③钢丝绳太松,电缆受力 | ①按最大电流选择电缆截面积<br>②安装时电缆应留有余量,避免电缆受过大张力<br>③适当拉紧电缆拖车的钢丝绳 |
| | 电缆脱槽 | ①电缆过松<br>②电缆呈螺旋状 | ①拉紧电缆<br>②纠正电缆。若因长期使用呈螺旋状而无法纠正,应予以更换 |
| 制动器YA | 制动器电磁铁不吸合 | ①电源电压过低<br>②电磁铁线圈烧坏或断线<br>③三相制动电磁铁缺相 | ①测量电源电压<br>②更换线圈,接通线路<br>③查明缺相原因,排除故障 |
| | 制动器电磁铁过热 | ①电磁铁的牵引力过大<br>②电磁铁接合面间隙过大<br>③动铁芯吸偏<br>④线圈接线错误,如将星形接线误接成三角形<br>⑤三相电磁铁线圈首末端接错 | ①调整弹簧压力或重锤位置<br>②调整铁芯接合面间隙<br>③调整铁芯位置<br>④纠正接线<br>⑤调换发热线圈的首末端 |
| | 制动器电磁铁响声大 | ①电源电压偏低<br>②电磁铁接触面有污垢<br>③电磁铁过载<br>④电磁铁工作面没有对正<br>⑤短路环断裂或掉落 | ①测量线圈上的电压<br>②清除污垢<br>③调整弹簧力或重锤位置<br>④拆开重新装配,对正接触面<br>⑤焊上或更换短路环 |
| | 动铁芯不能释放 | ①铁芯接合面有油污<br>②铁芯有剩磁 | ①清洁接合面<br>②清除剩磁或更换电磁铁 |
| 电阻器阻值改变或一段烧红 | | ①电阻器接线错误<br>②接线螺钉松动<br>③连接处过热氧化<br>④电阻片断裂<br>⑤启动时间过长 | ①检查各段电阻的接线是否正确<br>②拧紧螺钉<br>③清除氧化层,使接触良好<br>④气焊焊接或更换电阻片<br>⑤检查启动装置和线路 |

续表

| 故障现象 | 可能原因 | 处理方法 |
| --- | --- | --- |
| 过电流继电器动作 | ①过电流继电器整定值太小<br>②电动机定子回路有短路或接地故障<br>③机械卡住 | ①过电流继电器动作电流应为电动机额定电流的2.25～2.5倍<br>②查明故障点并修复<br>③排除机械卡住故障 |

## 7.3.8 电动葫芦的故障处理

(1) 电动葫芦的控制线路

电动葫芦或建筑工地用卷扬机控制线路如图7-17所示。电动机通常采用锥形转子异步电动机。

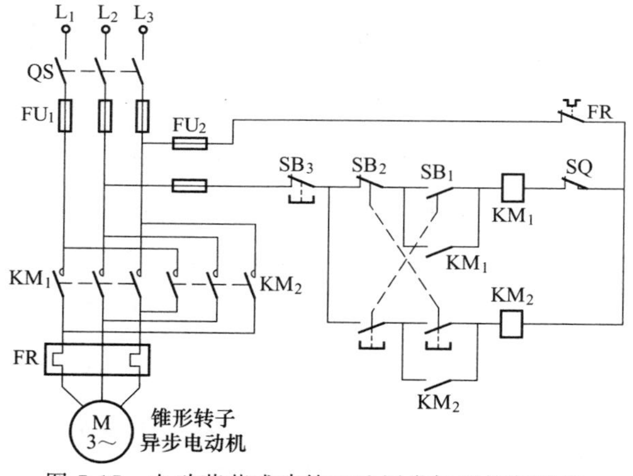


图7-17 电动葫芦或建筑工地用卷扬机控制线路

图中，$KM_1$ 为上升接触器，由上升按钮 $SB_1$ 控制；$KM_2$ 为下降接触器，由下降按钮 $SB_2$ 控制。$KM_1$ 和 $KM_2$ 分别控制电动机M正转和反转。$SB_3$ 为停止按钮，能使吊笼停止在任何位置；热继电器FR作电动机M过载保护用。

在上升接触器 $KM_1$ 的线圈回路内串接的限位开关SQ装在铁架顶端，以防止吊笼上升过位（操作人员不慎或错误按按钮时可能发生），造成卷扬机铁架被拉倒、吊笼坠落的严重事故。SQ应采用防水性好、经得起冲撞的LX35-S1型限位开关等。

需要指出的是，建筑单位使用较多的JJKD-1型快速卷扬机没有设上升限位开关SQ，这给安全带来隐患，应加上。

(2) 电动葫芦的故障处理

电动葫芦的常见故障及处理方法见表7-28。

表7-28 电动葫芦的常见故障及处理方法

| 序号 | 故障现象 | 可能原因 | 处理方法 |
| --- | --- | --- | --- |
| 1 | 接触器$KM_2$不吸合(吊钩不能上升和下降) | ①电源无电压<br>②控制电路熔断器$FU_2$熔断<br>③停止按钮$SB_3$的常闭触点接触不良或线头松脱<br>④热继电器FR未复位 | ①测量电源电压<br>②检查并更换熔体<br>③检查并处理好触点及接线<br>④按下热继电器复位按杆 |
| 2 | 接触器$KM_1$不吸合(吊钩不能上升,只能下降) | ①同第1条<br>②限位开关SQ断线或接触不良 | ①按第1条处理<br>②检修或更换限位开关 |
| 3 | 电动机外壳带电 | ①电动机严重受潮或绝缘损坏<br>②电源引线碰壳<br>③保护接地(接零)不良 | ①烘干处理,对绝缘破损处作绝缘处理<br>②找出导线碰壳处,作绝缘处理<br>③接好保护接地(接零) |
| 4 | 控制盒漏电 | ①控制盒内接线头松脱碰壳<br>②控制盒被水侵入,污垢严重<br>③保护接地(接零)不良<br>④电缆线破损,相线碰连外壳 | ①拆开检修<br>②烘干处理,清除污垢<br>③接好保护接地(接零)<br>④检修电缆线,平时加强维护 |
| 5 | 制动效果差 | ①制动环松动或环面太脏<br>②制动环与锥面接触不良<br>③制动环长期使用,磨损严重<br>④弹簧压力过小 | ①紧固制动环或清洁环面<br>②重新调整使两者接触良好<br>③及时处理磨损面或更换制动环<br>④调整或更换弹簧 |

# 第8章 变频器、软启动器及PLC

## 8.1 变频器的选择

变频器的种类很多，国产品牌有西普、佳灵、普传、康沃、KV1000、惠丰、森兰、安邦信、富凌、时代、海利等；欧美国家的品牌有西门子、ABB、Vacon、KEB（科比）、Lenze（伦茨）、Schneider（施耐德）、DANFOSS（丹佛斯）等；日本品牌有富士、三菱、三肯、东芝、日立、安川、明电、松下、东洋等；韩国品牌有LG、三星、现代等；我国港澳台地区的品牌有普传、台达、阳岗、台安、正频、东亢、宁茂、爱德利等。

### 8.1.1 变频器选择要求

不同类型、不同品牌的变频器有不同的标准规格和技术数据，价格相差也很大，选用时应注意以下问题。

① 由于变频器输出的电源往往带有高次谐波，因此会增加电动机的总损耗，即使在额定频率下运行，电动机输出转矩也会有所降低。如在额定频率以上或以下调速时，电动机额定输出转矩都不可能用足。要是不论转速高低，都始终需要额定转矩输出，则应采用容量较大的电动机降容使用。

② 从效率（即节能）角度出发，应注意以下几点。

a. 变频器功率值与电动机功率值相当时最合适，以利于变频器在较高的效率下运行。

b. 在变频器功率分级与电动机功率分级不相同时，变频器的功率要尽可能接近电动机的功率，但应略大于电动机的功率。

c. 当电动机频繁启动、制动工作或重载启动且较频繁工作时，可选用大一级的变频器，以利于变频器安全地运行。

d. 当电动机实际功率有富余时，可以考虑选用功率小于电动机功率的变频器，但要注意瞬时峰值电流是否会造成过电流保护动作。

e. 当变频器与电动机功率不相同时，必须相应调整节能程序的设置，以利于达到较高的节能效果。

③ 在 $U/f$ 为常数的工作方式下，电动机启动转矩与频率成正比。所以在低频启动时，启动转矩极小。例如，10Hz 时某 Y 系列电动机输出转矩约为额定转矩的 50%。所以在选择电动机类型时，要特别注意低频启动转矩的变化。

重载启动时，应考虑静摩擦转矩的问题，电动机必须有足够大的启动转矩来确保重载启动。国产 YZ、YZR 系列异步电动机，其启动转矩接近最大转矩，低频启动转矩也较大，适合重载启动。

④ 电动机不是 4 极时变频器容量的选择如下：一般通用变频器是按 4 极电动机的电流值来设计的，若电动机不是 4 极，而是 8 极、10 极等，就不能仅以电动机容量来选择变频器的容量，必须用电流来校核。

## 8.1.2 变频器容量的选择及实例

① 对于变频器的容量，不同的公司有不同的表示方法。一般有以下三种：一是额定电流（A）；二是适配电动机的额定功率（kW）；三是额定视在功率（kV・A）。若以视在功率（kV・A）表示，应使电动机算出的所需视在功率小于变频器所能提供的视在功率。使用变频器时，电动机的实际工作时视在功率按下式计算：

$$S=\frac{P}{\eta\cos\varphi}=\sqrt{3}UI$$

式中 $P$——电动机实际工作时的输出功率，kW；

$\cos\varphi$——电动机功率因数，此值因高次谐波的影响比工频电压下低一些，可根据各种变频器性能予以修正；

$\eta$——电动机效率，如上所述，也比工频电压下低一些；

$U$，$I$——电动机实际工作电压和工作电流，V，A。

② 根据生产机械种类选配变频器容量，可参见表 8-1。

**表 8-1 不同生产机械选配变频器容量** 单位：%

| 生产机械 | 传动负载类别 | $M_z/M_e$ | | | $S_f/S_e$ |
|---|---|---|---|---|---|
| | | 启动 | 加速 | 最大负载 | |
| 风机、泵类 | 离心式、轴流式 | 40 | 70 | 100 | 100 |
| 喂料机 | 皮带输送，空载启动 | 100 | 100 | 100 | 100 |
| | 皮带输送，有载启动 | 150 | 100 | 100 | 150 |
| | 螺杆输出 | 150 | 100 | 100 | 150 |
| 输送机 | 皮带输送，有载启动 | 150 | 125 | 100 | 150 |
| | 螺杆式 | 200 | 100 | 100 | 200 |
| | 振动式 | 150 | 150 | 100 | 150 |
| 搅拌机 | 干物料 | 150～200 | 125 | 100 | 150 |
| | 液体 | 100 | 100 | 100 | 100 |
| | 稀黏液 | 150～200 | 100 | 100 | 150 |
| 压缩机 | 叶片轴流式 | 40 | 70 | 100 | 100 |
| | 活塞式、有载启动 | 200 | 150 | 100 | 200 |
| | 离心式 | 40 | 70 | 100 | 100 |
| 张力机械 | 恒定 | 100 | 100 | 100 | 100 |
| 纺织机 | 纺纱 | 100 | 100 | 100 | 100 |

注：$M_z$、$M_e$—电动机负载转矩、额定转矩；

$S_f$—变频器容量；

$S_e$—电动机容量。

③ 日本 ZL 系列变频器适用范围见表 8-2。

**表 8-2 ZL 系列变频器适用范围**

| 型号 | ZL981G 单相 220V 电动机变频调速器 | ZL982G 单相 220V 输入，三相输出高性能变频调速器 | ZL983G 三相 380V 电动机高性能变频调速器 | ZL991 变频电源(220V、110V 等，波形好) | ZL9501B 直流电动机无级调速器 |
|---|---|---|---|---|---|
| 简　介 | 5 ～ 60Hz 输出，PWM 正弦波 | 高性能、低噪声、高可靠性、调速精度高，PWM 正弦波、保护系统完善、数显 | | 50Hz 转换为 60Hz，无干扰 | 调速精度高，软启动 |

续表

| 电动机 | 单相电容运转式电动机 | 三相220V电动机,三相380V电动机(△接) | 三相380V电动机(Y接) | 适配电阻、电感、电动机负载 | 直流他励式电动机等 |
|---|---|---|---|---|---|
| 适用范围 | 风机、水泵、小机械、家电等 | 风机、水泵、传输机械、加工机械、机床设备及其他通用机械设备无级调速 | | 不同频率的电源转换 | 通用机械无级调速 |

**【例8-1】** 某厂一设备采用10kV高压电动机驱动，电动机为YKK500-8型，额定功率$P_e$为400kW，频率为50Hz，额定电压$U_e$为10kV，额定电流$I_e$为30A，实际工作电流$I$为23A，额定功率因数$\cos\varphi_e$为0.77，试选择变频器的容量。

**解：** 变频器的容量可按以下两公式估算，即

$$S=P_e/\cos\varphi_e=400/0.77=519.5(\text{kV}\cdot\text{A})$$

$$\text{或 } S\geqslant S_d=\sqrt{3}UI=\sqrt{3}\times10\times23=398.4(\text{kV}\cdot\text{A})$$

考虑可能出现的最大运行负荷功率，因此可选择容量500kV·A的变频器。

**【例8-2】** 一台Y225S-4型45kW异步电动机，已知额定电流$I_e$为84.2A，试按下列负荷选择变频器的容量。

① 轻载启动和连续运行的负荷。

② 重载启动和频繁启动、制动运行的负荷。

③ 喂料机、皮带输送、空载启动；皮带输送、有载启动。

④ 输送机、皮带输送、有载启动；螺杆式输送机、重载启动。

⑤ 离心式压缩机。

⑥ 活塞式压缩机、有载启动。

⑦ 恒转矩负荷。

⑧ 平方转矩负荷。

**解：** ①轻载启动和连续运行的负荷，变频器容量（电流）为

$$I_{fe}\geqslant1.1I_e=1.1\times84.2=92.6\ (\text{A})$$

因此，可选用如国产佳灵变频器。其中：若以调速为主要目的，可选用JP6C-T型变频器，输出电流为152A，容量为100kV·A；

若以节能为主要目的，可用JP6C-Z型变频器，输出电流为152A，容量为100kV·A。

② 重载启动和频繁启动、制动运行的负荷，变频器容量（电流）为

$$I_{fe} \geqslant (1.2 \sim 1.3) I_e = (1.2 \sim 1.3) \times 84.2 = 101 \sim 109.5(\text{A})$$

据此可选择MM440矢量型通用变频器。若选用普通通用变频器，容量应放大一挡。

③ 喂料机、皮带输送、空载启动，变频器容量为

$$S_f = S_e = \sqrt{3} U_e I_e = \sqrt{3} \times 380 \times 84.2$$
$$= 55419(\text{V} \cdot \text{A}) = 55.4(\text{kV} \cdot \text{A})$$

当负载启动时，变频器容量为

$$S_f = 1.5 S_e = 1.5 \times 55.4 = 83.1(\text{kV} \cdot \text{A})$$

④ 输送机、皮带输送、有载启动，变频器容量为

$$S_f = 1.5 S_e = 55.4(\text{kV} \cdot \text{A})$$

对于螺杆式输送机，变频器容量为

$$S_f = 2 S_e = 2 \times 55.4 = 110.8(\text{kV} \cdot \text{A})$$

⑤ 离心式压缩机，变频器容量为

$$S_f = S_e = 55.4(\text{kV} \cdot \text{A})$$

⑥ 活塞式压缩机，有载启动，变频器容量为

$$S_f = 2 S_e = 2 \times 55.4 = 110.8(\text{kV} \cdot \text{A})$$

⑦ 恒转矩负荷，变频器额定电流为 $I_{fe} = 89\text{A}$，可选用如ACS501-060-3型变频器。

⑧ 平方转矩负荷，$I_{fe} = 89\text{A}$，可选用如ACS-501-50-3型变频器。

### 8.1.3 变频器保护选择

① 在变频调速系统中，大多数情况下变频器不必再外接普通热继电器，但在下列情况下，仍应加配普通热继电器。

a. 当数台电动机共用一台变频器时，电子热保护功能便无法对各台电动机的过载作出反应，须在每台电动机电路中设置普通热继电器。

b. 电子热保护功能的准确度与工作频率的范围有关，当调速

系统经常在规定频率范围外工作时，其准确度就差些，此时应配用普通热继电器。

c. 电子热保护功能是根据通用标准电动机的参数进行运算的，当变频器与特殊专用电动机配套时，应在变频器与电动机之间接入普通热继电器。

② 变频器箱体结构的选用，应考虑环境条件的要求，这与变频器安全、可靠运行有很大关系。

a. 敞开型 IP00——本身无机箱，适用装在电控箱内或电气室内的屏、盘、架上，对环境条件要求较高。

b. 封闭型 IP20——适用于一般用途，可有小量粉尘或温度、湿度不那么高的场合。

c. 密封型 IP54——适用于工业现场条件较差的环境。

d. 密封型 IP65——适用于环境条件差，有水、尘及一定腐蚀性气体的场合。

## 8.2 风机、水泵用变频器的选用

风机、水泵类负荷属于平方转矩负荷，即转矩 $M$ 与转速 $n$ 的平方成正比，$M \propto n^2$，而电动机轴的输出功率 $P \propto Mn \propto n^3$，即电动机轴上的输出功率与转速的三次方成正比。由此可见，当电动机的转速稍有下降时，电动机功率损耗就会大幅度下降，耗电量也就大为减少。

例如，电动机功率较实际负荷大，若将电动机的运行频率由原来的 50Hz 下调到 42Hz，则电动机的实际转速降为额定转速的 42/50＝84％，即 $n=0.84n_e$。由于电动机的额定功率为 $P_e=Kn_e^3$，因此，电动机运行在 42Hz 时的实际功率为

$$P=Kn^3=K(0.84n_e)^3=0.593Kn_e^3=0.593P_e$$

$$\text{节电率}=\frac{P_e-P}{P_e}\times 100\%$$

$$=\frac{P_e-0.593P_e}{P_e}\times 100\%=40.7\%$$

由此可见，节电效果十分显著。

### 8.2.1 平方转矩负载变频器的选择

水泵、风机类负载为平方转矩负载，可选用通用变频器或节能型变频器。通用变频器的电压/频率（$U/f$）模式如图 8-1 所示。低速下负载转矩非常小，对变频器的运行温度、转矩等都不存在问题，只需考虑在额定点变频器运行引起的损耗增大即可。如采用节能型变频器，则能取得更好的节能效果，比调节挡板、阀门可节能40%～50%。

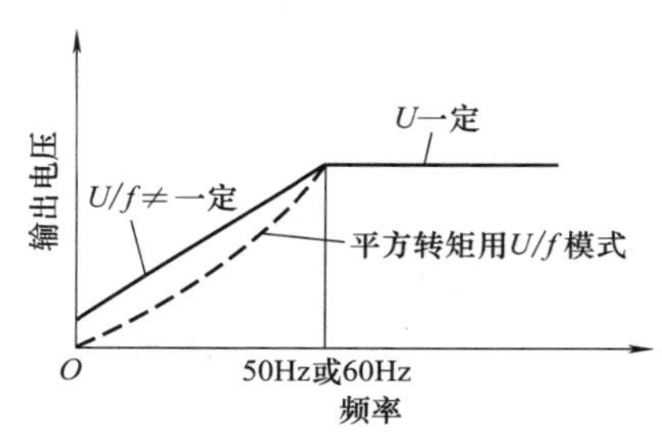


图 8-1 通用变频器的 $U/f$ 模式

若不对 $U/f$ 进行一定的控制，而采用如图 8-1 虚线所示的 $U/f$ 模式下降频率，则电动机效率提高，节能效果更好。

以瑞典 ABB 公司的 SAMIGS 系列变频器为例，根据负载特性及电动机功率选择变频器可参见表 8-3。

国产变频器有佳灵通用型（T9）和节能型（J9）两种，可根据产品技术参数选择。

表 8-3 SAMIGS 系列变频器的选择

| 变频器型号 | 平方转矩负载 | | | |
|---|---|---|---|---|
| | 变 频 器 | | | 电动机 |
| | 额定输入电流 $I_1$/A | 额定输出电流 $I_{fe}$/A | 短时过载电流 /A | 额定功率 $P_e$/kW |
| ACS501-004-3 | 6.2 | 7.5 | 8.3 | 3 |
| ACS501-005-3 | 8.1 | 10 | 11 | 4 |
| ACS501-006-3 | 11 | 13.2 | 14.5 | 5.5 |
| ACS501-009-3 | 15 | 18 | 19.8 | 7.5 |
| ACS501-011-3 | 21 | 24 | 26 | 11 |
| ACS501-016-3 | 28 | 31 | 34 | 15 |
| ACS501-020-3 | 34 | 39 | 43 | 18.5 |
| ACS501-025-3 | 41 | 47 | 52 | 20 |
| ACS501-030-3 | 55 | 62 | 68 | 30 |
| ACS501-041-3 | 67 | 76 | 84 | 37 |
| ACS501-050-3 | 85 | 89 | 98 | 45 |
| ACS501-060-3 | 101 | 112 | 123 | 55 |

### 8.2.2　风机、水泵类负载时变频器容量的选择及实例

节流控制改为变频调速控制时变频器的容量可按下式计算

$$P=K_1(P_1-K_2Q\Delta P)$$

式中　$P$——变频器容量，kW；

$K_1$——电动机和泵调速后效率变化系数，一般取 1.1～1.2；

$P_1$——节流运行时电动机实测功率，kW；

$K_2$——换算系数，取 0.278；

$Q$——泵实测流量，$m^3/h$；

$\Delta P$——泵出口与干线压力差，MPa。

**【例 8-3】** 某原料泵，型号为 150×100VPCH17W，额定扬程为 1200m，额定流量 $Q_e$ 为 $70m^3/h$；配用电动机的额定功率为 380kW，额定电压为 380V，额定电流为 680A。实测功率 $P_1$ 为 321kW，泵出口压力 $P$ 为 11.5MPa，流量 $Q$ 为 $60m^3/h$，泵出口与干线压力差 $\Delta P$ 为 3.5MPa。试选择变频器的容量。

**解：**

$$\begin{aligned}P&=K_1(P_1-K_2Q\Delta P)\\&=1.15\times(321-0.278\times60\times3.5)\\&=302.013\ (kW)\end{aligned}$$

可选用额定容量为 315kW 的变频器。

该泵采用变频调速后，启动电流和负载电流都大大降低，节电效果显著。经测试，现电动机运行频率在 42Hz 左右，功率仅为 196kW，节电率约为 38％。

必须指出，变频器降容的幅度不能太大，否则电动机电流的开关脉动分量将明显加大。

### 8.2.3　应用变频器拖动风机、水泵的注意事项

应用变频器拖动风机、水泵应注意以下事项。

① 可选用风机、水泵类专用变频器。此类变频器比通用变频器功率器件的容量较小，价位较低。由于此类变频器已按风机与水泵的特性设定，如 $U/f$ 曲线，因此节电效果显著。

② 若采用通用变频器，应按照产品使用说明书设定的风机与水泵的专用 $U/f$ 曲线，此时曲线能按照风机与水泵的特性设定，

产生最好的节电效果。

③ 变频器在拖动一定功率的风机与水泵时，若风机与水泵长期选用较低转速，则此时变频器的功率与转速立方成正比，可选用较小容量的变频器，但要注意 $U/f$ 曲线应按实际工作状况确定，不能选用风机与水泵专用 $U/f$ 曲线，这样可显著降低变频器的投资。如 5.5kW 的风机，长期在 1/2 额定转速下运行，可选用 2.2kW 的通用变频器。

④ 用变频器控制风机与泵类设备时，要设定好加减速度时间，一般应根据电动机功率适当放长升速和减速时间，以避免启动与关机太快造成冲击电流太大。

# 8.3 变频器的接线

## 8.3.1 变频器的内部结构及外部接线

变频器的内部结构及外部接线如图 8-2 所示。

(1) 主控制电路 (CPU)

① 接收各种信号。

a. 在功能预置阶段，接收各功能的预置信号。

b. 接收从键盘或外接输入端子输入的给定信号。

c. 接收从外接输入端子或通信接口输入的控制信号。

d. 接收从检测电路输入的检测信号。

e. 接收从保护电路输入的保护执行信号等。

② 进行基本运算。最主要的运算包括：

a. 进行矢量控制运算或其他必要的运算。

b. 实时地计算出 SPWM 波形各切换点的时刻。

③ 输出计算结果。

a. 输出至逆变管模块的驱动电路，使逆变管按给定信号及预置要求输入 SPWM 电压波。

b. 输出给显示器，显示当前的各种状态。

c. 输出给外接输出控制端子。

d. 向保护电路发出保护指令，以进行保护。

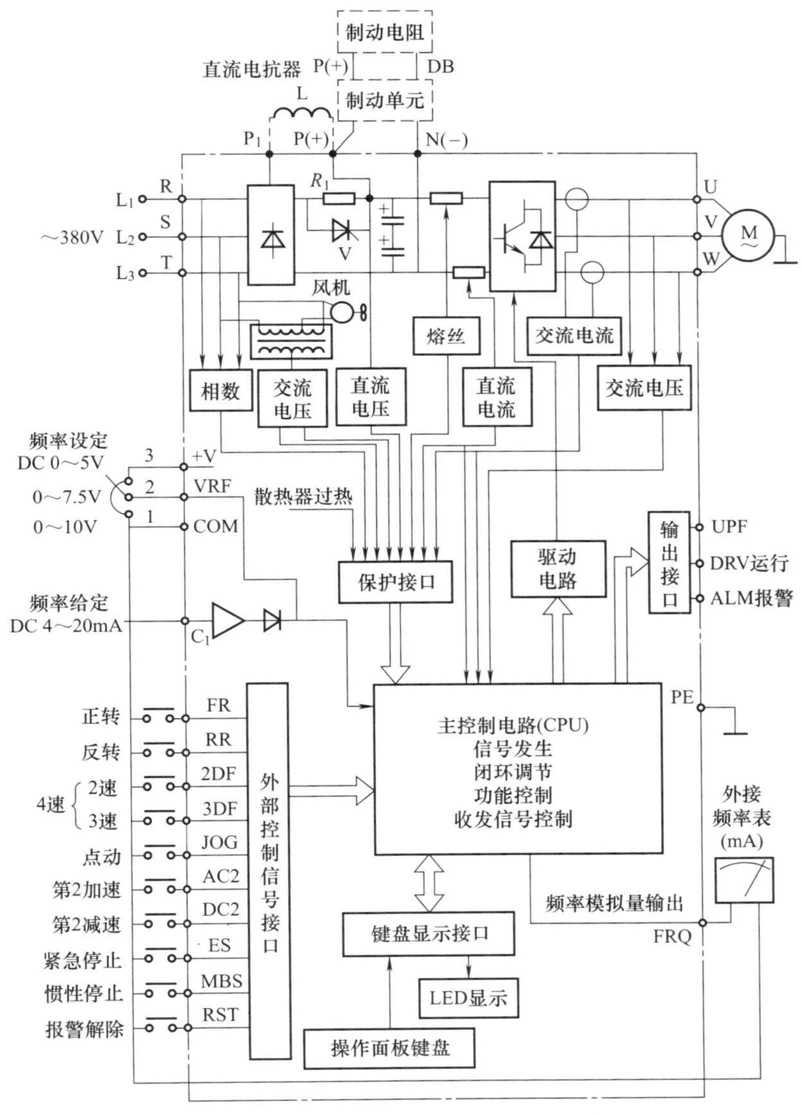

图 8-2　变频器的内部结构及外部接线

（2）检测电路

接收电压、电流以及模块温度等采样信号，并将其转换成主控制电路所能接收的信号。

（3）保护电路

接收主控制电路输入的保护指令，并实施保护。同时也直接从检测电路输入检测信号，以便对某些紧急情况实施保护。

### 8.3.2 变频器各端子的功能

变频器主电路端子、接地端子的功能见表 8-4，控制电路端子的功能见表 8-5。由于生产厂家不同，变频器端子的符号标志也可能不同，但基本功能类似。

表 8-4 变频器主电路端子、接地端子的功能

| 端子符号 | 端子名称 | 功能说明 |
|---|---|---|
| R、S、T | 主电路电源端子 | 连接三相电源 |
| U、V、W | 变频器输出端子 | 连接三相电动机 |
| $P_1$、P(+) | 直流电抗器连接用端子 | 改善功率因数的电抗器(选用件) |
| P(+)、DB | 外部制动电阻连接用端子 | 连接外部制动电阻(选用件) |
| P(+)、N(−) | 制动单元连接端子 | 连接外部制动单元 |
| PE | 变频器接地用端子 | 变频器外壳接地端子 |

表 8-5 变频器控制电路端子的功能

<table>
<tr><th>分类</th><th>端子符号</th><th>端子名称</th><th colspan="2">功能说明</th></tr>
<tr><td rowspan="3">频率设定</td><td>+V</td><td>可调电位器电源</td><td>作为频率设定器(可调电阻为1～5kΩ)用电源</td><td>DC +10V，100mA(最大)</td></tr>
<tr><td>VRF</td><td>设定用电压输入</td><td colspan="2">DC 0～+10V，以+10V输出最高频率，输入电阻为22kΩ</td></tr>
<tr><td>$C_1$</td><td>设定用电流输入</td><td colspan="2">DC 4～20mA，以20mA输出最高频率，输入电阻为250Ω</td></tr>
<tr><td rowspan="3">控制输入</td><td>FR</td><td>正转运转、停止指令</td><td>FR-COM接通，正转运转；断开后，减速停止</td><td rowspan="2">FR-COM与RR-COM同时接通时，减速后停止(有运转指令，而且频率设定为0Hz)。但是，在选择模式运转中，则成为暂停</td></tr>
<tr><td>RR</td><td>反转运转、停止指令</td><td>RR-COM接通，反转运转；断开后，减速停止</td></tr>
<tr><td>2DF<br>3DF</td><td>多段频率选择</td><td colspan="2">2DF-COM接通为第2种速度；3DF-COM接通为第3种速度；2DF和3DF均与COM接通为第4种速度</td></tr>
</table>

续表

<table>
<tr><th>分类</th><th>端子符号</th><th>端子名称</th><th colspan="2">功 能 说 明</th></tr>
<tr><td rowspan="8">控制输入</td><td>JOG</td><td>点动</td><td colspan="2">JOG-COM 接通，电机运转；断开，电机停止</td></tr>
<tr><td>AC2</td><td>加速时间选择</td><td>AC2-COM 接通，电动机加速</td><td rowspan="2">有的变频器可通过 AC2-COM、DC2-COM 的接通/断开组合，能选择多种加速、减速时间</td></tr>
<tr><td>DC2</td><td>减速时间选择</td><td>DC2-COM 接通，电动机加速</td></tr>
<tr><td>ES</td><td>紧急停止</td><td colspan="2">ES-COM 断开，相当于切断电动机电源，电动机停止</td></tr>
<tr><td>MBS</td><td>惯性停止</td><td colspan="2">MBS-COM 接通，电动机慢慢停止</td></tr>
<tr><td>RST</td><td>复位</td><td>RST-COM 接通，解除变频器跳闸后的保持状态</td><td>没有消除故障原因时，不能解除跳闸状态</td></tr>
<tr><td>COM</td><td>接点输入公用端</td><td colspan="2">接点输入信号的公用端子</td></tr>
<tr><td>仪表用</td><td>FRQ</td><td>频率模拟量输出</td><td colspan="2">有的变频器可选择频率、负载率、转矩、输出电流中的一个项目。最多能连接两个，DC 0～1mA</td></tr>
</table>

## 8.4 软启动器的选择

软启动器的种类很多，如国产 CR1 系列、RSD6 型、WJR 节电型、WJR 旁路型、西普 STR 系列、奥托 QB4 系列、惠丰 HFR-1000 系列等，瑞典 ABB 公司生产的 PSA、PSD 和 PSDH 型等。

现以 ABB 公司产品为例介绍软启动器的选择。其中 PSA、PSD 型为一般启动型，PSDH 型为重载启动型。常用电动机功率为 7.5～450kW，最大功率达 800kW。

### 8.4.1 软启动器型号的选择及实例

泵：选择 PSA 或 PSD 型。PSD 型软启动器有一特别的泵停止功能（级落电压），使在停止斜坡的开始瞬间降低电动机电压，然后继续线性地降至最终值，这提供了停止过程可能的最软的停止方法。

鼓风机：当启动较小功率的风机时，可选择 PSA 或 PSD 型；启动带重载的大型风机时，应选择 PSDH 型。其内部的过载继电器可保护电动机过于频繁启动引起的过热现象。

空压机：选用 PSA 或 PSD 型。选用 PSD 型可以提高功率因数和电动机效率，减小空载时的电能消耗。

输送带：一般可选用 PSA 或 PSD 型。如果输送带的启动时间较长，应选用 PSDH 型。

各软启动器可用于螺旋式输送机、滑轮提升机、液压泵、搅拌机、环形锯等。根据运行数据的计算，选择适当的软启动器，可用于破碎机、轧机、离心机及带形锯等。

**【例 8-4】** 一台压延机，原采用降压启动器启动，电动机额定功率 $P_e$ 为 55kW，额定电压 $U_e$ 为 380V，额定功率因数 $\cos\varphi_e$ 为 0.83。重载时负荷功率 $P$ 为 40kW，$\cos\varphi$ 为 0.8，轻载时负荷功率 $P'$ 为 2～20kW 不等，轻载时间长。试求：

① 是否可采用软启动器？若可以，试选择软启动器的型号规格。

② 设定软启动器参数。

③ 如果该压延机年运行小时数 $\tau$ 为 5000h，电价 $\delta$ 为 0.5 元/kW·h，年节电量多少？

④ 投资回收年限。

**解：** ①选择软启动器。该电动机重载负荷率 $\beta=P/P_e=40/55=72.7\%$，时间不长，而轻载负荷率 $\beta'=P'/P_e=(2\sim20)/55=3.6\%\sim36\%$，且时间长，因此采用软启动器可以提高功率因数，节电，而且能够减少启动电流冲击，有利电动机和传动设备。

具体选择软启动器的型号规格可参考产品样本（见表 8-6），如选择一般启动用 PSD 型 380V、55kW 软启动器。

② 软启动器主要参数设定。

该电动机额定电流为

$$I_e=\frac{P_e}{\sqrt{3}U_e\cos\varphi_e}=\frac{55\times10^3}{\sqrt{3}\times380\times0.83}=100.7\ (\mathrm{A})$$

电动机最大负荷电流为

$$I=\frac{P}{\sqrt{3}U_e\cos\varphi}=\frac{40\times10^3}{\sqrt{3}\times380\times0.8}=75.97\ (\mathrm{A})$$

a. 启动电流限制。为使电动机平稳启动，一般启动电流可控

制在3倍额定电流以下，现取2倍，则

$2I_e=2\times100.7=210.4$（A），可设定200A。

b. 启动斜坡时间（即启动时电压上升时间）。为了提高生产效率，启动斜坡时间不宜太长，现设定为5s。

c. 停止斜坡时间（即停止时电压下降时间）。适当延长停止时间，可减轻停机时对设备的冲击，现设定为10s。

d. 初始电压（即初始电压占额定电压的百分数）。由于重载启动转矩较大，因此启动电压设置应高一些，现设定为50%。

③ 节电量计算。参考已改造类似设备数据，估计平均节约有功电能 $\Delta P=600$W（准确值应取节能改造后的实际测量统计值），则改造后年节约电量为

$$A=\Delta P\tau=600\times5000=3000000(\text{W})=3000(\text{kW})$$

年节约电费为

$$F=A\delta=3000\times0.5=1500\ (\text{元})$$

④ 投资回收年限。改造后，改善了设备的运行条件，延长电动机使用寿命，设备得到更好的保护，减小了维护保养费用，设年节约这些费用为 $E_1=2000$ 元。

淘汰下来的自耦降压启动设备剩值 $E_2=1000$ 元。

购买55kW软启动器及安装费计 $C=1.1$ 万元。

投资回收年限为

$$T=\frac{C-E_2}{F+E_1}=\frac{1.1-0.1}{0.15+0.2}=2.9\ (\text{年})$$

### 8.4.2 几种软启动器的型号规格

ABB公司生产的三种类型软启动器的型号规格见表8-6。

表8-6　软启动器的型号规格

| 项　目 | 单位及信号器 | PSA | PSD | PSDH |
|---|---|---|---|---|
| 应用场合 | | 一般启动 | 一般启动 | 重载启动 |
| 功率范围 | 200～230V　kW | 4～18.5 | 22～250 | 7.5～200 |
| | 380～415V　kW | 7.5～30 | 37～450 | 14～400 |
| | 500V　kW | 11～37 | 45～560 | 18.5～500 |
| | 690V　kW | — | 355～800 | — |
| 内部电子过载继电器 | | 无 | 无①或有 | 有 |

续表

| 项　目 | 单位及信号器 | PSA | PSD | PSDH |
| --- | --- | --- | --- | --- |
| 功能(用于设定的电位器): | | | | |
| 启动斜坡时间(STA-RT) | s | 0.5～30 | 0.5～60 | 0.5～60 |
| 初始电压($U_{INI}$) | | 30%(不可调) | 10%～60% | 10%～60% |
| 停止斜坡时间(STOP) | s | 0.5～60 | 0.5～240 | 0.5～240 |
| 级落电压($U_{SD}$) | | 无 | 10%～30% | 10%～30% |
| 启动电流限制($I_{LIM}$) | | $2\sim5I_e$ | $2\sim5I_e$ | $2\sim5I_e$ |
| 可调额定电动机电流($I_e$) | | 无 | 70%～100%② | 70%～100% |
| 用于选择的开关: | | | | |
| 节能功能(PF) | | 无 | 有 | 有 |
| 脉冲突跳启动(KI-CK) | | 无 | 有 | 有 |
| 大电流开断(SC) | 无 | 有 | 有 | |
| 节能功能反应时间、正常速/慢速(TPF) | 无 | 有 | 有 | |
| 信号继电器用于: | 信号继电器　信号灯 | | | |
| 启动斜坡完成 | K5(T)③ | 有 | 有 | 有 |
| 运行 | K4(R) | 无 | 有 | 有 |
| 故障 | K6(F1 和/或 F2) | 无 | 有 | 有 |
| 过载 | K3(OVL) | 无 | 有①④ | 有 |
| 电源电压 | —(On) | 有 | 有 | 有 |
| 节能功能激活 | —(P) | 无 | 有 | 有 |
| 认可 | UL | 有 | 有④ | 有 |

① 带内部电子过载继电器。

② 只适用于 $U_e$=690V，50%～100%。

③ 不适用于 PSA。

④ 不适用于 690V。

# 8.5 软启动器的接线

## 8.5.1 软启动器的基本接线

① GE 公司生产的 ASTAT 系列软启动器的基本接线如图 8-3

所示。图中，QS 为带熔断器的隔离开关，也可采用断路器；$K_1$ 为通断接触器，$K_2$ 为制动用接触器；$R_1$、$C_1$ 和 $R_2$、$C_2$ 分别为 $K_1$ 和 $K_2$ 的消火花电路；RT 为热敏电阻，安装在电动机定子绕组内，用于电动机的过热保护（也可不用）。

② QB4 软启动器的基本接线如图 8-4 所示（未画出主电路）。

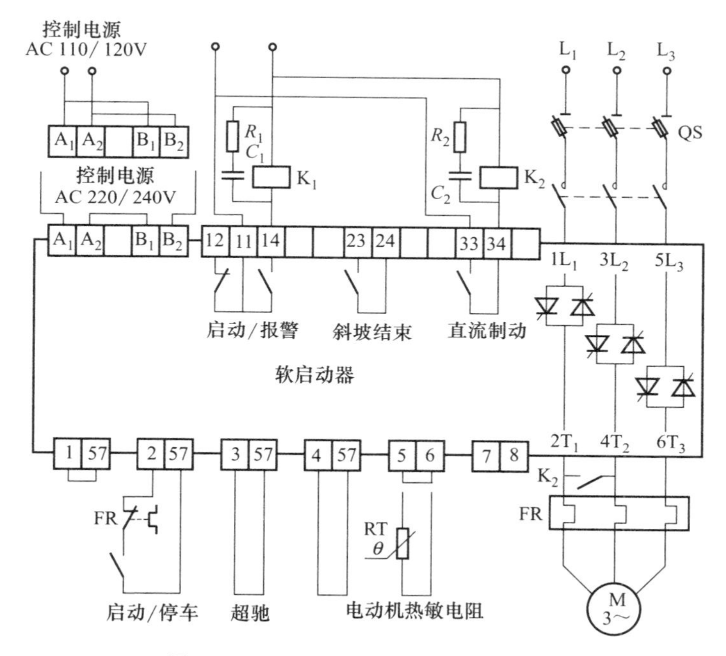


图 8-3　ASTAT 系列软启动器的接线

## 8.5.2 软启动器各端子的功能

① QB4 软启动器。主电路端子见表 8-7，控制电路端子见表 8-8。

表 8-7　QB4 软启动器主电路端子

| 编号 | 1 | 3 | 5 | 2 | 4 | 6 | PE |
|---|---|---|---|---|---|---|---|
| 名称 | $L_1$ | $L_2$ | $L_3$ | $T_1$ | $T_2$ | $T_3$ | PE |
| 说明 | U 相输入 | V 相输入 | W 相输入 | U 相输出 | V 相输出 | W 相输出 | 保护接地 |

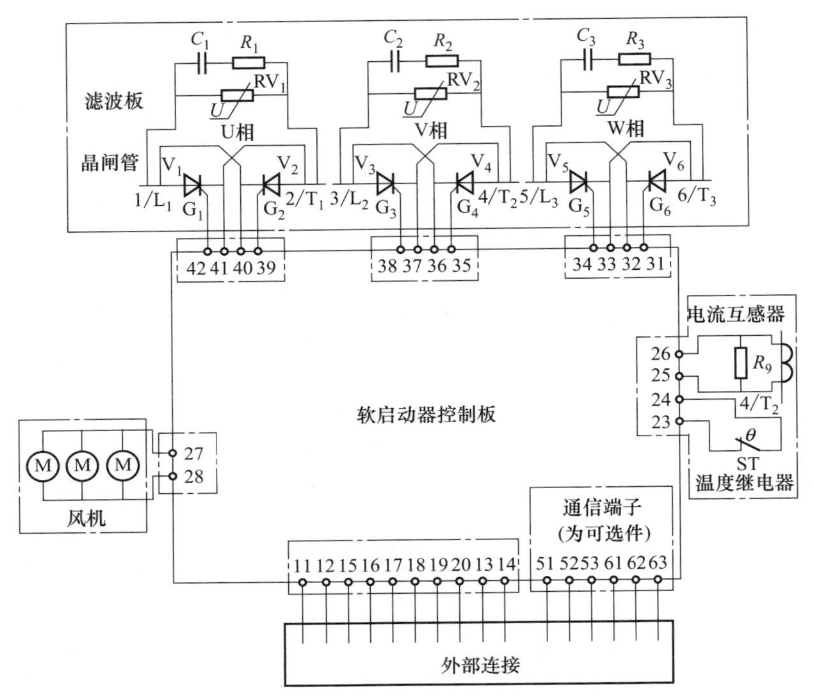

图 8-4 QB4 软启动器的接线

表 8-8 QB4 软启动器控制电路端子

| 编号 | 11 | 12 | 15 | 16 | 17 | 18 | 19 | 20 | 13 | 14 | 51<br>61 | 52<br>62 | 53<br>63 |
|---|---|---|---|---|---|---|---|---|---|---|---|---|---|
| 名称 | N | L | KR | $KR_1$ | $KR_0$ | KF | $KF_1$ | $KF_0$ | $ST_1$ | $ST_2$ | $N_+$ | $N_-$ | $N_0$ |
| 说明 | 零线 | 相线 | 公共 | 常闭 | 常开 | 公共 | 常闭 | 常开 | | | 正 | 负 | 屏蔽 |
| | 控制电源 | | 运行辅助输出 | | | 故障辅助输出 | | | 启动控制 | | 数字通信(选配) | | |
| | AC 220V | | 无源触点 | | | 无源触点 | | | 无源触点 | | QB-DLT™ | | |

表 8-8 中，端子 13、14 用于控制软启动器工作，接通时启动，断开时停止。15、16、17 为运行辅助触点，在启动结束后动作，用于控制旁路接触器，触点容量为 250V/2A。18、19、20 为故障辅助触点，在故障保护时动作，触点容量为 250V/2A。51～53、661～63 为数字通信端子，通过网络通信卡与主控计算机连接。

② CR1 系列软启动器。主电路端子见表 8-9，控制电路端子见

表 8-10。

表 8-9　CR1 系列软启动器主电路端子

| 编号 | $1L_1$ | $3L_2$ | $5L_3$ | $2T_1$ | $4T_2$ | $6T_3$ | $A_2$ | $B_2$ | $C_2$ |
|---|---|---|---|---|---|---|---|---|---|
| 说明 | U 相输入 | V 相输入 | W 相输入 | U 相输出 | V 相输出 | W 相输出 | 旁路接触器 U 相输出 | 旁路接触器 V 相输出 | 旁路接触器 W 相输出 |

表 8-10　CR1 系列软启动器控制电路端子

| 编号 | 1 | 2 | 3 | 4 | 5 | 6 | 7 | 8 | 9 | 10 | 11 | 12 |
|---|---|---|---|---|---|---|---|---|---|---|---|---|
| 说明 | 控制电源相线 | 控制电源中性线 | 启动 | 停止 | 公共(COM) | 旁路常开输出 | | 故障常开输出 | 故障常闭输出 | 故障公共 | 空 | 保护接地(PE) |

## 8.5.3 软启动器保护快速熔断器的选择

软启动器保护快速熔断器应按以下要求选择。

① 快速熔断器的额定电压应大于交流线电压。对于 380V 电源电压，应取 500V、750V 的额定电压。

② 快速熔断器的允通能量 $I^2t$ 值，应小于晶闸管元件的允通能量 $I^2t$ 值。

例如，CR1 系列软启动器快速熔断器的选用见表 8-11。

表 8-11　CR1 系列软启动器快速熔断器的选用

| 软启动器 | | 400V、65kA 快速熔断器(最大值) | | |
|---|---|---|---|---|
| 型　号 | 晶闸管整流器 $I^2t$ | 型　号 | 额定电流/A | $I^2t$ |
| CR1-30 | 18000 | RST3-250/80 | 80 | 13440 |
| CR1-40 | 18000 | RST3-250/80 | 80 | 13440 |
| CR1-50 | 18000 | RST3-250/80 | 80 | 13440 |
| CR1-63 | 125000 | RST3-250/200 | 200 | 107000 |
| CR1-75 | 125000 | RST3-250/200 | 200 | 107000 |
| CR1-85 | 281000 | RST3-250/200 | 200 | 107000 |
| CR1-105 | 320000 | RST3-250/250 | 250 | 246200 |
| CR1-142 | 320000 | RST10-800/500 | 500 | 173000 |
| CR1-175 | 320000 | RST10-800/550 | 550 | 232000 |
| CR1-200 | 1125000 | RST10-1250/900 | 900 | 835000 |

续表

| 软启动器 | | 400V、65kA 快速熔断器(最大值) | | |
|---|---|---|---|---|
| 型　号 | 晶闸管整流器 $I^2t$ | 型　号 | 额定电流/A | $I^2t$ |
| CR1-250 | 1125000 | RST10-1250/900 | 900 | 835000 |
| CR1-300 | 1100000 | RST10-1250/900 | 900 | 835000 |
| CR1-340 | 638000 | RST10-800/710 | 710 | 476000 |
| CR1-370 | 638000 | RST10-800/710 | 710 | 476000 |
| CR1-400 | 966000 | RST10-1250/900 | 900 | 835000 |
| CR1-450 | 966000 | RST10-1250/900 | 900 | 835000 |

## 8.6 PLC 的选择

PLC 的产品种类繁多，如有通用公司的 GE 各系列、西门子、富士、三菱、欧姆龙等。价格也不同。选择时应根据实际需要，选择性价比高的机型，既要满足生产工艺的控制要求，又要做到不浪费，投资少。

### 8.6.1 PLC 的选择要点

① 环境条件。所选机型应满足生产现场的实际环境条件的要求。

② 满足 I/O 点数要求。首先估算出所需要的 I/O 点数（见 8.6.2 项），然后增加 10%以上（一般取 15%～20%）的备用量，以便当实际使用的 I/O 点损坏时更换，以及随时增加控制功能。

注意：PLC 还有扩展单元和模块。

③ 满足输入/输出信号的性质。所选 PLC 应满足输入信号电压的类型（是直流还是交流）、等级和变化率的要求，满足输出端的负载特点（见 8.6.3 项）。

④ 满足现场对控制响应速度的要求。对于以开关量为主的控制系统，PLC 的响应时间（包括输入滤波时间、输出滤波时间和扫描周期），一般机型都能满足要求。对于有模拟量控制的系统，需考虑响应时间。不同的控制系统对 PLC 的扫描速度的要求有所不同。例如，对于 S5-135U 型 PLC，选用不同的 CPU，适用于不

同的控制系统，如 921S CPU 适用于逻辑控制系统；920R CPU 适用于 PID 调节系统；920 CPU 适用于统计管理控制。

⑤ 满足程序存储器容量要求。PLC 的程序存储器容量通常以字或步为单位，如 1 千字、3 千步等。PLC 的程序步是由一个字构成的，即每个程序步占一个存储器单元。

用户程序所需存储器容量可按以下方法估算：对于开关量控制系统，存储器字数等于 I/O 信号总数乘以 8；对于有模拟量输入/输出系统，每一路模拟量信号大约需 100 字的存储器容量。

⑥ 满足抗干扰要求，避免 PLC 误动作。当然还需采取一些防干扰措施。

⑦ 满足通信要求。PLC 的通信功能包括通信接口、通信速度、通信站数、通信网络等。

另外，还应考虑使用方便、维护简单等因素。

### 8.6.2　PLC 的 I/O 点数的估算

① 输入点数的估算。按钮、行程开关、接近开关等每一只占一个输入口；选择开关有几个选择位置就占几个输入口。但当采用 PLC 的特殊功能指令时，则打破上述的常规。以三菱 FX2 型 PLC 为例，若选用晶体管输出型 PLC，则占用 $n$ 个输出（$n=2\sim8$）和 8 个输入，若利用 MTR 矩阵指令，则可读入 $n\times8$ 个输入点。也就是说，64 个输入点只占用 8 个输入口和 8 个输出口，而 56 个输入点只占用 8 个输入口和 7 个输出口，其余类推。惟一的条件是输入点的动作时间要超过 0.16s。

② 输出点数的估算。接触器、继电器、电磁阀等每一只占一个输出口；两只接触器控制电动机正反转或控制双电磁阀等均为每一只占用两个输出口。

③ 对一个控制对象，由于采用不同的控制方式或编程水平不同，因此，输入/输出点数会有所不同。表 8-12 所示为典型传动设备及常用电气元件所需的 I/O 点数。

### 8.6.3　PLC 输出形式的选择

PLC 主要用于开关量的控制，有继电器、晶体管和双向晶闸管三种输出形式。各种输出形式所选用的负载见表 8-13。

表 8-12 典型传动设备及常用电气元件所需的 I/O 点数

| 序号 | 电气设备、元件 | 输入点数 | 输出点数 | I/O 总数 |
|---|---|---|---|---|
| 1 | Y-△启动的笼型电动机 | 4 | 3 | 7 |
| 2 | 单向运行笼型电动机 | 4 | 1 | 5 |
| 3 | 可逆运行笼型电动机 | 5 | 2 | 7 |
| 4 | 单向变极电动机 | 5 | 3 | 8 |
| 5 | 可逆变极电动机 | 6 | 4 | 10 |
| 6 | 单向运行的直流电动机 | 9 | 6 | 15 |
| 7 | 可逆运行的直流电动机 | 12 | 8 | 20 |
| 8 | 单线圈电磁阀 | 2 | 1 | 3 |
| 9 | 双线圈电磁阀 | 3 | 2 | 5 |
| 10 | 比例阀 | 3 | 5 | 8 |
| 11 | 按钮开关 | 1 | — | 1 |
| 12 | 光电管开关 | 2 | — | 2 |
| 13 | 信号灯 | — | 1 | 1 |
| 14 | 拨码开关 | 4 | — | 4 |
| 15 | 三挡波段开关 | 3 | — | 3 |
| 16 | 行程开关 | 1 | — | 1 |
| 17 | 接近开关 | 1 | — | 1 |
| 18 | 抱闸 | — | 1 | 1 |
| 19 | 风机 | — | 1 | 1 |
| 20 | 位置开关 | 2 | — | 2 |
| 21 | 功能控制单元 | | | 20(16,32,48,64,128) |
| 22 | 单向绕线转子电动机 | 3 | 4 | 7 |
| 23 | 可逆绕线转子电动机 | 4 | 5 | 9 |

表 8-13 PLC 三种输出形式适用的负载

| 输出形式 | 适用负载 |
|---|---|
| 继电器<br>一般接点可承受交流 250V/2A(也有 300V/5A)、直流 24V/2A | 不加消火花电路时，可用于干簧继电器、小型继电器、固态继电器、固态定时器、小容量氖泡、发光管等；有消火花电路时，可用于电磁接触器、继电器、小容量感性负载等。也常用于适当容量的发光管、白炽灯、LED 灯等 |

续表

| 输出形式 | 适用负载 |
| --- | --- |
| 晶体管<br>一般为直流 24V/0.5A(环境温度在 55℃以下) | 继电器、指示灯等小容量装置。主要用于数控装置、计算机数据传输、控制信号传输等快速反应的场合。晶体管有近 0.1mA 的漏电流,用它来驱动特别微小的负载时,要引起注意 |
| 双向晶闸管<br>一般为交流 120～230V/1A(环境温度在 55℃以下) | 大容量的感性负载,如大容量的接触器、电磁阀以及大功率电动机等。双向晶闸管有 1～2.4mA 的漏电流。但在额定负载下,理论寿命应该说是无限的 |

## 8.7 电子控制装置的调试及抗干扰措施

### 8.7.1 电子控制装置的调试

为了确保电子控制装置达到设计的各项技术指标，必须进行认真调试。电子控制装置的基本调试方法如下。

(1) 调试的准备工作

① 准备好测量仪器和测试设备。调试人员应能熟练地使用测量仪器和测试设备。

② 认真阅读电子控制装置的原理图和接线图，弄懂图中各部分的元器件及单元的作用和性能，以及整个电路的工作原理。弄清柜内各部件、元器件的布置及具体位置。

③ 检查端子排上各接线编号是否与接线图相符，尤其要重点检查晶闸管控制极等接线是否正确。因为这些脆弱部分一旦接错，通电试验时会烧坏晶闸管，造成很大的损失。仔细检查印制电路板与插座接触是否紧密可靠。仔细连接外部电路的连线，如电源线、信号控制线、反馈信号线、被控设备连线等。

④ 了解电子控制设备的主要技术指标、调试内容、方法和步骤及注意事项。

⑤ 注意安全，对于电容降压的稳压电源，其整个电路都带有危险的 220V 市电，调试时手不可触及印制电路板的覆铜箔和电子元器件；对于自耦变压器、单相调压器，虽然次级电压很低，但其

次级与初级有电的联系，次级带有高电压；对于大容量电解电容，其通电后所储存的电荷有可能不会在短时间内消失，一旦触及会遭受电击，为此在调试或更换时，应先将其放电（用绝缘导线短接或经过一电阻放电），再进行操作。

⑥ 调压设备、示波器等仪器接好后，必须认真检查接线、量程等，否则有可能造成试验设备、仪器或被试设备损坏，造成严重损失。

(2) 通电调试

① 先空载试验，后带负载试验。这样做的目的是：

a. 避免通电后因线路有问题或元器件有问题而造成负载（被控设备）损坏。

b. 通过空载通电能发现电路有无异常情况，元器件有无过热、烧焦、冒火及短路、不通等问题。

如果一开始就带负载试验，一旦出现上述问题，就区分不清是由负载故障引起的还是由电路本身问题引起的。

通过空载通电试验，许多电子控制线路的调试都可以进行，或得到初步（或粗略）的调试结果，从而为带负载的精确调试打好基础。有时安全起见，先带假负载试验，正常后再带真实负载试验。

② 先静态试验，后动态试验。在调试单元电路时，先调好静态工作点，再通入信号进行动态调试。通过反复调整，直到各部分电路均达到技术指标要求。

③ 先单元试验，后整机试验。对于较复杂的电路，可将其按在电路中的作用分为几个单元（部分），逐个调试，使每个单元都正常后，再调试整机电路。有时单元电路与整机电路在调试中相互影响，应反复调整，直到满意为止。

须指出，电子控制装置必须保证在电源正常波动范围内能正常工作。为此，试验时除在正常电压下试验外，还应在波动情况下试验。

待整机正常工作后，再按测试指标要求进行测试，并做好记录。

在调试过程中，会发现许多故障，如接触不良、虚焊、自激、漏接线、接错线（如编号管套错）、绝缘不良、短路、波形及电压异常、元器件烧坏、元件过热、电位器或转换开关接触不良、导线裸头碰机壳、相序接反、同步变压器绕组同名端接错、转换开关型号选错或接线错误、继电器及接触器线圈电压选错、电源缺相等。

另外，通过调试有时还可发现电路设计不当、元器件参数选用不当等情况。这时可根据调试结果，对原电路进行改进，或重新选用合适参数的元器件。

### 8.7.2 电子控制装置的抗干扰措施

（1）干扰的来源及消除方法

干扰源产生的各种瞬变脉冲通过一定途径（例如信号传输导线等），侵入放大器或逻辑控制装置，使得放大器或控制系统无法正常工作。在所有外界的电磁干扰中，以电网来的干扰最严重，其干扰电压的频率为50Hz或其倍频。

① 电源电压滤波不良。电源电压滤波不良会使整流器输出电压中含有交流成分。这个干扰的交流电压经耦合电路逐级放大，就会引起很大的噪声电压。

消除方法：采用多级滤波器或采用稳压电源供电。对于放大器的前几级（特别是第一级），尤其要求供电电源电压脉动尽可能小。

② 放大器的接地点不合理。多级放大器的接地点不合理，会引起严重的干扰和自励振荡。例如，没有在滤波电容处接地，而是在前级放大器处接地，这样滤波电容上的滤波电流经过很长的接地线后才接地，同时各级集电极交流电流也要经此接地线接地，于是在这段接地线上产生一定的交流电压，而该电压又将作用在前级放大器的输入回路内，引起严重的干扰。消除方法如下。

a. 应将多级放大器的接地点设在滤波电容处，使滤波电流直接入地。

b. 在电路布置上，应尽量使各级的集电极交流电流由前向后经过地线入地。在电路安装上，应注意元件排列合理、紧凑，特别在高频时信号回路引线要尽量短，元件焊接要牢靠。

c. 将每级放大器输入回路元件的接地单独集中连接后，再接在总的接地线上。放大器的总接地线应采用较粗的裸铜线，并在一点接地。

d. 不要用仪器的底盘当作接地线使用。

e. 多台电子设备共同使用时，应将它们的接地线（接外壳）连在一起。

③ 杂散电磁场干扰。当电力线、电源变压器、滤波电感等元件距放大器等电子设备过近或布置不当时，这些元件在周围产生的交变电磁场会对放大器等产生干扰。笔者曾调试一台数控设备，当按动联络电铃时，会引起逻辑控制电路误动作。因为电铃是个电感元件，当接通电源再断开时，便会在电感线圈上产生一个突变的高电压。该高电压引起的冲击浪涌便通过导线的相互串扰，对电子设备产生干扰。消除杂散电磁场干扰的措施如下。

a. 尽量使电源变压器、滤波电感等元件远离放大器和逻辑控制电路，尤其要远离第一级输入电路。

b. 放大器等的输入线、输出线应与电源线、动力线分开走，不要平行敷设，两者应尽量远离。当无法远离时，应相互垂直敷设。

c. 采取屏蔽措施。可采用屏蔽罩或屏蔽线，并将屏蔽罩和屏蔽线外套可靠接地。一般放大器的引入线及电子设备的输入线、探测头引线等应采用屏蔽线。电源变压器的一、二次之间要加屏蔽层并接地。必要时将电源变压器整个屏蔽并接地。对于生产车间的电子设备，易受干扰的引线可穿钢管敷设，钢管可靠接地。屏蔽材料以铜效果较好，铝较差。

d. 在晶体管的基极、发射极之间并联一只 0.1～1$\mu$F 的电容（对延迟不作要求时可用更大的电容，如几十微法至 100$\mu$F），或在集电极、基极之间并联一只 0.1$\mu$F 以下的电容。

e. 对于生产车间的电子设备，包括电子控制器、操纵台、机身控制柜等，它们之间的距离应靠近，以免生产车间内的交/直流电机、晶闸管变流装置、电焊机、风机等产生的电磁场干扰电子设备的正常工作。

f. 对于生产车间的电子设备的电铃干扰，在电铃回路中并联一 RC 吸收回路即可消除。一般电容选 0.22$\mu$F/400V，电阻选 20Ω/1W。

(2) 自励振荡及消除方法

自励振荡现象在分立元件电路中比集成电路中更为普遍，它是由于放大器中的正反馈造成的。正反馈不是有意识地加上去的，而是由于安装、布线不合理等因素造成的。

① 布线紊乱。输入信号线与输出信号线、电源线纠缠在一起，各种分布电容增大，容易产生信号的正反馈。消除方法如下。

a. 合理布线。在布线和元件排列时应排成直线，让输出级远离输入级，输入线不要靠近输出线。在增益大的高频放大级和易于产生正反馈的级与级之间采用屏蔽隔离技术，输入、输出线可采用高频同轴电缆或用带屏蔽层的导线。

b. 在放大器中有可能产生自励振荡，可在一级的基极对地及基极对集电极间并接一个小电容（称中和电容），以消除高频自励和抑制高频干扰。

② 各级放大器共用一个电源，有时会引起低频自励振荡。消除方法如下。

a. 改善电源。

b. 在放大器各级之间加上“去耦电路”，以消除后级通过电源与前级之间的耦合形成正反馈。去耦电路实际上是一级至几级阻容滤波器，通过滤波可以使放大器各级电源在一定程度上独立起来。

③ 通过地线形成自励振荡。地线布置不合理、地线过细、接地点不妥当等，都有可能引起自励振荡。消除方法如下。

a. 元件排列要紧凑，尽可能缩短各接地线之间的距离；焊点要牢靠，防止虚焊引起接触电阻增大。

b. 总接地线要采用较粗的裸铜线。在高频放大器和脉冲电路中，为了减小引线的电感，接地线需要用导电性能优良的镀银或镀金宽扁线或宽铜箔。

④ 通过晶体管内部反馈形成的自励振荡。放大器在高频工作时容易引起这类自励振荡，尤其是由晶体管组成的高频调谐放大器，其集电极以LC谐振回路为负载阻抗，寄生反馈引起的自励振荡就更为严重。消除方法如下。

a. 严格挑选管子参数。

b. 调试时适当限制放大器的增益。

c. 加中和电容或 RC 中和网络。

d. 对于运算放大器，可加小电容（0.01～0.047μF）形成负反馈。

### 8.7.3 电子设备的抗干扰措施

电子设备受干扰的原因主要有内部干扰和外部干扰等。内部干扰主要由电子元件不良和设计安装不合理引起（即电子设备本身产生的电磁干扰）；外部干扰主要由外界电流或电压剧烈变化，并通过一定途径传入电子设备而引起。按干扰侵入方式可分为以下五类。

① 由动力线侵入的传导干扰。

② 经动力线混入的辐射干扰。

③ 由数据线或信号线侵入的传导干扰。

④ 经数据线或信号线混入的辐射干扰。

⑤ 直接进入电子设备的辐射干扰。

干扰产生的原因及消除措施见表 8-14。

表 8-14 电子设备干扰产生的原因及消除措施

| 产生原因 | 消除措施 |
|---|---|
| 交流电网中的噪声进入直流电源中 | ①采用隔离变压器，并将一次侧、二次侧加屏蔽。一次侧屏蔽层接地，可有效地消除共模噪声；二次侧屏蔽层接系统地或接逻辑公共地；二次侧最外层屏蔽层接系统地。这样可以使电网中的脉冲浪涌和高频噪声降低到原来的60%～70%<br>②采用电磁屏蔽，外壳接地<br>③对回路布线采用绞线，可减小磁场干扰<br>④采用稳压电源供电，当电网电压波动超过±10%，尤其是超过±20%时，应加装稳压电源<br>⑤在进线端设置低通滤波器，以抑制电源的高频、脉冲噪声 |
| 切换感性负载或容性负载时，有可能产生很高的du/dt、di/dt脉冲瞬变干扰 | ①采用消火花电路。如在直流继电器线圈上并联 RC 阻容吸收电路；并联二极管；并联压敏电阻等均可取得良好的效果<br>②采用晶闸管过零开关。当用普通开关切换大功率负载时，很有可能出现很大的尖峰电流或浪涌电压。采用晶闸管过零开关，能在电源电压瞬时值过零处接通负载，或在负载电压（或电流）瞬时值过零处断开负载，从而避免尖峰电流或浪涌电压的产生。由于输出为间断的正弦波，因此不会产生谐波干扰<br>常用的零触发集成触发器有 KJ008 型、KJ007 型、KC08 型、CY03 型、TA7606P 型、μPC1701C 型和 M5172L 型等 |

续表

| 产生原因 | 消除措施 |
| --- | --- |
| 从输入回路引入干扰信号 | ①应根据数字量信号的脉宽和前后沿来选择合适的传输信号的方式。这些方式有：<br>a. 继电器。即通过继电器触点的吸合或分断，将信号传输到数字或电子电路。采用继电器方式，只适用直流到几十毫秒的信号<br>b. 脉冲变压器。即通过脉冲变压器，将信号耦合至数字或电子电路。采用此方式适用几纳秒到几毫秒<br>c. 光电耦合器。即通过光电耦合器耦合，将信号传输，此方式干扰性能好，适用直流到几百纳秒<br>d. 差动输入电路。此方式可抑制 1MHz 以上，峰值为 $300U_{p-p}$的共模噪声<br>e. 比较器。适用噪声电平高，前后沿慢的信号<br>f. 平衡式线路驱动器。可抑制静电感应噪声<br>②为防止继电器触点抖动（抖动时间为几百微秒到几毫秒），可在输入回路串接 *RC* 阻容吸收电路。根据实际情况，可单独串联电阻或并联电容，或两者同时采用。一般电阻阻值约几百欧至几千欧，电容容量为零点几微法至几微法。可由试验确定<br>③对于数字电路中多余的输入端子不应悬空，否则它会接收辐射噪声。应根据具体情况采取接地，通过电容（约为 1000pF）接地，与有用的输入端子合并（当然需两输入端子性能相同时）等方式处理 |
| 从输出回路侵入的外部浪涌电压 | ①采用光电耦合器隔离输出<br>②通过继电器隔离输出<br>③在达林顿晶体管输出端加二极管、电容器 |
| 电子电路内部本身引起的干扰，如寄生耦合，电子元件的热噪声 | ①采用屏蔽罩和滤波电路<br>②严格挑选电子元件；电子元件需经老化处理<br>③信号线间设计抗干扰地线，宽度取 3mm 左右，以保证足够的接地电阻<br>④多路信号线要避免平行走线，信号线之间的距离要尽量大些，以减小寄生电容、电感 |
| 设备安装不合理 | ①信号线尽量远离动力线；弱电线与强电线应尽量分开<br>②信号线与动力线，弱电与强电，尽可能垂直交叉或分槽布线<br>③信号线采用双绞线或屏蔽线。若为屏蔽线，应采取一端接地<br>④必要时将信号电缆经钢管敷设<br>⑤对系统提供一单独的接地回路<br>⑥所有屏蔽层均在变送器端接地<br>⑦弱电线路的接地线不能用裸导线，应采用绝缘铜芯软线，中间不允许有其他电气接触（如碰外壳等），只有到接地桩处才允许接地<br>⑧不同电压等级的接地线应分开，高压、低压 380/220V、控制电压 24V、48V 等应分别接地<br>⑨平行走的线之间存在寄生电容，寄生电容容易引起数字电路等信号的误动作，为此平行走的线可选用屏蔽电缆，屏蔽层接地 |

### 8.7.4 单片机和微机的抗干扰措施

单片机和微机本身的抗干扰能力较弱，当使用环境条件较差时（如工厂车间等），若不采取措施，很容易导致控制系统故障。为了提高单片机和微机的抗干扰能力，可采取以下措施。

（1）电源部分的抗干扰措施

单片机电源一般取自交流电网，当连接在同一电网上的大功率负载启动或停止时，会给电网带来较大的冲击，一旦超出微机稳压源的稳定范围，干扰信号便会通过电源进入微机系统，破坏其正常工作。为此应做好以下工作。

① 供电变压器的中性点必须接地良好，接地电阻不大于4Ω。

② 三相供电变压器的负载应该平衡，以防三相不平衡电流影响单片机或微机。

③ 单片机或微机的机箱外壳采取保护接地。它应单独接地，而不可接入电网保护接地。因为电网地线电阻不为零，外壳接入时地电流形成的干扰会进入系统。单片机机箱外壳和机床之间的传输线上的蛇形套管应与机床连接，而另一端不要与机箱外壳连接，以免机床地线干扰由蛇形套管进入机箱内。

④ 单片机信号接地。该信号接地称为内部接地。它是单片机内部线路和稳压电源输出的公共零电位点，切不可与以上两种接地线串接。

⑤ 正确选用稳压电源。单片机或微机的电源通过高精度稳压器（如CW7805C等）提供，而稳压器输入端应经过一只电源变压器隔离。稳压电源和变压器的容量均应比实际需要大1.3～1.5倍。变压器一、二次侧有静电屏蔽层，屏蔽层应与机箱外壳保护接地连接，切不可与稳压电源输出端的零电位点连接。必要时可在稳压电源的输出端并联一只0.1μF、16V的小电容$C$，以滤掉高频干扰，具体接线如图8-5所示。若有低频干扰，可同时设置低频滤波电容，容量可取10μF。

另外，也可对部分负载分组供电，如将控制部分与执行部分分开，模拟部分与数字部分分开，从而避免干扰的产生。

⑥ 采用低通滤波器。低通滤波器的形式很多，应根据具体情况选用。下面举一例使用效果较好的低通滤波器。

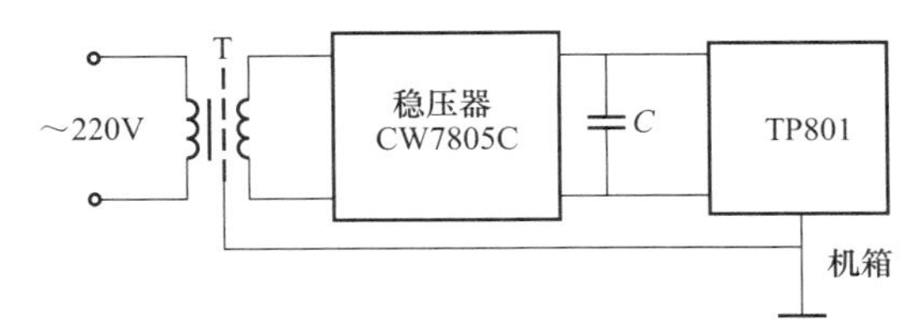


图 8-5　单片机供电电源部分的接线

图 8-6 所示的虚线框以外的电路是某微机（负载电流为 0.5A，电压为 5V）的电源电路，虚线框内为所加的双扼流圈滤波器。未加滤波器前，微机的工作会受供电线路上的尖峰浪涌信号的影响（如启动电动机、使用电焊机等）。加上抑制电路后，能抑制电网尖峰浪涌信号的干扰，保证微机正常工作。

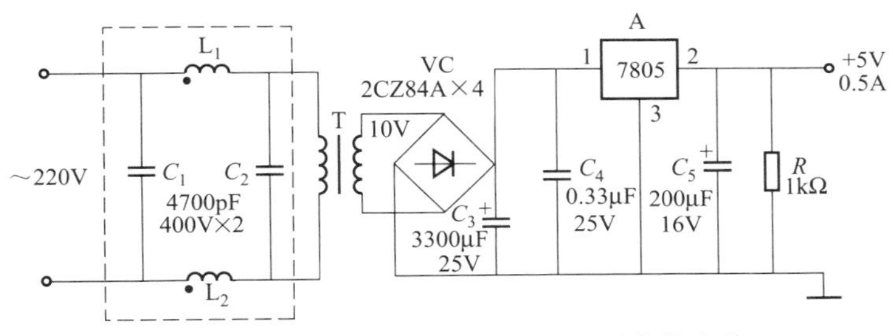


图 8-6　用低通滤波器抑制微机电网干扰的电路

工作原理：当电源电流通过扼流圈的 $L_1$ 和 $L_2$ 两绕组时，所产生的内磁通是互相抵消的。若工频电流通过 $L_1$、$L_2$，由于频率低，阻抗极小，很容易通过。而当高频干扰信号电流，特别是共模干扰信号电流通过时，双扼流圈的阻抗将呈很大阻值，因此在微机系统和电网之间起到高频隔离作用。对进入电源线上的差分干扰信号，双扼流圈的滤波作用不大，为弥补这一不足，在扼流圈的输入端和输出端接上滤波电容 $C_1$、$C_2$，使这一类干扰信号被旁路。

元件选择：元件参数见图，但电源所带负载不同，这些元件参数要随之变化。上述参数适应于微机负载为 0.5A、+5V 的情况。扼流圈选用内径为 18mm，外径为 24mm，厚 8mm 的 MXO-2000 磁环作磁芯。$L_1$ 和 $L_2$ 各绕 50～70 匝，用环氧树脂封装，绕制时应注意绕线排列不可太密。电容器应选用 0.047～0.22μF 的高频性能好的电容。

（2）元器件、线间的抗干扰措施

单片机或微机通过接口电路与控制对象连接，有时传感器拾取的信号需经一段距离才能达到微机系统，因此很可能将干扰信号引入系统。对于此类干扰，可采取以下措施。

① 采用平衡线（如双绞线、屏蔽线等）传送。

② 由于传感器输出的信号往往很小，极易受干扰，因此可在离传感器较近处设置共模抑制比大、输入阻抗高、输出阻抗低、失调电压和温度漂移小的测量变压器，并可设置电压跟随有源滤波器。

③ 采用光电耦合器进行信号隔离。由于光电耦合器的动态输入阻抗低，输入与输出间的绝缘电阻大，杂散电容小，因此能有效地防止干扰信号进入微机。采用光电耦合器，当有高电压（如雷击等）侵入回路时，它还能起保护微机的作用。

④ 减少键盘操作的干扰措施。在单片机五列键盘输出信号线与信号地之间各并接一只1000pF、63V的小电容，能有效地滤去键操作时的高频干扰。

### 8.7.5 电子仪器、设备的抗干扰接地

电子仪器、设备的抗干扰接地要求如下。

① 模拟电路信号、数字电路信号、信号源、负载以及噪声地线各有不同的要求，应分别一点接地，然后连接到公共接地体上。

② 因为模拟信号较易受干扰，所以对模拟信号地线的面积、走向、连接有较高的要求。

③ 数字信号地线应与模拟信号地线分别设置，为避免数字信号干扰模拟信号，两者的连接应仅有一个公共点。

④ 信号源地线与测量装置的适当连接，有利于提高整个测试系统的抗干扰能力。

⑤ 负载地线应与其他地线分开，有时两者在电气上甚至可绝缘。

⑥ 继电器、驱动电机和高电平电路的地线称为噪声地线，也应与其他地线分开。

电子仪器、设备的一般地线系统如图8-7所示，图中表明了各

种地线的关系。图中虚线框为屏蔽物，a 为信号地线，b 为噪声地线，c 为安全地线，A 为低电平电路，B 为高电平电路，C 为数字电路。

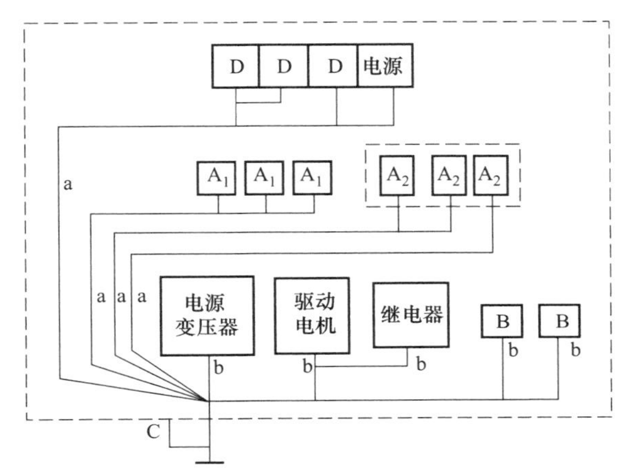


图 8-7　电子仪器、设备的接地系统

## 8.7.6 计数显示模块的抗干扰措施

（1）计数显示模块简介

计数显示模块广泛用于各种自动控制装置中，作为显示、监视和计数用。常用的有 LCL412、DS-1 等型号四位可逆计数显示模块，为 19 脚单排结构，可方便地与 TJ4、TJ6 等标准插座连接，用 LED 作数码显示。

LCL412 型计数显示模块是由一片 28 脚的 CM7217A 型大规模 CMOS 集成电路及四只 LED 数码管和其他元件组成的一体化模块。其外形如图 8-8 所示。表 8-15 为各引脚对应符号。表 8-16 为引脚符号与对应功能说明。

**表 8-15　各引脚对应符号**

| 引脚号 | ① | ② | ③ | ④ | ⑤ | ⑥ | ⑦ | ⑧ | ⑨ | ⑩ |
|---|---|---|---|---|---|---|---|---|---|---|
| 符　号 | $\overline{CR}$ | $\overline{D_1}$ | $\overline{D_2}$ | $\overline{D_3}$ | $\overline{D_4}$ | LDC | LDR | +/− | $V_{SS}$ | S |
| 引脚号 | ⑪ | ⑫ | ⑬ | ⑭ | ⑮ | ⑯ | ⑰ | ⑱ | ⑲ | |
| 符　号 | CP | A | B | C | D | $+V_{DD}$ | $\overline{EQU}$ | $\overline{ZER}$ | CAR/BOR | |

表 8-16 引脚符号与对应功能说明

| 引脚符号 | 连接状态 | 功 能 说 明 |
|---|---|---|
| $\overline{CR}$ | $+V_{DD}$悬浮 | 计数，显示 |
| | 地 | 清除 |
| LDC | $+V_{DD}$ | 计数停止，预置计数并显示 |
| | 悬浮 | 计数，显示 |
| | 地 | BCD 输出高阻，计数连续，显示连线 |
| LDR | $+V_{DD}$ | 计数并显示，预置比较数 |
| | 悬浮 | 计数，显示 |
| | 地 | BCD 输出高阻，显示熄灭，扫描停止，计数连续 |
| +/− | $+V_{DD}$ | 加计数 |
| | 地 | 减计数 |
| S | $+V_{DD}$ | 锁存 |
| | 地 | BCD 输出连续，显示连续 |

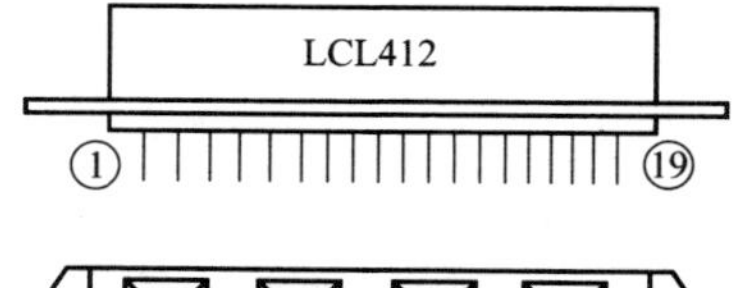

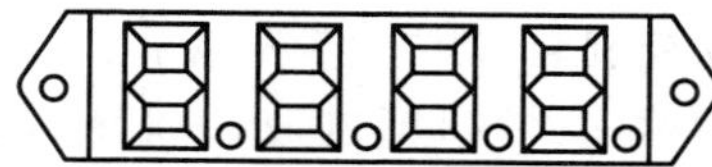

图 8-8 LCL412 计数显示模块外形

模块的电源电压范围为 +2.5～+6V，典型值为+5V；动态平均电源电流小于 40mA，在 LED 数码管全熄灭时，总电流小于 1mA；计数频率最高可达 5MHz。计数脉冲信号输入是在脉冲上升沿时动作。它的电压在 0V 至电源电压之间变化。脉冲信号的脉冲电流小于 0.5mA。

(2) 计数显示模块的抗干扰措施

计数显示模块附近有电焊机工作，或有大功率设备启动与停机以及天车滑线火花等，都有可能使计数显示模块所显数值紊乱。使用时应采取以下几个方面的防干扰措施。

① 电源是各种干扰进入的大门，一个好的电源应将各种浪涌、杂波拒之门外。为此可采用电源变压器，将一、二次侧静电隔离，并可靠接地，在二次侧还可采用多次滤波及加装抗干扰电容。抗干扰电容一般可采用 0.022μF～10pF 的电容器，具体数值可由试验决定。

② 计数显示模块要用单一电源而不能与模块的前置电路或其他部分电路共用，防止互相干扰。

③ 在计数信号输入端（CP）对计数信号进行预处理，可有效地改善计数显示的质量。预处理电路如图 8-9 所示。

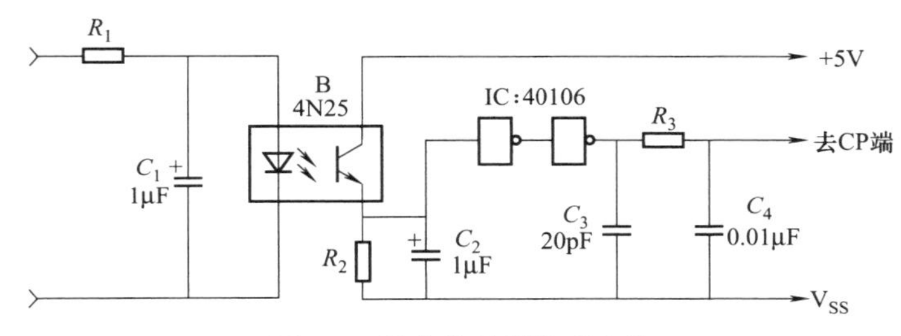


图 8-9 计数信号预处理电路

④ 计数信号（CP）的传输连线要尽量短，或采用带屏蔽的 RVVP 电缆线，其屏蔽层一端接地，另一端悬空。

⑤ 在②～⑤脚各接一只 20～30kΩ 电阻，电阻的另一端接 $V_{SS}$ 端。这样可有效地解决在数值为 6～9 时进行加减计数转换时出现无规则变化。

⑥ 在 LDC、LDR 端应加接分压电阻，其电阻值为 10～20kΩ，这种分压不影响 LPC、LRC 的功能。分压电路如图 8-10 所示。

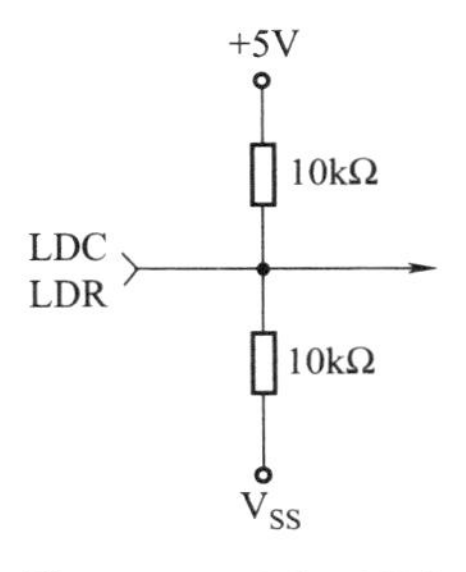


图 8-10 LDC、LDR 端的分压电路

⑦ 当＋/－、CR 接口端作清除、加/减转换时，端口不做悬浮处理，要分别接到 $V_{DD}$ 和 $V_{SS}$ 端，这样可有效地解决清除不到位现象。

## 8.7.7 常用电磁屏蔽材料

电磁屏蔽是一种抑制以空间形式传递的辐射干扰的重要手段，是一种利用金属板（网）、金属盒（箱）以及各种具有屏蔽效能的复合材料等来阻止或减小电磁能量传播的措施。

（1）屏蔽的种类和要求

屏蔽的种类和要求见表 8-17。

表 8-17 屏蔽的种类和要求

| 类型 | 简单说明 | 基本要求 | 常用材料 | 适用频段 |
| --- | --- | --- | --- | --- |
| 静电屏蔽 | 把电场终止在屏蔽金属物的表面，而将电荷传送到接地的机壳上。它可以封闭干扰电场 | 屏蔽外壳与干扰源机壳相连 | 铜或铝 | 低频 $f<1000\text{Hz}$ |
| 磁屏蔽 | 利用屏蔽层具有高导磁率的特性，把磁场封闭在屏蔽层的厚度内；也可封闭干扰电场 | 屏蔽层需具有高导磁率 | 铁或铁镍合金 | 直流或低频 $f<1000\text{Hz}$ |
| 电磁屏蔽 | 利用在金属表面的反射和金属内部的吸收，或利用屏蔽层中的涡流现象来削弱干扰电磁场 | 屏蔽层具有高导磁率和高导电系数 | 铜、铝、铁 | 高频 $f>1000\text{Hz}$ |

（2）常用屏蔽材料的性能

① 金属铁磁材料：适用于低频（$f<300\text{Hz}$）磁场的磁屏蔽，较常用的有纯铁、铁硅合金（即硅钢等）、铁镍软磁合金（即坡莫合金）等。相对磁导率 $\mu_r$ 越高，屏蔽效果越好；层数越多，屏蔽也越好。常用金属铁磁材料的 $\mu_r$ 值见表 8-18。

表 8-18 金属铁磁材料的 $\mu_r$ 值

| 材料名称 | $\mu_r$（直流时） | 材料名称 | $\mu_r$（直流时） |
| --- | --- | --- | --- |
| 银、铜、铝、铬、锌、镍、锡 | 1 | 硅钢 | 500～7000 |
| 碳钢 | 50～1000 | 纯铁（退火） | 5000 |
| 铸铁 | 100～600 | 坡莫合金 | $2\times10^4\sim10^5$ |
| 不锈钢 | 500～1000 | 超导磁合金 | $10^5\sim10^6$ |

② 非金属磁性材料——铁氧体磁性材料：该材料在高频时具有较高的磁导率，电阻率较大，且具有较高的介电性能，已广泛应用于高频弱电领域。

③ 良导体材料：适用于高频电磁场、低频电场以及静电场的屏蔽。部分材料的相对电导率见表 8-19。高频电磁场及低频电场的屏蔽应选用表 8-19 中的高电导率良导体（如铜、铝等）。

常用的屏蔽薄板材料除了铜板、铝板等外，还常用铍青铜、锡磷青铜等（具有弹性）制作开启的门盖。

作为通风用屏蔽网，通常采用紫铜丝制作，用于频率不高于 100MHz 的大面积通风窗孔。网孔越小，线径越粗，屏蔽效果越好。$f>100$MHz 时，金属丝网的屏蔽效能明显下降。

表 8-19　部分材料的相对电导率

| 金属名称 | 相对电导率 | 金属名称 | 相对电导率 | 金属名称 | 相对电导率 |
|---|---|---|---|---|---|
| 银 | 1.06 | 黄铜(H62) | 0.26 | 钢(45) | 0.08～0.13 |
| 铜 | 0.97 | 镍 | 0.25 | 坡莫合金 | 0.03～0.07 |
| 铬 | 0.66 | 纯铁(退火) | 0.17 | 硅钢 | 0.034 |
| 铝 | 0.61 | 锡 | 0.15 | 不锈钢 | 0.02 |

(3) 几种材料的电磁波渗透深度

紫铜、黄铜（62）和铝的电磁波渗透深度见表 8-20。

表 8-20　几种材料的电磁波渗透深度 $\delta$　　单位：mm

| 材料 | 频率 $f$/Hz | | | | | | | | |
|---|---|---|---|---|---|---|---|---|---|
| | 50 | 500 | 1000 | 1500 | 2500 | 5000 | 10000 | $5\times10^5$ | $5\times10^6$ |
| 紫铜 | 9.4 | 4.1 | 2.1 | 1.7 | 1.33 | 0.94 | 0.66 | 0.09 | 0.03 |
| 黄铜(62) | 11.2 | 4.9 | 2.5 | 2.0 | 1.6 | 1.12 | 0.79 | 0.11 | 0.036 |
| 铝 | 12.3 | 5.3 | 2.75 | 2.22 | 1.74 | 1.23 | 0.86 | 0.12 | 0.039 |

(4) 具有高磁导率的合金磁屏蔽材料

这类合金主要是铁镍（Fe-Ni）合金中的 $1J_{46}$、$1J_{50}$、$1J_{54}$、$1J_{76}$、$1J_{77}$、$1J_{79}$、$1J_{80}$、$1J_{83}$、$1J_{85}$、$1J_{86}$ 和铁铝（Fe-Al）合金中的 $1J_{16}$。

(5) 电磁屏蔽材料的选用原则

① 应根据使用环境（即干扰场的性质、使用频率）选用屏蔽材料。

② 必须考虑合适的性（能）价（格）比，不可片面追求屏蔽效能。

③ 冷轧取向硅钢片（DQ 型）在轧制方向使用时，能充分利用其磁性能，降低损耗；而当需要无取向屏蔽时，应选择 DW 型冷轧无取向硅钢片。

④ 对于强磁场的屏蔽，可采用双层磁屏蔽体的结构。支撑件接地一般选用良导体，以防电场感应。

⑤ 应注意综合使用接地、屏蔽、滤波等措施。屏蔽的效能与接地密切相关。屏蔽体应接地，而且应单点接地，以避免在屏蔽体内形成回路，造成干扰而引起屏蔽效能下降。电缆的屏蔽颇有讲究：低频电路可单端接地；磁场屏蔽应两端接地；高频电路除双端接地外，应每隔 0.1λ（波长）距离接一次地；接地时，电缆屏蔽层应散开成 360°，与屏蔽外壳良好焊接。

屏蔽与滤波相结合。容易引入电磁骚扰的 I/O 接口和电源线输入口须分别采用信号滤波器和电源滤波器，方能保证屏蔽效能。

## 8.8 变流装置的维护与故障处理

### 8.8.1 变流装置的维护

变流装置的日常巡视检查，主要是从外观上检查仪表指示、灯光显示等是否正常，有无冒烟、焦臭味及异常噪声；从内部检查有无异常振动，元器件及电线有无过热和变色，冷却风机运行是否正常等。对于仪表指示，至少每天检查一次。对于用于重要场合的变换装置，最好将重要仪表的数据记录下来。对于其他项目，一般每天至少进行一次。如果环境的温度增高、湿度增大的话，检查周期应相应缩短。

变流装置的日常检查和维护内容、项目及要求见表 8-21。

表 8-21 变流装置的日常检查和维护内容、项目及要求

| 内容 | 项 目 | 处理与要求 |
| --- | --- | --- |
| 周围环境 | 水及其他液体滴落，水蒸气及有害气体<br>温度<br>湿度<br>灰尘 | 消除滴落和产生源，加强维护<br>改善环境，使周围温度为－10～＋40℃<br>周围介质相对湿度不大于 85%<br>保持环境清洁，及时除尘 |
| 振动、声响 | 变压器、电抗器、接触器、继电器、冷却风机、冷却泵、接头或紧固件 | 若有异常，检查这些元器件状况。对于松动的接头或紧固螺栓等加以紧固 |
| 异常发热或冒烟 | 变压器、电抗器、线圈、风机、冷却泵、电阻、电子元器件 | 检查这些元器件的状况，检查通风及冷却装置的运行情况 |
| 焦臭味 | 电阻、电子元器件、电线等是否过热或烧坏 | 打开柜门，检查这些元器件、电缆、继电器线圈等的状况 |

续表

| 内容 | 项目 | 处理与要求 |
| --- | --- | --- |
| 柜面指示仪表 | 输入电压<br>整流变压器一次侧电流<br>输出电压<br>输出总负载电流<br>直流输出每相电流<br>其他各类仪表 | 控制在电网额定电压的±10%以内<br>超出额定值时，检查负载及有关设备<br>超出额定值时，应将其调整到额定值内<br>超出额定值时，检查负载等状况<br>若不平衡或振荡，则检查触发板件及晶闸管等有关元器件<br>指示在正常范围，否则应查明原因并处理 |
| 指示灯 | 运行状态指示灯<br>故障指示灯 | 若装置运转正常而指示灯不亮，则更换灯泡<br>记录故障内容，并进行检修 |
| 柜内状况 | 有无杂物、污脏物，有无小动物侵入 | 发现有杂物、污脏物等时必须清除干净，保持柜内清洁与干燥。接线端子应整洁，连接牢固，无裸线头外露 |
| 印制板插件 | 插件及备件是否齐全，调整位置是否正确，插入是否牢靠 | 插板整齐，插入牢靠，调整位置正常，备件齐全 |
| 保护装置 | 熔断器、过电流继电器、欠电压继电器、报警装置等 | 熔丝选择正确，没有熔断情况；各类保护装置动作整定值正常，工作正常；报警装置正常 |
| 接地(接零)保护 | 接地(接零)线及连接情况 | 接地(接零)线符合要求，连接牢固，柜外壳无漏电情况。接地电阻应符合要求 |

## 8.8.2 变流装置的定期检修

定期维护检修就是每隔一定时间将变换装置停止运行，进行清扫、检查、保养，更换不良元器件（包括更换到达寿命故障区间之前的元器件），测试晶闸管电力晶体管特性（必要时），调试插板、调整及验证保护装置的动作，使变流装置的整体性能达到良好的状态。定期维护检修的周期根据变流装置使用环境的恶劣程度、变流装置的使用时间以及重要性等情况决定，一般情况下每年进行一次。另外，在装置所控制的生产机器设备大修时，应一起进行大修保养。

定期维护检修的项目及标准见表8-22。

**表 8-22 变流装置的定期维护检修的项目及标准**

| 项目 | | | 周期 | 标准 |
| --- | --- | --- | --- | --- |
| 外部状况 | | 柜内(包括元器件) | 1年 | 没有污脏、灰尘及缺损 |
| | | 环境影响 | | 各部件没有变色、腐蚀，尤其对有腐蚀性气体及潮湿场所更应注意 |
| | | 接地(接零)保护 | | 接地(接零)线符合要求，连接牢固 |
| 各元器件 | 变压器、电抗器 | 外观、温度 | | 没有因过热变色、焦臭 |
| | | 振动声(空载运行) | | 没有异常振动和噪声 |
| | 电阻及变阻器 | | | 没有变色、变形，引线未腐蚀 |
| | 电容器、电解电容器 | | | 更换变色、变形，漏液的电容器，引线未腐蚀 |
| | 晶闸管 | 对重要设备应测定漏电流及控制特性 | 2年 | 用万用表等仪器测定。在常温下，在晶闸管阳、阴极间加上0.8倍额定电压，测定漏电流，当大于2倍的规定值时应淘汰。更换时按规定的紧固力矩紧固 |
| | | 散热片 | 1年 | 散热片与晶闸管接触紧密 |
| | 电子元器件 | | | 没有变色，引线未腐蚀 |
| | 电源开关 | 变色、变形、操作迟钝 | | 没有不良情况 |
| | | 接触电阻 | 3年 | 用电压降法测量，其值应在规定值以内 |
| | 继电器、接触器等 | 触点 | 1年 | 没有烧损等情况 |
| | | 线圈 | | 不应有变色、响声 |
| | 印制电路板 | 基板 | 1年 | 没有变色、变形、污脏，插头无异物附着、无锈，镀银铜层无脱落现象 |
| | | 电阻、电容、电子元件 | | 没有变色、变形，引线未腐蚀 |
| | | 焊锡 | | 不应有虚焊、污损、腐蚀等 |
| | 熔断器 | | 1年 | 无变色、破损，接触紧密，熔断器座不松动 |
| | 冷却风机 | | | 电动机框架不变色，运行正常，旋转时无异常声响，轴承油良好，轴承3～5年更换一次 |
| | 配线 | | | 没有热变色及腐蚀，固定牢固、整齐，连接可靠 |

续表

| 项目 | | 周期 | 标准 |
|---|---|---|---|
| 各元器件 | 紧固部件 | 1 年 | 螺钉、螺栓、螺母类的紧固件不能有松动现象 |
| | 保护硒堆 | | 没有变色、变形、断线,击穿者应更换 |
| | 柜面指示仪表 | | 没有损伤,机械调零 |
| 特性试验 | 电子线路及控制线路试验 | 1 年 | 相序正确;测试各点的电压及波形正常;对各继电器、接触器按照原理电路及使用说明书顺序进行试验,动作及延时正常 |
| | 保护系统试验 | | 对照原理电路图及说明书的故障顺序处理,显示、报警及保护系统元件应能正常动作 |
| | 触发回路 | | 用示波器看,各测试点的脉冲幅度及波形应正常 |
| | 输出 | | 用示波器看,波形应与标准波形基本相同 |
| 备件 | 数量 | | 对照备件清单检查 |
| | 质量 | | 在试验台上或装置上测试,应符合要求 |

定期维护检修时应了解哪些元器件、部件及部位容易损坏和出现异常情况，以便重点检修和更换将要达到使用寿命的元器件。

据统计，变流装置的元件故障占总故障的 70%左右，主要表现为电力晶体管、集成电路、晶闸管、功率模块、保护元件的击穿、烧毁，电阻、电容损坏及放大器系统的温度漂移、泄漏引起控制参数变化等；其次表现为继电器、接触器、电位器、插座等接触不良或损坏，接头接触不良、虚焊等。

### 8.8.3 晶闸管元件的故障处理

晶闸管过载和过电压能力较差，尤其过电压。线路设计不合理，元件选用不当，维护不力，以及检修、使用不当等，都有可能造成晶闸管的击穿或烧毁。造成晶闸管故障或损坏的原因及处理方法见表 8-23。

表 8-23 晶闸管故障或损坏的原因及处理方法

| 序号 | 故障现象 | 可能原因 | 处理方法 |
| --- | --- | --- | --- |
| 1 | 晶闸管不能导通 | ①晶闸管控制极与阴极断路或短路<br>②晶闸管阳极与阴极断路<br>③整流输出没有接负载<br>④脉冲变压器二次接反 | ①用万用表测量控制极与阴极间的电阻。若已损坏，更换晶闸管<br>②用万用表测量阳极与阴极间的电阻。若阻值无穷大，说明已断路，更换晶闸管<br>③接上负载<br>④纠正接线 |
| 2 | 晶闸管误触发、失控 | ①晶闸管触发电流和维持电流偏小，或额定电压偏低<br>②晶闸管的热稳定性差(在工作环境温度未超过规定要求时引起误触发)<br>③晶闸管维持电流太小<br>④在感性负载电路中，没有续流二极管，引起失控及击穿晶闸管<br>⑤控制极受干扰 | ①按使用要求，合理选择晶闸管参数<br>②检查环境温度，若环境温度未超过规定要求，则更换晶闸管<br>③选择维持电流较大的晶闸管<br>④在整流器输出端反向并联一只续流二极管<br>⑤查明干扰原因，采取相应措施 |
| 3 | 晶闸管轻载时工作正常，重载时失控 | ①晶闸管的高温特性差，大电流时失去正向阻断能力<br>②负载回路电感或电阻太大 | ①更换晶闸管<br>②减小负载回路电感或电阻 |
| 4 | 水冷型晶闸管运行时突然击穿烧毁几只 | ①因断水或流量不足，晶闸管工作结温急剧上升，导致晶闸管击穿短路<br>②晶闸管陶瓷外壳表面有水珠或积尘而导电，使阳极与阴极、控制极与阴极之间短路<br>③晶闸管绝缘底座有积尘而导电，使阳极或阴极对地短路<br>④主回路过电流保护环节不起作用 | ①检查水路，保证畅通无阻和足够的流量<br>②清除灰尘，擦干水珠<br>③测试晶闸管阳极或阴极对地的绝缘电阻，清除灰尘<br>④合理调整过电流保护环节的整定值 |

续表

| 序号 | 故障现象 | 可能原因 | 处理方法 |
| --- | --- | --- | --- |
| 5 | 晶闸管突然烧毁 | ①直流电动机接地<br>②整流变压器中性点（Y 接）与地线相接<br>③带电测量晶闸管时，表笔碰及金属外壳<br>④用示波器测波形时，因示波器漏电，将高电压加在控制极 | ①加强对直流电动机的维护<br>②中性点不能接地<br>③测量时要谨慎<br>④示波器不可漏电；使用时示波器外壳不可触及开关柜外壳，示波器应置于木板上 |
| 6 | 风冷型晶闸管在运行时烧毁 | ①风机损坏<br>②风机旋转方向反了<br>③风量不足、风速太小<br>④风道有堵塞 | ①更换风机<br>②纠正风机旋转方向<br>③检修风机。若设计不当，应增大风机的功率和提高转速<br>④清扫风道，使风道通畅 |
| 7 | 晶闸管运行不久，发热异常 | ①晶闸管与散热器未拧紧<br>②冷却系统有故障 | ①拧紧，使两者接触良好，但也不能太使劲，以免损坏管子<br>②按第 4、6 条处理 |
| 8 | 三相桥式整流电路轻载时工作正常，重载时烧坏晶闸管 | 有一组桥臂的晶闸管维持电流太小，换相时关不断，导致整流变压器次级的三相交流电源相间短路 | 选用维持电流较大的晶闸管 |
| 9 | 晶闸管在使用中击穿短路 | ①输出端发生短路或过载，而保护装置又不完善<br>②输出接大电容性负载，触发导通时电流上升率太大<br>③器件性能不稳定，正向压降太大，引起温升太高<br>④控制极与阳极发生短路<br>⑤触发电路有短路现象，加在控制极上的电压太高<br>⑥操作过电压、雷击、换相过电压及输出回路突然切断（熔丝烧断等）引起过电压，而又没有适当的过电压保护 | ①解决短路和过载问题，改进过流保护或合理选配快熔<br>②避免输出直接接大电容负载；增大交流侧电抗，限制电流上升率或限制短路电流<br>③更换晶闸管<br>④查明原因，并加以排除<br>晶闸管在使用中击穿短路<br>⑤查明原因，并加以排除<br>⑥采取正确的过电压保护 |

续表

| 序号 | 故障现象 | 可能原因 | 处理方法 |
| --- | --- | --- | --- |
| 10 | 晶闸管工作不久便击穿 | ①器件耐压值不够<br>②器件特性不稳定<br>③控制极所加最高电压、电流及平均功率超过允许值<br>④控制极反向电压太高(超过允许值10V以上)<br>⑤与晶闸管并联的*RC*吸收电路开路<br>⑥直流输出*RC*保护电路开路<br>⑦压敏电阻损坏 | ①更换正反向阻断峰值电压足够的晶闸管<br>②更换晶闸管<br>③正确选择控制极电压、电流,使平均功率不超过允许值<br>④正确选择控制极电压,一般取4～10V<br>⑤检查*RC*吸收电路的元件及接线<br>⑥检查输出*RC*保护元件及接线<br>⑦检查并更换压敏电阻 |
| 11 | 晶闸管串联工作时被击穿 | ①各晶闸管特性不一致<br>②并联在晶闸管上的均压电阻开路<br>③均压电阻阻值不等,使各晶闸管承受的电压不相同<br>④与晶闸管并联的*RC*吸收电路开路 | ①选用反向特性、触发特性、峰值电压和关断特性较接近的晶闸管<br>②检查均压电阻,并恢复正常<br>③测量静态均压是否平衡,调整均压电阻<br>④检查*RC*吸收电路的元件及接线 |
| 12 | 晶闸管并联工作时被烧毁 | ①各晶闸管特性不一致<br>②均流元件选择不当或均流回路开路<br>③触发电路有干扰,个别晶闸管先导通,这样先导通的那只管子将承担全部负载电流而被烧毁 | ①选用正向压降较接近的晶闸管<br>②正确选择均流元件,检查均流回路,并恢复正常<br>③消除触发电路的干扰,防止误触发的发生 |
| 13 | 在使用两只反并联晶闸管的交流调压电路中,晶闸管烧毁 | 两只晶闸管工作不对称,在回路中就有直流通过,使变压器直流磁化产生很大的励磁电流而使晶闸管过载烧毁 | 调整触发电路,要求触发脉冲前沿要陡,幅度要足够大,使两只晶闸管对称工作<br>两只晶闸管的开关特性要接近 |

续表

| 序号 | 故障现象 | 可能原因 | 处理方法 |
| --- | --- | --- | --- |
| 14 | 三相全控桥有源逆变电路工作在逆变状态，晶闸管击穿短路 | ①运行中丢失触发脉冲<br>②移相角超出允许范围，这时直流电源与整流输出电压形成短路，造成逆变颠覆 | ①检查各相触发脉冲的输出情况<br>②做好调整工作，使移相范围在电网电压为额定值的95%时工作脉冲仍保持在$\beta>\beta_{min}$区域内，防止颠覆 |

# 第9章 电加热设备

## 9.1 感应加热电炉的维护与故障处理

### 9.1.1 感应加热电炉的维护

工频感应加热电炉和中频感应加热电炉都是利用电磁感应原理，使处于交变磁场中的炉料内部产生感应电流，从而把炉料加热、熔化的一种电热设备。

工频、中频感应加热电炉的日常检查和维护内容如下。

① 检查电源柜内各元器件是否完好，各紧固件是否松动，接线端子排螺钉是否压紧，开关、接触器、继电器等接线是否松动，触点有无烧损，动作是否可靠。柜内应保持清洁、干燥，通风良好。

② 检查晶闸管上的阻容吸收电路连接是否良好，压敏电阻、阻容保护等过电压保护元件是否良好。如发现保护元件损坏，应及时更换，以免装置因失去保护而造成晶闸管烧坏等大事故。

③ 检查逆变输出负载回路铜排母线连接是否可靠，绝缘距离是否足够。

④ 检查水冷电缆固定是否牢靠，电缆绝缘是否良好。

⑤ 检查电容器状况，检查电容架中托架绝缘子是否完好。经常用干布擦拭电容器上的灰尘，防止因爬电而损坏电容器。

⑥ 检查晶闸管等器件有无过热现象，连接是否牢固。

⑦ 检查水冷系统。开动水泵，调节电源柜的进水阀门，使水压在 59～98kPa 之间；调节电热电容柜的进水阀门，使水压为 196kPa。检查各水路是否有阻塞现象，是否漏水、渗水；观察各塑料管是否有折压、弯瘪等碍水路畅通的现象。

⑧ 检查过电流保护和过电压保护整定值是否符合要求。

⑨ 检查接地（接零）系统是否良好、可靠。

⑩ 观察各电压表、电流表、频率表、功率表、功率因数表、水压表等的指示是否正常。

⑪ 定期对电源柜及设备元件除尘、清洁，尤其是对各高压绝缘支柱等进行清洁。

⑫ 正确掌握设备的调试方法，非专业人员禁止乱调乱动触发极等插件上的调节元件。

⑬ 应定期检修、调试电源柜，严格按产品使用说明书进行调试，使电源柜保持良好的性能状态。

### 9.1.2　工频感应加热电炉的故障处理

工频（50Hz）感应加热电炉（熔炼炉）有无芯和有芯两种。无芯感应加热电炉的炉体由炉架、感应器、坩埚、倾炉装置、水冷系统等部分组成。有芯感应加热电炉的炉体由炉壳、炉衬、炉盖、感应器、铁芯、倾炉装置、水冷系统等部分组成。

工频、中频感应加热电炉都是利用电磁感应原理，使处于交变磁场中的炉料内部产生感应电流，从而把炉料加热的电热设备。

工频感应加热电炉的结构如图 9-1 所示。

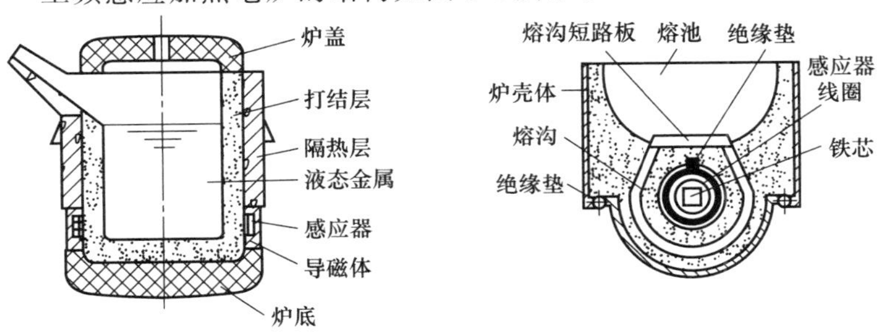


(a) 无芯感应加热电炉　　(b) 有芯感应加热电炉

图 9-1　工频感应加热电炉的结构

(1) 工频感应加热电炉的常见故障及处理方法

工频感应加热电炉的常见故障及处理方法见表 9-1。

表 9-1 工频感应加热电炉的常见故障及处理方法

| 序号 | 故障现象 | 可能原因 | 处理方法 |
| --- | --- | --- | --- |
| 1 | 电源合不上闸 | ①合闸前未接上补偿电容器<br>②补偿电容器接线错误<br>③补偿电容量不足<br>④三相相序接错<br>⑤启动用的限流电阻值不合适<br>⑥控制电源无电压或电压太低<br>⑦失压线圈回路断线或线圈烧坏<br>⑧合闸接触器回路断线或线圈烧坏<br>⑨断路器的合闸电动机不转,如机械卡阻、电动机烧坏 | ①合闸前先接上补偿电容器<br>②感应器、电容器和电抗器的接线应按图 9-2 接法<br>③按设计要求确定电容量<br>④纠正接线。如果电炉的感应器接在 U、V 相之间,则平衡电容器应接在 V、W 相之间,平衡电抗器接在 W、U 相之间,见图 9-2<br>⑤为限制启动冲击电流,一般在主接触器触点上并联一个串联有限流电阻的启动接触器触点。限流电阻值可按启动电流值等于额定电流值的 5 倍设计。也可在高压侧接真空接触器以代替低压侧的交流接触器<br>⑥检查电源电压,如熔体熔断,则应更换熔体<br>⑦接好线路或更换失压线圈<br>⑧接好线路或更换合闸接触器线圈<br>⑨检修机械,排除卡阻或更换电动机 |
| 2 | 三相电流严重不平衡 | ①供电电压过低或三相电压严重不对称<br>②平衡电抗器的实际容量比设计值小<br>③导线接头接触不良<br>④平衡电抗器和平衡电容器每挡调节太粗 | ①检查电源电压,提高电压,或对平衡电抗器和平衡电容器配备较多备用容量<br>②对新设计的平衡电抗器,制成后要实测其容量<br>③检修各接点,使其接触良好<br>④调节用电容器的单台容量要尽可能小,电抗器的调节抽头要足够多 |
| 3 | 功率因数低 | ①补偿电容器投入不足<br>②补偿电容器损坏<br>③补偿电容器控制电路故障 | ①增加补偿电容器投入容量<br>②更换电容器<br>③检查并排除控制电路故障 |

续表

| 序号 | 故障现象 | 可能原因 | 处理方法 |
| --- | --- | --- | --- |
| 4 | 熔炼期间突然发生跳闸事故 | ①冷却水泵熔断器熔断<br>②冷却水水压不足<br>③投切电容器的接触器辅助触点(接放电电阻回路)绝缘击穿,并促使主触点对地击穿<br>④电容器损坏 | ①更换熔体<br>②调整水压,使其正常<br>③应选用CJ20系列适用于交流1140V的交流接触器或3TB46～58系列交流接触器(适用于交流750～1000V场所)<br>④查明损坏原因,更换电容器,见第5条②项 |
| 5 | 电容器损坏 | ①调整不当使某相产生过电压而损坏电容器<br>②投切电容器的接触器损坏[见第4条③项],使充满电荷的电容器突然对地短路,产生极大的涌流放电,引起电容器损坏<br>③电容器长时间过电压运行 | ①提高电工水平,掌握电炉实际运行工况和调整方向。掌握保证感应炉的$\cos\varphi=1$和补偿电容器、平衡电容器的调整规律<br>②按第4条③项的方法处理<br>③不让电容器在超过1.1倍额定电压下运行时间过长 |
| 6 | 启动电阻过热 | ①启动时间过长<br>②时间继电器延时触点接触不良 | ①调整时间继电器的延时时间,缩短启动时间<br>②检修触点或更换时间继电器 |
| 7 | 熔沟断裂 | ①感应线圈局部短路<br>②熔沟材质不良<br>③炉壳体间的绝缘破坏,使壳体间构成闭合回路,并感应出感应电流,使熔沟面上产生涡流而局部熔化 | ①检修或更换感应线圈<br>②熔沟应采用高纯度电解铜浇铸而成<br>③更换绝缘垫 |

(2) 工频感应电炉的补偿电容、平衡电容和平衡电抗的计算

工频感应电炉是单相负荷，为了使其接入电源后达到三相平衡，需将电炉感应器与平衡电容和平衡电抗组成三相平衡系统（见图9-2）。

在图9-2中，$X_{dx}$为电炉感应器的等值电抗，$C_b$为感应器的补偿电容，$C_p$为平衡电容，$L_p$为平衡电抗。如果将功率因数补偿到1，则矢量图如图9-2（b）所示。

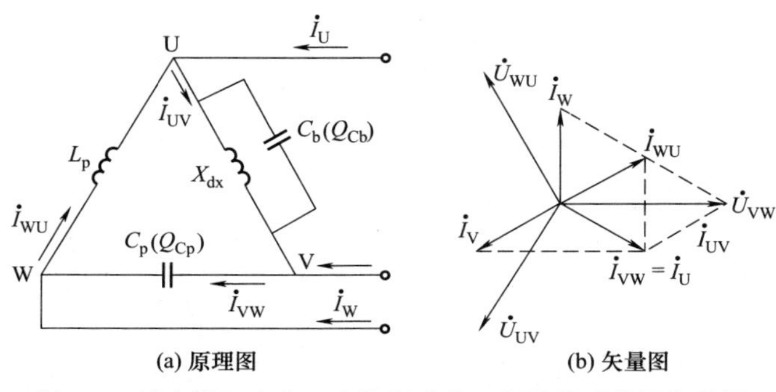


图 9-2 感应器、电容、电抗组成的三相平衡系统及矢量图

接入平衡电容和平衡电抗的三相平衡条件如下。

① 炉子的功率因数应补偿到 $\cos\varphi=1$。

② $I_{VW}=I_{WU}=I_{UV}/\sqrt{3}$ 和 $I_{VW}+I_{WU}=I_{UV}$。

③ 电源相序应该是逆序的，即负载三角形与电源的接线必须采用图 9-2（a）的接法。

平衡电容和平衡电抗的无功功率计算：

$$Q_C=U_{VW}I_{VW}=U_{VW}I_{UV}/\sqrt{3}=P/\sqrt{3}$$

$$Q_L=U_{WU}I_{WU}=U_{WU}I_{UV}/\sqrt{3}=P/\sqrt{3}$$

$$P=(1.1\sim1.15)P_e$$

式中 $Q_C$、$Q_L$——平衡电容和平衡电抗的无功功率，kvar；

$P$——炉子的有功功率，kW；

$P_e$——炉子的额定功率，kW。

平衡电抗计算：

$$L_p=\frac{U^2}{2\pi fQ_L}$$

式中 $L_p$——平衡电抗，mH；

$U$——线电压，V。

另外，要注意电容器实际运行电压与其额定电压（铭牌电压）是否相同。如果不同，则需要折算。如铭牌电压为 400V 的电容器运行在 380V 时，其容量 $Q_C$ 将为额定值的 $(380/400)^2=0.9$ 倍。因此，所计算的 $C_b$ 和 $C_p$ 值都要除以 0.9。

设计电路时，平衡电容和平衡电抗应分级，一般分为5级左右，而补偿电容分级需更多，以便于调整。

**【例 9-1】** 有一250kg无芯工频电炉，已知有功功率 $P$ 为120kW，自然功率因数 $\cos\varphi$ 为0.15，试求补偿电容容量 $Q_{Cb}$、平衡电容容量 $Q_{Cp}$ 和平衡电抗 $L_p$。

**解：** ① 炉子补偿到 $\cos\varphi_2=1$ 时

$$\cos\varphi_1=0.15, \cos\varphi_2=1, \text{相应的} \tan\varphi_1=6.6, \tan\varphi_2=0$$

$$Q_{Cb}=P(\tan\varphi_1-\tan\varphi_2)=120\times6.6=792(\text{kvar})$$

② 平衡电容容量 $Q_{Cp}$

$$Q_{Cp}=P/\sqrt{3}=120/\sqrt{3}\approx69(\text{kvar})$$

③ 平衡电抗 $L_p$

$$Q_L=P/\sqrt{3}=69\ (\text{kvar})$$

故

$$L_p=\frac{U^2}{2\pi fQ_L}=\frac{380^2}{314\times69}\approx6.66\ (\text{mH})$$

### 9.1.3 中频感应加热电炉的故障处理

中频感应加热电炉采用中频电源供电，其频率有400Hz、1000Hz、2500Hz、4000Hz和8000Hz五种。50Hz工频交流电经晶闸管整流、逆变，转换成中频电源，使炉料加热熔化。

中频感应加热电炉的常见故障及处理方法见表9-2。

表9-2 中频感应加热电炉的常见故障及处理方法

| 序号 | 故障现象 | 可能原因 | 处理方法 |
|---|---|---|---|
| 1 | 快速熔断器熔断 | ①整流晶闸管反向击穿或正向转折电压降低，形成交流相间短路 | ①如果1～2个熔断器熔断，可用示波器观察整流电压波形，若有缺相，可能是某个晶闸管击穿。更换晶闸管 |
| | | ②供电电源中三相开关触点有拉弧或触点接触不良 | ②采用性能好的电源开关，检修或更换触点 |
| | | ③逆变失败 | ③检查整流控制角 $\alpha$ 是否大于150°，应重新整定，$140°<\alpha\leqslant150°$ |
| | | ④逆变失败后，过电流保护失灵 | ④如果5～6个熔断器都熔断，可能发生短路或过电流保护失灵，应逐级检查并排除故障 |
| | | ⑤触发板有故障（如脉冲角不对，某块板同步信号上没有尖脉冲） | ⑤调整触发板，用示波器逐相检查触发板上各关键点的波形 |

续表

| 序号 | 故障现象 | 可能原因 | 处理方法 |
| --- | --- | --- | --- |
| 2 | 不能启动 | ①电热电容器击穿短路，不能形成振荡回路，导致不能启动<br>②过电压保护板上的稳压管损坏<br>③熔断器熔断或控制电路故障 | ①更换电热电容器。注意，使用中中频电压不应超过电热电容器的额定电压<br>②更换稳压管<br>③检查熔断器和控制电路，更换熔断器，检修控制电路 |
| 3 | 有时能正常启动，有时不能启动 | ①控制电路接触不良<br>②输出铜排连接不良，产生氧化膜，接触电阻增大 | ①检查控制电路各接线及触点，拧紧接线螺钉<br>②将铜排连接处砂光并涂上导电膏，采用不锈钢螺栓，加弹簧垫圈压紧，并定期检查 |
| 4 | 启动困难，偶尔启动成功，但很快过电流保护动作 | ①信号变压器一次或二次同各端极性接反，这时会引起逆变脉冲前移，触发角增大<br>②水冷电缆断路，且断路后产生电路虚接 | ①将信号变压器一次或二次的两根接线互调一下即可<br>②更换水冷电缆 |
| 5 | 启动正常，在提升功率过程中，过电流保护动作 | 整流逆变电路的信号变压器受潮，绝缘击穿 | 更换信号变压器。平时注意维护 |
| 6 | 三相进线电流严重不平衡 | ①整流部分的锯齿波移相电路的锯齿波斜率不等<br>②正弦波移相电路中的正弦同步电压的幅值相差较大 | ①仔细校正锯齿波斜率，使每一相锯齿波斜率基本相同。若元件损坏，则更换元件<br>②调整正弦同步电压的幅值，使之达到一致 |
| 7 | 中频电源能工作，但声音不正常，且直流电压表、中频电压表、直流电流表来回摆动 | ①整流触发脉冲宽度小于90°<br>②触发脉冲板接触不良<br>③电路板上有虚焊现象<br>④电子元件老化，使触发脉冲不正常<br>⑤晶闸管性能不良，误导通或不能维持导通状态<br>⑥桥臂连接母线接触不良，引起桥臂不平衡，使直流电流上不去 | ①调大触发脉冲宽度<br>②使触发脉冲板的插脚与插座紧密接触<br>③检查电路板，重新焊接<br>④用示波器观察波形，调节触发脉冲板，更换老化元件<br>⑤更换晶闸管<br>⑥清除连接母线上的氧化膜，涂上导电膏，重新紧固 |

续表

| 序号 | 故障现象 | 可能原因 | 处理方法 |
| --- | --- | --- | --- |
| 8 | 启动时直流电压偏高 | ①主接触器触点接触不良，这时直流电压可达450V左右<br>②启动电压调整电位器位置调乱<br>③磁化电阻烧断<br>④正偏电源失效或正偏调节电位器损坏 | ①检修或更换主接触器触点<br>②重新调整，使直流电压为100V左右<br>③更换磁化电阻<br>④检查正偏电源，更换损坏的电位器 |
| 9 | 直流电压调不低 | ①给定电源及功率调节电位器内部接触不良<br>②电路板接插件接触不良 | ①检修或更换电位器<br>②将接插件插紧 |
| 10 | 直流电压不稳定 | ①个别熔断器熔断<br>②个别晶闸管损坏<br>③晶闸管触发电压和电流太小或正向阻断能力不足<br>④晶闸管两端的阻容保护元件损坏或断线<br>⑤水冷系统故障，使晶闸管温度太高，正向电压下降<br>⑥整流触发器有干扰信号，使晶闸管误导通<br>⑦交流电源缺相<br>⑧触发脉冲功率欠大<br>⑨给定电压有波动<br>⑩触发脉冲丢失 | ①更换熔体<br>②更换晶闸管<br>③更换晶闸管<br>④更换阻容元件或接好线路<br>⑤检修水冷系统<br>⑥检明干扰源，并设法消除或采取防干扰措施，如在触发板的三极管b、e极间并联一只0.047μF的电容，也可在晶闸管的门极与阴极间并联一只0.1μF的电容；另外，门极与阴极的引出线应采用绞线<br>⑦测量交流电源三相电压<br>⑧设法增大触发脉冲功率，如提高功放级的电源电压或增大功放管基极的注入电流；增大脉冲变压器功率<br>⑨改进给定电压的滤波性能<br>⑩重点检查触发电路板有无虚焊及元件损坏 |
| 11 | 直流电压跳动 | ①触发脉冲不合格，如触发板调整不良，同步变压器烧坏或接线连接不良，整流给定信号线路及电位器接触不良<br>②控制角$\alpha=60°$附近时，整流晶闸管所承受的电压变化率$du/dt$最大，易产生硬导通 | ①应根据具体情况逐一排除故障<br>②适当增大晶闸管的阻容吸收电路中的电容量，如500A晶闸管用2μF；200A晶闸管用1μF；或在脉冲变压器一次侧串联一只二极管 |

续表

| 序号 | 故障现象 | 可能原因 | 处理方法 |
| --- | --- | --- | --- |
| 12 | 逆变启动时，中频电源无输出 | ①整流部分无直流输出<br>②逆变脉冲形成电路故障<br>③逆变启动电路故障，如启动电容损坏，启动晶闸管击穿，线路断线或接触不良，定时逆变触发电路中的电流互感器极性接反 | ①拔去逆变触发板，通电检查整流部分<br>②检查脉冲形成板到脉冲触发输出板之间有无断线，板上元件有无虚焊及损坏<br>③应根据不同故障情况，用万用表逐一检查，并排除故障 |
| 13 | 逆变启动后，电压上不去 | ①截流负反馈太深<br>②逆变桥单向误导通<br>③高灵敏度继电器未动作，辅助启动回路未切除 | ①减小截流负反馈量<br>②重点检查逆变触发板和频率检查板有无虚焊、元件损坏或插接不良<br>③查明高灵敏继电器未动作的原因，并排除故障 |
| 14 | 逆变关不断 | ①晶闸管性能不稳定<br>②晶闸管关断时间变长 | ①更换晶闸管<br>②检查各晶闸管的关断时间，更换晶闸管 |
| 15 | 能正常启动，但功率升不上去 | ①交流等效电阻太大，使直流电流很小<br>②交流等效电阻太小，使中频电压较低<br>③工频电网电压过低<br>④负载电路匹配不当，阻抗太小<br>⑤整流给定电压达不到所需值，使直流电压降低<br>⑥触发脉冲基部太宽<br>⑦感应线圈局部短路或匝间、端面绝缘不良<br>⑧逆变桥臂中晶闸管所并联的阻容吸收回路断路或元件损坏 | ①适当增加补偿电容量，或减少中频变压器一次侧匝数<br>②适当减小补偿电容量或增加中频变压器一次侧匝数<br>③检查电网电压，调整供电变压器的分接头到适当位置，使工频电压升高<br>④按设计要求匹配负载，可拆下几只补偿电容器后再试<br>⑤调整给定电压到所需值<br>⑥调整尖脉冲形成电路中的 *RC* 微分参数或前一级 *RC* 移相参数<br>⑦核对炉子感应线圈匝数，检查线圈绝缘，并检修<br>⑧接好线路，若元件损坏，则应更换 |

续表

| 序号 | 故障现象 | 可能原因 | 处理方法 |
| --- | --- | --- | --- |
| 16 | 电压较低时运行正常，升至一定值(如700V)时即跳闸停机 | ①接线端子排受潮，耐压强度降低而发生极间或对地短路<br>②输出铜排之间有油污、粉尘，使支承物绝缘能力降低而发生极间或对地短路<br>③补偿电容器的工作电压降低<br>④感应线圈匝间短路、打火<br>⑤晶闸管有一臂耐压降低<br>⑥中频电压互感器和电流互感器绝缘损坏<br>⑦中频干扰 | ①将耐压强度较低的酚醛绝缘端子排更换成环氧绝缘端子排，并防止受潮<br>②加强维护，定期清洁铜排<br>③逐个拆下再试，更换不良的补偿电容器<br>④仔细观察升压时有无打火现象<br>⑤更换晶闸管再试<br>⑥检修或更换互感器<br>⑦采取相应的抗干扰措施 |
| 17 | 逆变启动后，过电流、过电压保护动作 | ①逆变触发系统故障<br>②逆变触发角$\delta$的设置值太小，逆变颠覆<br>③过电流保护插件上的稳压管击穿<br>④过电流保护整定值太小<br>⑤逆变触发信号的电流互感器二次引线极性接反<br>⑥整流触发角太大，直流电压太低<br>⑦负载过重<br>⑧电压负反馈量太大，使直流电压降低<br>⑨外界干扰 | ①重点检查逆变触发板上有无虚焊及元件损坏，接线有无松动等<br>②增大$\delta$角，以保证足够的晶闸管关断时间<br>③检查并更换稳压管<br>④增大过电流保护整定值<br>⑤纠正电流互感器的二次引线极性<br>⑥调小整流触发角，提高直流电压<br>⑦减轻负载<br>⑧调整电压负反馈电位器，减小电压负反馈量<br>⑨自动调频信号馈线采用屏蔽线 |
| 18 | 倾炉时发生过电流保护动作后不能再启动 | 水冷电缆缆芯断裂，使逆变晶闸管损坏 | 更换水冷电缆和晶闸管。可在逆变输出端并联压敏电阻进行晶闸管浪涌电压吸收保护；冷却水应先进入水冷电缆，再送到炉子线圈，就不易发生水堵和缆芯断裂 |
| 19 | 直流电压升高时过电流保护动作 | ①过电流保护整定值太小<br>②感应线圈绝缘不良<br>③感应线圈设计不合理，LC振荡回路的等效电阻太小 | ①增大过电流保护整定值<br>②检修或更换感应线圈<br>③重新设计制作 |

续表

| 序号 | 故障现象 | 可能原因 | 处理方法 |
| --- | --- | --- | --- |
| 20 | 在中频装置无短路的情况下过电流、过电压保护动作 | ①电压、电流检测环节的滤波电容器损坏或虚焊<br>②过电压、过电流保护板上的稳压管短路<br>③过电压、过电流保护板上的晶闸管损坏 | ①更换电容器或重新焊接<br>②更换稳压管<br>③更换晶闸管 |

注：有关晶闸管损坏的故障未列入此表中，可参见第 8 章表 8-23。

## 9.2 电弧炉的维护与故障处理

### 9.2.1 晶闸管-力矩电机式电弧炉电极自动调节器的维护与故障处理

(1) DZZT-Ⅰ型晶闸管-力矩电机式电弧炉电极自动调节器电路

DZZT-Ⅰ型晶闸管-力矩电机式调节器是一种性能优良的产品，其系统方框图如图 9-3 所示，测量调节触发电路如图 9-4 所示。

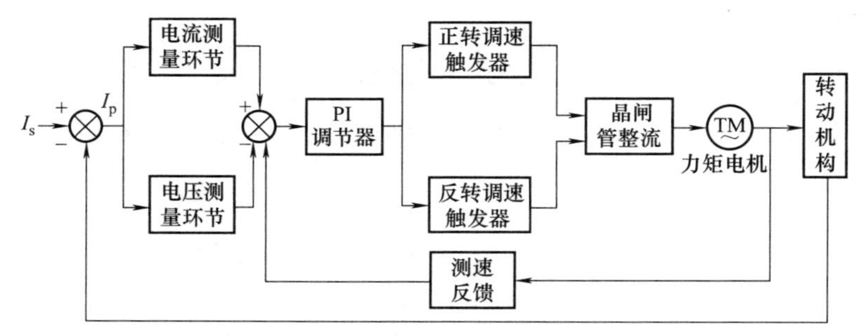


图 9-3 DZZT-Ⅰ型晶闸管-力矩电机式调节器系统方框图

该调节器带有测速负反馈环节，构成闭环系统，测量积分器采用集成运算放大器，工作稳定，可靠性高，灵敏度高，调节方便，死区范围很小，惯性小，不会过冲和跳闸，调试和维护都方便，并有显著节电和提高产品质量之效果。

该调节器的主要技术参数：调速范围为 10∶1，最高提升速度为 3m/min（视炉子容量定），最高下降速度为 1.5m/min（视炉子

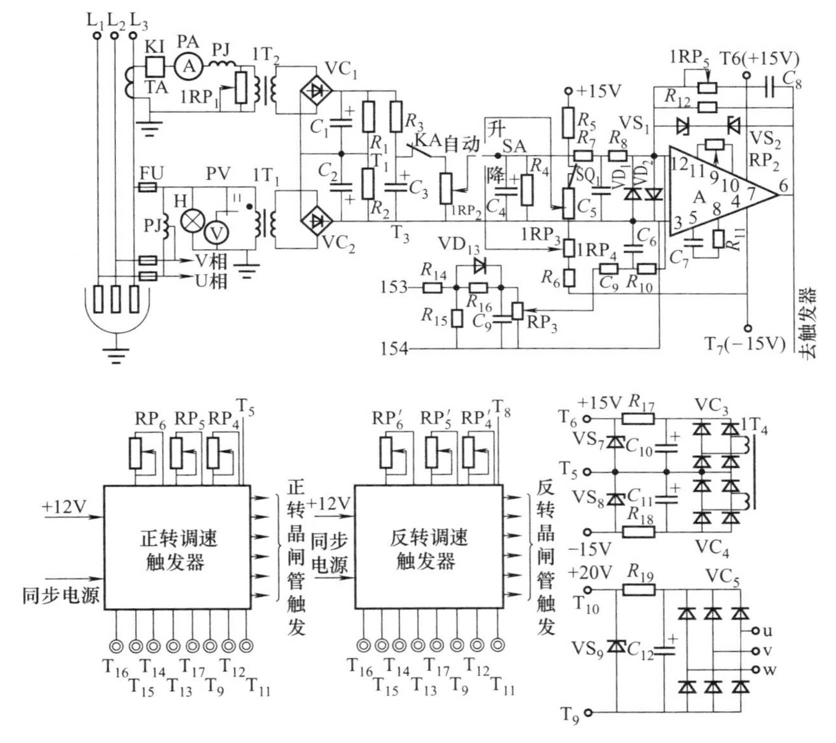


图 9-4　DZZT-Ⅰ型调节器的测量调节触发电路（只画出一相）

容量定），电机正反转频率能适应 3 次/s 变化，系统滞后时间为 0.2～0.3s，不灵敏区为 10%。

电路设有以下保护。

① 过电流保护。当电弧电流超过整定值时，通过高压开关柜内的过电流继电器作用于高压断路器，以保护电炉变压器。

② 快速熔断器保护。双向晶闸管过电流由快速熔断器保护。

③ 过电压保护。采用阻容吸收回路和压敏电阻保护双向晶闸管。

④ 热继电器及熔断器保护。电动机（力矩电机）过电流保护及装置过电流保护。

系统调节对象是电弧功率（即弧长），执行机构是交流力矩电机。当电弧电流与给定值出现偏差时，通过测量比较环节，将此偏差信号输入PI调节器，信号经过放大、积分运算后输入触发器，触发器产生触发脉冲触发双向晶闸管，使交流力矩电机正转（调速）或反转（调速），带动机械传动装置调节电极位置，使电弧功率向额定值方向移动，从而维持炉内的功率恒定。

另外，从测速发电机两端取出电压信号，通过衰减后作为速度负反馈信号输入PI调节器。这样，不仅有效地减小了电极窜动现象，而且当供电电压及电机负载变化时，都能使系统稳定地工作。

平衡桥的输入、输出特性曲线如图9-5所示；PI调节器的输入、输出特性曲线如图9-6所示。

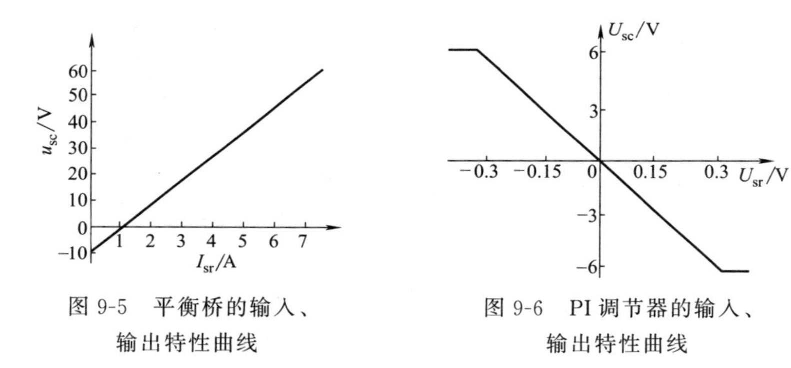


图9-5 平衡桥的输入、输出特性曲线

图9-6 PI调节器的输入、输出特性曲线

触发脉冲通过同步变压器分相（120°）触发U、V、W相的双向晶闸管。

DZZT-Ⅰ型调节器主要电气元件参数见表9-3。

**表9-3 DZZT-Ⅰ型调节器主要电气元件参数**

（包括控制电路元件，图中未画出）

| 代 号 | 名 称 | 型号规格 |
|---|---|---|
| PA | 交流电流表 | 59L1型 4000A |
| PV | 交流电压表 | 59L1型 200V |
| 1PA | 交流电流表 | 42L6型 15A |
| 1PV | 交流电压表 | 42L6型 450V |
| $1T_1$ | 变压器 | KB-50V·A 220/36V |
| $1T_2$ | 变压器 | 1QG75/5A改制 |
| $1T_3$ | 同步变压器 | TB-100V·A Y/Y-12 380/36V×6 26V×3 |

续表

| 代号 | 名称 | 型号规格 |
|---|---|---|
| $1T_4$ | 电源变压器 | KB-30V·A 380/26V×2 |
| SA | 转换开关 | $LW_2$-7.7$F_4$-8X |
| 1S-3S | 转换开关 | $LW_5$-15D2001/7 |
| $1F_{51}$～$1F_{53}$ | 熔断器 | RL15/3A |
| $FU_1$、$FU_2$ | 熔断器 | RL15/6A |
| FU | 熔断器 | RL-60/60A |
| $1FU_1$ | 快速熔断器 | RLS-60/50A |
| QF | 断路器 | DZ15-100A |
| 1MT | 力矩电动机 | 16N·m $n_e$=750r/min |
| TG | 测速发电机 | ZCF-221 $U_e$=51V $n_e$=2400r/min,$R_L$=2kΩ |
| $R$ | 电阻 | RX1-20Ω 10W |
| $C$ | 电容器 | CJ41 2μF 1000V |
| $1C$ | 电容器 | CBB22 0.01μF 63V |
| $1R_2$ | 电阻 | RX1-51Ω 8W |
| $1C_2$ | 电容器 | CBB22 0.22μF 630V |
| $1C_1$ | 电容器 | CBB22 0.1μF 800V |
| $1R$ | 电阻 | 2Ω10A,用$\phi$1.5mm镍铬电阻丝绕制 |
| $1R_1$ | 线绕电阻 | RX1-51Ω 8W |
| $VC_5$、$VD_{13}$ | 二极管 | 1N4004 |
| $VD_1$、$VD_2$ | 二极管 | 2CK43A |
| $C_1$、$C_2$ | 电解电容器 | CD11 200μF 50V |
| $C_{10}$～$C_{12}$ | 电解电容器 | CD11 100μF 50V |
| $C_4$、$C_8$ | 电容器 | CBB22 0.1μF 63V |
| $C_9$ | 电容器 | CBB22 1μF 63V |
| $R_1$、$R_2$ | 被釉电阻 | GX11-200Ω 25W |
| RV | 压敏电阻 | MY31-910/3 |
| A | 运算放大器 | 1M324 |
| $VS_1$、$VS_2$ | 稳压二极管 | 2CW51 |
| $VS_7$、$VS_8$ | 稳压二极管 | 2CW112 |
| $VS_9$ | 稳压二极管 | 2CW114 |
| $1K_1$ | 交流接触器 | CJ20-20A 220V |
| 1K～4K | 交流接触器 | CJ20-10A 220V |
| 5K、6K | 交流接触器 | CJ20-40A 220V |
| 1KA～3KA | 中间继电器 | JZ7-44 220V |
| 1FR～3FR | 热断电器 | JR16-20 6.8～11A |
| $SB_1$～$SB_{11}$ | 按钮 | LA18-22(红)(绿) |

续表

| 代　号 | 名　称 | 型号规格 |
|---|---|---|
| $H_1$～$H_3$ | 指示灯 | AD11-10　220V(红) |
| $1V_1$～$1V_5$ | 双向晶闸管 | KS-50A/1200V |
| $1RP_1$ | 瓷盘变阻器 | BC1-25W　5Ω |
| $R_3$ | 电阻 | RJ-2kΩ　1W |
| $R_4$～$R_6$ | 电阻 | RJ-20kΩ　1/2W |
| $R_7$～$R_{10}$ | 电阻 | RJ-10kΩ　1/2W |
| $R_{12}$ | 电阻 | RJ-510kΩ　1/2W |
| $R_{14}$ | 电阻 | RJ-510Ω　2W |
| $R_{15}$、$R_{16}$ | 电阻 | RJ-1kΩ　1W |
| $R_{17}$、$R_{18}$ | 电阻 | RJ-2kΩ　2W |
| $R_{19}$ | 电阻 | RJ-1kΩ　2W |
| $1RP_2$ | 电位器 | WX3-11　10kΩ　3W |
| $1RP_3$ | 电位器 | WX3-11　100kΩ　3W |
| $RP_3$ | 电位器 | WX3-11　1kΩ　3kW |
| $1RP_4$、$RP_4$～$RP_6$、$RP'_4$～$RP'_6$ | 电位器 | WX4-11　2kΩ　3W |
| $VC_1$～$VC_4$ | 整流堆 | QL1A/100V |
| 电路板上主要元件 | 运算放大器 | LM324 |
| | 三极管 | 3DG130(绿点) |
| | 三极管 | 3CG130(绿点) |
| | 单结晶体管 | BT35　$\eta \geqslant 0.6$ |
| | 整流桥 | QL1A/100V |
| | 二极管 | 1N4007 |
| | 稳压二极管 | 2CW114 |
| | 电容器 | CJ11　1μF　160V |
| | 电容器 | CJ11　0.01μF　160V |
| | 电容器 | CJ11　0.22μF　160V |
| | 电解电容器 | CD11　220μF　50V |
| | 电解电容器 | CD11　100μF　160V |
| | 电阻 | RJ-470Ω　2W |
| | | RJ-2kΩ　2W |
| | | RJ-1kΩ　2W |
| | | RJ-120Ω　2W |

（2）DZZT-Ⅰ型调节器的常见故障及处理方法（表9-4）

表9-4　DZZT-Ⅰ型调节器的常见故障及处理方法

| 序号 | 故障现象 | 可能原因 | 处理方法 |
|---|---|---|---|
| 1 | 某台电动机不能转动 | ①该台电动机熔断器熔断<br>②热继电器动作<br>③启动接触器故障<br>④启动按钮有毛病<br>⑤与该相有关的导线头松脱<br>⑥电动机接线盒内导线头松脱<br>⑦晶闸管接线头松脱<br>⑧同步变压器接线头松脱或同步变压器损坏<br>⑨触发器故障<br>⑩触发器插座上的连接线虚焊或插板未插好<br>⑪电动机损坏 | ①检查并更换熔芯<br>②查明动作原因，按复位杆<br>③更换接触器<br>④更换或检修按钮<br>⑤检查并拧紧连接螺钉<br>⑥打开接线盒检查<br>⑦检查并连接牢靠<br>⑧检查并连接牢靠，或更换同步变压器<br>⑨用示波器检查测试孔的波形是否正常<br>⑩重新焊接或插好插板<br>⑪更换电动机 |
| 2 | 手动升速不动作 | ①装在传动导轨上的上限位开关失灵或线头松脱<br>②与手动升速有关的线头松脱<br>③转换开关失灵<br>④手动升速电位器故障<br>⑤稳压电源+15V电压消失<br>⑥同第1条⑦～⑩项 | ①检修限位开关，连接好接线<br>②检查各接线头，拧紧接线螺钉<br>③检修转换开关<br>④更换或检修电位器<br>⑤用万用表检查稳压电源电压<br>⑥按第1条⑦～⑩项处理 |
| 3 | 手动降速不动作 | ①与手动降速有关的线头松脱<br>②转换开关失灵<br>③手动降速电位器故障<br>④稳压电源-15V电压消失<br>⑤同第1条⑦～⑩项 | ①检查各接线头，拧紧接线螺钉<br>②检修转换开关<br>③更换或检修电位器<br>④用万用表检查稳压电源电压<br>⑤按第1条⑦～⑩项处理 |
| 4 | 自动不动作或乱动 | ①与自动有关的线头松脱<br>②转换开关失灵<br>③自动电位器故障<br>④电流互感器线头松脱<br>⑤电压互感器线头松脱<br>⑥电压互感器损坏<br>⑦同第1条⑦～⑩项 | ①检查各接线头，拧紧接线螺钉<br>②检修转换开关<br>③更换或检修电位器<br>④检查并连接牢靠<br>⑤检查并连接牢靠<br>⑥更换电压互感器<br>⑦按第1条⑦～⑩项处理 |

续表

| 序号 | 故障现象 | 可能原因 | 处理方法 |
| --- | --- | --- | --- |
| 5 | 某台电动机的三只电压表指示,不论是手升还是手降,均达最高电压值 | ①测速发电机线头接反,成为正反馈<br>②测速发电机的联轴节松脱<br>③测速发电机无励磁<br>④测量积分器的反馈电压电位器失灵或元件损坏<br>⑤同第1条⑩项 | ①纠正接线,使它成为负反馈<br>②检修或更换联轴节<br>③检查励磁电压<br>④更换电位器或元件<br>⑤按第1条⑩项处理 |
| 6 | 某台电动机不论手升、手降还是自动均失控 | ①电源相序搞错<br>②电动机相序搞错<br>③同第5条①项 | ①检查电源相序<br>②对调其中两根进线<br>③按第5条①项处理 |
| 7 | 某台电动机3只电压表中一只的电压特别小或零 | ①一相熔断器熔断<br>②触发器故障或未调整好<br>③晶闸管线头松脱或损坏<br>④电压表线头松脱 | ①检查并更换熔断器<br>②更换触发器或重新调整<br>③连接好线头或更换晶闸管<br>④连接好线头 |
| 8 | 3只总电流表电流调不平衡或失控 | ①电流互感器二次接反<br>②电压互感器线头松脱<br>③电流调节电位器失灵或引线虚焊 | ①检查并纠正接线<br>②检查并连接牢靠<br>③更换电位器或焊接牢靠 |
| 9 | 低速时电动机的3只电压表指针抖动 | ①测速负反馈量过大<br>②测速发电机与电动机的连接不紧密(高速时也可能抖动) | ①适当减小负反馈电压<br>②使测速发电机与电动机同轴运行 |
| 10 | 3台电动机均不能启动 | ①进线电源缺两相或总熔断器熔断<br>②电源零线与柜内零线断开 | ①检查进线电源或更换熔断器<br>②检查零线并连接牢靠 |
| 11 | 电动机过热 | ①三相电压不平衡<br>②电动机堵转时间过长<br>③电动机散热孔堵塞<br>④电动机本身质量问题 | ①查出不平衡的原因并修复,若触发器有问题,应重新调整或更换<br>②不允许电动机长时间堵转<br>③检查并处理<br>④更换电动机<br>注:必要时,可用风扇散热 |

## 9.2.2　晶闸管-滑差电机式电弧炉电极自动调节器的维护与故障处理

（1）晶闸管-滑差电机式电弧炉电极自动调节器电路

晶闸管-滑差电机式电弧炉电极自动调节器系统方框图如图9-7所示，电气原理图如图9-8和图9-9所示。它属于晶闸管三相交流调压装置。

该电极自动调节器采用了准确度高、线性度好的电流输出型桥式比较电路；采用了电弧电流微分负反馈电路（超前器），使超前时间及校正强度可调，不会引起超调现象。

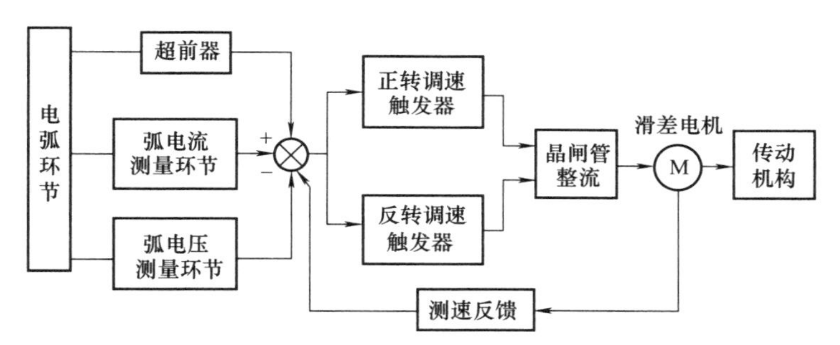


图9-7　晶闸管-滑差电机式电弧炉电极自动调节器系统方框图

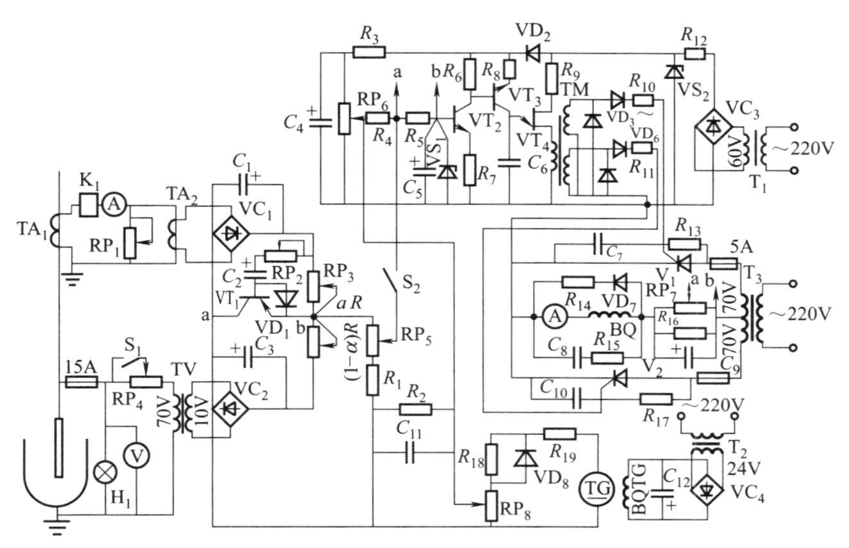

图9-8　晶闸管-滑差电机式电弧炉电极自动调节器电路（只画出一相）

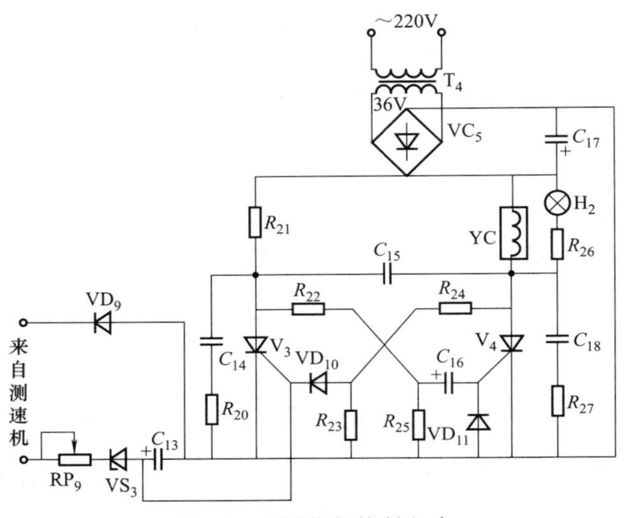


图 9-9 电磁抱闸控制电路

装置各环节的工作原理如下。

① 平衡桥测量环节 电流检测回路采用两只电流互感器 $TA_1$ 和 $TA_2$，$TA_2$ 能将电流信号由 5A 变成 0.5A，输出电压能增高到 20V 左右。正比例于电弧电流的 $I_1$ 同正比例于电弧电压的电流 $I_V$ 在电桥的对角线回路（a、b）上进行比较，即从两个电流之差作为输出量，所以该电路也称为电流比较式电路，其优点是传输特性的线性度与负载大小无关。

实际上，电弧电流整定是依靠调节两个桥臂上的双联电位器 $RP_3$ 来实现。$RP_3$ 双联电位器反极性接线，整定时向相反方向改变，所以电弧整定范围显著加宽，可在 0～100%范围内调节，即整定系数 $\alpha$ 为 0～1。

② 电弧电流微分负反馈电路 微分负反馈电路由三极管 $VT_1$、电容 $C_2$、电位器 $RP_2$ 和二极管 $VD_1$ 组成。当电弧电流增大，如极限情况，即电极同炉料接触出现短路时，电弧电流达到最大值。此时电弧电流信号通过 $RP_2$、$VD_1$、$(1-\alpha)R$ 电阻及负载电阻 $RP_5$，$R_1$ 向 $C_2$ 充电，$VT_1$ 的基极承受正偏压而截止。$C_3$ 充电的效果是使电弧电流信号输出加快、加强，结果使离合器励磁电流的建立也

加快、加强，可使电极提前动作，缩短电极短路时间。

当电弧电流减小时，$\alpha R$ 电阻上的压降降低，$C_2$ 通过 $RP_2$、$\alpha R$ 电阻及 $VT_1$ 的 be 结放电，此放电电流（$VT_1$ 的基极电流）的大小与电弧电流降低速度成正比，电弧电流减小得越剧烈，基极电流越大，其输出阻抗就越小，电弧电流输出信号也就越小。就是说微分负反馈作用使电弧电流信号输出电压 $U_{ab}$ 提前减小，其效果是使离合器励磁电流提前降到平衡电流，即使离合器获得提前制动力矩，系统也不发生超调。调节 $RP_2$，即可改变超前时间及校正强度。

③ 离合器励磁控制回路　控制回路由晶闸管 $V_1$、$V_2$ 及中心抽头式整流变压器 $T_3$ 组成。作为负载的离合器励磁绕组 BQ 接在晶闸管 $V_1$、$V_2$ 的公共阴极及 $T_3$ 的中心抽头之间。改变晶闸管的导通角，便可调节离合器的励磁电压。

在图 9-8 中，$R_{13}$、$C_7$ 和 $R_{17}$、$C_{10}$ 为晶闸管阻容保护电路；二极管 $VD_7$ 和电阻 $R_{14}$ 为放电续流回路，一方面使电路关断时不致产生过电压，另一方面在小导通角时，励磁电流能连续，提高了离合器的转矩。为了减小放电电流的时间常数，在 $VD_7$ 回路中加 $R_{14}$。线圈 BQ 属电感性质，窄脉冲可能触不开晶闸管，为此并一电阻 $R_{15}$，使晶闸管触发时，能在 $R_{15}$ 中立即流过电流而可靠导通。为了使 $R_{15}$ 中正常时不流通直流电流以减小功耗，在 $R_{15}$ 回路中加隔直电容 $C_8$。

为了防止电网电压波动及温度变化引起整流电压及励磁电流变化，使原处于平衡状态的电极产生低速爬行，在 BQ 回路串一电阻 $R_{16}$、$RP_7$，从 $RP_7$ 取得电流负反馈信号并反馈到触发电路的输入端，从而实现电极稳定的目的。电容 $C_9$ 有加快反馈信号的作用。

④ 触发电路　触发电路采用单结晶体管弛张振荡器，工作原理同前。在该触发电路中，为了提高电路的线性度，加大了负反馈电阻 $R_7$ 的阻值（由 2kΩ 增大到 5.1kΩ）。二极管 $VD_2$ 接于图示位置，能使单结晶体管 $VT_4$ 获得过零的梯形波电源，而三极管 $VT_2$、$VT_3$ 能获得经过电容 $C_4$ 滤波的平滑直流电源，提高了控制精度。

⑤ 速度负反馈电路　电磁离合器的自然机械特性太软，在小

励磁电流时会造成电极因自重下降，撞坏电极。采用速度负反馈后，可使机械特性变硬，且改善了动态性能。

由测速发电机将转速转变成电压，并由电位器 $RP_8$ 取出，调节 $RP_8$，可改变反馈量。测速发电机 TG 由离合器的转子带动，其输出电压的大小正比于离合器转子的速度。

二极管 $VD_8$ 的作用是减小提升方向的负反馈量，提高电极提升速度。

⑥ 电磁抱闸控制电路　为了防止滑差电机断电而造成电极下降撞断，在离合器输出轴上安装有电磁抱闸（YC）。YC 的供电和电动机及励磁绕组 BQ 的电源联锁，只有当交流电动机有电启动、励磁绕组供电产生有平衡力矩后，抱闸回路才可能供电打开，使调节器进行工作。而当电极超速下降时，抱闸回路立即断电，依靠弹簧力将离合器的电枢轴闸住。

在图 9-9 中，晶闸管 $V_4$ 用于接通抱闸线圈 YC，而晶闸管 $V_3$ 用于关断 $V_4$。关断的触发电压来自测速发电机 TG 的超速下降信号。当 $T_4$ 得电时，电容 $C_{16}$ 被充电，晶闸管 $V_4$ 触发导通，YC 得电而打开抱闸，同时电容 $C_{15}$ 被充电到电源电压，为关断 $V_4$ 做好准备。当电极发生超速下降时，测速发电机输出电压大于稳压管 $VS_2$ 的稳压值，$VS_2$ 击穿，晶闸管 $V_3$ 触发导通，$C_{15}$ 的电压反向加在 $V_4$ 上，$V_4$ 关闭，抱闸线圈 YC 断电，电枢轴闸住。

图中，$R_{20}$、$C_{14}$、$R_{27}$、$C_{18}$ 为晶闸管阻容保护电路；二极管 $VD_9$ 用以限制测速信号电压的极性，使电极上升时抱闸不动作；$VD_{11}$ 为 $C_{16}$ 提供一条放电回路，以免 $C_{16}$ 放电时损坏 $V_4$ 的控制极。

主要电气元件参数见表 9-5。

**表 9-5　主要电气元件参数**

| 代　　号 | 名　　称 | 型号规格 |
|---|---|---|
| $TA_1$ | 电流互感器 | 1500/5A |
| $TA_2$ | 电流互感器 | LQR-0.5-5/0.5A |
| TV | 电流互感器 | 50V·A　70/10V |
| $T_1$ | 变压器 | 25V·A　220/60V |
| $T_2$ | 变压器 | 50V·A　220/24V |
| $T_3$ | 变压器 | 200V·A　220/70V×2 |
| $T_4$ | 变压器 | 200V·A　220/36、6V |

续表

| 代　　号 | 名　　称 | 型号规格 |
|---|---|---|
| TG | 测速发电机 | ZCF16 |
| $V_1$、$V_2$ | 晶闸管 | KP5A/400V |
| $V_3$、$V_4$ | 晶闸管 | KP5A/200V |
| $VT_1$ | 三极管 | 3CG21 |
| $VT_2$ | 三极管 | 3DG6 |
| $VT_3$ | 三极管 | 3CG21C |
| $VT_4$ | 单结晶体管 | BT33E |
| $VC_1$、$VC_2$ | 二极管 | 2CP1 |
| $VD_1$、$VD_8$、$VC_3$ | 二极管 | 2CP21 |
| $VD_2$、$VC_4$、$VC_5$ | 二极管 | 2CZ12D |
| $VD_3$、$VD_6$ | 二极管 | 2CP12 |
| $VD_7$ | 二极管 | 2CZ5A/400V |
| $VD_9$～$VD_{11}$ | 二极管 | 2CP15 |
| $VS_1$ | 稳压管 | 2CW7 |
| $VS_2$ | 稳压管 | 2DW5 |
| $R_{16}$ | 瓷盘电阻 | 50Ω　150W |
| $R_{19}$ | 电阻 | 200Ω　1/2W |
| $R_{21}$ | 电阻 | 470Ω　2W |
| $R_{22}$ | 电阻 | 330Ω　1/2W |
| $R_{23}$ | 电阻 | 3.3kΩ　1/2W |
| $R_{24}$ | 电阻 | 1MΩ　1/2W |
| $R_{25}$ | 电阻 | 20kΩ　1/2W |
| $R_{26}$ | 线绕电阻 | 100Ω　10W |
| $RP_1$ | 瓷盘电阻 | 5.1Ω　50W |
| $RP_2$ | 电位器 | 5.1kΩ　2W |
| $RP_3$ | 双联电位器 | 150Ω×23W |
| $VS_3$ | 稳压管 | 2CW17 |
| $R_1$、$R_6$、$R_7$、$R_{18}$ | 电阻 | 5.1kΩ　1/2W |
| $R_2$ | 电阻 | 2kΩ　1/2W |
| $RP_7$、$RP_8$ | 电位器 | 5.1kΩ　2W |
| $RP_9$ | 电位器 | 1kΩ　2W |
| $C_1$、$C_3$ | 电解电容器 | 100μF　50V |
| $C_2$ | 电解电容器 | 10μF　25V |
| $C_4$ | 电解电容器 | 220μF　25V |
| $C_5$ | 电容器 | 5μF　10V |
| $C_6$ | 电容器 | 0.22μF　160V |
| $C_7$、$C_{10}$、$C_{14}$、$C_{18}$ | 电容器 | 0.1μF　400V |
| $C_8$ | 电容器 | 1μF　400V |

续表

| 代　　号 | 名　　称 | 型号规格 |
|---|---|---|
| $R_3$ | 电阻 | 7.5kΩ　1/2W |
| $R_4$ | 电阻 | 3.9kΩ　1/2W |
| $R_5$ | 电阻 | 2.4kΩ　1/2W |
| $R_8$ | 电阻 | 1kΩ　1/2W |
| $R_9$ | 电阻 | 390Ω　1/2W |
| $R_{10}$、$R_{11}$ | 电阻 | 33Ω　1/2W |
| $R_{12}$ | 线绕电阻 | 1.5kΩ　6W |
| $R_{13、17、20、27}$ | 线绕电阻 | 30Ω　10W |
| $R_{14}$ | 瓷盘电阻 | 5.1Ω　75W |
| $R_{15}$ | 线绕电阻 | 100Ω　10W |
| $RP_4$ | 瓷盘电阻 | 390Ω　50W |
| $RP_5$ | 电位器 | 10kΩ　2W |
| $RP_6$ | 电位器 | 2.2kΩ　2W |
| $C_9$ | 电解电容器 | 2000μF　50V |
| $C_{11}$ | 电容器 | 1μF　63V |
| $C_{12}$ | 电解电容器 | 500μF　25V |
| $C_{13}$ | 电解电容器 | 100μF　25V |
| $C_{15}$ | 电容器 | 4μF　400V |
| $C_{16}$ | 电解电容器 | 3μF　50V |
| $C_{17}$ | 电解电容器 | 100μF　100V |

(2) 晶闸管-滑差电机式调节器的故障处理

晶闸管-滑差电机式调节器的常见故障及处理方法与晶闸管-力矩电机式调节器的常见故障及处理方法相同，可参考表 9-4。

### 9.2.3 常用电弧炉的电气设备和导线的选择

电弧炉电气设备和导线的选择见表 9-6。

表 9-6 常用电弧炉的电气设备和导线选择

| 名　　称 | 电压/kV | 电弧炉型号 | | | |
|---|---|---|---|---|---|
| | | HX-0.5 | HX-1.5 | HX-3 | HX-5 |
| 电弧炉变压器 变压器型号/额定容量/kV·A | 6 | HS-1000/6 / 650 | HS-1800/6 / 1250 | HS-3000/6 / 2200 | HSSP-4200/6 / 3200 |
| | 10 | HS-1000/10 / 650 | HS-1800/10 / 1250 | HS-3000/10 / 2200 | HSSP-4200/10 / 3200 |
| 高压侧额定电流/A | 6 | 80 | 120 | 212 | 318 |
| | 10 | 47 | 72 | 127 | 190 |

续表

| 名称 | 电压/kV | 电弧炉型号 | | | |
|---|---|---|---|---|---|
| | | HX-0.5 | HX-1.5 | HX-3 | HX-5 |
| 架空引入线截面积/$mm^2$ | 6 | 16 | 25 | 70 | 95 |
| | 10 | 16 | 16 | 35 | 50 |
| 电缆引入线截面积/$mm^2$ | 6 | 16 | 50 | 150 | 240 |
| | 10 | 16 | 35 | 70 | 150 |
| 高压熔断器 | 6 | RN2-10 | | | |
| | 10 | RN2-10 | | | |
| 避雷器规格 | 6 | FY-10 | | | |
| | 10 | FY-10 | | | |
| 电压互感器规格 | 6 | JDJD-6 30VA | | | |
| | 10 | JDJ-10 80VA | | | |
| 高压断路器型号 | 6 | ZN3-10/600-150 | | | |
| | 10 | ZN3-10/600-150 | | | |
| 高压侧电流互感器①变化 | 6 | 100/5 | 150/5 | 300/5 | 400/5 |
| | 10 | 50/5 | 100/5 | 200/5 | 300/5 |
| 高压母线规格 | 6 | 钢 3(25×4) | 钢 3(40×4) | LMY-3(30×4) | LMY-3(30×4) |
| | 10 | 钢 3(25×4) | 钢 3(40×4) | LMY-3(25×4) | LMY-3(30×4) |
| 低压侧额定电流/A | | 1978 | 2916 | 4720 | 6670 |
| 低压侧电流互感器 $\frac{型号}{变化}$ | | $\frac{LMY-0.5}{2000/5}$ | $\frac{LMY-0.5}{3000/5}$ | $\frac{LMY-0.5}{5000/5}$ | $\frac{LMY-0.5}{7500/5}$ |
| 组合母线型号 | | TMY 80×8 | TMY 2(100×8) | TMY 3(100×8) | TMY 4(100×8) |
| 软母线型号 | | TRJ 2×500 | TRJ 3×500 | TRJ 5×500 | 水冷电缆 4×300 |

①型号为 LFZ1 或 LFJZ1。

## 9.3 电弧炉变压器的选择

### 9.3.1 电弧炉变压器的设计

(1) 变压器容量计算

电弧炉变压器的额定容量是以电弧炉熔化期的能量平衡为基础

来确定的，其容量计算公式为

$$P_e=\frac{1.2QG_e}{t\cos\varphi_e m\eta_d\eta_r}$$

式中 $P_e$——电弧炉变压器的额定容量，kV·A；

$Q$——熔化每吨钢并升温到1650℃所需的能量（包括熔渣），一般取420～440kW·h/t；

$G_e$——电弧炉的额定容量，t；

$t$——熔化时间，h；

$m$——熔化期变压器的平均利用系数，一般取0.85～0.9；

$\eta_d$——熔化期炉子平均电效率，可取0.85～0.9，对大容量炉取较大值；

$\eta_r$——熔化期炉子平均热效率，对0.5～5t炉取0.65～0.75；10～20t炉取0.75～0.8；炉子容量再大，$\eta_r$可适当再取大些；

$\cos\varphi_e$——熔化期变压器的平均功率因数，约等于工作点（即相当于额定电流$I_e$时）的功率因数；

1.2——考虑电弧炉变压器能有20%的过载容量的系数。

（2）电弧炉的功率因数

为了保证电弧炉稳定燃烧及避免电弧炉引起断弧现象和限制短路电流，回路中必须有一定的电抗值，因此回路的功率因数不能过于接近1。回路工作点的功率因数$\cos\varphi_e$的选择范围是：对普通功率电弧炉为0.8～0.85；对高功率电弧炉为0.7～0.8；对超高功率电弧炉则可取0.7以下。这里的$\cos\varphi_e$值是考虑了电压、电流波中存在着谐波的情况的实际功率因数，即称为全功率因数。

（3）变压器二次电压

二次电压的设计值应保证熔化期电弧燃烧的稳定，在钢水熔化完了之后，要使电弧在尽可能短的时间内让其能量主要进入钢液。另外，为了保证各个炼钢阶段对电功率的不同需要，变压器的二次电压应设计成多级可调的。对于小型电弧炉一般采用无励磁电动调压，调压级数为4～6级；对于大、中型电弧炉常采用有载调压，调压级数在10级以上。

二次最高电压$U_e$可按下式计算：

$$U_e=\sqrt{\frac{P_e X}{\sin\varphi_e}\times 10^3}$$

式中 $U_e$——二次最高电压，V；

$P_e$——变压器额定容量，kV·A；

$\sin\varphi_e$——回路工作点的 $\sin\varphi$ 值，$\sin\varphi_e=\sqrt{1-\cos^2\varphi_e}$；

$X$——整个单相回路载流体的电抗，Ω；它等于变压器等效漏抗 $X_b$、电抗器的电抗 $X_k$ 和短网电抗 $X_d$ 之和。以上各值分别在设计变压器、电抗器和短网时就已确定。$X$ 应取“动态电抗”值，它比按正弦波计算的值大5%～15%。

二次电压最低值为（1/2～1/3）$U_e$。

（4）变压器二次额定电流

对于普通功率电弧炉，$I_e=(0.7\sim0.8)I_b$；

对于高功率和超高功率电弧炉，$I_e=(0.9\sim1.2)I_b$。

其中 $I_b$ 为电弧功率最大时的回路电流，可由下式计算：

$$I_b=\frac{U}{\sqrt{6Z(Z+R)}}$$

式中 $U$——电弧炉变压器空载时线电压，V；

$Z$——回路阻抗，$Z=\sqrt{R^2+X^2}$，Ω；

$R$——回路电阻，Ω；其值等于变压器的电阻 $R_b$ 和短网电阻 $R_d$ 之和（电抗器电阻略去不计）。

（5）对电弧炉变压器过载能力及阻抗压降的要求

对用于普通功率电弧炉的变压器，一般要求如下。

① 变压器有20%的过载能力（过载持续时间在一个熔炼周期内应不超过2.5h）。

② 当短路电流整定在三倍额定电流时，如短路持续时间不超过6s，变压器的各部分应无损伤。

③ 变压器的阻抗压降一般为额定相电压的6%～11%。

（6）变压器连接

电弧炉变压器二次绕组一般采用三角形接线，以减少短路时线圈的机械应力，同时可以实现在电极上接成三角形的“双线制”短网接线。

（7） 电抗器

如前所述，为了稳定电弧和限制短路电流，主回路中必须有一定的电抗。在熔化期，总的相对电抗不得小于30%。对于小型炼钢电弧炉，由于其变压器和短网的相对电抗之和达不到这个值，因此要另外配备电抗器。

设计电抗器时，要求其即使在通过短路电流的情况下，它的铁芯也不能饱和。

电抗器可装在电弧炉变压器内部（内附式），也可做成一独立的电器（外附式）。

电弧炉变压器的其他设计要求和计算方法与油浸式电力变压器相同。

## 9.3.2 电弧炉变压器的技术数据

（1） HX系列三相电弧炼钢炉配套变压器的技术数据（表9-7）

（2） HS、HS3系列电弧炉用变压器的技术数据（表9-8）

（3） HSJ系列电弧炉用变压器的技术数据（表9-9）

表 9-7 HX 系列炼钢变压器的技术数据

| 型号 | 额定容量/t | 炉壳内径/mm | 变压器 | | | 电极直径/mm | 电极分布圆直径/mm | 电极升降最大行程/mm | 冷却水耗量/(t/h) | 外形尺寸(长×宽×高)/mm×mm×mm | 质量/t | | |
|---|---|---|---|---|---|---|---|---|---|---|---|---|---|
| | | | 额定容量/kV·A | 二次电压/V | 二次电流/kV | | | | | | 金属结构 | 炉身吊装 | 总质量 |
| HX-0.5 | 0.5 | 1600 | 650 | 200～98 | 1.875 | 150 | 450 | 950 | 12 | 3100×2930×4300 | 4.9 | 4.6 | 9.1 |
| HX-1.5 | 1.5 | 2100 | 1250 | 210～104 | 3.430 | 200 | 650 | 1150 | 30 | 4625×4000×5294 | 9.0 | 8.8 | 17 |
| HX-3 | 3 | 2500 | 2200 | 220～110 | 5.800 | 250 | 750 | 1500 | 20 | 5400×4360×8910 | 23.5 | 19 | 42 |
| HX-5 | 5 | 3000 | 3200 | 240～121 | 7.700 | 300 | 850 | 1800 | 30 | 6640×5720×10320 | 34 | 20.8 | 60 |
| HX-10 | 10 | 3500 | 5500 | 260～139 | | | | | 25 | | | | 91 |
| HX2-10 | 10 | 3500 | 5500 | 300～140 | 12.335 | 350 | 1000 | 2100 | 40 | 7540×6520×9220 | 70 | 41.6 | 109 |
| HX2-20 | 20 | 4200 | 9000 | 300～140（13级） | 12.235 | 400 | 1150±50 | 2350 | 70 | 11800×8500×14420 | 105 | 60 | 157 |
| HX2-30 | 30 | 4600 | 12500 | 340～140（13级） | 21.200 | 400 | 1250±50 | 3600 | 80 | 9150×8500×16300 | 152 | 85 | 220 |
| HX2-50 | 50 | 5200 | 18000 | 380～160（13级） | 27.500 | 500 | 1400±100 | 4000 | 90 | 15800×10640×20069 | 204 | 106 | 301 |
| HX2-75 | 75 | 5800 | 25000 | 430～170（13级） | | | | | 100 | | | | 370 |
| HX2-100 | 100 | 6400 | 32000 | 480～180 | | | | | | | | | |

表 9-8 HS、HS3 系列电弧炉用变压器技术数据

| 型号 | 额定容量/kV·A | 额定电压 | | 阻抗电压/% | 连接组 | 损耗/kW | | 空载电流/% | 质量/kg |
|---|---|---|---|---|---|---|---|---|---|
| | | 高压/kV | 低压/V | | | 空载 | 负载 | | |
| HS-630/10 | 630 | 10 (6.3) | 98～200 | 8～9 | D-Y d011 | 2.2 | 11.0 | 3.0 | 3800 |
| HS-800/100 | 800 | | 98～200 | 8～9 | | | | | 5500 |
| HS-1000/10 | 1000 | | 200、170 116、98 | 10～11 24～28 | | 2.0 | 10.05 | | 4965 |
| HS-1250/10 | 1250 | | 104～210 | 8～9 | | 2.7 | 13.5 | | 7010 |
| HS-1350/10 | 1350 | 6.3 | 115 | 10 | | 2.9 | 21.8 | | 4965 |
| HS-1600/10 | 1600 | 10 (6.3) | 104～210 | 8～9 | | 3.1 | 16.0 | | 9050 |
| HS-1800/10 | 1800 | 10 (6.3) 6 | 210、180 121、104 | 9～10（小） 22～26（大） | | | 3.7 | | 18500 |
| HS-2500/10 | 2500 | 10 | 210、180 121、104 | 9～10（小） 22～26（大） | | | 4.6 | | 24000 |
| HS-2800/10 | 2800 | 10 (6) (35) | 210、180 121、104 | 9～10（小） 22～24（大） | D-Y d011 | | 5.6 | | 28000 |

续表

| 型　号 | 额定容量/kV·A | 额定电压 | | 阻抗电压/% | 连接组 | 损耗/kW | | 空载电流/% | 质量/kg |
|---|---|---|---|---|---|---|---|---|---|
| | | 高压/kV | 低压/V | | | 空载 | 负载 | | |
| HS-3200/10 | 3200 | 10<br>(6)<br>(35) | 220、190<br>127、110 | 8～9<br>(小)<br>19～21<br>(大) | D-Y<br>d011 | | 6.7 | | 34000 |
| HS-4000/10 | 4000 | | 220、190<br>127、110 | 7～8<br>(小)<br>19～21<br>(大) | | | 8.0 | | 41000 |
| HS3-1000/10 | 1000 | 10<br>(6.3) | 200、170<br>115、98 | 10～11<br>(小)<br>24～26<br>(大) | Dd0<br>Yd11 | 2.2 | 11.0 | 4.0 | 5960 |
| HS3-1800/10 | 1800 | | 210、180<br>121、104 | 9～10<br>(小)<br>24～26<br>(大) | | 3.6 | 18.0 | 3.5 | 8070 |
| HS3-3000/10 | 3000 | | 220、190<br>127、110 | 8～9<br>(小)<br>18～22<br>(大) | | 5.8 | 28.0 | 3.0 | 12480 |

表 9-9 HSJ 系列电弧炉用变压器技术数据

| 变压器型号 | 额定容量/kV·A | 空载电压 | | 绕组接线组别 | 空载电流/% | 空载损耗/W | 短路损耗/W | 短路电压/% | 电抗器容量/kV·A | 电抗器总损耗/W | 配合电炉/t |
|---|---|---|---|---|---|---|---|---|---|---|---|
| | | 一次/V | 二次/V | | | | | | | | |
| HSJ-400/10 | 400 | 10500<br>6300<br>3150 | 190,110 | D-Yd | 6.5 | 2300 | 7600 | 22/38 | 无 | 无 | 0.5 |
| HSJK-1200/10 | 1000 | 10500<br>6300<br>3150 | 200,116 | | 4.8 | 5750 | 15500 | 11/19 | 200 | 3920 | 0.5 |
| HSJK-1800/10 | 1500 | 10500<br>6300<br>3150 | 210,121 | | 5.9 | 7650 | 22500 | 11/19 | 300 | 4080 | 3 |
| HSJK-2700/10 | 2250 | 10500<br>6300<br>3150 | 220,127 | | 5.5 | 10500 | 31000 | 9/15.5 | 450 | 6850 | 5 |
| HSJFK-2700/10 | 2250 | 10500<br>6300<br>3150 | 225,205,185,<br>130,119 | | 5.7 | 10200 | 28885 | 8.8 | 450 | 6600 | 3 |
| HSJFK-4000/10 | 3000 | 10500<br>6300<br>3150 | 244,220,200<br>141,127 | | 5.5 | 15280 | 32230 | 6.7 | 450 | 6630 | 5 |

# 第10章 机床电器

## 10.1 机床电器的维护与故障处理

### 10.1.1 机床电器的维护

(1) 机床电器的日常检查和维护内容

① 做好电动机的维护保养工作。电动机是机床运动部分的心脏，一旦损坏，修复也较费时间，更换、拆装也不容易。因此平时应加强维护，定期保养和大修。

用于机床的电动机，由于所处特定条件，平时应注意以下事项。

a. 对于容易受到冷却液侵入的电动机，必须采取防范措施，定期用 500V 兆欧表进行绝缘测试。如果发现绝缘电阻小于 0.5MΩ，则应进行干燥处理。

b. 对于容易受到油污或金属屑侵入的电动机，必须采取防范措施，避免油污和金属侵入内部。如发现有油污侵入，应找出侵入的通道和原因，并加以消除。如发现电动机内部有金属屑等杂物，可用干燥的压缩空气（0.3MPa 左右）吹干净，还可用吹风机、皮老虎来吹净。

c. 对于直流电动机或滑差电动机等调速电动机，更应做好日常的维护保养工作。

② 检查熔断器是否良好，熔体选择是否正确。

③ 检查开关柜内及机床上的电气元件是否完整，经常清洁电气元件上的油污和灰尘，特别要清除金属及导电粉末。

④ 检查电气元件的工作状态，如接触器、继电器、热继电器等是否有过热、冒烟、焦臭、噪声及冒火花等现象；检查接触器、继电器的触点磨损情况（尤其对于动作频繁的场合）。

⑤ 检查热继电器等保护元件的动作整定值。若发现不对，应及时调整正确。

⑥ 检查连接导线是否完好，若有导线裸露在外面，应及时包好绝缘；检查保护导线的软管及接头等是否损坏；检查导线连接是否牢固，有无过热情况，并拧紧连接螺钉；检查导线在接线端子的连接情况，随时拧紧接线螺钉。若发现导线上有油污，应及时擦干净。

⑦ 检查机床有无漏电现象，检查保护接地（接零）线是否完好，连接是否牢固。

⑧ 检查开关、按钮等元件是否良好，接线是否可靠；检查限位开关、行程开关及温度、压力、速度等保护元件的状态是否正常，连接线是否可靠，有无被油污、灰尘和冷却液侵入。

（2）机床电器检修的质量标准

① 电器柜检修质量要求

a. 柜的外观完好，油漆完好，柜门关合自如。

b. 柜内电器及导线布置整齐，元件及导线固定牢靠。

c. 主电路和控制电路中导线的颜色尽可能有区别，保护接地（接零）线应与其他导线的颜色有明显区别，一般采用黄/绿双色线。

d. 线端及接线端子上有线号，字码清楚。

e. 柜内电气元件的型号规格、容量及技术参数均应符合图纸的要求。

f. 所有开关、按钮、操作机构等动作应灵活、可靠，带电或吸合后无噪声和振动，触点接触良好。

g. 带有灭弧罩的电器，灭弧罩必须完好、固定牢固。

h. 接触器、继电器等的触点接触良好，触点压力正常，元件清洁，无油污和灰尘。

i. 所有保护元件（如热继电器、过电压、欠电压、过电流、欠电流继电器等）和控制元件（如时间、压力、温度继电器等）的动作整定值符合规定要求，并经试验，应可靠动作。

j. 以电源电压的85%加入控制电路、交流接触器、继电器等应能可靠吸合；低于85%时，欠电压保护应动作。

k. 各导电部分对地绝缘电阻应不小于1MΩ。

② 外部配线的质量要求

a. 外部配线必须按照电气安装图进行，导线的型号和规格应符合图纸的要求。所选用的绝缘导线必须绝缘良好。

b. 凡穿管的导线在管内均不应有接头。

c. 电线管应完好、排列整齐，管与管的连接应严密，管的终端应有管帽。

d. 塑料管易受机械损伤的部分，如引向电动机的出地面一段，应采用钢管保护。

e. 主电路和控制电路中的导线的颜色应有区别。导线端头应有线号，并与图纸相符。

f. 导线连接必须可靠，不许绞连。接线端子的压接螺钉应有平垫的弹簧垫。

③ 电气仪表的检修质量要求

a. 仪表盘整洁、完好。

b. 仪表齐全，型号、规格与要求相符。

c. 仪表安装牢固，盘面刻度、字码清楚，指示、计量正确。

(3) 机床电器的检修

机床电器通常检修步骤如下。

① 向机床操作人员询问故障发生前后的情况，如有无误操作，是否有人动过开关柜，是否受机械碰撞，以及供电情况和机床在加工过程中的状态等；了解故障发生时有哪些异常现象，如冒烟、焦臭、火花、异常声响及机械设备卡阻等。

② 采用感官检查，即通过看、听、嗅、摸等手段判断故障发生的部位。

③ 先从最简单的方面着手检查。如查看熔丝有无熔断，电源

电压是否正常，接线头有无松脱，导线是否被机械损伤，电气元件有无松动，开关、按钮等是否失灵，保护装置有无动作或失效，限位开关、行程开关是否失灵或线头松脱等。

④ 经过上述调查、检查，若仍不能查明故障原因，则应对主电路和控制电路认真检查。主电路接线简单，电气设备也少，应先查主电路，然后检查控制电路。控制电路宜通电检查，检查时应暂断开主电路，如拔下主电路熔断器。如果拔下熔断器会使控制电路失去电源，则应拆下主电路的电动机或其他用电设备的接线头。

⑤ 按正常程序操作控制电路，观察控制电路上的接触器、继电器、指示灯等工作是否正常。若动作正常，则说明故障在主电路，这时应将主电路中的电气设备恢复后通电检查；若不动作或动作异常，则说明故障在控制电路，可进一步查明原因，并加以排除。

通电检查时，应使电动机在空载下运行，同时要避免机床运动部分误动作发生撞击。注意设备和人身安全。在下列情况下，应避免带故障开动机床。

a. 影响机械传动机构，如发生飞车、打碎齿轮、咬坏导轨面等。

b. 影响产品加工质量。

c. 在发生大电流短路的情况下，未检查并排除前，不应换上额定熔丝进行试车。

d. 开动时会损坏电气元件。

e. 电动机的旋转方向不能反转，而电动机的相序或极性未确认，应拆下机械连接件。

⑥ 在检查过程中，使用验电笔、万用表、钳形电流表、兆欧表等测试工具，对于复杂的机床电路，尚需用示波器检查。测出各部位的电阻、电压、电流及其波形等，并与正常值和正常波形相比较，从中分析故障原因，找出故障部位，并加以排除。

⑦ 当故障原因涉及机械系统、液压系统时，应与机修人员一起检修；涉及专用仪表时，应与仪表工配合一起检查。

### 10.1.2 机床电器的常见故障及处理

机床电器设备的常见故障有传动电动机故障、低压电气设备故障、导线引起的故障及漏电等。

交流电动机、直流电动机及低压电器的常见故障及处理方法，在前面几章中已作了介绍。其他一些故障及处理方法见表10-1。

表10-1 机床电气设备的部分常见故障及处理方法

| 序号 | 故障现象 | 可能原因 | 处理方法 |
|---|---|---|---|
| 1 | 连接导线断线 | ①接线柱压紧螺钉松动，导线头脱出或由于接触电阻增大而发热、烧断<br>②连接机床活动部分电气元件的导线卡住后被拉断<br>③金属铁屑和钢管、铁箱进出口的毛刺将导线磨损，对地短路后而烧断<br>④安装时损伤导线，在使用时受到振动、冲击，致使导线在损伤部位折断<br>⑤导线截面积选得太小，导线发热严重而烧断 | ①压紧螺钉应有平垫片和弹簧垫，应拧紧压紧螺钉<br>②查明卡住原因，并加以处理<br>③找出故障点，加强导线绝缘或更换破损的导线<br>④安装或检修时，不能损伤导线<br>⑤正确选择导线截面积 |
| 2 | 漏电 | ①工作场所潮湿<br>②导线长期浸在油中，引起导线绝缘发硬发脆而老化<br>③金属铁屑等损伤导线<br>④电气元件损伤，绝缘老化<br>⑤保护接地（接零）线断裂，与机床、开关柜等接触不良，接地（接零）螺钉锈蚀 | ①改善环境条件，加强维护<br>②不能让导线浸泡在油中，对已老化的导线应更换<br>③采取防护措施<br>④更换不良的电气元件<br>⑤保护接地（接零）线应采用截面积不小于4mm$^2$的铜芯线，连接要可靠 |
| 3 | 虚电压（即断开控制电路的开关或触点，但控制电路仍有电，并引起误动作） | ①处于同一电缆或电线束中的带电与不带电的各导线间的分布电容及绝缘电阻的影响所致<br>②开关、接触器、主触点、熔断器熔芯、线头等接触不良 | ①用万用表测量该电压，如果每换一挡，测得的电压值有相当大的变化，说明是虚电压。解决因虚电压引起误动作的办法如下：重新敷线，强电回路和弱电回路、主电路和控制电路分开敷设；在继电器线圈两端并联电阻，使继电器不误动作。线圈为220V的，可并20kΩ、3W电阻。若对动作值或释放值有整定要求，并联电阻后，继电器应再作整定<br>②可用灯泡法或万用表，用手或起子拨动或压按可疑部位来加以判断。检查时要注意安全 |

续表

| 序号 | 故障现象 | 可能原因 | 处理方法 |
| --- | --- | --- | --- |
| 4 | 传动电动机不能停车 | ①不同电压等级的接触器、继电器或信号灯等使用于控制电路中(如380V线圈接在两相线上,又有220V线圈接在相线与零线上等)<br>②开关或接触器、继电器的主触点烧毁焊死<br>③接触器、继电器的辅助触点烧毁焊死;铁芯有剩磁;吸合面有油污<br>④接触器、继电器电磁系统故障<br>⑤控制按钮失灵<br>⑥检修后接线错误 | ①更换接触器、继电器或信号灯,使它们为同一电压等级<br>②更换主触点,调整弹簧压力。如果是负载过重,则应使用更大一级容量的电器<br>③更换辅助触点;更换铁芯;清洁吸合面<br>④检修调整铁芯、电磁系统<br>⑤检修或更换按钮<br>⑥纠正接线 |
| 5 | 熔丝爆断 | 主电路熔丝爆断,表明主电路过载、频繁的点动和倒顺车,或有短路故障;控制电路熔丝爆断,表明控制电路有短路故障(如元件击穿,裸导线头碰外壳等) | 分别检查主电路和控制电路的绝缘情况;检查主电路电动机有无卡死,检查操作是否正确 |

### 10.1.3 机床电器的试车与调整

(1) 一般检查及线路检查

① 熟悉机床电气原理图和安装图，尤其要熟悉控制系统及其原理；了解机床的加工工艺过程和电气操作程序。

② 检查并清洁开关柜内的各电气元件和接线等。

③ 检查各接触器、继电器、保护装置是否完好；检查保护装置的整定值是否符合系统要求，各级熔断器的熔体是否合适。

④ 检查传动电动机是否良好，安装是否牢固，转向（接线）是否正确；检查限位开关、行程开关等的状态和接线。

⑤ 检查开关柜、机床和电动机的保护接地（接零）是否符合要求，连接是否牢固。

(2) 绝缘检查

用500V兆欧表测量电动机、接触器、继电器、电缆、二次电路等的绝缘电阻。

(3) 控制电路检查及动作顺序试验

① 检查控制电路的接线，检查各开关操作是否灵活。

② 通电试验各接触器、继电器、开关、按钮等的动作是否可靠，指示灯指示是否正确。

③ 控制电路动作顺序试验。目的是检查控制电路接线是否正确，是否符合机床加工程序的需要。试验时，断开主电路，接通控制电路电源，检查在操作过程中各控制环节的电气元件是否按规定的顺序工作。

④ 电动机空载运行。将电动机与机械部分的连接螺栓拆开，接通主电路和控制电路的电源，启动电动机。检查电动机旋转方向是否正确，观察电动机的启动电流、空载电流、电动机温升等是否正常以及电源电压的情况。

⑤ 机床联动试运行。将电动机与机械部分连接好，接通电源，按规定程序进行操作。检查机床运作情况，观察行程开关、限位开关是否正常，电磁往复工作台等是否正常，观察电动机的启动电流、运行电流和电动机温升是否正常。

(4) 保护装置的调整

按机床使用说明书所要求的参数对各保护装置进行调整。调整和试验方法请见有关低压电器调整和试验的内容。

保护装置的调整和试验工作应在带电动机试运行前进行。

(5) 注意事项

① 带机械试车时，均应有机修人员和操作工人配合。

② 送电时，先送主电源，后送操作电源；切断电源时，则相反。

③ 试车中应随时观察仪表指示、电动机运转情况、机床各部分运动情况、机械润滑情况、各接触器和继电器动作情况、火花及温升等。若发现有异常情况，应及时停车检查。

④ 系统调试应按照机床的使用说明书的要求进行。

⑤ 试车中，如果继电保护装置动作，应查明原因，不要任意增大整定值强行送电运行。若发生事故停车，应立即拉断开关或按停机按钮，切断电源，然后检查原因。

⑥ 在整个试车过程中，操作人员要坚守岗位，准备随时紧急停车。

# 10.2 典型机床电器的故障处理

## 10.2.1 C630普通车床的故障处理

（1）C630普通车床的控制电路及材料表

C630普通车床的控制电路如图10-1所示。它是个带有热继电器保护的单向启动控制电路。控制电路的电气元件见表10-2。

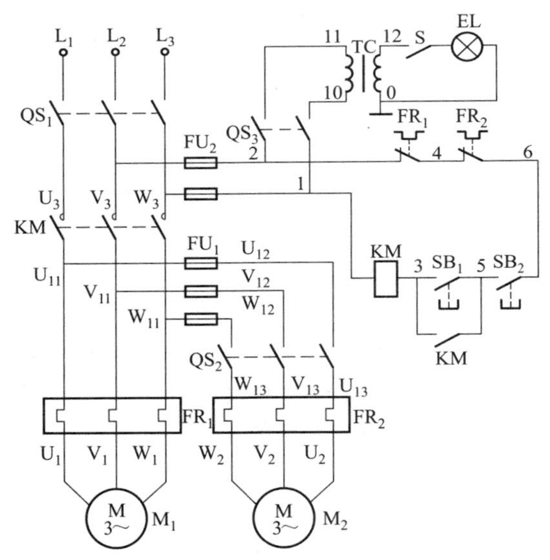


图10-1 C630普通车床控制电路

表10-2 C630普通车床控制电路电气元件

| 代号 | 名称 | 型号 | 规格 | 数量 |
|---|---|---|---|---|
| $M_1$ | 主轴电动机 | JO-62 | 10kW、1400r/min | 1 |
| $M_2$ | 冷却泵电动机 | JCB-22 | 0.125kW、2790r/min | 1 |
| KM | 交流接触器 | CJO-40 | 380V、40A | 1 |
| $FR_1$ | 热继电器 | JRO-20 | 热元件电流19.9A | 1 |
| $FR_2$ | 热继电器 | JRO-20 | 热元件电流0.43A | 1 |
| $QS_1$ | 三相转换开关 | HZ2-60/3 | 60A | 1 |

续表

| 代号 | 名称 | 型号 | 规格 | 数量 |
|---|---|---|---|---|
| $QS_2$ | 三相转换开关 | HZ2-10/3 | 10A | 1 |
| $QS_3$ | 二相转换开关 | HZ2-10/2 | 10A | 1 |
| $FU_1$ | 熔断器 | RL1-10 | 4A | 2 |
| $FU_2$ | 熔断器 | RL1-10 | 4A | 3 |
| TC | 照明变压器 | BK-50 | 50W、380/36V | 1 |
| EL | 照明灯具 | JC6-1 | 36V、短三节式(带开关) | 1 |
| $SB_1$、$SB_2$ | 双挡按钮 | LA4-22K | 5A | 2 |

(2) C630普通车床的常见故障及处理方法

C630普通车床的常见故障及处理方法见表10-3。

表10-3 C630普通车床的常见故障及处理方法

| 序号 | 故障现象 | 可能原因 | 处理方法 |
|---|---|---|---|
| 1 | 主轴电动机$M_1$不能启动 | ①无电源或电源缺相<br>②主电路及电动机接线不良或断开<br>③熔断器$FU_2$熔断<br>④接触器$KM_1$的线圈烧断<br>⑤停止按钮$SB_1$的触头不良或接线松脱<br>⑥热继电器$FR_1$或$FR_2$动作<br>⑦电动机$M_1$烧坏 | ①检查电源电压<br>②检查主电路及电动机接线<br>③检明熔断原因后，更换熔芯<br>④更换接触器<br>⑤更换按钮或连接好接线<br>⑥检查热继电器动作原因(如过载、机械卡死、频繁启动、使用环境温度过高等)，并加以排除<br>⑦更换电动机 |
| 2 | 按停止按钮，主轴电动机不停 | ①接触器$KM_1$的铁芯因剩磁和油污而粘连<br>②接触器$KM_1$的主触点熔焊<br>③接触器$KM_1$内有异物卡阻<br>④停止按钮严重受潮而击穿 | ①清洁铁芯，消除剩磁<br>②检修主触点，调整弹簧压力<br>③拆开清除异物<br>④这时有焦臭味，更换停止按钮 |
| 3 | 主轴电动机工作时突然停下 | ①接触器$KM_1$的自保持触点接触不良<br>②控制电路某处连接线头接触不良<br>③熔断器$FU_2$的熔芯未旋紧 | ①检查自保持触点及接线连接情况<br>②检查控制电路的连接线头，拧紧各连接螺钉<br>③旋紧熔芯 |

续表

| 序号 | 故障现象 | 可能原因 | 处理方法 |
| --- | --- | --- | --- |
| 4 | 对于装有制动装置的机床，制动作用减弱或异常 | ①制动电磁铁内有铁屑等杂物进入<br>②制动电磁铁短路环振断<br>③制动器转子磁性消失或动触点反力弹簧调节过紧或过松 | ①拆开清理<br>②将短路环重新焊好，或更换新衔铁<br>③更换制动器转子或充磁，正确调节触点的反力弹簧的弹力 |
| 5 | 冷却泵故障 | ①熔断器 $FU_1$ 熔断<br>②热继电器 $FR_2$ 动作<br>③冷却泵回路接线头松脱<br>④开关 $QS_2$ 的触点接触不良<br>⑤冷却液进入电动机，绝缘损坏而烧毁<br>⑥冷却液中混入铁屑、棉花等杂物，使冷却泵过载发热或水嘴水管堵塞，使冷却泵不上水 | ①查明熔断原因后，更换熔芯<br>②查明动作原因<br>③检查冷却泵回路接线<br>④检修或更换开关<br>⑤堵塞冷却液进入电动机的渠道。更换电动机<br>⑥不能让杂物进入冷却液中。检修冷却泵 |
| 6 | 熔丝爆裂，电动机有异响、打火、冒烟 | ①线路有短路故障<br>②电动机内部有短路故障<br>③有接地故障 | 查明短路或接地故障，并加以排除 |

## 10.2.2 Y3150滚齿机的故障处理

(1) Y3150滚齿机的控制电路及材料表

Y3150滚齿机的控制电路如图10-2所示。它由正反向点动、单向启动及限位装置3个环节组成。图中 $QS_1$ 为极限开关，一旦碰开，机床便停止运行。这时需用机械手柄把滚刀架摇到使极限开关与撞块离开后，才能再次工作。$QS_2$ 为终点开关，工件加工完后，机床自动停车。

控制电路的电气元件见表10-4。

表10-4 Y3150滚齿机控制电路电气元件

| 代号 | 名称 | 型号 | 规格 | 数量 |
| --- | --- | --- | --- | --- |
| $M_1$ | 电动机 | JO2-32-4 | 3kW、1400r/min | 1 |
| $M_2$ | 冷却泵电动机 | JCB-22 | 0.125kW、2790r/min | 1 |
| $QS_1$ | 三相转换开关 | HZ1-25/3 | 25A | 1 |

续表

| 代号 | 名称 | 型号 | 规格 | 数量 |
|---|---|---|---|---|
| $QS_2$ | 三相转换开关 | HZ1-10/3 | 10A | 1 |
| $KM_1$ $KM_2$ | 交流接触器 | CJO-10 | 380V、10A | 2 |
| FR | 热继电器 | JR2-1 | | 2 |
| $FU_1$ | 熔断器 | RL1-60/20 | 20A | 3 |
| $FU_2$ | 熔断器 | RL1-15/15 | 15A | 1 |
| TC | 照明变压器 | BK-50 | 50W、380/36、6.3V | 1 |
| $SB_1$ | 启动按钮 | LA2 | | 1 |
| $SB_2$ | 停止按钮 | LA2 | | 1 |
| $SB_3$ | 刀架向上按钮 | LA2 | | 1 |
| $SB_4$ | 刀架向下按钮 | LA2 | 双挡 | 1 |
| $SQ_1$ | 极限开关 | LX5-11 | | 1 |
| $SQ_2$ | 终点开关 | LX5-11 | | 1 |
| HL | 指示灯 | | 6.3V | 1 |
| EL | 照明灯具 | $JC_2$ | 36V(带开关) | 1 |

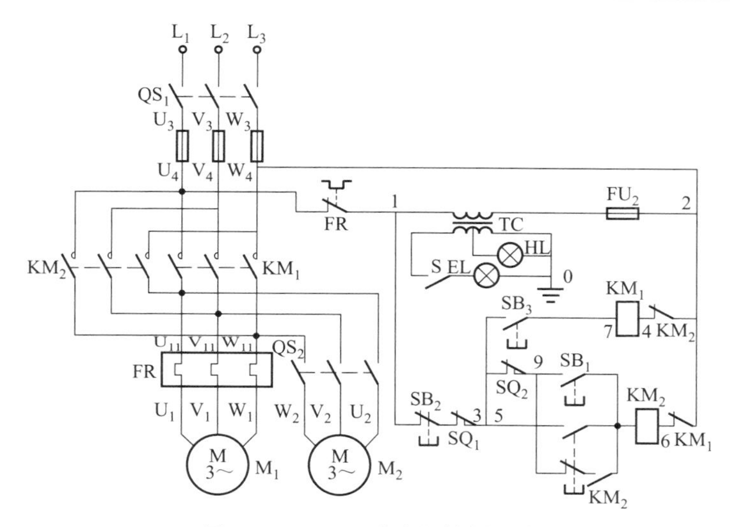


图 10-2 Y3150滚齿机控制电路

(2) Y3150滚齿机的常见故障及处理方法

Y3150滚齿机的常见故障及处理方法，可参考C630普通车床的常见故障及处理方法（见表10-3）。

### 10.2.3 Z37摇臂钻床的故障处理

（1）Z37摇臂钻床的控制电路及材料表

Z37摇臂钻床的控制电路如图10-3所示。它主要由主轴旋转、摇臂升降和立柱松紧3部分组成。电气控制箱的电源由装在摇臂升降机构箱体中的4个汇流环HTH来供电和接地。

该机床控制电路中的电气元件的动作都是用十字开关$SA_1$来完成的，十字开关的4对触点在任何时间内只能接通一对，使摇臂与主轴电动机不能同时运转。

主轴的变速和正反向运转是通过机械结构实现的，其电路控制原理与点动电路相似，其不同之处仅是以十字开关的触点代替了按钮。

① 摇臂移动和夹紧放松过程　机械加工时，夹紧和放松机构是电气与机械相配合的。$SA_2$是带有自动复位功能的鼓形转换开关，作为摇臂升限的极限保护；$SA_3$是不带自动复位功能的鼓形转换开关。$SA_2$的两对触点都是调整在常闭状态下的，$SA_3$则调整在常开状态，由机械结构带动其通断。

a. 摇臂上升：只需将$SA_1$扳到使5、9两点闭合，接触器$KM_2$吸合，电动机$M_2$向上方运转。因机械结构的关系，在电动机开始运转时摇臂暂不向上移动，而是使夹紧装置松开，与此同时$SA_3$由机械带动而闭合，5、17两点接通，为夹紧作好准备。电动机$M_2$带动升降丝杆旋转到$6\frac{1}{2}$转时，夹紧机构全部松开摇臂即上升。当升到要求高度时，将$SA_1$手柄扳到中间位置，5、9两点断开，$KM_2$释放。同时接触器$KM_3$吸合，$M_2$即由运转到停止又立即向相反方向运转，升降丝杆同时向反方向回转，使夹紧装置夹紧。回转到$6\frac{1}{2}$转时各部件已恢复到原始位置，$SA_3$打开，接触器$KM_3$释放，电动机停止运转。

b. 摇臂下降：只须将$SA_1$扳到使5、15两点闭合，其过程与上升相似，仅是方向相反而已。

c. 夹紧和放松（见图10-4）：当升降电动机运转带动升降丝杆旋转，而丝杆在开始时只能带动升降螺母空转，不能使摇臂升或

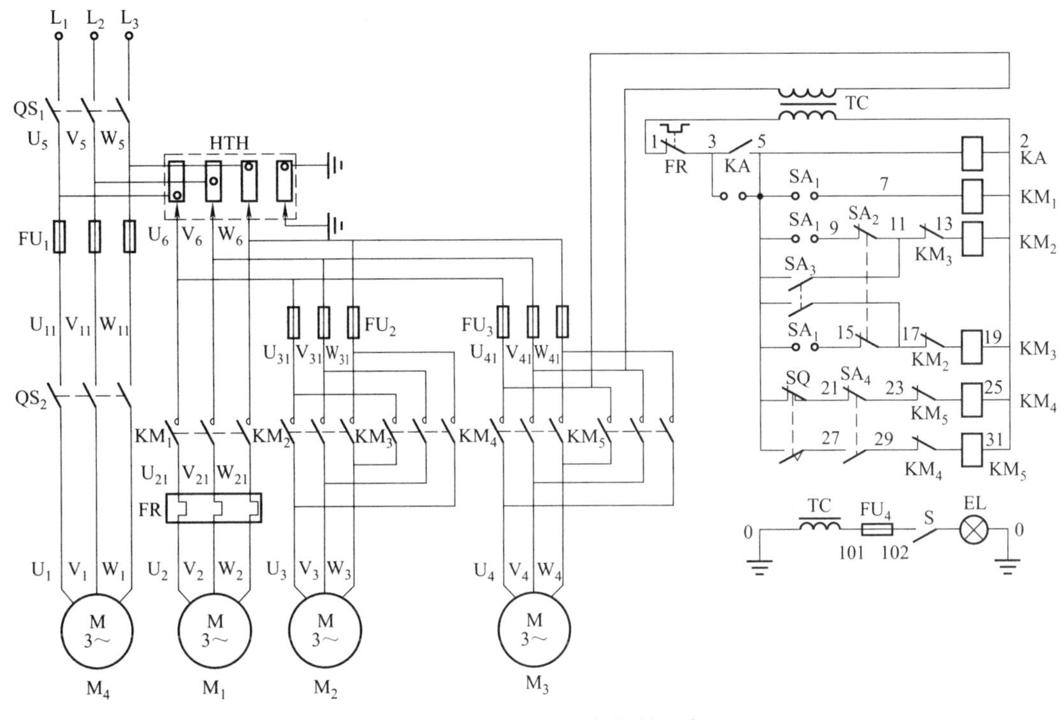


图 10-3　Z37 摇臂钻床控制电路

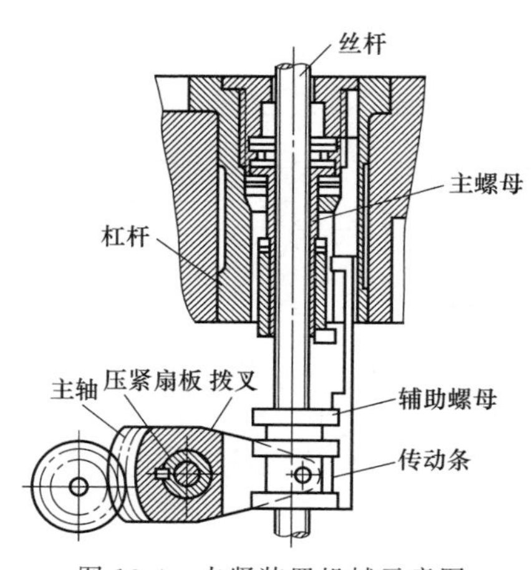

图 10-4 夹紧装置机械示意图

降，但辅助螺母则沿着丝杆作轴向移动，并通过拨叉转动扇形压紧板及夹压杠杆使摇臂松开。当传动条移动了一定距离而与主螺母（双金属螺母）相接触后，主螺母便不能再随丝杆空转，摇臂便开始上升或下降。

摇臂到达预定位置后，将 $SA_1$ 扳到中间位置，5、9 或 5、15 两点断开，由于在 $SA_3$ 的主轴的控制下电动机开始逆转，由拨叉、压紧扇板及杠杆联动，完成摇臂的夹紧动作，同时使传动条与螺母脱开而恢复到原始位置，并因拨叉转动了 $SA_3$ 的主轴，升降电动机最后停止运转。

② 机床工作过程　机床工作时，立柱与外筒处于夹紧状态。要使摇臂作横向转动，立柱与外筒首先要放松，这一过程是由微动开关 SQ 和组合开关 $SA_4$ 操纵的。SQ 是用主轴齿轮箱与摇臂夹紧的机械操作手柄操作的，拨动手柄使 5 与 27 两点之间的微动开关触点 SQ 闭合，使放松接触器 $KM_5$ 吸合，电动机 $M_3$ 运转（立柱与外筒夹紧时组合开关的 27 与 29 两点之间的触点 $SA_4$ 闭合，21 与 23 两点之间的触点 $SA_4$ 断开），带动液压泵工作，使夹紧装置开始放松，同时组合开关 $SA_4$ 也由机械结构带动旋转。当夹紧机构完全松开时，27 与 29 两点之间的触点 $SA_4$ 断开，使电动机 $M_3$ 停止运转。与此同时，21 与 23 两点之间的触点 $SA_4$ 闭合，为夹紧作好准备，此时摇臂即能作横向转动。当移到预定点时，只须拨动手柄使微动开关 5 与 27 两点之间的触点 SQ 断开，5 与 21 两点之间的触点 SQ 闭合，接触器 $KM_4$ 吸合，而 $KM_5$ 释放，使电动机 $M_3$ 带动液压泵作反向运转，完成立柱夹紧动作。当完全夹紧时，组合开关 21 与 23 两点之间的触点 $SA_4$ 断开，27 与 29 两点之间的触点 $SA_4$ 闭合，于是 $KM_4$ 释放，电动机停转。

由于该机床的工作都是通过十字开关 $SA_1$ 操作的，为了避免十字开关手柄扳在任何工作位置时接通电源而产生误动作，因此设有零压保护环节（联锁装置）。要使机床工作，十字形开关必须首先扳向零压保护，使KA吸合并自保持，然后扳向工作位置才能工作。表10-5表示十字开关 $SA_1$ 的工作位置。

Z37摇臂钻床的控制电路电气元件见表10-6。

表10-5　十字开关 $SA_1$ 的工作位置

| 符号＼位置 | 零压保护 | 主轴 | 0 | 向上 | 向下 |
|---|---|---|---|---|---|
| 3-5 | × | | | | |
| 5-7 | | × | | | |
| 5-9 | | | | × | |
| 5-15 | | | | | × |

表10-6　Z37摇臂钻床控制电路电气元件

| 代号 | 名　称 | 型　号 | 规　格 | 数量 |
|---|---|---|---|---|
| $M_1$ | 主轴电动机 | JOF-52-4 | 7kW、1400r/min | 1 |
| $M_2$ | 升降电动机 | JOF-42-4 | 2.8kW、1400r/min | 1 |
| $M_3$ | 立柱夹紧放松电动机 | JOF-31-4 | 0.6kW、1400r/min | 1 |
| $M_4$ | 冷却泵电动机 | J4B-22 | 0.125kW、2790r/min | 1 |
| $QS_1$ | 三相转换开关 | HZ1-25/3 | 25A | 1 |
| $QS_2$ | 三相转换开关 | HZ1-10/3 | 10A | 1 |
| $KM_1$ | 主轴电动机接触器 | CJO-20 | 127V、20A | 1 |
| $KM_2$ | 升降电动机上升接触器 | CJO-20 | 127V、20A | 1 |
| $KM_3$ | 升降电动机下降接触器 | CJO-20 | 127V、20A | 1 |
| $KM_4$ | 摇臂电动机夹紧接触器 | CJO-10 | 127V、10A | 1 |
| $KM_5$ | 摇臂电动机放松接触器 | CJO-10 | 127V、10A | 1 |
| KA | 中间继电器 | JZ7-44 | 127V | 1 |
| $SA_1$ | 十字开关 | LS1 | | 1 |
| $SA_2$<br>$SA_4$ | 组合开关 | HZ4-22 | 自动复位 | 2 |
| $SA_3$ | 组合开关 | $HZ_4$-21 | 手动复位 | 1 |
| SQ | 微动开关 | LX5-11 | | 1 |
| $FU_1$<br>$FU_4$ | 熔断器 | RL1-15/2 | 2A | 4 |
| $FU_2$ | 熔断器 | RL1-15/15 | 15A | 3 |
| $FU_3$ | 熔断器 | RL1-15/4 | 4A | 3 |

续表

| 代号 | 名　称 | 型　号 | 规　格 | 数量 |
| --- | --- | --- | --- | --- |
| FR | 热继电器 | PT-1 | | 1 |
| TC | 变压器 | BK-150 | 380/127、36V | 1 |
| EL | 照明灯具 | $JC_2$ | 36V(带开关) | 1 |
| HTH | 回转体汇流环 | 自制 | | |

（2）Z37摇臂钻床的常见故障及处理方法（表10-7）

表10-7　Z37摇臂钻床的常见故障及处理方法

| 序号 | 故障现象 | 可能原因 | 处理方法 |
| --- | --- | --- | --- |
| 1 | 所有电动机都不能启动 | ①无电源或电源缺相<br>②总电源开关 $QS_1$ 的触点接触不良或接线松脱<br>③熔断器 $FU_3$ 熔断<br>④控制变压器TC的绕组断路或线头松脱<br>⑤热继电器动作<br>⑥零压保护继电器KA没有动作(如KA烧坏或接线松脱，$SA_1$ 接触不良等) | ①检查电源电压及汇流环HTH接触是否良好<br>②检查 $QS_1$ 和接线是否良好<br>③查明原因，排除故障后，更换熔丝<br>④测量TC的一、二次电压是否正常<br>⑤检查动作原因，然后复位<br>⑥更换继电器KA，检查接线及十字开关 $SA_1$ |
| 2 | 主轴电动机 $M_1$ 不能启动 | ①接触器 $KM_1$ 不吸合<br>② $KM_1$ 主触点及主电路连接不良<br>③电动机 $M_1$ 故障或接线松脱<br>④热继电器FR动作 | ①故障在3—KA—5—$SA_1$—7—$KM_1$—2的区间内，逐个检查元件及连接是否良好<br>②检查 $KM_1$ 主触点及主电路连线是否良好<br>③更换电动机或连接好接线<br>④查明原因，然后复位 |
| 3 | 摇臂不能升降 | ①电动机 $M_2$ 的控制线路有故障<br>②电动机 $M_2$ 故障或接线松脱 | ①检查控制线路，如果接触器 $KM_2$ 或 $KM_3$ 吸合，说明故障可能在电动机或接触器至电动机的接线松脱<br>②更换电动机或连接好接线 |
| 4 | 摇臂单方面不能启动 | 不能启动方向的控制线路故障或接触器故障 | 检查不能启动方向的控制线路部分及接触器。如为电动机上升方向故障，则可检查5—$SA_1$—9—$SA_2$—11—$KM_3$—13—$KM_2$—2区间内的元件及连接是否良好 |

续表

| 序号 | 故障现象 | 可能原因 | 处理方法 |
| --- | --- | --- | --- |
| 5 | 摇臂自动锁紧不动作或不充分 | ①鼓形组合开关 $SA_3$ 未按要求调整<br>②$SA_3$ 的固定螺钉松动<br>③$SA_3$ 的动、静触点变形、磨损、接触不良或引线断裂 | ①$SA_3$ 的闭合与断开必须按照机床的机械要求来调节其位置<br>②调整好位置，拧紧固定螺钉<br>③检查 $SA_3$ 触点及引线，无法修复时，予以更换 |
| 6 | 摇臂锁紧与松开连续交替进行 | ①开关 $SA_3$ 的两对动触点的相对位置调节得太近，没有充分的切断空隙<br>②电源相序接反 | ①调节好 $SA_3$ 两对动触点的相对位置<br>②改正电源相序。检修时必须注意电源相序问题 |
| 7 | 立柱的夹紧与放松部分故障 | 由于立柱的松紧也是由电动机 $M_3$ 的可逆运转来实现的，因此可仿照摇臂升降电动机 $M_2$ 的故障进行检查和处理 | |
| 8 | 冷却泵故障 | 见表10-3第5条 | 按表10-3第5条处理 |

### 10.2.4 X62W万能铣床的故障处理

（1）X62W万能铣床的控制电路及材料表

X62W万能铣床的控制电路如图10-5所示。它由主轴旋转（铣头）和进给机构（工作台）移动两部分组成。

① 主轴控制　主轴电动机 $M_1$ 启动前，先将正反转开关 $QS_2$ 扳到主轴所需的旋转方向位置，然后按下 $SB_1$ 或 $SB_2$，$M_1$ 即运转。为了能使 $M_1$ 迅速停车，装有反接制动环节。

为了使主轴变速时齿轮易于啮合，在机械变速手柄上装有主轴冲动用限位开关 $SA_1$。当拉出变速手柄时，3与5两点之间的触点 $SA_1$ 闭合，$KM_2$ 吸合，主轴电动机向着与工作时运转方向相反的方向冲动。须注意，在变速时要将手柄迅速推回，以打开3与5两点之间的触点 $SA_1$，使 $M_1$ 在尚未达到较高速时电源已被 $KM_2$ 的释放切断，于是 $M_1$ 停止运转。

② 工作台与台面的运行控制　工作台与台面的运行是由电动机 $M_2$ 作正反向运转来达到的，该部分的控制线路受29与31两点

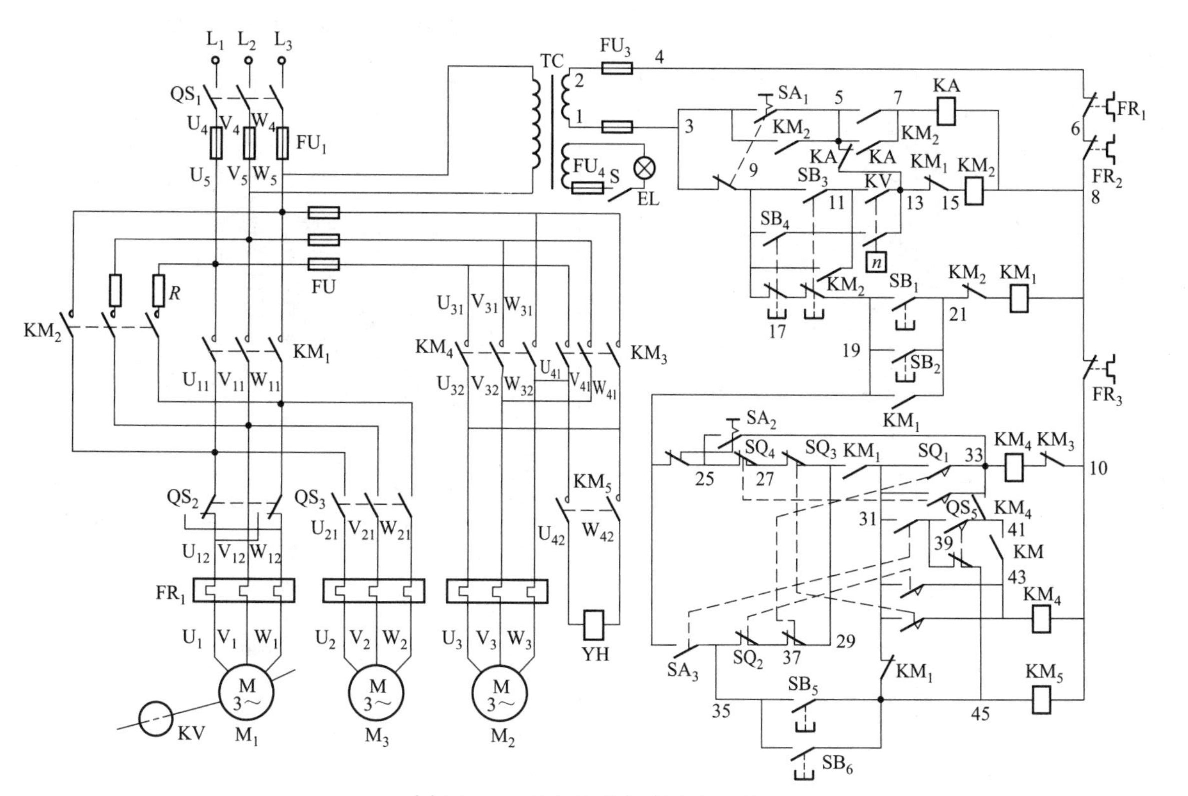


图 10-5 X62W 万能铣床控制电路

之间的触点 $KM_1$ 联锁，它必须在主轴电动机 $M_1$ 运转后才能工作。

a. 工作台的上升。将机械操作手柄扳到“上面”位置上（该手柄能作上、下、前、后4个方向动作，并在同一操纵杆上的不同两点上装有两套手柄，以便于两处操作），机械杠杆将31与43两点之间的限位开关触点 $SQ_3$ 闭合，使接触器 $KM_3$ 吸合，其控制电路路径为：$2 \rightarrow FU_3 \rightarrow 4 \rightarrow FR_1 \rightarrow 6 \rightarrow FR_3 \rightarrow 8 \rightarrow FR_2 \rightarrow 10 \rightarrow KM_4 \rightarrow 14 \rightarrow KM_3 \rightarrow 43 \rightarrow SQ_3 \rightarrow 31 \rightarrow KM_1 \rightarrow 29 \rightarrow SQ_1 \rightarrow 37 \rightarrow SQ_2 \rightarrow 35 \rightarrow QS_4 \rightarrow 19 \rightarrow SB_3 \rightarrow 17 \rightarrow SB_4 \rightarrow 9 \rightarrow SA_1 \rightarrow 3 \rightarrow FU_3 \rightarrow 1$。这样，进给电动机 $M_2$ 带动工作台向上运转。待行至需要位置时，只须将操作手柄扳回中间位置，使43与31两点之间的触点 $SQ_3$ 断开，于是 $KM_3$ 释放，工作台即停止行动。

b. 工作台下降。将操作手柄扳到“下面”位置时，机械杠杆将31与33两点之间的限位开关触点 $SQ_4$ 闭合，使接触器 $KM_4$ 吸合，其回路与上升的相同，工作台向下移。将手柄扳到中间位置，则停止下降。

c. 台面向左。将位于台面前侧中央的操作手柄扳到“左面”位置时，31与43两点之间的限位开关触点 $SQ_2$ 闭合，$KM_3$ 吸合，其控制电路路径为：$2 \rightarrow FU_3 \rightarrow 4 \rightarrow FR_1 \rightarrow 6 \rightarrow FR_2 \rightarrow 8 \rightarrow FR_3 \rightarrow 10 \rightarrow KM_4 \rightarrow 14 \rightarrow KM_3 \rightarrow 43 \rightarrow SQ_2 \rightarrow 31 \rightarrow KM_1 \rightarrow 29 \rightarrow SQ_3 \rightarrow 27 \rightarrow SQ_4 \rightarrow 25 \rightarrow SA_2 \rightarrow 19 \rightarrow SB_3 \rightarrow 17 \rightarrow SB_4 \rightarrow 9 \rightarrow SA_1 \rightarrow 3 \rightarrow FU_3 \rightarrow 1$。这样，台面立即向左方移动。将手柄扳到中间位置，则台面停止移动。

d. 台面向右。中央手柄扳到“右面”，31与33两点之间的限位开关触点 $SQ_1$ 闭合，$KM_4$ 吸合，工作台即向右方移动。其他情况与向左相同。

e. 冲动。进给机构在变速时也需冲动一下，当拉出变速手柄时，25与33两点之间的限位开关触点 $SA_2$ 闭合，$KM_4$ 吸合，其控制电路路径为：$2 \rightarrow FU_3 \rightarrow 4 \rightarrow FR_1 \rightarrow 6 \rightarrow FR_2 \rightarrow 8 \rightarrow FR_3 \rightarrow 10 \rightarrow KM_3 \rightarrow 12 \rightarrow KM_4 \rightarrow 33 \rightarrow SA_2 \rightarrow 25 \rightarrow SQ_4 \rightarrow 27 \rightarrow SQ_3 \rightarrow 29 \rightarrow SQ_1 \rightarrow 37 \rightarrow SQ_2 \rightarrow 35 \rightarrow QS_4 \rightarrow 19 \rightarrow SB_3 \rightarrow 17 \rightarrow SB_4 \rightarrow 9 \rightarrow SA_1 \rightarrow 3 \rightarrow FU_3 \rightarrow 1$。这样，进给电动机 $M_2$ 便冲动运转，迅速推回变速手柄，电动机即停止。

③ 快速运行　快速运行不受变速箱的限制，始终以较快速度

工作。当手动控制时，只须按下按钮 $SB_5$ 或 $SB_6$，$KM_5$ 吸合，使牵引电磁铁 $KM_4$ 跟着吸合，将机械结构拉到快速位置。松开 $SB_5$ 或 $SB_6$，$KM_5$ 释放，台面即由快速转为常速。

④ 台面运行的自动控制　自动控制是由台面前侧的 1～5 号撞块以及操作手柄支点处的八齿爪轮分别推动限位开关 $SQ_1$、$SQ_2$ 及 $SA_3$ 来完成的。

a. 单向自动控制。单向自动控制是按快速运行→常速进给→快速运行→停止这一规律进行的。根据运行方向及行程距离的要求装好撞块，如向右进给可将 1 号左撞块、1 号右撞块和 4 号或 5 号撞块（与进给方向有关）都装在操作手柄左面，然后将转换开关 $QS_4$ 扳到自动位置，35 与 19 两点之间的转换开关触点 $QS_4$ 断开，以保证工作台在台面移动时不能移动。31 与 39 两点之间的转换开关触点 $QS_4$ 闭合，使快速接触器 $KM_5$ 吸合，其控制电路路径为：$2 \rightarrow FU_3 \rightarrow 4 \rightarrow FR_1 \rightarrow 6 \rightarrow FR_3 \rightarrow 8 \rightarrow FR_2 \rightarrow 10 \rightarrow KM_5 \rightarrow 45 \rightarrow SA_3 \rightarrow 39 \rightarrow QS_4 \rightarrow 31 \rightarrow KM_1 \rightarrow 29 \rightarrow SQ_3 \rightarrow 27 \rightarrow SQ_4 \rightarrow 25 \rightarrow SA_2 \rightarrow 19 \rightarrow SB_1 \rightarrow 17 \rightarrow SB_3 \rightarrow 9 \rightarrow SA_1 \rightarrow 3 \rightarrow FU_3 \rightarrow 1$。于是牵引电磁铁跟着吸合（主轴运转时）。这时如将中央手柄扳到"右面"，带动 31 与 33 两点之间的限位开关触点 $SQ_1$ 闭合，$KM_4$ 吸合，但由于快速行程机构已被牵引电磁铁的吸合拉到快速位置，这时台面以快速进给的速度向右移动。当台面移到第一块 1 号撞块将八齿爪轮撞过一个角度时，45 与 39 两点之间的限位开关触点 $SA_3$ 断开，$KM_5$ 释放，同时牵引电磁铁释放，使台面由快速转为常速进给。在常速移到第二块 1 号撞块又将八齿爪轮撞过一个角度时，45 与 39 两点之间的触点 $SA_3$ 闭合，牵引电磁铁吸合，台面又快速向右移动，直到 4 号（或 5 号）撞块将操作手柄撞到中间位置，自动停止。

b. 自动往复控制。自动往复控制是按快速运行→常速进给→快速回程→停止这一规律进行的。下面以向右进给为例说明。

将 1 号右撞块及 3 号撞块装在操作手柄的左方，4 号撞块装在操作手柄的右方（向左则将 1 号左撞块及 2 号撞块装在操作手柄的右方，5 号撞块装在手柄的左方）。扳动手柄向右，快速运行→常速进给这一过程与单向自动控制相同。当进给到预定行程时，3 号撞块将位于台面前方偏右部分的闭锁桩压下，使离合器不受手柄位置的影响。所以当台面行到3号撞块将操作手柄撞到中间位置时，台面继续向右，3号撞块的后半部又将手柄撞到向左位置，此时台面仍继续向右移动。在这一过程中，由于39与41两点之间的触点$SA_3$闭合，虽然31与33两点之间的触点$SQ_1$断开，但$KM_4$仍不释放。因此14与10两点之间的常闭触点$KM_4$仍旧断开。所以31与43两点之间的触点$SQ_2$虽闭合，但$KM_3$仍不吸合，台面一直向右移动，直到3号撞块的另一点将八齿爪轮撞过一个角度，将39与41两点之间的触点$SA_3$打开时，才使$KM_4$释放。由于操作手柄早已位于向左位置而已将31与43两点之间的触点$SQ_2$闭合，只待14与10两点之间的$KM_4$闭合，43与14两点之间的接触器$KM_3$即行吸合，使台面向左移动。又由于39与45两点之间的触点$SA_3$闭合，因此是快速向左移动（快速回程），最后由4号撞块将手柄撞到中间而自动停止。

c. 自动往复循环控制。自动往复循环控制是按快速向右→常速进给向右→快速向左→常速进给向左继而快速向右的规律循环工作的。现以向右为起点为例进行说明。

将1号右撞块与3号撞块装在操作手柄的左方，而1号左撞块及2号撞块装在手柄的右方，然后扳手柄到向右位置即能循环工作。

自动往复循环的过程与自动往复的过程相同，只是两个方向都要换向而已。

表10-8、表10-9和表10-10分别表示工作台进给位置、前后上下限位位置和$QS_4$转换开关位置。

表10-8 工作台进给位置

| 触点代号 | 左 | 停 | 右 |
| --- | --- | --- | --- |
| $SQ_{2-1}$ | — | — | × |
| $SQ_{2-2}$ | × | × | — |
| $SQ_{1-1}$ | × | — | — |
| $SQ_{1-2}$ | — | × | × |

表10-9 前后上下限位位置

| 触点代号 | 向前/向上 | 停 | 向后/向下 |
| --- | --- | --- | --- |
| $SQ_{4-1}$ | — | — | × |

续表

| 触点代号 | 向前上 | 停 | 向后下 |
|---|---|---|---|
| $SQ_{4-2}$ | × | × | — |
| $SQ_{3-1}$ | × | — | — |
| $SQ_{3-2}$ | — | × | × |

**表 10-10 $QS_4$ 转换开关位置**

| 触　　点 | 手　　动 | 自　　动 |
|---|---|---|
| $QS_{4-1}$ | — | × |
| $QS_{4-2}$ | × | — |

X62W 万能铣床的控制电路电气元件见表 10-11。

**表 10-11 X62W 万能铣床控制电路电气元件**

| 代号 | 名　　称 | 型　　号 | 规　　格 | 数量 |
|---|---|---|---|---|
| $M_1$ | 主轴电动机 | JOF-52-4 | 7kW、1400r/min | 1 |
| $M_2$ | 进给电动机 | JOF-41-4 | 1.7kW、1400r/min | 1 |
| $M_3$ | 冷却泵电动机 | JCB-22 | 0.125kW、2790r/min | 1 |
| $QS_1$ | 三相转换开关 | HZ1-60/3 | 60A | 1 |
| $QS_2$ | 主轴正反转开关 | HZ3-131 | 倒顺 | 1 |
| $QS_3$ | 冷却泵开关 | HZ1-10/3 | 10A | 1 |
| S | 照明开关 | HZ1-10/2 | 10A | 1 |
| $KM_1$ | 主轴启动接触器 | CJO-40 | 127V、40A | 1 |
| $KM_2$ | 主轴制动接触器 | CJO-40 | 127V、40A | 1 |
| $KM_3$ | 进给正转接触器 | CJO-20 | 127V、20A | 1 |
| $KM_4$ | 进给反转接触器 | CJO-20 | 127V、20A | 1 |
| $KM_5$ | 电磁铁接触器 | JZ7-44 | 127V | 1 |
| YH | 牵引电磁铁 | MQ1-5141 | 380V 拉力 150N | 1 |
| KA | 中间继电器 | JZ7-44 | 127V | 1 |
| KV | 速度继电器 | PKC 型 | | 1 |
| $SA_1$ | 主轴点动开关 | LX-11K | | 1 |
| $SA_2$ | 工作台点动开关 | LX-11K | | 1 |
| $SA_3$ | 微动开关 | LX5-11 | | 1 |
| $SQ_1$ | 工作台向右移动 | LX3-11H | | 1 |
| $SQ_2$ | 工作台向左移动 | LX3-11H | | 1 |
| $SQ_3$ | 工作台上升(或向前)移动 | LX2-111 | | 1 |
| $SQ_4$ | 工作台下降(或向后)移动 | LX2-111 | | 1 |
| $SB_1$ $SB_2$ | 主轴启动按钮 | LA2 | | 2 |

续表

| 代号 | 名称 | 型号 | 规格 | 数量 |
| --- | --- | --- | --- | --- |
| $SB_3$<br>$SB_4$ | 主轴停止、反接按钮 | LA2 | | 2 |
| $SB_5$<br>$SB_6$ | 进给快速按钮 | LA2 | | 2 |
| $FU_1$ | 熔断器 | RL1-60/40 | 40A | 3 |
| $FU_2$ | 熔断器 | RL1-15/10 | 10A | 3 |
| $FU_3$ | 熔断器 | RL1-15/4 | 4A | 2 |
| $FU_4$ | 熔断器 | RL1-15/2 | 2A | 1 |
| $FR_1$ | 主轴电动机热继电器 | JR10-10 | 35A | 1 |
| $FR_2$ | 进给电动机热继电器 | JR10-10 | | 1 |
| $FR_3$ | 冷却泵电动机热继电器 | JR2-1 | 0.45A | 1 |
| TC | 变压器 | BK-150 | 150W、380/127、36V | 1 |
| EL | 照明灯具 | JC6-1 | 36V，短三节（带开关） | 1 |
| $R$ | 电阻器（反接制动用） | | 1A、0.45Ω | 2 |

(2) X62W万能铣床的常见故障及处理方法

X62W万能铣床的常见故障及处理方法见表10-12。

表10-12 X62W万能铣床的常见故障及处理方法

| 序号 | 故障现象 | 可能原因 | 处理方法 |
| --- | --- | --- | --- |
| 1 | 所有电动机都不能启动 | ①无电源或电源缺相<br>②开关 $QS_1$ 接触不良或接线松脱<br>③熔断器 $FU_1$～$FU_3$ 熔断<br>④控制变压器TC的绕组断路或线头松脱<br>⑤热继电器 $FR_1$ 或 $FR_3$ 动作<br>⑥控制回路元件及接线故障 | ①检查电源电压<br>②检查 $QS_1$ 和接线是否良好<br>③逐级检查 $FU_1$～$FU_3$ 是否熔断，查明原因，排除故障后，更换熔丝<br>④测量TC的一、二次电压是否正常<br>⑤检查动作原因，然后复位<br>⑥逐一检查控制回路元件及接线 |
| 2 | 主轴电动机 $M_1$ 停车时无制动 | ①速度继电器 $KA_2$ 中推动触点的摆杆断裂，无法使动、静触点闭合<br>②速度继电器转子的联动装置轴伸端圆销扭弯、磨损或弹性连接块损坏，止动螺钉松动，不能使转子正常旋转<br>③$KA_2$ 动触点弹簧调得太紧<br>④$KA_2$ 的永久磁铁转子失磁 | ①拆开速度继电器检修摆杆<br>②更换受损元件，拧紧止动螺钉，使 $KA_2$ 的转子能正常旋转<br>③调整 $KA_2$ 动触点弹簧压力<br>④更换转子 |

续表

| 序号 | 故障现象 | 可能原因 | 处理方法 |
| --- | --- | --- | --- |
| 3 | 按停止按钮,电动机停不下来 | ①主轴启动接触器 $KM_1$ 的主触点焊住(如启动和制动频繁等)或吸合面有油污<br>② $KM_1$ 主触点不良<br>③启动按钮 $SB_1$ 或 $SB_2$ 绝缘击穿<br>④速度继电器 $KA_2$ 的动触点弹簧压力调得太松,使动触点返回得过晚<br>⑤停止按钮 $SB_3$、$SB_4$ 绝缘击穿 | ①检修 $KM_1$ 主触点,避免频繁启动和制动;清洁吸合面<br>②检修 $KM_1$ 主触点<br>③更换启动按钮<br>④重新调整 $KA_2$ 的动触点弹簧压力<br>⑤更换按钮 |
| 4 | 按下启动按钮,电动机 $M_1$ 能启动,但放开按钮后 $M_1$ 自动停止 | ①主轴启动接触器 $KM_1$ 的自保持触点接触不良<br>② $KM_1$ 的自保持触点被杂物卡住<br>③自保持回路接线松脱 | ①检修 $KM_1$ 的自保持触点,调整弹簧压力<br>②清除卡阻杂物<br>③检查自保持回路接线 |
| 5 | 给进运动故障(电动机 $M_2$ 正反向运转故障) | ①熔断器 $FU_2$ 熔断或熔芯未拧进座内<br>②给进正转接触器 $KM_3$ 或给进反转接触器 $KM_4$ 的主触点接触不良或线圈烧坏<br>③热继电器 $FR_2$ 动作<br>④电动机 $M_2$ 接线松脱或电动机本身故障<br>⑤电源相序接反,使限位开关失去保护作用<br>⑥电动机 $M_2$ 的控制回路故障 | ①更换熔芯,旋紧熔芯<br>②检查给进正反转接触器是否良好<br>③查明动作原因,然后复位<br>④检查接线是否良好;更换电动机<br>⑤改正电源相序。检修后必须注意电源相序问题<br>⑥检查接点 19-8、19-10、29-10、31-10 之间的电压是否与控制电路电压相等,以判断 $KM_1$ 的联锁触点及热继电器 $FU_2$ 工作是否正常。若电动机只在一个方向不转,则可检查选择开关 $SQ_1$、$SQ_2$、$SQ_3$、$SQ_4$ 的工作情况及其连线是否良好;检查电磁铁接触器 $KM_2$ 与牵引电磁铁 $KM_6$ 是否正常,线圈是否烧坏,活动部分铁芯有无机械轧死等 |
| 6 | 冷却泵故障 | 见表 10-3 第 5 条 | 按表 10-3 第 5 条处理 |

### 10.2.5 T68卧式镗床的故障处理

(1) T68卧式镗床的控制电路及材料表

T68卧式镗床的控制电路如图10-6所示，它主要由主轴旋转和进给与快速移动两部分组成。

① 主轴旋转和进给 主轴旋转和进给的控制是由许多环节组成的。接触器$KM_1$、$KM_2$控制主轴电动机$M_1$的点动和正反转，$KM_3$、$KM_4$及时间继电器KT控制$M_1$的变速运转。继电器$KA_1$、$KA_2$控制$M_1$的启动和停止。$KM_0$是用来短接制动电阻$R$的。

a. 主轴的变速。它是用变速操纵盘来调节的。在变换速度时须拉出变速的手柄，于是5与15两点之间的触点$SQ_5$断开，$KM_0$释放，随着$KM_1$释放，而31与21两点之间的速度继电器的常开触点KV仍由于主轴电动机的惯性而闭合，$KM_2$吸合，其控制电路路径为：$2 \to FU_3 \to FR \to 6 \to KM_2 \to 33 \to KM_1 \to 31 \to KA_3 \to 21 \to SQ_5 \to 3 \to SQ_1 \to 1$。主轴电动机$M_1$通过电阻$R$进行反接制动。当电动机转速下降到120r/min时，31与21两点之间的常开触点KV断开。23与21两点之间的常闭触点KV恢复闭合，其目的是为了在齿轮啮合不好时，给主轴电动机的低速运转准备条件。变速时若齿轮卡住、手柄推合不上，则23与25两点之间的触点$SQ_6$处于闭合位置，$KM_1$吸合，其控制电路路径为：$2 \to FU_3 \to 4 \to FR \to 6 \to KM_1 \to 27 \to KM_2 \to 25 \to SQ_6 \to 23 \to KV \to 21 \to SQ_5 \to 3 \to SQ_1 \to 1$。于是主轴电动机$M_1$冲动运转。当速度达120r/min以上时，23与21两点之间的常闭触点KV断开，$KM_1$释放，电动机的电源被切断。当速度降低到120r/min以下时，23与21两点之间的常闭触点KV又闭合，$KM_1$又吸合，主轴电动机再次冲动，重复其动作，直到齿轮顺利地啮合后手柄方可推合。上述动作的目的是在变速时主轴电动机能以120r/min左右的转速缓慢运转，以便于齿轮顺利地啮合。当齿轮啮合推上手柄时，限位开关$SQ_5$闭合。接触器$KM_0$、$KM_1$及$KM_3$（或$KM_4$）吸合运转，主轴按照选定的速度正转。当需要主轴电动机在2880r/min转速下工作时，只需通过手柄将$SQ_7$在17与19两点之间的触点闭合，时间继电器KT吸合，主轴电动机转速通过1460r/min而达到2880r/min。

当主轴电动机在反转的情况下运转时，欲使其变速，只要将变

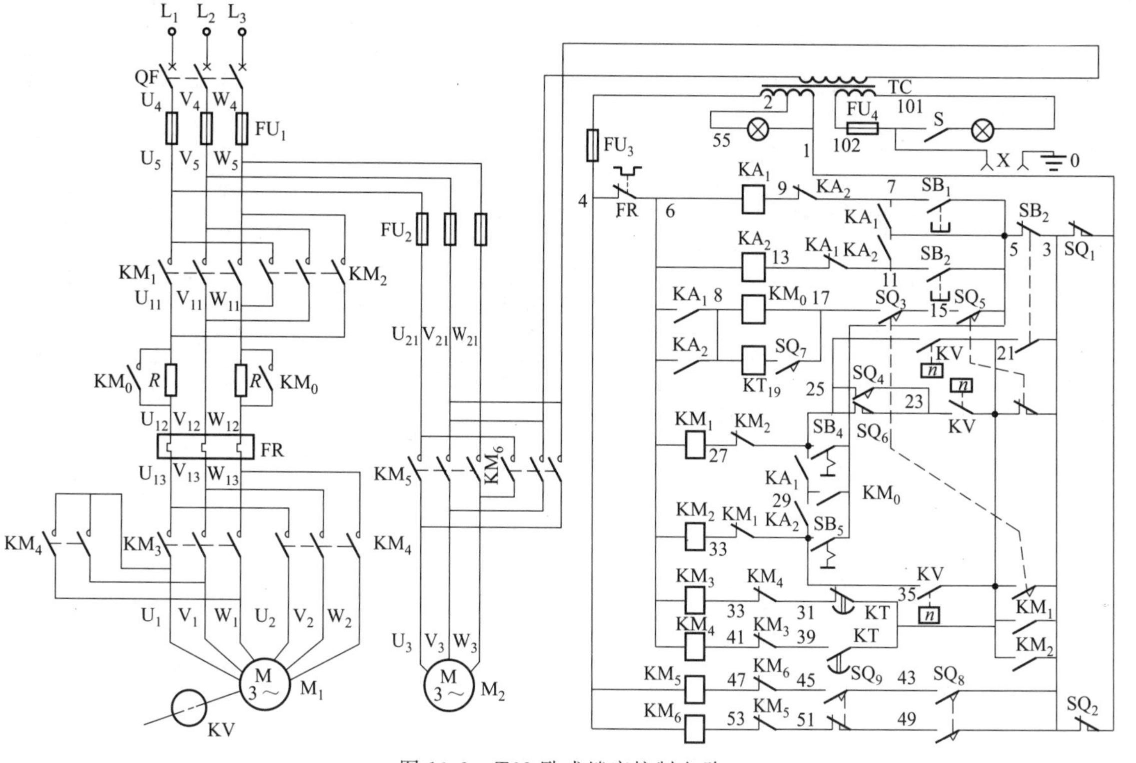


图 10-6 T68卧式镗床控制电路

速手柄拉出即可，其动作程序同上。

b. 进给的变速。进给变速与主轴变速相似，只要推上进给变速手柄，压下 $SQ_3$ 和 $SQ_4$ 即可。

② 快速移动　快速移动是通过接触器 $KM_5$、$KM_6$ 来控制电动机 $M_2$ 的正反转来实现的。

T68 卧式镗床控制电路电气元件见表 10-13。

表 10-13　T68 卧式镗床控制电路电气元件

| 代号 | 名　　称 | | 型　　号 | 规　　格 | 数量 |
|---|---|---|---|---|---|
| $M_1$ | 双速交流电动机（主轴电动机） | | YD132M-4/2 | 6.5/8kW、△/YY、1460/2880r/min | 1 |
| $M_2$ | 交流电动机 | | Y100L1-4 | 2.2kW、1420r/min | 1 |
| $KM_0$ | 交流接触器 | | CJO-40 | 127V、40A | 1 |
| $KM_1$～$KM_4$ | 交流接触器 | | CJO-75 | 127V、75A | 4 |
| $KM_5$、$KM_6$ | 交流接触器 | | CJO-20 | 127V、20A | 2 |
| QF | 电源开关 | | DZ10-100/334 | 25A | 1 |
| $KA_1$、$KA_2$ | 中间继电器 | | JZ4-44 | 127V | 2 |
| KV | 速度继电器 | | JY-1 | | 1 |
| KT | 时间继电器 | | JS7-2A | 127V，整定值为 7s | 1 |
| FR | 热继电器 | | JR16B-20/3D | 22A | 1 |
| $SB_1$ | 按钮 | 主轴正转启动 | $LA_2$ | | 1 |
| $SB_2$ | 按钮 | 主轴反转启动 | $LA_2$ | | 1 |
| $SB_3$ | 按钮 | 主轴停止 | $LA_2$ | | 1 |
| $SB_4$ | 按钮 | 主轴正转点动 | $LA_2$ | | 1 |
| $SB_5$ | 按钮 | 主轴反转点动 | $LA_2$ | | 1 |
| $SQ_1$ | 限位开关 | 主轴进刀与工作台 | LX1-11J | 防溅式 | 1 |
| $SQ_2$ | 限位开关 | 移动互锁 | LX3-11K | 开启式 | 1 |
| $SQ_3$、$SQ_4$ | 限位开关 | 进给速度变换 | LX1-11K | 开启式 | 2 |
| $SQ_5$、$SQ_6$ | 限位开关 | 主轴速度变换 | LX1-11K | 开启式 | 2 |
| $SQ_7$ | 限位开关 | 接通高速 | JWM6-11 | 3A | 1 |
| $SQ_8$ | 限位开关 | 快速移动正转 | LX3-11K | 开启式 | 1 |
| $SQ_9$ | 限位开关 | 快速移动反转 | LX3-11K | 开启式 | 1 |
| $FU_1$ | 熔断器 | | RL1-60 | 40A | 3 |
| $FU_2$ | 熔断器 | | RL1-15 | 15A | 3 |
| $FU_3$ | 熔断器 | | RL1-15 | 4A | 1 |
| $FU_4$ | 熔断器 | | RL1-15 | 2A | 1 |

续表

| 代号 | 名　　称 | 型　　号 | 规　　格 | 数量 |
|---|---|---|---|---|
| TC | 变压器 | BK-300 | 300W、380/127、36、6V | 1 |
| EL | 照明灯具 | JC11-1 | 36V、40W(带开关) | 1 |
| HL | 指示灯 | DK1-0 | 6.3V、2W | 1 |
| *R* | 电阻器(反接制动用) | ZB1-09 | 0.9Ω | 8 |
| X | 插座 | | | 1 |

(2) T68卧式镗床的常见故障及处理方法

T68卧式镗床的常见故障及处理方法见表10-14。

**表10-14　T68卧式镗床的常见故障及处理方法**

| 序号 | 故障现象 | 可能原因 | 处理方法 |
|---|---|---|---|
| 1 | 主轴电动机 $M_1$ 不能启动 | ①无电源或电源缺相<br>②主电路及电动机 $M_1$ 接线松脱<br>③熔断器 $FU_1$ 或 $FU_3$ 熔断<br>④接触器 $KM_3$ 的主触点接触不良<br>⑤对于采用制动电磁铁进行电动机 $M_1$ 制动的镗床，制动电磁铁没有工作<br>⑥热继电器FR动作<br>⑦电动机 $M_1$ 烧坏<br>⑧控制变压器TC的绕组断路或线头松脱<br>⑨与主轴电动机有关的控制回路元件及接线故障 | ①检查电源电压<br>②检查主电路及电动机接线<br>③查明原因，排除故障后，更换熔丝<br>④检查 $KM_3$ 的主触点<br>⑤检修制动电磁铁<br>⑥查明原因，然后复位<br>⑦更换电动机<br>⑧测量TC的一、二次电压是否正常<br>⑨逐一检查与 $M_1$ 有关的控制回路元件及接线 |
| 2 | 主轴电动机 $M_1$ 单方向不能启动 | 不能启动方向的控制线路故障或接触器故障 | 检查不能启动方向的控制线路部分及接触器。如为顺转方向不能启动，则可检查 $KM_1$ 触点接触是否良好，检查6—$KM_1$—27—$KM_2$—25—$SB_4$—5区间内的元件及连接是否良好 |
| 3 | 主轴不能投入运转(不能自保) | 自保持触点 $KM_1$ 或 $KM_2$ 接触不良 | 检查自保持触点 $KM_1$ 或 $KM_2$ 及连线 |

续表

| 序号 | 故障现象 | 可能原因 | 处理方法 |
| --- | --- | --- | --- |
| 4 | 按停止按钮，主轴电动机停不下来 | ①主轴正反转启动接触器 $KM_1$ 或 $KM_2$ 的主触点焊住或吸合面有油污<br>②停止按钮的绝缘击穿<br>③启动按钮中有一只击穿（这时按压停止按钮时主轴停止，松开后主轴又转动）<br>④对于采用制动电磁铁进行电动机 $M_1$ 制动的镗床，制动电磁铁活动部分轧住（这时主轴需经几十秒空转后才能停下来） | ①检修主触点，清洁吸合面<br>②更换停止按钮<br>③更换击穿的按钮<br>④检修制动电磁铁 |
| 5 | 主轴电动机无高速 | ①时间继电器 KT 工作不正常，触点有问题<br>②接触器 $KM_4$ 有故障或触点接触不良 | ①检查时间继电器 KT<br>②检查 $KM_4$ 工作是否正常，触点接触是否良好 |
| 6 | 主轴点动成为连续运转 | ①接触器 $KM_3$ 释放时间过长<br>②操作过猛、过快 | ①更换接触器 $KM_3$<br>②正确操作 |
| 7 | 快速进给电动机 $M_2$ 故障 | 控制原理和故障情况与 Z37 摇臂钻床的摇臂升降部分相似（不同之处在于作为主令用的限位开关 $SQ_9$ 与 $SQ_8$ 都有一对闭合触点用于正反两个方面的电气联锁），可参考表 10-7 | |

## 10.2.6 M7130卧轴矩台平面磨床的故障处理

(1) M7130卧轴矩台平面磨床的控制电路及材料表

M7130卧轴矩台平面磨床的控制电路如图10-7所示。它由砂轮部分、冷却泵、液压泵和退磁系统组成。

砂轮电动机 $M_1$ 的工作必须在电磁吸盘 YH 处于工作状态时才能进行，即转换开关 $QS_2$ 打在向下位置（301与303接通，302与304接通）。YH工作时，欠电流继电器KA动作，6与8两点之间常开触点KA闭合，从而保证加工工件在被吸住的情况下用砂轮进行磨削。

工件加工完毕后，工件上留有剩磁，所以需进行退磁，其过程是：将转换开关 $QS_2$ 打在向上位置（301与305接通，302与303接通，6与8之间接通），使直流电源经过退磁限流电阻（电位器，可调）RP反接到电磁吸盘YH上，以使极性打乱，达到退磁的目

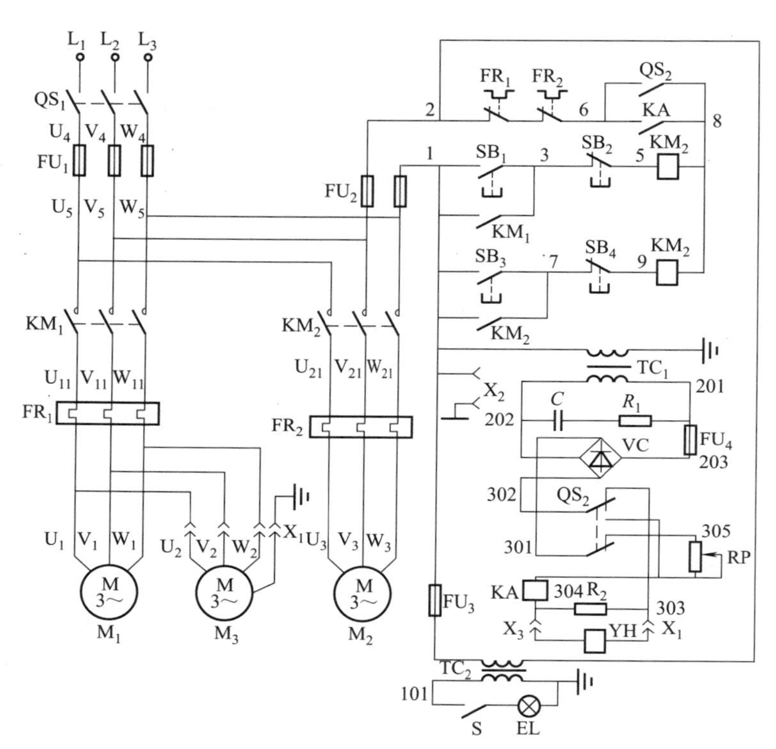


图 10-7　M7130 卧轴矩台平面磨床控制电路

的。如果不能退去剩磁（往往与工件的材质有关），需用 TCH/H 型退磁器插入插座 $X_2$ 中后，再在工件上往返数次进行退磁。

M7130 卧轴矩台平面磨床控制电路电气元件见表 10-15。

**表 10-15　M7130 卧轴矩台平面磨床控制电路电气元件**

| 代号 | 名　称 | 型　号 | 规　格 | 数量 |
|---|---|---|---|---|
| $M_1$ | 砂轮电动机 | 装入式 | 4.5kW、1400r/min | 1 |
| $M_2$ | 液压泵电动机 | JO42-4 | 2.8kW、1400r/min | 1 |
| $M_3$ | 冷却泵电动机 | JCB-22 | 0.125kW、2790r/min | 1 |
| $QS_1$ | 转换开关 | HZ1-25/3 | 25A | 1 |
| $QS_2$ | 转换开关 | HZ1-10P/3 | 10A | 1 |
| KA | 欠电流继电器 | JT3-11L | 1.5A | 1 |
| $KM_1$、$KM_2$ | 交流接触器 | CJO-10 | 10A | 2 |

续表

| 代号 | 名　称 | 型　号 | 规　格 | 数量 |
|---|---|---|---|---|
| $FR_1$ | 热继电器 | JR10-10 | 9.5A | 1 |
| $FR_2$ | 热继电器 | JR10-10 | 6.1A | 1 |
| $SB_1$～$SB_4$ | 按钮 | LA2 | | 4 |
| $FU_1$ | 熔断器 | RL1-60/30 | 30A | 3 |
| $FU_2$ | 熔断器 | RL1-15/5 | 5A | 2 |
| $FU_3$ | 熔断器 | 小型管式 | 1A | 1 |
| $FU_4$ | 熔断器 | RL1-15/2 | 2A | 1 |
| YH | 平面吸铁盘 | | 110V、1.45A | 1 |
| VC | 硅整流器 | GZH1/200 | | 1 |
| $TC_1$ | 整流变压器 | BK-400 | 400W、220/145V | 1 |
| $TC_2$ | 照明变压器 | BK-50 | 50W、380/36V | 1 |
| $R_1$ | 电阻 | GF 型 | 50W、500Ω | 1 |
| $R_2$ | 电阻 | GF 型 | 50W、1kΩ | 1 |
| RP | 电位器 | | 6W、125Ω | 1 |
| $C$ | 电容 | CZJD | 600V、5μF | 1 |
| EL | 照明灯具 | $JC_2$ | 36V(带开关) | 1 |
| $X_1$ | 插销(冷却泵) | CYO-36 | | 1 |
| $X_2$ | 插销(退磁器) | 三孔插座 | 5A | 1 |
| $X_3$ | 插销(吸铁盘) | CYO-35 | | 1 |
| 附件 | 退磁器 | TCH/H | | 1 |

(2) M7130卧轴矩台平面磨床的常见故障及处理方法

M7130卧轴矩台平面磨床的常见故障及处理方法见表10-16。

**表10-16　M7130卧轴矩台平面磨床的常见故障及处理方法**

| 序号 | 故障现象 | 可能原因 | 处理方法 |
|---|---|---|---|
| 1 | 砂轮电动机 $M_1$ 和冷却泵不能启动 | ①无电源或电源缺相<br>②熔断器 $FU_1$ 或 $FU_2$ 熔断<br>③砂轮电动机主电路接线松脱<br>④接触器 $KM_1$ 的主触点接触不良或线圈烧坏<br>⑤热继电器 $FR_1$ 或 $FR_2$ 动作<br>⑥停止按钮 $SB_2$ 的触点接触不良或连线松脱<br>⑦控制电路故障<br>⑧电磁吸盘回路故障，欠电流继电器KA未吸合<br>⑨欠电流继电器KA故障，接于6、8两点之间的触点KA未闭合 | ①检查电源电压<br>②检查 $FU_1$ 或 $FU_2$ 熔断的原因，排除故障后，更换熔芯<br>③检查 $M_1$ 主电路接线及开关 $QS_1$ 接触是否良好<br>④检查 $KM_1$ 主触点或更换接触器<br>⑤查明动作原因，然后复位<br>⑥检查 $SB_2$ 和连线<br>⑦检查控制电路元件及接线有无松脱<br>⑧检查电磁吸盘回路，见第3条<br>⑨检修欠电流继电器的触点 |

续表

| 序号 | 故障现象 | 可能原因 | 处理方法 |
| --- | --- | --- | --- |
| 2 | 液压泵不能启动 | ①接触器 $KM_2$ 的线圈烧坏或连接线松脱<br>②热继电器 $FR_2$ 动作<br>③停止按钮 $SB_4$ 的触点接触不良或连线松脱<br>④液压泵主电路接线松脱<br>⑤液压泵电动机 $M_2$ 烧坏或接线松脱 | ①更换接触器或检查连线是否良好<br>②查明动作原因，然后复位<br>③检查 $SB_4$ 和连线<br>④检查液压泵主电路连线是否良好<br>⑤更换 $M_2$ 或检查接线 |
| 3 | 电磁吸盘 YH 不能吸合 | ①熔断器 $FU_2$ 熔断<br>②变压器 $T_1$ 烧坏<br>③整流器 VC 损坏<br>④熔断器 $FU_4$ 熔断<br>⑤电磁吸盘回路元件故障或连接线松脱（如电位器 RP 开路，开关 $QS_2$ 的触点接触不良，欠电流继电器 KA 的线圈开路等）<br>⑥电磁吸盘损坏 | ①查明熔断原因，排除故障后，更换熔丝<br>②检查变压器一、二次电压是否正常<br>③检查保护元件 $R_1$、$C$ 有无损坏；检查有无短路故障。更换整流器<br>④查明电磁吸盘回路短路故障的原因，并排除，更换熔丝<br>⑤检查电磁吸盘回路元件是否良好，接线有无松脱<br>⑥修理或更换电磁吸盘 |
| 4 | 电磁吸盘 YH 能吸合，但不能退磁 | ①开关 $QS_2$ 的触点接触不良<br>②退磁器与插座 $X_2$ 未接触好<br>③采用晶闸管退磁的线路多谐振荡器不起振 | ①检修开关 $QS_2$ 的触点<br>②检查并使两者接触紧密<br>③检查并调试多谐振荡器，使之正常工作 |
| 5 | 电磁吸盘 YH 的吸力不足 | ①输入到电磁吸盘的电压不足<br>②电磁吸盘线圈短路或绝缘损坏<br>③对于采用晶闸管退磁的线路，由触发回路故障或外界干扰引起 | ①检查电压不足的原因（如整流元件损坏，回路接触电阻过大等），并加以排除<br>②重点检查线圈的接头处，若无法修理，则予以更换<br>③检查触发回路（可用示波器观察波形），设法抑制外界干扰 |

# 第11章 蓄电池

## 11.1 蓄电池的安装、使用与维护

### 11.1.1 铅酸蓄电池的安装

铅酸蓄电池的安装应符合以下要求。

① 铅酸蓄电池的保管室温宜为5～40℃。安装前应按下列要求进行外观检查。

a. 蓄电池槽应无裂纹、损伤，槽盖应密封良好。

b. 蓄电池的正、负接线柱必须极性正确，并应无变形；防酸栓、催化栓等部件应齐全无损伤；滤气帽的通气性能应良好。

c. 对透明的蓄电池槽，应检查极板有无严重受潮和变形；槽内部件应齐全无损伤。

d. 连接条、螺栓及螺母应齐全。

e. 温度计、密度计应光整无损。

② 清除蓄电池槽表面污垢时，对用合成树脂制作的槽，应用脂肪烃、酒精擦拭，不得用芳香烃、煤油、汽油等有机溶剂擦洗。

③ 蓄电池组的安装应符合以下要求。

a. 蓄电池放置的平台、基架及间距应符合设计要求。

b. 蓄电池安装应平稳，间距均匀；同一排、列的蓄电池槽应高低一致，排列整齐。

c. 连接条及抽头的接线应正确，接头连接部分应涂以电力复合脂或导电膏，螺栓应紧固。

d. 有抗震要求时，其抗震设施应符合有关规定，并牢固可靠。

e. 温度计、密度计、液面线应放在易于检查的一侧。

④ 蓄电池的引出电缆的敷设，应符合以下要求。

a. 宜采用塑料外护套电缆。当采用裸铠装电缆时，其室内部分应剥掉铠装。

b. 电缆的引出线应用塑料色带标明正、负极的极性。正极为赭色，负极为蓝色。

c. 电缆穿出蓄电池室的孔洞及保护管的管口处，应用耐酸材料密封。

⑤ 蓄电池室内裸硬母线的安装，应采取防腐措施。

⑥ 每个蓄电池应在其台座或槽的外表面用耐酸材料标明编号。

### 11.1.2 铅酸蓄电池的配液与注液

铅酸蓄电池的配液与注液应符合以下规定。

① 配制电解液应采用符合现行国家标准《蓄电池用硫酸》规定的硫酸，并应有制造厂的合格证件。当采用其他品级的硫酸时，其物理及化学性能应符合表11-1的规定。

蓄电池用水应符合国家现行标准《铅酸蓄电池用水》的规定。新配制的稀酸仅在怀疑有问题时才进行化验。

表11-1 铅酸蓄电池用材质及电解液标准

| 指标名称 | 浓硫酸 | 使用中电解液 | 蒸馏水 |
|---|---|---|---|
| 硫酸($H_2SO_4$)含量/% | ≥92 | 40～15 | |
| 灼烧残渣含量/% | ≤0.05 | ≤0.02 | ≤0.01 |
| 锰(Mn)含量/% | ≤0.0001 | ≤0.00004 | ≤0.00001 |
| 铁(Fe)含量/% | ≤0.012 | ≤0.004 | ≤0.0004 |
| 砷(As)含量/% | ≤0.0001 | ≤0.00003 | |
| 氯(Cl)含量/% | ≤0.001 | ≤0.0007 | ≤0.0005 |
| 氮氧化物(以N计)含量/% | ≤0.001 | | |
| 还原高锰酸钾物质(O)含量/% | ≤0.002 | ≤0.0008 | ≤0.0002 |
| 色度测定/mL | ≤2.0 | | |
| 透明度/mm | ≥50 | 无色透明 | 无色透明 |
| 电阻率(25℃)/Ω·cm | | | $\geqslant 10\times 10^4$ |

续表

| 指标名称 | 浓硫酸 | 使用中电解液 | 蒸馏水 |
|---|---|---|---|
| 硝酸及亚硝酸盐(以N计)含量/% | | ≤0.0005 | ≤0.0003 |
| 铵($NH_4$)含量/% | ≤0.005 | | ≤0.0008 |
| 铜(Cu)含量/% | | ≤0.002 | |
| 碱土金属氧化物(以CaO计)含量/% | | | ≤0.005 |
| 二氧化硫($SO_2$)含量/% | ≤0.007 | | |

② 配制或灌注电解液时，必须采用耐酸、耐高温的干净器具。应将浓硫酸缓慢地倒入蒸馏水中，严禁将蒸馏水倒入浓硫酸中，并应使用相应的劳保用品及工具。

新配制的电解液的密度必须符合产品技术条件的规定。

③ 注入蓄电池的电解液，其温度不宜高于30℃。当室温高于30℃时，不得高于室温。注入液面的高度应接近上液面线。全组蓄电池应一次注入。

### 11.1.3 铅酸蓄电池的充放电

铅酸蓄电池的充放电应符合以下要求。

① 电解液注入蓄电池后，须静置3～5h，使液温冷却到30℃以下方可充电。如果室温高于30℃，则须待液温冷却到室温时方可充电。但自电解液注入第一个蓄电池内开始至充电之间的放置时间，应符合产品使用说明书的规定。当产品使用说明书无规定时，不宜超过8h。当放置时间超过8h而液温仍降不下来时，应采取人工降温措施；也可采用1/15～1/20h率的小电流进行充电，待液温降低后再用10h率电流充电。

蓄电池的防酸栓、催化栓及液孔塞，在注液完毕后应立即装回并拧紧，以确保安全。

② 蓄电池的初充电及首次放电，应按产品技术条件的规定进行，不得过充过放，否则会大大缩短蓄电池的使用寿命，甚至造成损坏。同时要符合以下要求。

a. 初充电前应对蓄电池组及其连接情况进行检查。

b. 初充电期间，应保证电源可靠，不得随意中断。

c. 充电过程中，电解液温度不应高于45℃。否则会使蓄电池容量减少，并增大蓄电池的局部放电。若温度高于45℃，应采取人工降温措施，或者减小充电电流，否则应暂停充电。

③ 蓄电池初充电时应符合以下要求。

a. 采用恒流充电法充电时，其最大电流不得超过制造厂规定的允许最大电流值，否则，不但浪费电能，还将引起极板活性物质脱落或极板弯曲。

b. 采用恒压充电法充电时，其充电的起始电流不得超过允许最大电流值，单体电池的端电压不得超过2.4V。

c. 对于装有催化栓的蓄电池，当充电电流大于允许最大电流值时，应将催化栓取下，换上防酸栓，否则会产生过量的氢、氧气体，有可能产生高温，损坏帽体，甚至爆炸。充电过程中，催化栓的温升应无异常。

④ 蓄电池充电时，严禁明火。

⑤ 蓄电池的初充电结束时应符合以下要求。

a. 充电容量应达到产品技术条件的规定。

b. 采用恒流充电法时，电池的电压、电解液的密度应连续3h以上稳定不变，电解液产生大量气泡。采用恒压充电法时，充电电流应连续10h以上不变，电解液的密度应连续3h以上不变，且符合产品技术条件规定的数值。

⑥ 初充电结束后，电解液的密度及液面高度需调整到规定值，并再进行0.5h的充电，使电解液混合均匀。

⑦ 蓄电池组首次放电终了时应符合以下要求。

a. 电池的最终电压及密度应符合产品技术条件的规定。

b. 电压不符合标准的蓄电池数量不应超过该组电池总数量的5%，且不符合标准的电池的电压不得低于整组电池中单体电池的平均电压的2%，否则这种电池在以后的充放电循环内不易恢复到正常值。

c. 温度为25℃时的放电容量应达到其额定容量的85%以上。当温度不为25℃而在10～40℃范围内时，其容量可按下式进行换算：

$$Q_{25}=\frac{Q_t}{1+0.008(t-25)}$$

式中　$Q_{25}$——换算成标准温度（25℃）时的容量，A·h；

$Q_t$——液温为$t$℃时的实测容量，A·h；

$t$——电解液在10h率放电过程中最后2h的平均温度,℃；

0.008——10h率放电的容量温度系数。

⑧ 首次放电完毕后，应按产品技术要求进行充电，间隔时间不宜超过10h，以防极板硫酸化。

⑨ 蓄电池组在5次充、放电循环内，当温度为25℃时，放电容量应不低于10h率放电容量的95%。若经过5次循环仍达不到额定容量的95%，则说明该蓄电池有问题，应查明原因后采取相应措施，否则不能交付使用。

⑩ 充、放电结束后，对透明槽的电池，应检查内部情况，极板不得有严重弯曲、变形或活性物质严重剥落现象。

⑪ 在整个充、放电期间，应按规定时间记录每个蓄电池的电压、电流及电解液的密度、温度。充、放电结束后，应绘制整组蓄电池的充、放电特性曲线，以供日后维护时参考。

⑫ 蓄电池充好电后，在移交运行前，应按产品的技术要求进行使用与维护。

### 11.1.4 铅酸蓄电池和镉镍碱性蓄电池的使用

铅酸蓄电池和镉镍碱性蓄电池的使用要点如下。

① 接线必须正确，连接要牢靠。接线时应先接火线（负极），再接两蓄电池间的连接线，最后接搭铁线。拆下蓄电池时，则按相反顺序进行。这是为了防止扳手万一接铁而造成蓄电池损坏。

② 不要大电流充电和过充电。实践证明，充电电压若增高10%～12%，蓄电池使用寿命将缩短2/3左右。镉镍蓄电池充电制式见表11-2。单体蓄电池所需的充电电源电压一般为1.9V，寒冷地区为2.2V。

表11-2 镉镍蓄电池充电制式

| 项 目 | 正常充电制 | 过充电制 | 快速充电制 | 浮充电制 |
|---|---|---|---|---|
| 充电电流/A | $0.25Q_e$ | $0.25Q_e$ | $0.5Q_e$ | 不定 |
| 充电时间/h | 7 | 9 | 4 | 不定 |

注：$Q_e$为蓄电池额定容量，A·h。

③ 当蓄电池电压不足（如单体电压降至1.7V以下）时，不要再继续使用，应立即充电。使用中应尽量增多充电机会，经常保持在充足电的状态下工作。放完电的蓄电池应在24h内充好电。

④ 根据地区和季节的气温变化，及时调整好电解液的密度。一般气温较高的地区应采用密度偏小的电解液，寒冷地区则密度宜大些以防结冰。

⑤ 经常检查液面高度（一般夏季每5天、冬季每15天检查1次），维持液面高出极板10～15mm。电解液不够时，只能加蒸馏水，严禁加浓硫酸，否则会因电解液密度过大而损坏铅酸蓄电池。

⑥ 平时应经常观察蓄电池外壳是否破裂，安装是否牢靠，接线是否紧固。及时清除蓄电池表面的积尘和油垢，擦去蓄电池盖上的电解液，清除极桩和导线接头上的氧化层，拧紧加液孔盖并疏通盖上的通气孔。

⑦ 更换蓄电池时，应注意其型号。如果所换上的蓄电池容量小于原来的蓄电池，则换上的蓄电池就会因过载而损坏。

在正常情况下，铅酸蓄电池的使用寿命为8～10年，镉镍蓄电池的使用寿命为12～15年。

铅酸蓄电池到使用寿命末期时有以下现象。

a. 电压、密度的分散性变大。

b. 极板破损。

镉镍碱性蓄电池到使用寿命末期时有以下现象：

a. 各单体电池的分散性变大。

b. 容量减少。

c. 电压降低的单体电池数量增加。

### 11.1.5 密封式铅酸蓄电池的使用

密封式铅酸蓄电池的维护、保存比镉镍蓄电池简单得多，具有无需加液、能量大、自放电小、安装维护方便和使用安全等优点。

使用密封式铅酸蓄电池应注意以下事项。

① 安装检修时，蓄电池拧入件和连接件处的润滑要用少量硅基脂，不允许用石油基润滑剂；在连接点处可抹上一层薄薄的凡士林保护。蓄电池应安置在通风良好的室内。

② 当采用浮充电方式运行时，蓄电池应经常处于充满电状

态，但浮充电压不能过高或过低。浮充电压过高或过低都会缩短蓄电池的使用寿命。浮充电一般采用恒压限流方式，充电电流限定为[0.1～0.2$Q_e$($Q_e$为额定容量)]，25℃时单体电池充电电压为2.25～2.30V。

③ 运行中要注意环境温度，并根据环境温度调整充电电压。蓄电池的设计使用寿命是指环境温度为25℃时的使用寿命。当机房温度控制在25℃以下，正确的维护使用，可使蓄电池的使用寿命长达10～15年。如果温度过高，蓄电池中的极板会因受硫酸的腐蚀加剧而缩短使用寿命。当环境温度较高时，应降低充电电压，以防止过充电；当环境温度较低时，应提高充电电压，以防止充电不足。一般来说，环境温度低于3℃或高于35℃应进行温度补偿，单体电池补偿系数为－4mV/℃。

④ 选用功能良好的充电机。充电机最好采用闭环自动控制系统，它具有恒压限流功能（恒压精度小于1%，限流精度小于3%）和适当的温度补偿功能，还具有良好的波形系数（小于2%）。另外，为防止过充电，充电机还应有定时或自动限流功能。

⑤ 备用蓄电池应存放在通风凉爽的地方，并定期对其充电。当蓄电池的自放电容量降至额定容量的50%时就应充电，否则会因过放电引起极板硫化而缩短使用寿命。一般来说，存放的备用蓄电池应每7～8个月进行一次充电。由于蓄电池自放电率还受环境温度的影响，温度越高，自放电率越大，因此应将其存放在通风凉爽的地方。

⑥ 平时清洁蓄电池应用湿布，若用干燥的布擦拭，容易产生静电，静电电压可能高达数千至上万伏，有引发爆炸的危险。

⑦ 对于容量不同、新旧不同、厂家不同、规格不同的蓄电池，由于其特性值有差异，因此不能混合连接使用。

⑧ 做好蓄电池定期维护工作，每年应检查一次连接部分有无松动，检查后可在电池端子、连接处涂上凡士林保护。

### 11.1.6　蓄电池的维护

蓄电池的日常检查和维护内容如下。

① 检查蓄电池外壳是否破裂。

② 检查蓄电池安装是否牢靠，导线与极桩连接是否紧固良好。

接线时应先接火级（负极），再接两蓄电池间的连接线，最后接搭铁线。拆下蓄电池时，则按相反顺序进行。这是为了防止扳手万一接铁而造成蓄电池损坏。

③ 清除蓄电池表面的灰尘、油垢，擦去蓄电池盖上的电解液，清除极桩和导线接头上的氧化层，拧紧加液孔盖并疏通盖上的通气孔。

④ 定期检查电解液面的高度（一般夏季每 5 天、冬季每 15 天检查 1 次），维持液面高出极板 10～15mm。电解液不够时，只能加蒸馏水，严禁加浓硫酸，否则会因电解液密度过大而损坏铅酸蓄电池。

⑤ 检查放电程度。当冬季放电超过额定容量的 25%，夏季放电超过额定容量的 50%时，应及时充电，严禁继续使用。

通常通过测量电解液的密度来判断放电程度。

a. 用密度计测量电解液密度。电解液密度随放电程度的变化见表 11-3。若测量时温度不是 20℃，则按温度每高 1℃，在量得的密度值上加 0.0007，每低 1℃，减去 0.0007 的方法得到电解液温度为 20℃时的标准密度值。

表 11-3 电解液密度随放电程度的变化

| 放电程度(放电量占 20h 放电率的额定容量的百分数) | | 标准温度(20℃)下的电解液密度/(g/cm³) | | | | |
|---|---|---|---|---|---|---|
| 全充电状态 | | 1.300 | 1.290 | 1.280 | 1.270 | 1.260 |
| 放电 | 25% | 1.275 | 1.255 | 1.240 | 1.225 | 1.210 |
| | 50% | 1.245 | 1.225 | 1.200 | 1.180 | 1.160 |
| | 75% | 1.215 | 1.185 | 1.160 | 1.135 | 1.110 |
| 全放电状态 | | 1.190 | 1.150 | 1.120 | 1.090 | 1.060 |

b. 用高率放电计测量放电电压。放电计读数与放电程度的关系见表 11-4。

表 11-4 放电计读数与放电程度的关系

| 放电计读数/V | 蓄电池放电程度/% | 放电计读数/V | 蓄电池放电程度/% |
|---|---|---|---|
| 1.7～1.8 | 0 | 1.4～1.5 | 75 |
| 1.6～1.7 | 25 | 1.3～1.4 | 100 |
| 1.5～1.6 | 50 | | |

⑥ 不要大电流充电和过充电。实践证明，充电电压若增高 10%～12%，蓄电池寿命将缩短 2/3 左右。

⑦ 根据地区和季节的气温变化，及时调整好电解液的密度。一般气温较高的地区应采用密度偏小的电解液，寒冷地区则密度宜大些以防结冰。

⑧ 更换蓄电池时，应注意其型号。如果所换上的蓄电池容量小于原来的蓄电池，则换上的蓄电池就会因过载而损坏。

在正常情况下，铅酸蓄电池的使用寿命为 8～10 年，镉镍蓄电池的使用寿命为 12～15 年。

铅酸蓄电池到使用寿命末期时有以下现象：

a. 电压、密度的分散性变大。

b. 极板破损。

镉镍碱性蓄电池到使用寿命末期时有以下现象：

a. 各单体电池的分散性变大。

b. 容量减小。

c. 电压降低的单体电池数量增加。

### 11.1.7　免维护铅酸蓄电池的维护

所谓免维护铅酸蓄电池，实际上只能免去补充加水工作，经较长时间放置后仍需进行补充电维护。

① 初充电时，应按产品技术条件的规定进行，调整好充电电压和电流，一次性不间断充足，约需 24h。如不充足，将影响蓄电池的容量，并在以后很难恢复。

② 应定期测量直流系统正常运行状态下蓄电池单体端电压及总电压，其误差应在 ±1% 范围内。一般每月进行一次，并做好记录。

③ 蓄电池工作状态下的浮充电电压应为 $1.05U_e$，均充电压应为 $1.1U_e$（$U_e$ 为蓄电池组的额定电压）；主充电电流应为 $0.1Q_e$（$Q_e$ 为蓄电池组的额定容量）。如有偏差，应及时调整。

④ 应加强巡视检查充电器与蓄电池组连接的熔断器。如熔断而未及时更换，有可能引起蓄电池过放电。

⑤ 应定期对蓄电池组进行补充电维护。为了使多个电池特性基本上都达到均匀，一般每 3 个月要进行一次补充电。

⑥ 蓄电池宜在15～25℃的环境温度下进行充电，当环境温度超过35℃时，需采取降温措施。

⑦ 为了保证蓄电池有足够的容量，每年要进行一次容量恢复试验，让蓄电池内的活化物质活化，恢复电池的容量。其主要方法是将蓄电池组脱离充电器，在蓄电池组两端加上可调负载，使蓄电池组的放电电流为0.1$Q_e$。每0.5h记录一次蓄电池电压，直到电压下降到单体1.8V（对于单体电压为2V的蓄电池）或10.8V（对于单体电压为12V的蓄电池）后停止放电，并记录时间。静置2h后，再用同样大小的电流对蓄电池进行恒流充电，使单体电压上升到2.35V或14.1V，保持该电压对蓄电池进行8h的均衡充电后，将恒压充电电压改为单体电压2.25V或13.5V，进行10～24h的浮充。重新对蓄电池组放电，若放电容量大于0.8$Q_e$，可按每次充好后继续使用；若不够，可按此法重做一次。

⑧ 采用蓄电池小电流法充电不能使其恢复容量时，可用（1～3）$Q_e$的冲击大电流进行充电。若仍不能达到活化，则不能再继续使用。

⑨ 蓄电池因单体容量不够需更换时，只能一次性全部更换，不能仅把性能指标不够的单体更换下来，否则会因蓄电池的内阻不平衡而影响整个蓄电池组性能的发挥，缩短整个蓄电池组的使用寿命。

### 11.1.8 铅酸蓄电池的故障处理

（1）蓄电池容量降低及电压异常的原因及处理方法

蓄电池容量降低及电压异常的原因及处理方法见表11-5。

表11-5 蓄电池容量降低及电压异常的原因及处理方法

| 现象 | 特征 | 可能原因 | 处理方法 |
|---|---|---|---|
| 容量降低 | ①第10次循环达不到额定容量<br>②容量逐渐减小或突然降低<br>③电池效率很低<br>④充电末期冒气不剧烈 | ①初期充电不足或长期充电不足<br>②电解液密度低<br>③蓄电池漏电<br>④电解液使用过久，有杂质<br>⑤内部或外部短路，或极板损坏<br>⑥极板硫酸化，隔板电阻大<br>⑦电表不准 | ①按要求充足电<br>②调整电解液密度<br>③清洁蓄电池，加强绝缘<br>④更换电解液<br>⑤清除短路或更换极板<br>⑥清除硫酸化，调整隔板<br>⑦校正电表 |

续表

| 现象 | 特征 | 可能原因 | 处理方法 |
| --- | --- | --- | --- |
| 电压异常 | ①开路电压低或充电时电压低<br>②充电时电压过高，放电时电压降得快<br>③线路电压大降，因个别电池反极<br>④端电压在3V以上，负隔板电压在－0.6V左右 | ①内部或外部短路<br>②极板硫酸化或接头接触不良<br>③过放电<br>④极板大量脱粉或正极已断裂<br>⑤电压表未校正 | ①排除短路故障，具体见表11-8<br>②消除硫酸化，拧紧或焊好接头<br>③补充充电并避免再发生<br>④修补或更换极板<br>⑤校正电压表 |

(2) 蓄电池电解液异常的原因及处理方法

蓄电池电解液异常的原因及处理方法见表11-6。

**表11-6 蓄电池电解液异常的原因及处理方法**

| 现象 | 特征 | 可能原因 | 处理方法 |
| --- | --- | --- | --- |
| 密度异常 | ①充电时密度上升少或不变<br>②搁置时密度下降太大<br>③放电时密度下降过大 | ①电解液中有杂质<br>②自放电或漏电<br>③极板硫酸化<br>④长期充电不足<br>⑤加蒸馏水过多或添加的硫酸未混匀<br>⑥有效物质脱落造成极板短路<br>⑦极板弯曲造成极耳搭连<br>⑧比重表未校正 | ①检查电解液，必要时更换<br>②清洁蓄电池，加强绝缘<br>③进行过充电等处理，消除硫酸化<br>④正确充电<br>⑤先抽出1/4，再加注密度为1.40g/cm$^3$的稀硫酸，调整密度，并进行充电<br>⑥用非金属物将短路物质消除，然后进行充电<br>⑦用绝缘耐酸物将短路的极耳隔开，然后进行充电<br>⑧校正比重表 |
| 冒气异常 | ①冒气异常<br>②少数不冒气<br>③冒气太早 | ①充电电流太小、太大或尚未充足<br>②内部短路<br>③极板硫酸化<br>④充电后未搁置便使用<br>⑤电解液中有杂质 | ①改正电流后继续充电<br>②消除短路<br>③消除硫酸化<br>④充电后应搁置1h左右<br>⑤检查电解液，必要时更换 |

续表

| 现象 | 特征 | 可能原因 | 处理方法 |
| --- | --- | --- | --- |
| 电解液温升异常 | ①初充电时电解液温度下降<br>②个别电池温度比一般高 | ①负极板已氧化<br>②充电时电流太大或内部短路<br>③室温高，无降温设施<br>④硫酸化<br>⑤电解液减少而露出极板<br>⑥充电装置不良，如交流分量电流较大<br>⑦温度表未校正 | ①浸酸后仍不降低时宜用小电流充<br>②按规定要求充电或消除短路<br>③设置降温设备；当电解液温度超过 50℃时，应停止充电，并查明原因加以排除<br>④消除硫酸化<br>⑤补充电解液<br>⑥改善充电装置<br>⑦校正温度表 |
| 电解液不清 | ①补充电时电解液表面有泡沫<br>②电解液呈青绿色<br>③电解液有气味<br>④电解液混浊不清<br>⑤电解液呈茶色 | ①极板或隔板处理不当<br>②电解液中可能有锰或铁<br>③木隔板处理不当或电解液不纯<br>④极板脱粉或加液孔盖未盖好，落入灰尘铁锈、铜绿等杂质 | ①检查电解液，如杂质过多应更换；处理好极板和隔板<br>②有的颜色在几次循环后即消失<br>③处理好隔板或更换电解液<br>④更换或修补极板并盖好孔盖 |

(3) 蓄电池极板异常的原因及处理方法

蓄电池极板异常的原因及处理方法见表 11-7。

**表 11-7 蓄电池极板异常的原因及处理方法**

| 现象 | 特征 | 可能原因 | 处理方法 |
| --- | --- | --- | --- |
| 极板硫化发白(生盐) | ①容量降低，密度下降，沉淀物为白色<br>②充电初、末期电压超过 2.85V<br>③充电不久即冒气泡或不充电也冒气泡<br>④电解液温升高，极板表层硬而粗糙<br>⑤极板背梁上有白色结晶或极板表面有白斑点，甚至满面都白 | ①电解液密度太高，温度高或不纯<br>②电解液液面低使极板外露<br>③初充电或充电经常不足<br>④内部短路或漏电<br>⑤充电不及时 | ①调整电解液密度<br>②补充电解液，使其高出极板顶部 10～15mm<br>③按正确方法充电<br>④消除短路，加强绝缘<br>⑤以小电流(为正常充电电流的 20%～25%)反复充电，以消除盐化；平时应及时充电。严重盐化，应按本表注处理 |

续表

| 现象 | 特　征 | 可能原因 | 处理方法 |
| --- | --- | --- | --- |
| 极板弯曲开裂 | ①极板弯曲<br>②极板上有裂纹<br>③极板上有效物质脱落 | ①极板安装不当或受潮<br>②过量放电，内部硫酸铅膨胀<br>③大电流充电，各部作用不匀<br>④电解液中混入有害杂质 | ①安装不当时，应调整或烘干<br>②改变运行方式<br>③按正确方法充电；取出极板压平或更换极板<br>④用蒸馏水清洗极板，并更换电解液 |
| 极板膨胀脱粉 | ①容量降低<br>②极栅在长度或宽度上伸长或弯曲<br>③负极板膨胀，呈瘤状<br>④沉淀物多，电解液混浊 | ①充电电流过大<br>②电解液不纯或温度高<br>③极板硫酸化或已腐蚀断裂<br>④外部短路 | ①按正确方法充电<br>②更换电解液，消除电解液温度高的原因<br>③消除硫酸化，修补或更换极板<br>④消除短路 |
| 腐蚀断裂 | ①极栅腐蚀断裂<br>②大量脱粉<br>③容量下降<br>④沉淀物多，电解液混浊 | ①极板使用前已有裂纹<br>②电解液不纯，比重大或温度高<br>③过量充电或经常充电不足<br>④使用了未处理过或处理不当的木隔板 | ①小裂纹可焊补<br>②按上条②项处理<br>③按正确方法充电<br>④换用合格的隔板 |

注：极板上生盐很严重时，可将电解液倒出，将蒸馏水注入蓄电池内，再用小电流（为正常充电电流的20%～25%）继续充电。充电后将酸化的水倒出，再注入蒸馏水，重新充电。这种循环充放电应一直进行到极板出现正常状态为止，然后将电解液的比重调到要求数值，这样就可消除严重的生盐现象。

(4) 蓄电池自放电严重和内部短路的原因及处理方法

蓄电池自放电严重和内部短路的原因及处理方法见表11-8。

**表11-8　蓄电池自放电严重和内部短路的原因及处理方法**

| 现象 | 特　征 | 可能原因 | 处理方法 |
| --- | --- | --- | --- |
| 自放电严重 | ①容量下降较快<br>②容量逐渐下降 | ①使用环境多尘、潮湿或含有大量油气；蓄电池表面有尘污、油垢<br>②外电路有局部漏电、接地<br>③使用蒸馏水或硫酸不纯，或用普通水<br>④蓄电池壳体质量差<br>⑤极板的活性物质脱 | ①保持环境清洁，干燥；用温水擦洗干净，并保持干燥<br>②消除接地，加强外电路绝缘<br>③更换电解液<br>④更换蓄电池壳体<br>⑤更换电解液和活性 |

续表

| 现象 | 特 征 | 可能原因 | 处理方法 |
| --- | --- | --- | --- |
| 自放电严重 | ③如有短路，则容量很快损失 | 落，沉积过多，造成短路放电<br>⑥极板弯曲变形，使正、负极板短路放电<br>⑦正、负极板间落入导电物<br>⑧隔板损坏 | 物质脱落过多的极板<br>⑥更换变形的极板或用木板压平<br>⑦清除导电物<br>⑧更换隔板 |
| 内部短路 | ①开路电压低，极耳发热<br>②容量下降很快<br>③充电时电压上升少甚至不变<br>④电解液温度比一般高<br>⑤充电时密度上升少甚至不变<br>⑥不冒气或晚冒气 | ①导电物落入极耳或极板之间<br>②脱落的沉淀物已碰到极板<br>③极板弯曲相碰，隔板损坏<br>④电解液不纯<br>⑤极板上生毛使正负极板相连<br>⑥电解液密度过高或温度高使隔板腐坏 | ①清除导电物<br>②清除沉淀物，更换活性物质脱落过多的极板，更换电解液<br>③更换极板或用木板压平，更换隔板<br>④更换电解液<br>⑤清除极板四周的毛状物<br>⑥调整密度，降温或更换隔板 |

### 11.1.9 镉镍碱性蓄电池的安装

镉镍碱性蓄电池（简称镉镍蓄电池）的安装应符合以下要求。

① 蓄电池安装前应按下列要求进行外观检查。

a. 蓄电池外壳应无裂纹、损伤、漏液等现象。

b. 蓄电池的正、负极性必须正确，壳内部件应齐全无损伤；有孔气塞通气性能应良好。

c. 连接条、螺栓及螺母应齐全，无锈蚀。

d. 带电解液的蓄电池，其液面高度应在两液面线之间；防漏运输螺塞应无松动、脱落。

② 清除壳表面的污垢时，对用合成树脂制作的外壳，应用脂肪烃、酒精擦拭，不得用芳香烃、煤油、汽油等有机溶剂擦洗。

③ 蓄电池组的安装应符合以下要求。

a. 蓄电池放置的平台、基架及间距应符合设计要求。

b. 蓄电池安装应平稳，同列电池应高低一致，排列整齐。

c. 连接条及抽头的接线应正确，接头连接部分应涂以电力复合脂或导电膏，螺母应紧固。

d. 有抗震要求时，其抗震设施应符合有关规定，并牢固可靠。

e. 镉镍蓄电池直流系统成套装置应符合国家现行技术标准的规定。

④ 蓄电池电缆引出线应采用塑料色带标明正、负极的极性，正极为赭色，负极为蓝色。

⑤ 蓄电池室内裸硬母线的安装，应采取防腐措施。

⑥ 每个蓄电池应在其台座或外壳表面用耐碱材料标明编号。

### 11.1.10 镉镍碱性蓄电池的配液与注液

镉镍碱性蓄电池的配液与注液应符合以下规定。

① 配制电解液应采用符合现行国家标准的三级即化学纯的氢氧化钾（KOH），其技术条件应符合表11-9的规定。

表11-9 氢氧化钾技术条件

| 指标名称 | 化学纯 |
| --- | --- |
| 氢氧化钾(KOH)/% | ≥80 |
| 碳酸盐(以 $K_2CO_3$ 计)% | ≤3 |
| 氯化物(以 Cl 计)/% | ≤0.025 |
| 硫酸盐(以 $SO_4$ 计)/% | ≤0.01 |
| 氮化合物(以 N 计)/% | ≤0.001 |
| 磷酸盐(以 $PO_4$ 计)/% | ≤0.01 |
| 硅酸盐(以 $SiO_3$ 计)/% | ≤0.1 |
| 钠(Na)/% | ≤2 |
| 钙(Ca)/% | ≤0.02 |
| 铁(Fe)/% | ≤0.002 |
| 重金属(以 Ag 计)/% | ≤0.003 |
| 澄清度试验/% | 合格 |

配制电解液应用蒸馏水或去离子水。

② 电解液的密度必须符合产品技术条件的规定。

③ 配制和存放电解液应用耐碱器具，并将碱慢慢倒入水中，不得将水倒入碱中。配制的电解液应加盖存放并沉淀6h以上，取其澄清液或过滤液使用。怀疑电解液有问题时应化验，其标准应符合表11-10的要求。

④ 注入蓄电池的电解液温度不宜高于30℃；当室温高于30℃时，不得高于室温。其液面高度应在两液面线之间。注入电解液后宜静置1～4h方可初充电。

表 11-10 碱性蓄电池用电解液标准

| 项目 | | 新电解液 | 使用极限值 |
| --- | --- | --- | --- |
| 外观 | | 无色透明,无悬浮物 | |
| 相对密度 | | 1.19～1.25(25℃) | 1.19～1.21(25℃) |
| 含量/(g/L) | KOH | 240～270 | 240～270 |
| | Cl | <0.1 | <0.2 |
| | $CO_2$ | <8 | <50 |
| | Ca、Mg | <0.1 | <0.3 |
| 氨沉淀物/% | Al/KOH | <0.02 | <0.02 |
| | Fe/KOH | <0.05 | <0.05 |

### 11.1.11 镉镍碱性蓄电池的充放电

镉镍碱性蓄电池的充放电应符合以下要求。

① 蓄电池的初充电应按产品的技术要求进行，并应符合以下要求。

a. 初充电期间，其充电电源应可靠。

b. 初充电期间，室内不得有明火。

c. 对于装有催化栓的蓄电池，应将催化栓取下，待初充电全过程结束后重新装上。

d. 对于带有电解液并配有专用防漏运输螺塞的蓄电池，初充电前应取下运输螺塞，换上有孔气塞，液面不应低于下液面线。

e. 充电期间电解液的温度宜为（20±10)℃；当电解液的温度低于5℃或高于35℃时，不宜进行充电，否则充电容量可能达不到其额定容量。

② 用于有冲击负荷（如断路器合闸）的高倍率蓄电池倍率放电，在电解液温度为（20±5)℃的条件下，以 $0.5Q_e$（$Q_e$ 为蓄电池的额定容量）电流值先放电1h（模拟事故放电状态），继以 $6Q_e$ 电流值放电0.5s（是为了保证断路器合闸的电流值及合闸时间要求），其单体蓄电池的平均电压应为：超高倍率蓄电池不低于1.1V；高倍率蓄电池不低于1.05V。

③ 按 $0.2Q_e$ 电流值放电终了时，单体蓄电池的电压应符合产品技术条件的规定，电压不足1.0V的电池的个数不应超过电池总数的5%，且最低不得低于0.9V。

④ 充电结束后，应用蒸馏水或去离子水调整液面至上液面线。

⑤ 在整个充放电期间，应按规定时间记录每个蓄电池的电压、电流及电解液和环境温度，并绘制整组充放电蓄电池的特性曲线，以供日后维修时参考。

⑥ 蓄电池充好电后，在移交运行前，应按产品的技术要求进行试用和维护。

### 11.1.12 镉镍蓄电池的故障处理

镉镍蓄电池的常见故障及处理方法见表11-11。

表11-11 镉镍蓄电池的常见故障及处理方法

| 故障现象 | 可能原因 | 处理方法 |
| --- | --- | --- |
| 电池上有白色结晶，部位多在极桩和运行气塞处 | ①电解液液面太高<br>②密封不严<br>③运行气塞封门由于多次添加纯水时使用不当，造成气塞闭合不严，爬碱严重 | ①电解液液量应正常<br>②紧固密封不严部件<br>③拧下运行气塞，并将它泡在3%硼酸水溶液或清水中，沥干后，重新装上<br>对于电池上的白色结晶，可用清水或3%硼酸水溶液擦拭干净 |
| 极桩、跨接板及连接头有绿色锈蚀 | 环境湿度过大 | 改善环境条件；清除锈蚀，并在以上部位涂抹凡士林油 |
| 运行中某电池电压过低 | 电池放电较深，电池老化，极板短路（这时电压接近0V） | 查明原因，分别处理。对于极板短路的处理方法见表11-8 |
| 直流屏上电压表指示值偏低（如低于240V） | ①浮充电电压太低<br>②蓄电池放电后，恢复充电不足 | ①应增大浮充电电压<br>②应继续恢复充电，保证蓄电池的满容量<br>浮充电是决定电池寿命的关键。若交流电源电压波动不大，浮充电电压可不用调节；若交流电源电压波动较大，影响整流变压器的二次输出，则应调节浮充电电压至正常范围内 |
| 电解液消耗较快 | ①环境温度高<br>②浮充电电压过高<br>③个别电池有短路故障 | ①改善环境条件，加强通风降温<br>②降低浮充电电压<br>③处理方法见表11-8 |

如果蓄电池电压下降至0.3V左右，用小电流充电无法恢复电压时，很可能是由于极板短路引起的。这时应将有问题的蓄电池撤出运行，并振动、拍打蓄电池，使短路点断开，然后倒掉电解液，并用清水洗涤，重新加注电解液并静置2h。再用运行中的8个蓄电池串联对有问题的蓄电池进行瞬间短路冲击，有问题的蓄电池电压会有所回升。如果一次瞬间短路冲击不能取得应有的效果，可反复做几次。如果电压仍无法回升，则可确定电池报废。

经过处理后的蓄电池，需重复容量测试直至通过。对于怀疑为极板短路的蓄电池，投入运行后，应特别注意观察。

### 11.1.13 镉镍蓄电池直流屏的试验

镉镍蓄电池直流屏的试验项目、周期和要求见表11-12。

表11-12 镉镍蓄电池直流屏（柜）的试验项目、周期和要求

| 序号 | 项目 | 周期 | 要求 | 说明 |
| --- | --- | --- | --- | --- |
| 1 | 镉镍蓄电池组容量测试 | ①1年<br>②必要时 | 按DL/T 459规定 | |
| 2 | 蓄电池放电终止电压测试 | ①1年<br>②必要时 | | |
| 3 | 各项保护检查 | 1年 | 各项功能均应正常 | 检查项目如下<br>①闪光系统<br>②绝缘监察系统<br>③电压监视系统<br>④光字牌<br>⑤声响 |
| 4 | 镉镍屏（柜）中控制母线和动力母线的绝缘电阻 | 必要时 | 绝缘电阻不应低于10MΩ | 采用1000V兆欧表。有两组电池时轮流测量 |

## 11.2 不间断电源（UPS）的安装与选用

### 11.2.1 不间断电源（UPS）的安装

不间断电源UPS（Uninterruptible Power Supply）是与电力变流器构成的保证供电连续性的静止型交流不间断电源设备。

安装UPS要遵循电力设备安装规范，并要符合UPS系统的技

术要求。安装时应注意以下主要事项。

① 由于UPS内元件的技术参数大都是在20℃或25℃温度下给出的，因此在安装UPS的场所应装设空调设备，环境温度控制在20～30℃为宜。

② 应备有接地端子，接地电阻不大于10Ω。做好UPS的工作接地、保护接地和机房的防雷接地，保证接地良好可靠。

③ 在UPS的四周和顶部应留有足够的空间，以保持良好的通风散热。UPS安装要牢固。

④ 对配有大容量蓄电池供电的UPS，应设置能向室外排气的排风扇。当温度在35℃以上时会缩短阀控式蓄电池的使用寿命。

⑤ 单相UPS输入端的接线，要符合“左中性线，右相线”的要求；若接反了，会造成UPS损坏。

⑥ 三相输入/三相输出的UPS，市电输入应为正相序，交流输入和交流旁路输入的相序应保持一致，否则会损坏用电设备和UPS。

⑦ 根据UPS容量正确选用导线截面积。UPS容量与适用电缆截面积的关系见表11-13。

表11-13　UPS容量与适用电缆截面积的关系

| UPS容量/kV·A | 电缆截面积/$mm^2$ | UPS容量/kV·A | 电缆截面积/$mm^2$ |
| --- | --- | --- | --- |
| 1 | 1.5 | 20 | 5.5 |
| 3 | 2.5 | 30 | 6 |
| 5 | 2.5 | 40 | 14 |
| 7.5 | 3.5 | 50 | 22 |
| 10 | 3.5 | 60 | 38 |
| 15 | 3.5 | 80 | 60 |

表中电缆截面积包括交流输入电缆截面积（380V时）、旁路输入电缆截面积（380V时）、直流输入电缆截面积、交流输出电缆截面积（380V时）。

## 11.2.2　不间断电源（UPS）的选用

（1）对不间断电源装置的要求

① 不间断电源应根据负荷大小、运行方式、电压及频率波动范围、允许中断时间、波形畸变系数及切换波形是否连续等各项指

标来进行选型。

② 整流器、蓄电池的额定电压应根据需要在电压等级 24V、48V、60V、110V、220V 中选取。

③ 对于三相输出的负荷不平衡度，最大一相和最小一相负荷的基波均方根电流之差，不应超过不间断电源额定电流的 25%，而且最大线电流不超过其额定值。

④ 三相输出系统输出电压的不平衡系数（负序分量与正序分量之比）应不超过 5%。输出电压的波形失真和谐波含量，如无特殊要求，输出电压的总波形失真度不应超过 5%（单相输出允许 10%）。

⑤ 当不间断电源系统内整流器负荷较大时，应注意高次谐波对不间断电源装置输出电压波形、配出回路保护及供电电网的影响，必要时应采取吸收高次谐波的措施。

（2）不间断电源的选用

选用不间断电源应注意以下事项。

① 输入电压范围应大于当地电网的变化范围。UPS 有输入电压范围的要求，如后备式 UPS 的电网电压范围为 176～253V；双变换在线式 UPS 的电网电压范围为 176～276V。在上述范围内，UPS 输出规定的电压值。超出上述范围，有些 UPS 就进入储能运行状态，由蓄电池供电。有些产品不进入储能运行状态，而发出报警信号。因此，UPS 的输入电压范围应稍大于当地电网的变化范围。例如，某地市电电压变化范围经常在 20%左右，那么所选的 UPS 的输入电压范围应大于 20%；否则 UPS 将频繁启动蓄电池，会缩短蓄电池使用寿命。尤其是大容量的 UPS，输入电压允许范围都比较小，一般为±10%或＋10%、－15%。因此，在选用大容量 UPS 时更应注意这个问题。

② 输出电压变化范围（精度）应满足负载的要求。当 UPS 带有 AVR 自动电压调整装置时，在上述输入电压范围内，UPS 的输出电压范围可达 220×(1±5%)V；对正弦波输出的 UPS，其输出电压一般为220×[1±(2%－3%)]V，优于公用电网的变化范围。现行国标规定，动态电压瞬变范围为220×(1±10%)V，瞬变响应恢复时间≤100ms。

③ 频率。输入频率范围，一般为50×(1±5%)Hz。在此范围内，UPS输出交流电压的频率与输入相同且同步。超出此范围，输出交流电压不与市电同步。这时，UPS输出频率为自由振荡频率，精度为自由振荡频率的0.05%～1%。

④ 输出电流能力。输入电流反映UPS频率和功率因数，输出电流反映UPS逆变输出能力。对相同输出功率的UPS来说，输入电流越小，效率越高。

传统的工频在线式UPS输入回路采用二极管、晶闸管整流，其功率因数仅为0.6～0.7，电流峰值高，对电网的谐波影响大，会导致中性线过载。新一代UPS的输入回路采用绝缘栅双极晶体管（IGBT）有源整流，功率因数达0.98以上，对电网谐波影响也相应减小。

输出电流大，表明UPS输出功率大。如输出电流比输入电流大，则为节能产品。

MUI3000型UPS的额定输出功率为3000V・A，即2000W，这时UPS输出电流为3000V・A/220V=13.6A，其输出功率因数为0.67。该UPS输出电流能力强，峰值因子高，适用于电脑负载。

⑤ 容量应满足负载的需要。一般可将用电设备的总容量（V・A）乘以1.2～1.5作为UPS的选择容量。取1.2～1.5裕量是为了适应非线性负载和负载大小波动的要求，也可避免UPS因瞬时过载而切向旁路。如果知道用电设备有功功率$P$(W)及估算出其功率因数$\cos\varphi$值，则用电设备的容量为$P/\cos\varphi$。例如一台计算机电源的功率约为250W，输入功率因数约为0.65，则其容量为$S=250/0.65\approx385$(V・A)，再考虑打印机等用电，可选择容量为(1.2～1.5)×385=462～577（V・A）的UPS，如500V・A的UPS。

⑥ 后备时间。一般UPS后备时间设计值为5～10min。后备时间还与负载大小、电池使用情况（电池使用寿命一般为3～5年）及维护有关。若UPS的使用场合经常停电，而且停电时间可能达到几小时，则应选长延时UPS，必要时可配自备发电机。对一般UPS而言，发电机容量应是UPS容量的1.5～3.0倍。对于双路

市电加 UPS 的电源系统，考虑 UPS 实际负载在 60%左右，所以每台蓄电池的后备供电时间可选为 30～60min。当停电时，两台 UPS 可确保系统工作 1～2h，这样就有足够的时间处理双路供电的故障。

⑦ 噪声。后备式 UPS 功率较小，音频噪声不突出。但在线式 UPS 就不同了，由于采用技术不同，音频噪声相差很大，大的可达 60dB 以上，小的低于 45dB。UPS 的电气噪声分 A 级和 B 级，家庭使用的 UPS 应符合 B 级标准的要求。

需要指出的是，无论何种 UPS 都要尽量避免满载或超载运行。对于家用电脑来说，选用后备式 UPS 较为合适，一台主机及显示器配一台功率为 500V・A 的 UPS 就可以了。

# 第12章 仪器仪表

## 12.1 电工仪表

### 12.1.1 电工仪表的选择

(1) 电工仪表表面符号及其意义

电工仪表的面板上标有各种符号，表明仪表的基本技术特性。常用电工仪表表面符号及其意义，见表12-1。

表 12-1 电工仪表表面符号及其意义

| 符号 | 意 义 | 符号 | 意 义 |
|---|---|---|---|
|  | 磁电式（永磁式）（动圈式） |  | 铁磁电动式 |
|  | 检波式（整流式） |  | 感应式 |
| 或 | 热电式 |  | 静电式 |
|  | 电磁式（动铁式） |  | 振动式 |
|  | 电动式 | — | 直流 |
| ～ | 交流 | ③～ | 三相电表 |
| ≃ | 交直流 | 3+N～ | 三相不平衡交流 |

续表

| 符号 | 意　义 | 符号 | 意　义 |
| --- | --- | --- | --- |
| 3～ | 三相交流 | Ⅰ | 1级防外界磁场，允许产生误差±0.5% |
| ～50 | 50Hz | Ⅱ | 2级防外界磁场，允许产生误差±1% |
| 2kV | 仪表绝缘试验电压2kV | Ⅲ | 3级防外界磁场，允许产生误差±2.5% |
| ↑ | 仪表垂直安放时使用 | Ⅳ | 4级防外界磁场，允许产生误差±5% |
| ∠60° | 仪表倾斜60° | A | 工作环境0～40℃，湿度85%以下 |
| ← | 仪表水平安放时使用 | B | 工作环境－20～＋50℃，湿度85%以下 |
| C | 工作环境－40～＋60℃，湿度98%以下 | (1.0) | 20℃，位置正常，没有外磁场的影响下，准确度1.0级，最大相对误差1.0% |
| (0.2) | 20℃，位置正常，没有外磁场的影响下，准确度0.2级，最大相对误差0.2% | (1.5) | 20℃，位置正常，没有外磁场的影响下，准确度1.5级，最大相对误差1.5% |
| (0.5) | 20℃，位置正常，没有外磁场的影响下，准确度0.5级，最大相对误差0.5% | (2.5) | 20℃，位置正常，没有外磁场的影响下，准确度2.5级，最大相对误差2.5% |

电工仪表的系列代号，见表12-2。

表12-2　系列代号

| 代号 | B | C | D | E | G | L | Q | R | S | T | U | Z |
| --- | --- | --- | --- | --- | --- | --- | --- | --- | --- | --- | --- | --- |
| 系列 | 谐振(振簧) | 磁电 | 电动 | 热电 | 感应 | 整流 | 静电 | 热线 | 双金属 | 电磁 | 光电 | 电子 |

(2) 电工仪表的选择

为了使电工测试或计量得到满意的结果，必须正确选择电工仪表。电工仪表种类繁多，仪表的准确度等级也不相同，应根据实际需要进行选择，选择时应满足以下要求。

① 仪表类型。仪表类型应根据被测量的电流性质选取。如果测量的是正弦交流电量，可采用电磁系仪表，它能测出交流电量的有效值；如果测量的是直流电量，可采用磁电系仪表。

② 仪表的准确度。仪表的准确度越高，测量结果越精确，但对仪表的环境要求和使用要求也越高，仪表价格也越贵。因此，在能满足测量要求的前提下，不必要求过高的准确度。

③ 仪表量程。选择仪表的测量范围时，应尽量保证设备在正常运行时仪表指示在量限的2/3以上，并考虑过载运行时能有适当的指示。一般情况下，仪表指针越接近标度尺的小限，测量误差就越小。另外，为了满足仪表量程要求，有时需接入电流互感器和电压互感器，或采取其他扩程措施。所配用的互感器等元件必须与仪表的准确度相配套，它们之间的关系见表12-3。

表12-3 仪表与扩大量限装置的配套使用准确度关系

| 仪表等级 | 分流器或附加电阻等级 | 电压或电流互感器等级 |
| --- | --- | --- |
| 0.1 | 不低于0.05 | — |
| 0.2 | 不低于0.1 | — |
| 0.5 | 不低于0.2 | 0.2(加入更正值) |
| 1.0 | 不低于0.5 | 0.2(加入更正值) |
| 1.5 | 不低于0.5 | 0.5(加入更正值) |
| 2.5 | 不低于0.5 | 1.0 |
| 3.0 | 不低于1.0 | 1.0 |

④ 仪表工作条件。有的仪表要求垂直安装，有的仪表要求水平放置，有的仪表对环境温度、湿度、机械振动及外界电磁场等要求较高，有的则要求较低。因此要根据具体工作条件正确选择相应的电工仪表。否则，不但会影响测量结果，还会损坏仪表。

⑤ 其他要求。如仪表的绝缘强度、耐振等级；对于有可能出现正反方向电流的直流回路或两个方向功率的交流回路，应装设双向刻度的电工仪表。

(3) 电工仪表准确度级别的选择

按测量的准确度，电工仪表分为0.1、0.2、0.5、1.0、1.5、2.5和3.0七级。所谓几级，是指仪表测量时可能产生的误差占满刻度的百分之几。表示级别的数字越小，准确度越高。例如，用0.5级和2.5级两只同样30A量限的电流表分别在规定条件下测量某一电流，0.5级电流表可能产生的误差为30A×0.5%=0.15A，2.5级电流表可能产生的误差为30A×2.5%=0.75A。可见0.5级电流表的测量准确度较高。

通常，0.1和0.2级仪表用作标准表；0.5～1.5级仪表用于实验室测试；1.5～3.0级仪表用于工程测量。

对于一般电气测量和电能计量仪表，准确度等级要求如下。

① 测量仪表：交流电流表、电压表及功率表为1.5～2.5级；直流电流表、电压表为1.5级；频率表为0.5级。

② 与仪表连接的分流器、附加电阻器和互感器的准确度等级，不应低于0.5级。

③ 计量仪表：有功电能表为1.0及2.0级；无功电能表为2.0及3.0级。

④ 与电能表配套的互感器为0.5级。

### 12.1.2 电工仪表的接线

(1) 交流电流表和电压表的接线

直接式交流电流表串联在测量回路即可；直接式电压表并接在测量电路上即可。通过互感器及换相开关的接线方式如下。

① 电流表经互感器接入（图12-1）。图12-1（a）适用于三相负载平衡电路；图12-1（b）适用于负载平衡或不平衡的三相三线制电路；图12-1（c）适用于有单相照明负载时，负载不平衡的三相四线制电路。

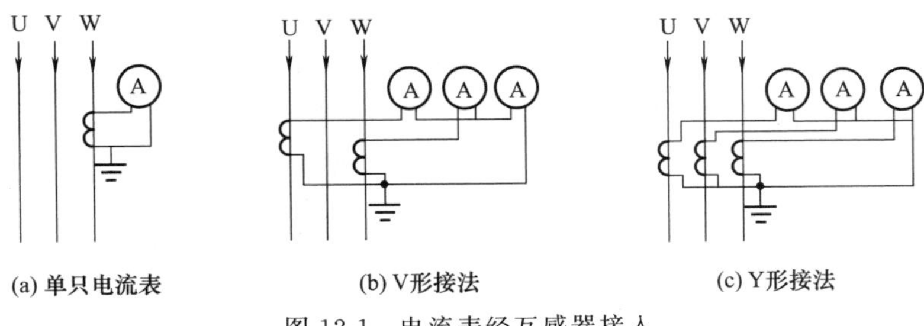


图12-1 电流表经互感器接入

② 电流表经互感器和换相开关接入（图12-2）。图12-2（a）的工作原理：当电流换相开关旋转到黄与M接通、绿与红接通时，

测U相电流；当黄与绿接通、红与M接通时，测W相电流；当黄与M、红接通时，测V相电流。

图12-2（b）的工作原理：当电流换相开关旋转到黄与M接通，红、绿与N接通时，测U相电流；当红与M接通，绿、黄与N接通时，测W相电流；当红、黄、M与N接通时，测V相电流；当红、黄、绿与N接通时，开关处于空挡。

图12-2（c）的触点工作顺序同图12-2（b）。

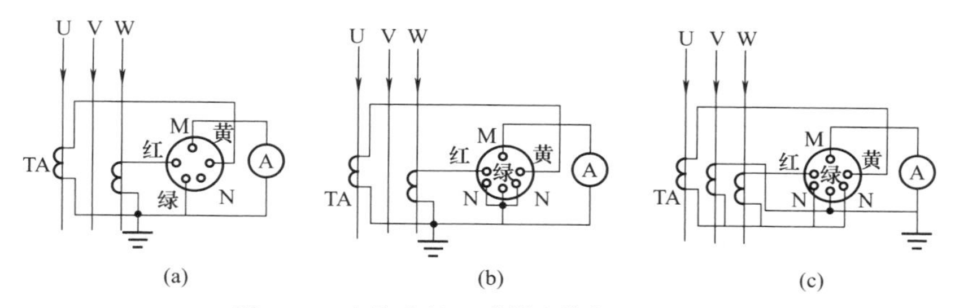


图12-2　电流表经互感器和换相开关接入

③ 电压表经互感器或换相开关接入（图12-3）。图12-3（a）适用于高压电路，经电压互感器接入。如10kV电源，需经变比为10/0.1kV的电压互感器接入。

图12-3（b）的工作原理：当电压换相开关旋转到$M_1$与黄接通、$M_2$与红接通时，测W、U两线间的电压$U_{WU}$；当$M_1$与黄接通、$M_2$与绿接通时，测U、V两线间的电压$U_{UV}$；当$M_1$与绿接通、$M_2$与红接通时，测V、W两线间的电压$U_{VW}$。

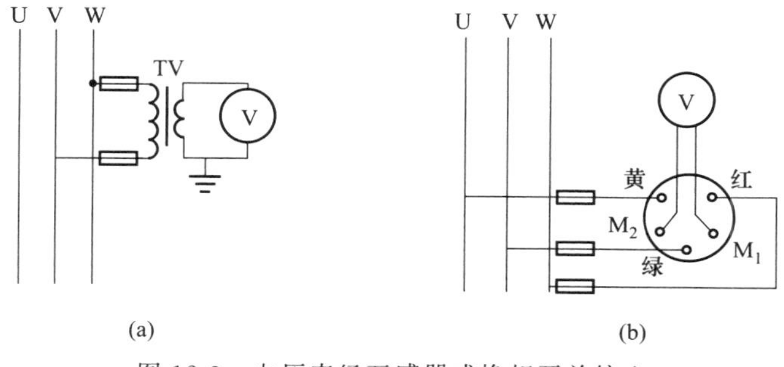


图12-3　电压表经互感器或换相开关接入

(2) 功率因数表和频率表的接线

1) 功率因数表的接线

功率因数表有单相和三相两种。单相功率因数表用来测单相交流电路电压与电流矢量间的相位差角或电路的功率因数；三相功率因数表用来测量对称三相三线制中对称负载的相位角或功率因数。

① 单相功率因数表的接线，如图 12-4 所示。

图 12-4 单相功率因数表的接线

② 三相功率因数表（380V、5A）经电流互感器接入，如图 12-5 所示。

③ 三相功率因数表（100V、5A）经电流、电压互感器接入，如图 12-6 所示。

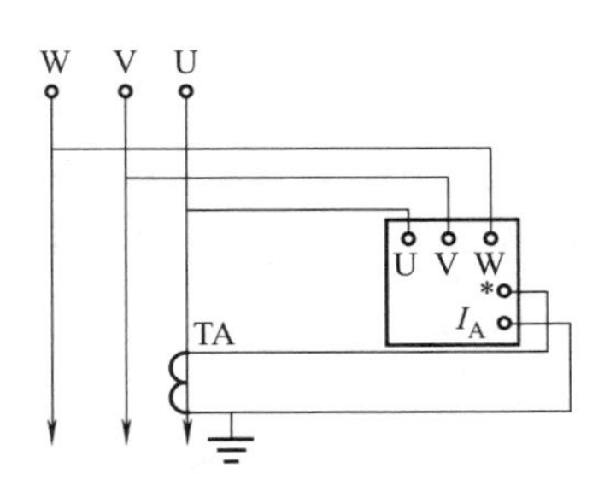


图 12-5 功率因数表（380V、5A）经电流互感器接入

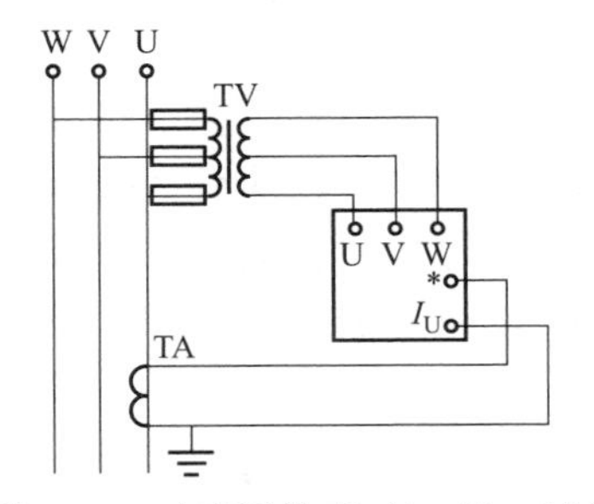


图 12-6 功率因数表（100V、5A）经电流、电压互感器接入

2) 频率表的接线

① 频率表直接接入，如图 12-7 所示。

② 频率表经阻抗器（FZ）接入，如图 12-8 所示。

(3) 单相电能表的接线

① 单相电能表直接接入线路，如图 12-9 所示。

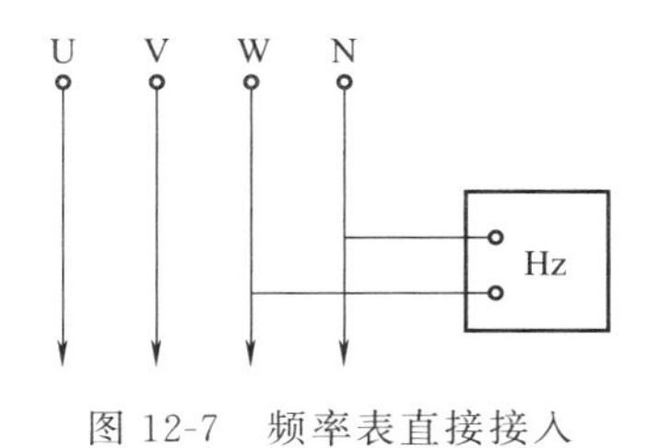

图 12-7　频率表直接接入

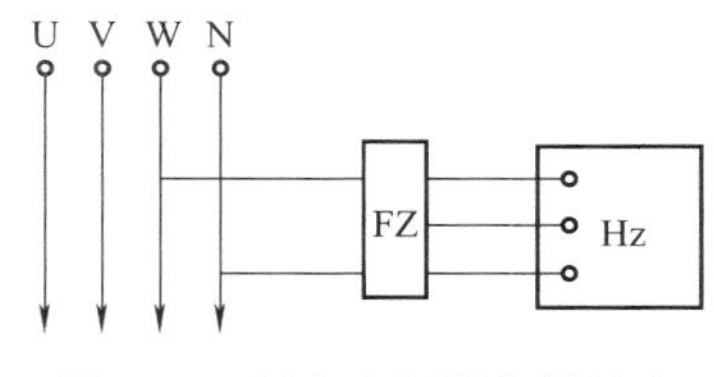

图 12-8　频率表经阻抗器接入

图 12-9（a）为跳入式接线；图 12-9（b）是顺入式接线。接线时应按电能表接线端子盖板背面的接线图进行。但不管哪种接线，电流线圈总是串入相线回路，电压线圈总是并在相线与零线之间。

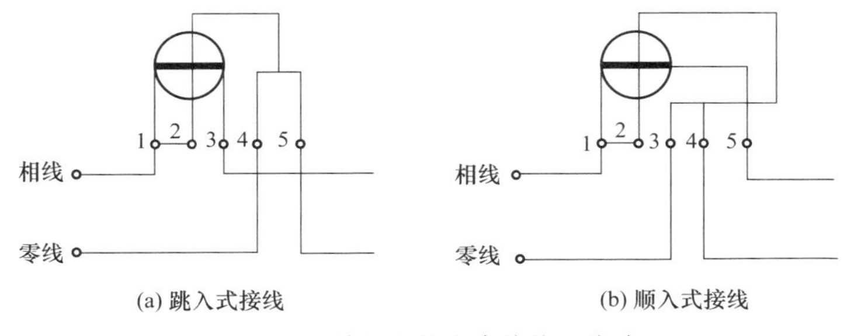

图 12-9　单相电能表直接接入线路

② 单相电能表经电流互感器接入线路，如图 12-10 所示。

③ 两块单相电能表测量两相电路有功电能直接接入线路，如图 12-11所示。

④ 两块单相电能表测量两相电路有功电能经电流互感器接入线路，如图 12-12 所示。

⑤ 三块单相电能表测量三相四线电路有功电能直接接入线路，如图 12-13 所示。

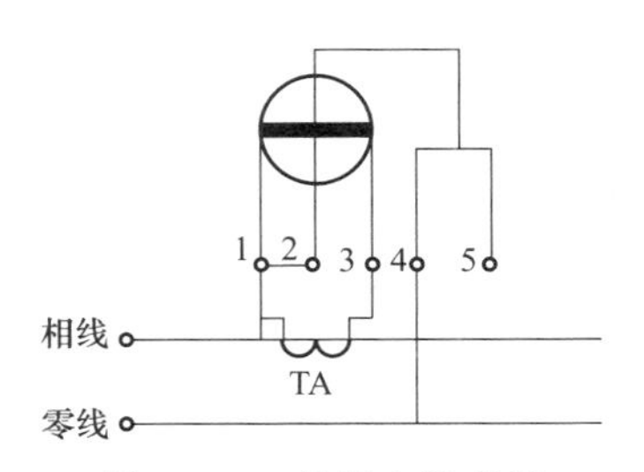

图 12-10　单相电能表经电流互感器接入线路

（4）三相三线有功电能表的接线

① 三相三线有功电能表直接接入线路，如图 12-14 所示。

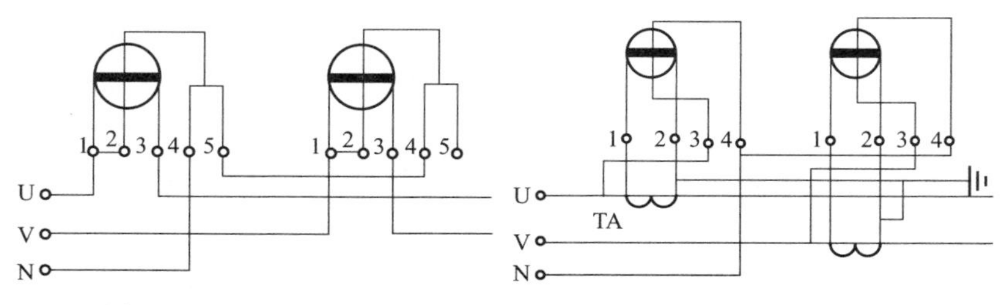


图 12-11 两相电路单相电能表直接接入线路

图 12-12 两相电路单相电能表经电流互感器接入线路

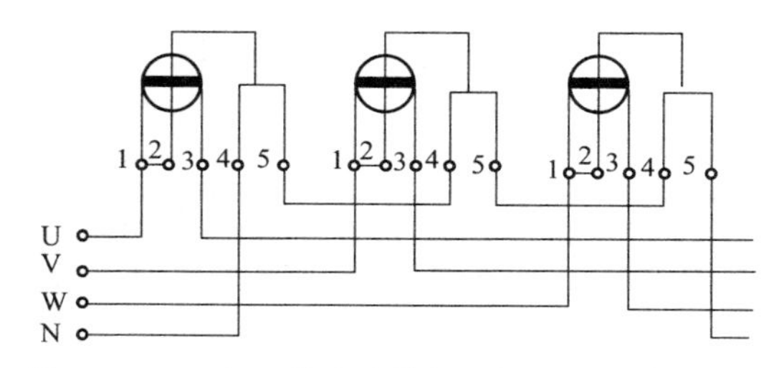


图 12-13 三相四线电路单相电能表直接接入线路

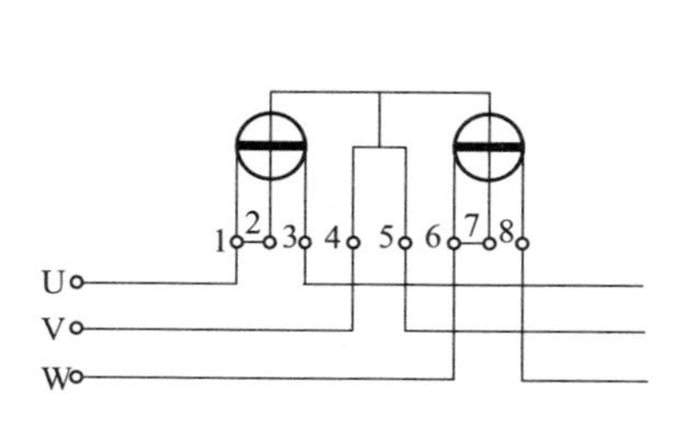


图 12-14 三相三线有功电能表直接接入线路

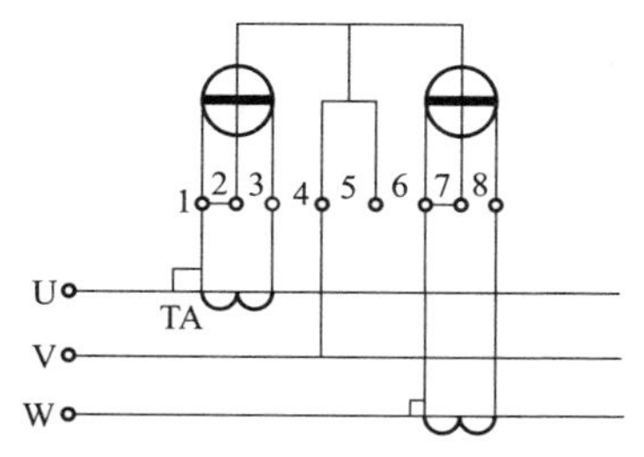


图 12-15 三相三线有功电能表经电流互感器接入线路（一）

② 三相三线有功电能表经电流互感器接入线路，电压表和电流表共用方式，如图 12-15 所示。

③ 三相三线有功电能表经电流互感器接入线路，电压线和电流线分开方式，如图 12-16 所示。

④ 三相三线有功电能表经电流、电压互感器接入线路，如图 12-17 所示。

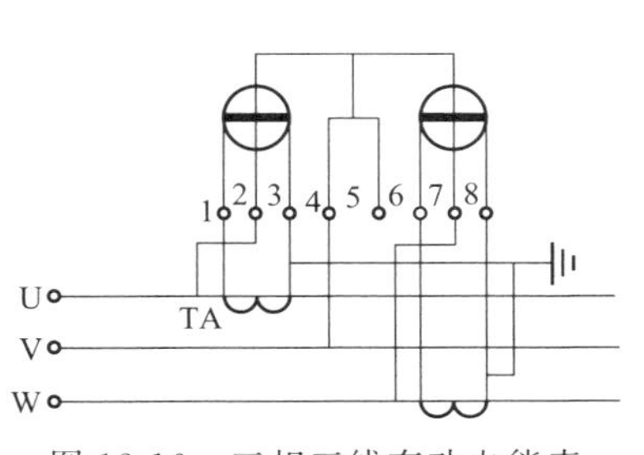


图 12-16 三相三线有功电能表经电流互感器接入线路（二）

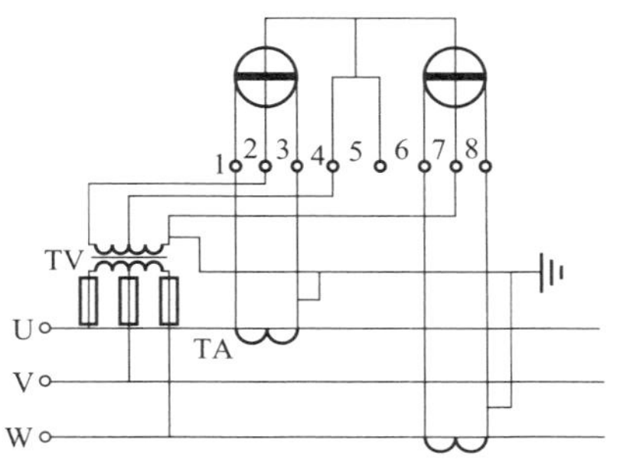


图 12-17 三相三线有功电能表经电流、电压互感器接入线路

⑤ 三相三线有功电能表V形接线，如图 12-18 所示。

(5) 三相四线有功电能表的接线

① 三相四线有功电能表直接接入，如图 12-19 所示。

② 三相四线有功电能表经电流互感器接入线路，电压线和电流线共用方式，如图 12-20 所示。

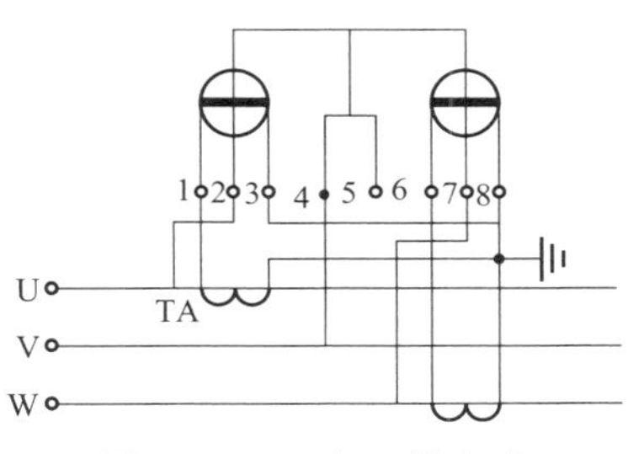


图 12-18 三相三线有功电能表V形接线

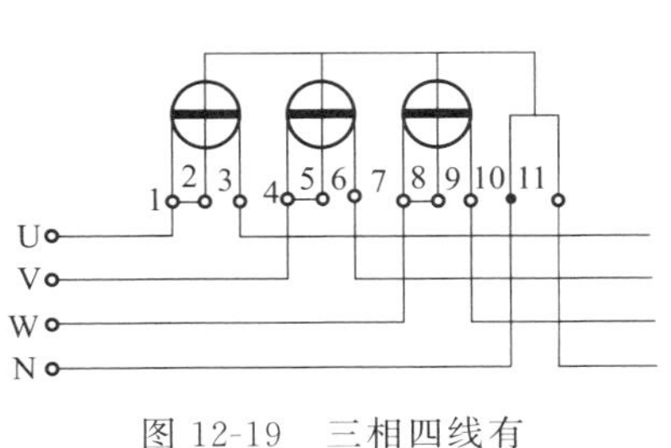


图 12-19 三相四线有功电能表直接接入

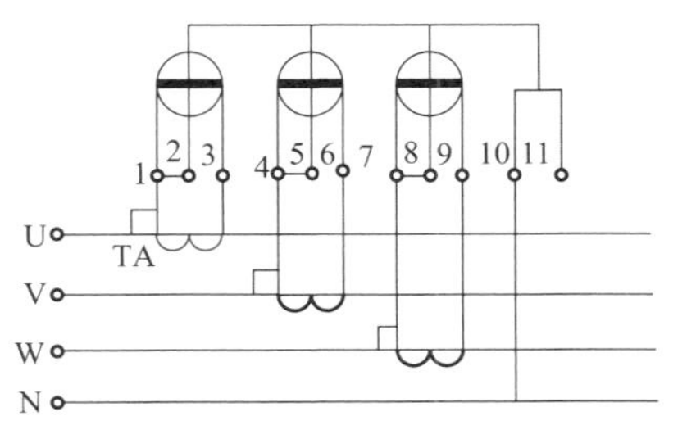


图 12-20 三相四线有功电能表经电流互感器接入线路（一）

③ 三相四线有功电能表经电流互感器接入线路，电压线和电流线分开方式，如图 12-21 所示。

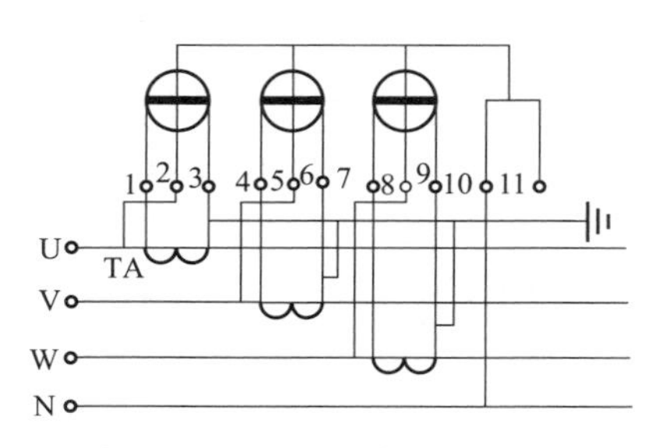


图 12-21 三相四线有功电能表经电流互感器接入线路（二）

④ 三相四线有功电能表经两只电流互感器接入线路，如图 12-22 所示。

⑤ 三相四线有功电能表 Y 形接线，如图 12-23 所示。

（6）无功电能表的接线

① 三块单相电能表（跨相 90°）测量三相三线或三相四线电路无功电能直接接入线路，如图 12-24 所示。

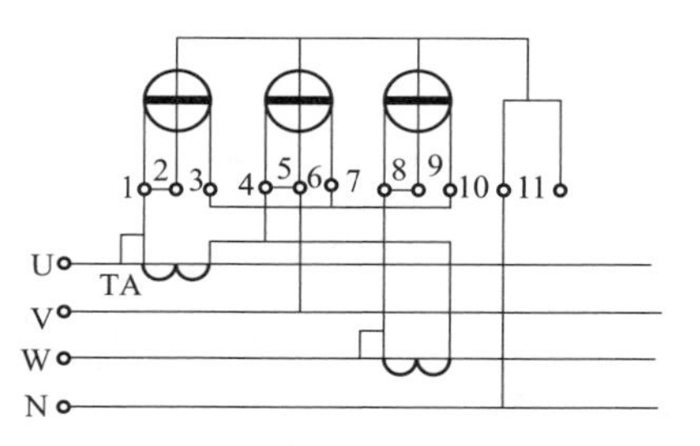


图 12-22 三相四线有功电能表经两只电流互感器接入线路

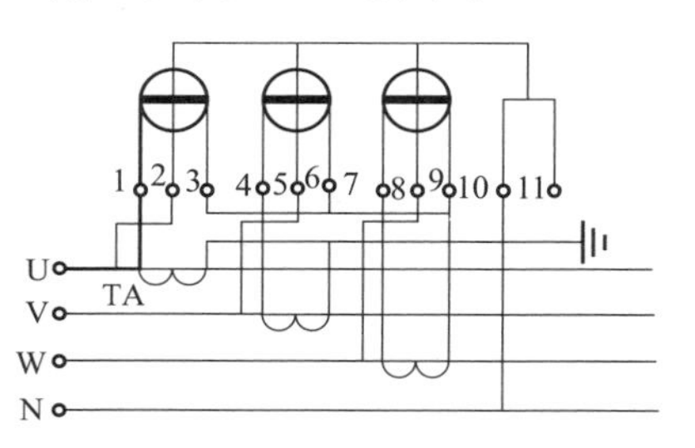


图 12-23 三相四线有功电能表 Y 形接线

此三块单相电能表示数之和，再乘以 $1/\sqrt{3}$ 就等于三相三线或三相四线电路的无功电能。

② 三相三线 $DX_2$ 型带 60°相位差无功电能表直接接入线路，如图 12-25 所示。

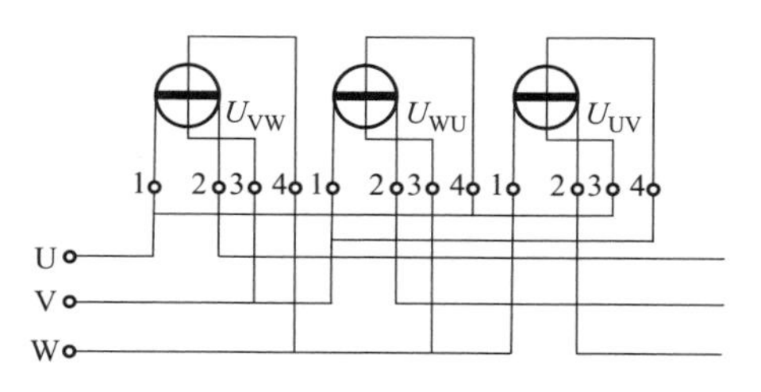


图 12-24 三块单相电能表跨相 90°接线

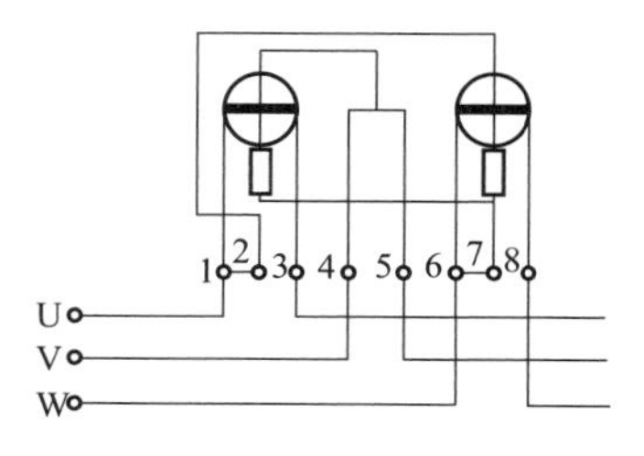


图 12-25 三相三线 $DX_2$ 型无功电能表直接接入线路

③ 三相四线三元件无功电能表直接接入线路，如图 12-26 所示。

④ $DX_1$ 型三相两元件无功电能表经电流互感器接入线路，电压线和电流线共用方式，如图 12-27 所示。

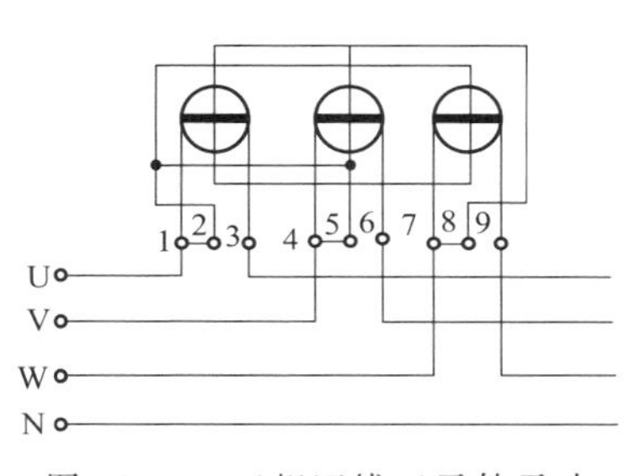

图 12-26 三相四线三元件无功电能表直接接入线路

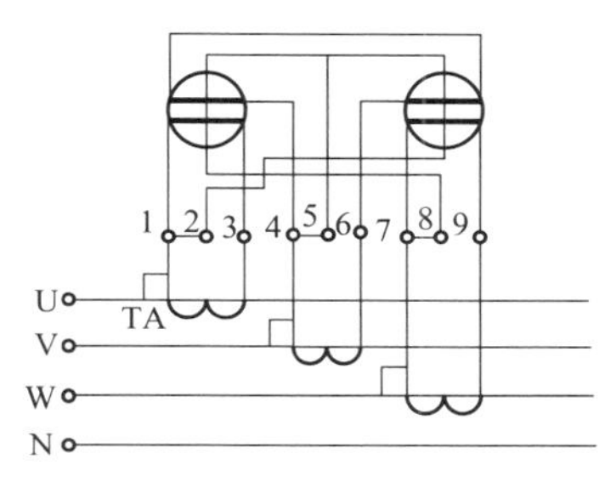

图 12-27 $DX_1$ 型三相无功电能表经电流互感器接入线路（一）

⑤ $DX_1$ 型三相两元件无功电能表经电流互感器接入，电压线和电流线分开方式，如图 12-28 所示。

⑥ 三相三元件无功电能表经电流互感器接入线路，如图 12-29 所示。

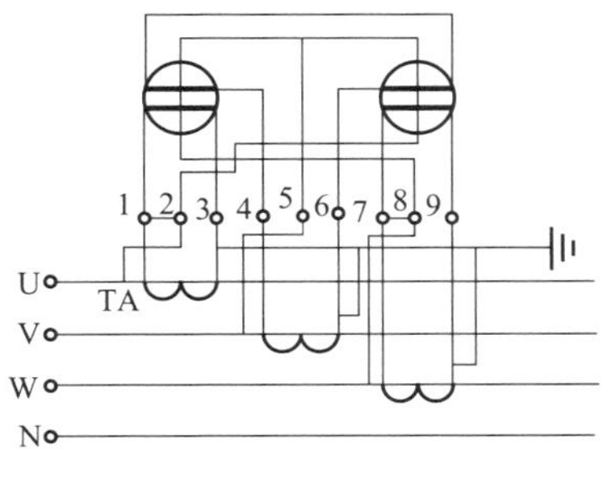

图 12-28 $DX_1$ 型三相无功电能表经电流互感器接入线路（二）

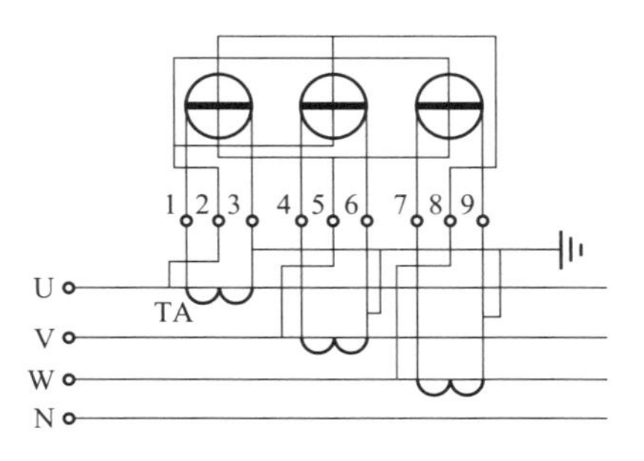

图 12-29 三相三元件无功电能表经电流互感器接入线路

⑦ 三相三元件无功电能表 Y 接线，如图 12-30 所示。

⑧ $DX_1$ 型三相两元件无功电能表 Y 接线，如图 12-31 所示。

⑨ $DX_2$ 型三相三线无功电能表经电流互感器接入线路，如图 12-32 所示。

⑩ $DX_2$ 型三相三线无功电能表经电流、电压互感器接入线路，如图 12-33 所示。

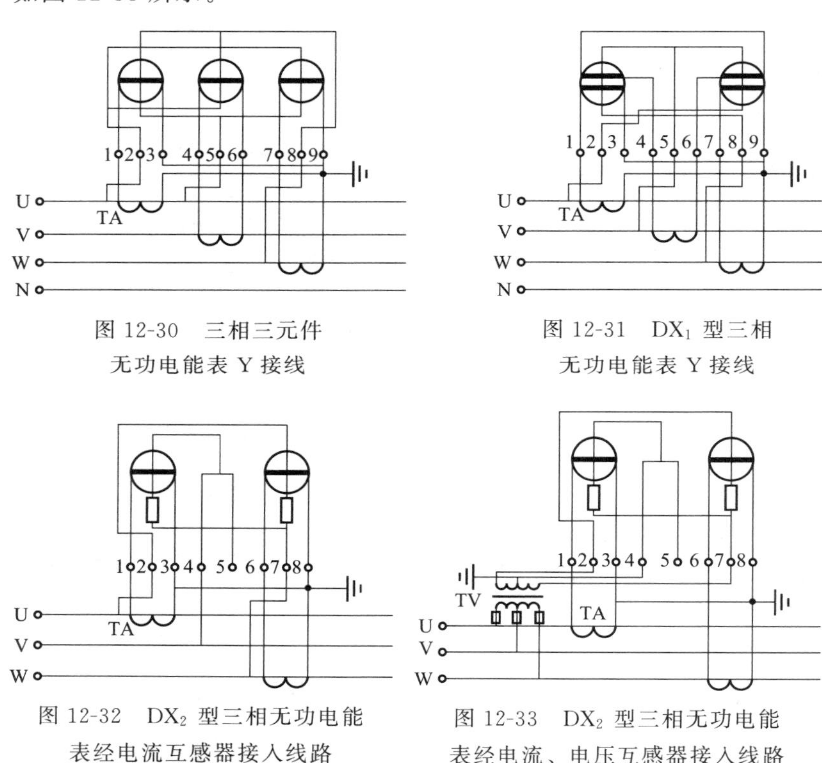


图 12-30 三相三元件无功电能表 Y 接线

图 12-31 $DX_1$ 型三相无功电能表 Y 接线

图 12-32 $DX_2$ 型三相无功电能表经电流互感器接入线路

图 12-33 $DX_2$ 型三相无功电能表经电流、电压互感器接入线路

(7) 功率表的接线

功率表是用来测量功率的电工仪表。功率表可分为单相和三相两种。

① 单相功率表直接接入测量单相电路功率的接线，如图 12-34 所示。

接线时，应将标有“*”符号的电流线圈端钮接至电源端，另一电流线圈端钮接至负载端；标有“*”符号的电压线圈端钮可接至电源端［见图12-34(a)］，也可接至负载端［见图12-34(b)］，但另一电压线圈端钮应接至负载的另一端。

② 用三块单相功率表直接接入测量三相四线电路功率的接线，

如图 12-35 所示。

三块功率表示数之和等于三相四线电路总功率。

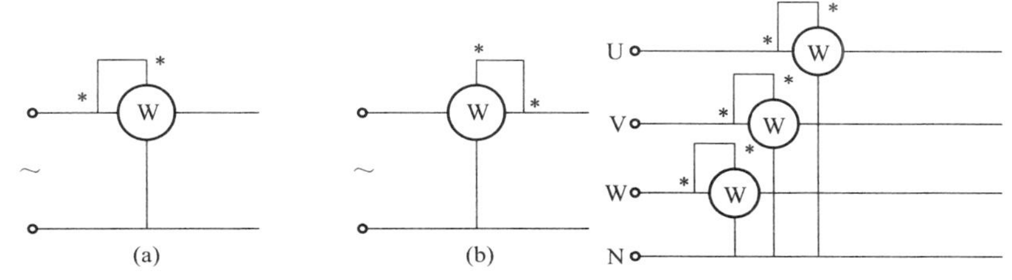


图 12-34　单相功率表测量单相电路功率的接线

图 12-35　用三块单相功率表测量三相四线电路功率的接线

③ 用两块单相功率表直接接入测量三相三线电路功率的接线，如图 12-36 所示。

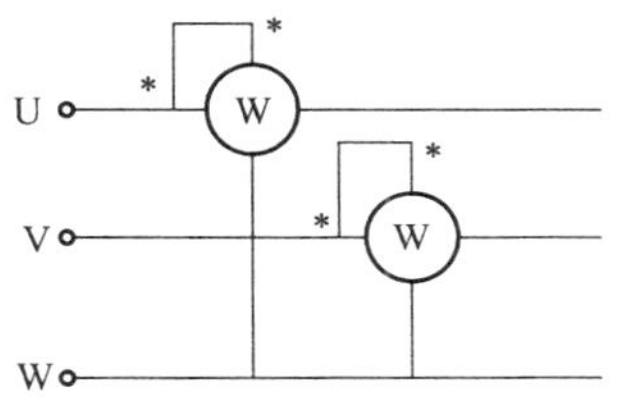


图 12-36　用两块单相功率表测量三相三线电路功率的接线

两块功率表示数之和等于三相三线电路总功率。但要注意，当负载的功率因数低于 0.5 时，会有一块功率表的指针反转，这时，应将该表电流线圈的两个端钮接线对调，使指针往正向偏转。这样所测的电路功率为两块功率表示数之差。

此法也适用于测量三相负载对称的三相四线电路的功率。

④ 用三相功率表测量三相电路功率的接线，如图 12-37 所示。

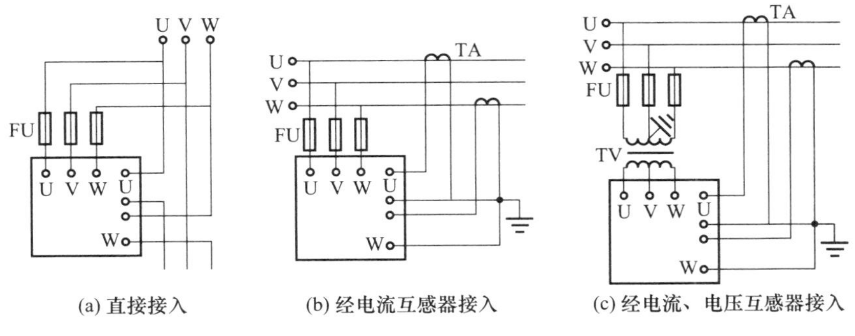


(a) 直接接入　(b) 经电流互感器接入　(c) 经电流、电压互感器接入

图 12-37　三相功率表的接线

三相功率表实际上相当于两个单相功率表的组合，其内部接线如图 12-36 所示，外部接线如图 12-37 所示。

此法适用于测量三相三线或三相负载对称的三相四线电路的功率。

使用功率表应注意以下事项：

a. 选择携带式功率表时，应注意功率表的电流量限能容许通过负载电流，电压量限能承受负载电压。

b. 选择开关板式功率表时，应注意功率表的额定电流能容许通过负载电流，额定电压应与所测电路电源电压相符。

c. 一般携带式功率表只标注分格数，而不标注瓦数。不同电流量限和电压量限的功率表，每一分格代表不同的瓦数（即分格常数）。测量时，将指针偏转格数乘以分格常数，即为所测实际功率数（表直接接入时）或功率表示数。

d. 功率表通过电流、电压互感器接入时，实际功率应为功率表示数乘以电流互感器和电压互感器的变比值。

（8） 多种仪表的联合接线

多种仪表联合接线，只要掌握以下原则，便可方便地进行：同相的电流线圈相互串联，同相的电压线圈相互并联。

① 三相三线有功电能表与三只电流表连接，如图 12-38 所示。

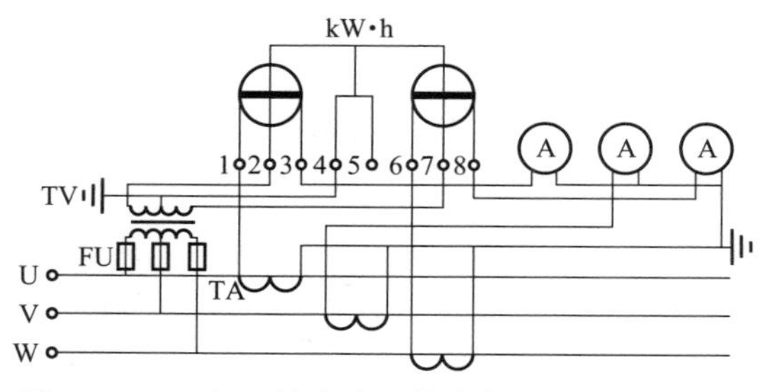


图 12-38 三相三线有功电能表与三只电流表连接

② 三相三线有功电能表与 $DX_1$ 型无功电能表连接，如图12-39 所示。

③ 三相四线有功电能表与 $DX_1$ 型无功电能表连接，如图12-40 所示。

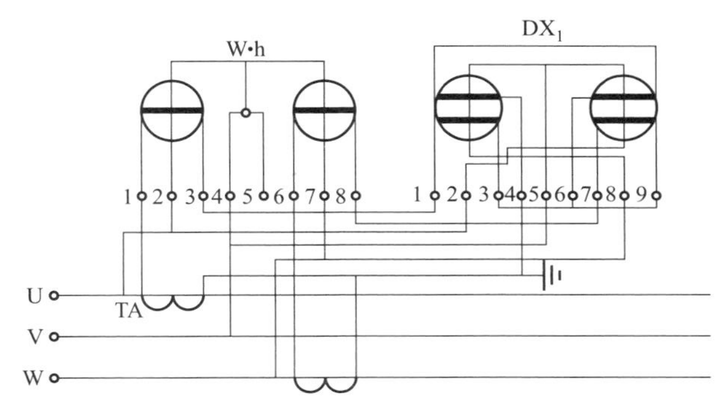


图 12-39 三相三线有功电能表与 $DX_1$ 型无功电能表连接

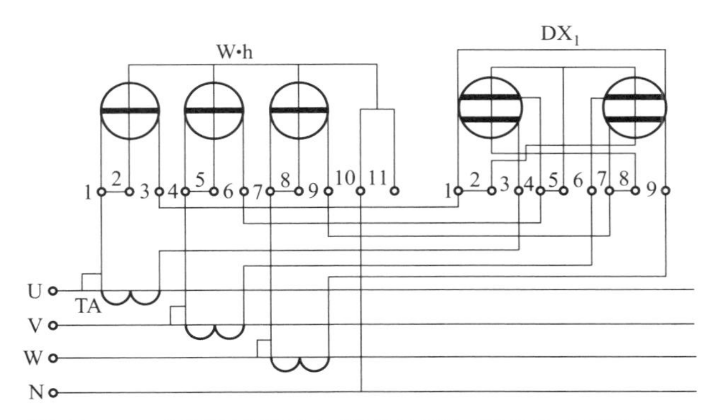


图 12-40 三相四线有功电能表与 $DX_1$ 型无功电能表连接

④ 三相有功功率表、功率因数表及用换相开关控制的电流表连接，如图 12-41 所示。

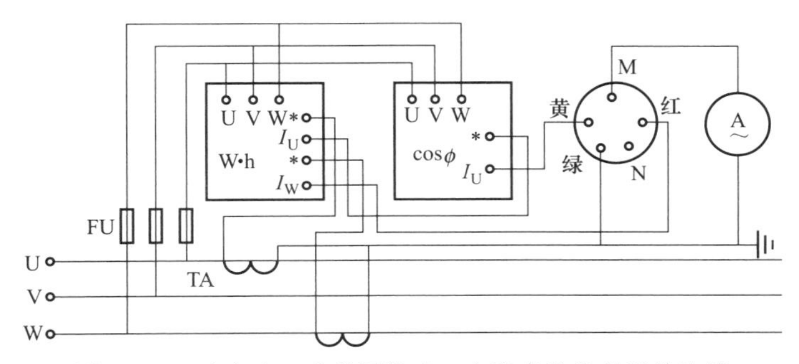


图 12-41 功率表、功率因数表、电流表及换相开关连接

# 12.2 热工仪表

## 12.2.1 显示仪表和显示报警仪表

显示仪表是指不带任何调节或报警功能的纯测量仪表，配上相应的传感器可用于温度、压力、流量、湿度、液位等参数的测量。

在采用计算机集中控制的场合，单显示仪表有时又兼作现场变送器使用，此时仪表除了显示测量值外，还要对输入信号进行放大和非线性校正，经转换处理后再输出与输入相对应的电压、电流、频率或通信等信号。某些特殊场合，还要求仪表能够提供5V、12V、24V电压和约30mA电流的一组直流电源，以供传感器使用。

为了提高测量精度和宜于远距离观看，在工业现场，一般选用数码管尺寸较大的数字式显示仪表。为了降低成本和减小安装屏尺寸，也经常采用多点巡回检测的显示仪表（如XMD□-7□□□多点巡回检测报警仪）。

显示仪表又分为模拟式和智能式两种，其中：模拟数字显示仪表，均不带误差修正功能，如XMZ□-1□、XMZA-2□、XMZD-2□等型号；智能数字显示仪表，均可通过仪表面板上的轻触键对系统的测量误差进行现场校正，如XMTA-7□、XTA-7□、XMZ-7□、XMT-7□等型号。

显示仪表中安装上报警装置就成了显示报警仪表，显示报警仪表不具有调节功能，如XMT-1B1□、XMT-7B9□、XMTA-7B3□、XTD-7B1口等型号。

## 12.2.2 PID调节

P、I、D分别是比例（P）、积分（I）和微分（D）的英文字头。PID调节则是指比例、积分、微分三种调节方式。仪表采用PID调节，能大大提高调节的品质，克服单一比例式调节容易产生静差的不足。PID调节的基本原理是：根据输入值与设定值之间的偏差大小，在比例调节完成之后，对静差信号进行反馈，通过积分调节消除静差，时间越长作用越明显，直至静差完全消除。微分调节为积分调节的反调节，目的是使系统能尽快稳定。因此，PID 调节是精度极高的调节方式，具体作用如图 12-42 和图 12-43 所示。

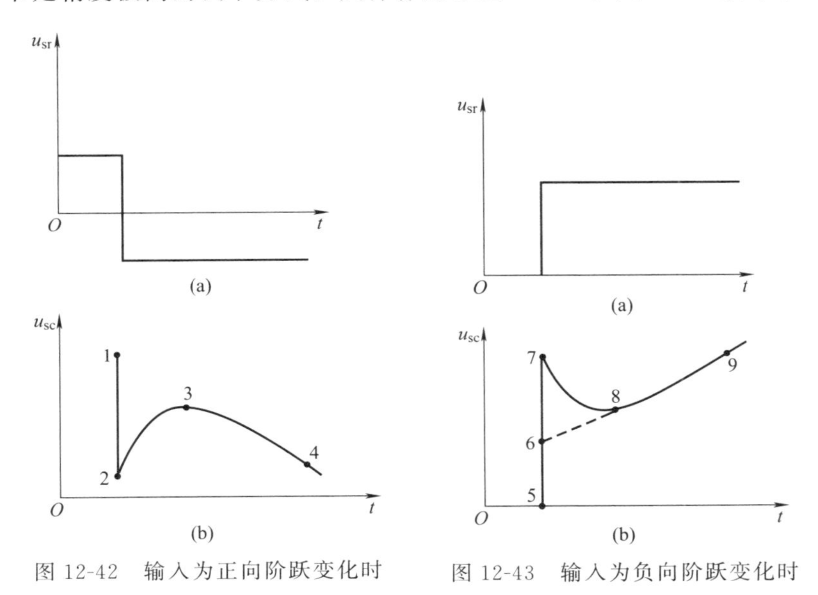


图 12-42 输入为正向阶跃变化时　　图 12-43 输入为负向阶跃变化时

在图 12-42（a）中，当给稳定后的系统输入一个正向阶跃信号时，开始阶段由于是纯比例调节，输出也随着作出如图 12-42（b）中“1”至“2”一段的改变；随后在积分调节的作用下，使得输出做出图中“2”至“3”段的变化；再随着积分调节作用的减弱和微分调节作用的逐渐加强，输出作出图中“3”至“4”段的变化，仪表因输入正向阶跃信号而作出的输出响应即告结束。

在图 12-43（a）中，当给稳定后的系统输入一个反向阶跃信号时，开始阶段由于是纯比例调节，输出也随着作出如图 12-43（b）中“5”至“7”段的变化；后在积分调节的作用下，使得输出作出图中“7”至“8”段的变化；再随着积分作用的减弱及微分作用的逐渐加强，输出作出图中“8”至“9”段的变化（积分的实际作用应该为“6”～“8”～“9”段），仪表对因输入负向阶跃信号而作出的输出响应即告结束。

应该指出，实际上比例调节、微分调节和积分调节的作用是相互影响、相互制约的。积分调节的作用是使系统趋于稳定，而微分调节的作用是抑制超调，但会使系统趋于不稳定。调节时微分调节和积分调节要配合得当。

### 12.2.3 PID参数的选取及整定

(1) PID参数的选取

如果选用的PID参数不合适，PID调节的结果很可能比二位式调节的结果还差，例如产生幅度很大的连续振荡，产生长期不能消除的静差，或者是在系统受扰动后不能尽快复原等。因此，根据被控对象的工况选取合适的PID参数，是用好PID调节仪表的关键。

在大多数场合，选择 $P=5\%$、$I=210s$、$D=30s$，就能够达到较理想的调节效果。但对惰性特别大或加热功率特别不匹配的系统，就必须人工整定PID参数。人工整定PID参数，最简单实用的办法是使用"邻界比例法"。具体方法如下：

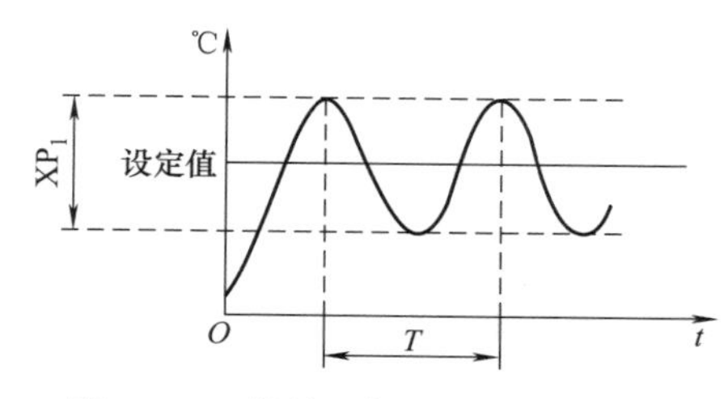

图12-44 邻界比例法确定PID参数

将系统接成闭环，关掉积分调节和微分调节即将积分时间 $I$ 和微分时间 $D$ 参数均设置为0，反复调节比例带 $P$ 值的大小，使系统刚刚产生振荡，记录下此时的比例带参数（$XP_1$）及振荡周期时间参数（$T$），如图12-44所示。根据比例带 $XP_1$ 和振荡周期 $T$，查表后计算出比例带、积分时间、微分时间三个参数的具体数值，再按仪表的设置步骤键入PID参数并稍做微调即可。表12-4是以恒温调节系统为例确定PID参数的选择表。

表12-4 PID参数选择表

| 最终控制方式 | 比例带 | 积分时间 | 微分时间 |
|---|---|---|---|
| 纯比例控制 | $2XP_1$ | — | — |
| P、I控制 | $2.2XP_1$ | $0.8T$ | — |
| P、I、D控制 | $1.67XP_1$ | $0.5T$ | $0.12T$ |

一般地说：比例带 $P$ 设置的数值越大，系统越不会发生振荡，静差也越大；积分时间 $I$ 设置的数值越大，积分的作用越不明显，消除静差所需的时间也越长，系统越不会发生振荡；微分时间 $D$ 设置的数值越小，对比例带和积分的作用力越小，系统越不会发生振荡，但系统的响应速度也变得迟钝。调节时微分调节与积分调节只要密切配合，就可获得稳定的调节效果。

一般建议：初次运行 PID 调节仪表时，先以仪表出厂时已设置的 PID 参数为基础，如发现系统在设定值上下一直存在非衰减性的振荡，可逐次把比例带 $P$ 或积分时间 $I$ 的数值增大三分之一左右，直至稳定；如发现系统的静差消除过慢，可减小比例带 $P$ 的数值或积分时间 $I$ 的数值，直至稳定。如发现系统抗扰动的能力不够，可适当增强微分调节的作用，即适当加大微分调节时间。

在一些工况固定的场合，只选用仪表的比例调节参数 $P$ 和积分调节参数 $I$，而把微分调节 $D$ 设置为 0（关掉微分调节功能），反能取得理想的调节效果。

（2）在现场整定 PID 参数的标准

虽然加热设备的特性各不相同，但 PID 参数整定成功的标准是一样的，根据调节理论和实际应用情况可归纳为以下几条。

① 要使控制系统的过渡过程时间尽量短。在同一个系统中，从开机时的温度至加热到设定的稳定温度值的时间即为系统加热的过渡时间。过渡时间的长短是考核比例带是否合理的一个主要因素，系统的过渡时间越短越好。

② 超调量要小。受系统响应时间影响，系统加热到设定值后，不会一直恒定在设定值上，而需要在设定值附近稍做调整，使系统的开环特性有受控所必需的时间。但调整（波动）的幅度应尽量小，俗称过冲小。

③ 系统受扰动作用后要能尽快恢复。扰动是指外界的干扰使系统失去原来的平衡条件。如：加热炉中的工件突然增加，势必降低温度；电网电压从 220V 突然降至 190V，使加热功率减小等。

系统受到扰动后，由于 PID 参数的作用，将迫使系统返回至平衡状态，在返回过程中，系统是以减幅振荡迫近设定值的，而此减幅过程直接影响达到平衡状态的时间。因此要求扰动后，减幅振荡的次数要尽量少。

④ 恒温曲线要求尽可能平直。恒温曲线平直是指系统平衡后，温度的波动要小，要基本不受环境温度、供电变化的干扰。该项指标主要由仪表的温度稳定性和抗干扰能力所决定。

⑤ 静差要小。系统达到接近平衡的工况后，测量值和设定值之间仍将存在一个差值，这个差值称为静差，或称“控制死区”。实际上，由于调节回路的增益可以做到足够大，PID 控制仪表不会存在可察觉的静差。

(3) PID 参数的经验整定法

经验法是借助于使用者丰富的实践经验，根据仪表的调节规律和加热系统的特性总结出来的方法，也是目前广泛应用的一种方法。

经验法实际上是一种试凑方法，即先将仪表的参数设置在常用数据上，然后根据调节过程的曲线形状，试调 PID 参数，再观察调节过程曲线形状，反复试凑，直到调节质量符合工件要求。

预先设置 PID 参数值及反复试凑是经验法的核心。整定参数大小根据系统对象特性及仪表的量程而定。对于一般热处理炉、电加热设备的温度调节系统，按下列参考数据进行试凑，在绝大部分场合都能满足要求。

比例带 4%～10%；积分时间 120～600s；微分时间 10～120s。

按 XMT-7000 系列仪表的出厂参数（比例带＝5%；积分时间＝250s;微分时间＝30s）试凑。

试凑过程可先调比例带 $P$，再加积分时间 $I$，最后加微分时间 $D$。调试时，首先将 PID 参数置于影响最小的位置，即 $P$ 最大、$I$ 最大，$D$ 最小，按纯比例系统整定比例度，使其得到比较理想的调节过程曲线。然后，比例带缩小 0.7 倍左右，将积分时间从大到小改变，使其得到较好的调节过程曲线。最后，在这个积分时间下重新改变比例带，再看调节过程曲线有无改善，如有所改善，可将原整定的比例带适当减小，或再减小积分时间。这样经过反复调整，就可得到合适的比例带值和积分时间。

在外界干扰条件下调节，系统稳定性不够好。此时，可以把比例带适当调大，并且适当增加积分时间，使系统有足够的稳定性。

在调试过程中可以发现，比例带过小，积分时间过短和微分时间过长，都会产生周期性的振荡。但可以从以下几点分析引起振荡的因素，从而解决振荡问题。

① 积分时间引起的振荡周期较长。

② 比例带过小引起的振荡周期较短。

③ 微分时间过长引起的振荡周期最短。

另外也可根据加温曲线的特点，设置试凑参数的数值。如果温度变化曲线是非周期性的，而且能慢慢恢复到设定值，则说明积分时间过长。如果温度变化曲线不规则，且偏离设定值较大，不能恢复，则说明比例带过大。

## 12.2.4 继电器输出的二位 PID 调节仪表驱动固体继电器系统

驱动固体继电器的方法有以下两种：

方法一。外接一个直流电源，由仪表内部输出继电器的无源触点控制固体继电器的开启或关闭。如果外接电源的电压达到15V左右，则可驱动三个串联的固体继电器用作三相负载的控制。由于仪表内部的输出继电器仅流过十几毫安的电流，故使用寿命较长，一般使用5年不成问题。外置电源可使用普通的12V左右的直流电源，串联一个电阻值约200Ω的电阻$R$即可，如图12-45所示。

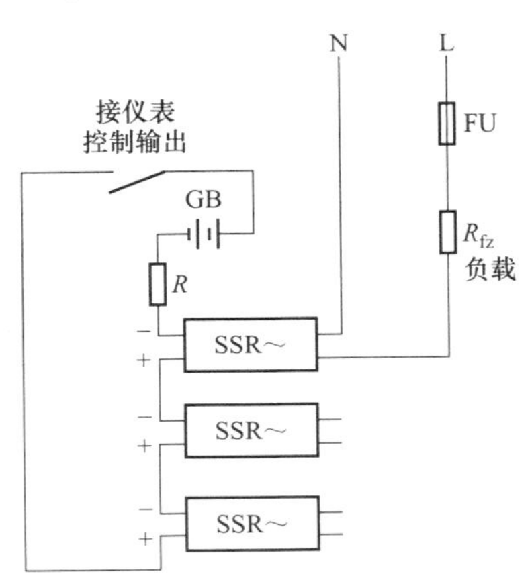


图12-45 驱动固体继电器的接线

方法二。打开仪表，把仪表内部输出继电器的线包两端用导线引出，分清极性后接至固体继电器即可。此法不必另配电源。

## 12.2.5 温度测控仪表的选择

测控仪表一般可根据下列几方面来选择。

① 根据生产、科研对仪表检测控制精度的要求选择仪表。

② 根据自动化程度的要求选择仪表。如有些行业，需按时间对加热对象分段升温或降温，有时周期长达几天，这时如果选择程序控制仪表，就会明显降低操作人员的劳动强度，提高产品质量。

③ 根据测控的范围选择仪表。例如，隧道窑加热设备中，每一级的控温范围是不一致的，选择的仪表测温、控温范围也应该是不一致的，需要根据隧道窑各段控制温度的范围分别选择仪表。

④ 根据被测工件温度随时间变化的速度选择仪表。如在生物培养箱中，应选择时间常数小的感温器件。一旦温度变化，传感器立即测得变化量，并将变化量及时输出。

⑤ 根据仪表的工作环境选择仪表。比如，仪表附近有很强的振动源，安装动圈式仪表或指针式仪表就不适宜，因振动会影响这两类仪表读数的精确性。此时宜选用数字显示式仪表。

又如，在湿度较大的环境中，不适宜采用拨码开关设定的仪表，因拨码开关长时间工作在潮湿环境中，很容易导致接触不良，使仪表失控。此时宜选择轻触开关软件设定的智能型仪表。

⑥ 根据经济合理、有利管理的原则选择仪表。精度较高的仪表相对价格较高，维护及培训等支出也较高。因此不问成本，超出工艺要求片面追求高、精、尖的仪表是不经济的。

⑦ 为了便于设备使用单位对仪表的统一管理和维修保养，在选择仪表时，仪表的类型和生产厂家不宜太多，最好选择一、两家质量优、信誉好的厂家，这样对减少仪表的备品，提高互换通用性及维护、修理都十分有益。

### 12.2.6 红外测温仪的选择

红外测试技术是一种较先进的在线检测技术。红外测温仪可在高电压、大负荷、远距离的条件下对电气设备的运行状态作出快速、准确的判断。用它能方便地查出设备的过热故障，且灵敏度高、形象直观、安全方便。

目前，红外测温仪主要用于：检查导体连接点是否过热，电子器械的冷却防尘滤网是否堵塞，断路器是否过热，电动机变速箱润滑油是否老化以及监控干式变压器通风孔或其他部位的温升等，其用途十分广泛。

如 Raytek（美国）公司生产的 ST、PM、MX 等系列便携式红外测温仪，产品结构简单、可靠、易用。

选择红外测温仪需考虑以下主要因素。

① 温度范围。被测目标的温度应在测温仪的温度范围之内。

② 距离系数。距离系数是指从测温仪到被测目标之间的距离与被测目标直径的比值。此系数越大，表明仪器的光学分辨率越高。即可在更远的地方测量物体。由于测温仪显示的温度值是其视场内目标光斑的平均值，因此目标必须充满视场，而且最好有1.5倍的余量。例如距离系数为100的测温仪，在2m处可测量目标直径为2m/100＝2cm，为了测试准确，目标直径应为2cm×1.5＝3cm。

③ 发射率。由于非接触红外测温仪测量的是物体的表面温度，测量结果与被测目标的表面状况有关，因此正确地选择发射率十分重要。实验证明，大部分非金属的发射率都很高，一般在0.85～0.95之间，且与表面状态关系不大；金属的发射率与表面状态有密切的关系。在选择金属材料的发射率时，应对其表面状况给以足够的关注。

### 12.2.7 使用双向晶闸管作控制器件时对接线的要求

① 对双向晶闸管触发回路的接线要求

a. 双向晶闸管的门极连线必须直接接至调节仪表的触发信号端子或引脚上，快速熔丝及测量负载电流的电表必须严格按图示规定的位置串接在双向晶闸管的主电极，绝不可在触发回路内串入熔丝、开关、电流表或一段流过负载大电流的连线，也不要借用负载电力线作其中的一根触发信号线，以防止在触发信号中叠加上由负载电流造成的干扰，导致调节不良甚至失控，如图12-46所示。

b. 双向晶闸管的两根控制线应尽量短，线阻要在0.1Ω以内，而且两根连线应相互绞合，以抵消混入导线的干扰信号。

c. 采用双向晶闸管主电极1触发的系统，必须确保整个双向晶闸管回路的所有连接点接触良好，否则可能因大电流主控晶闸管未能快速导通，致使仪表内部的驱动用小电流晶闸管因超时流过全部的负载电流而损坏。

d. 如发现某一相负载上的电压呈振荡状抖动，可试把该相的触发信号反相连接，即把该相双向晶闸管至仪表接线端子上的两根脉冲输出线互换。

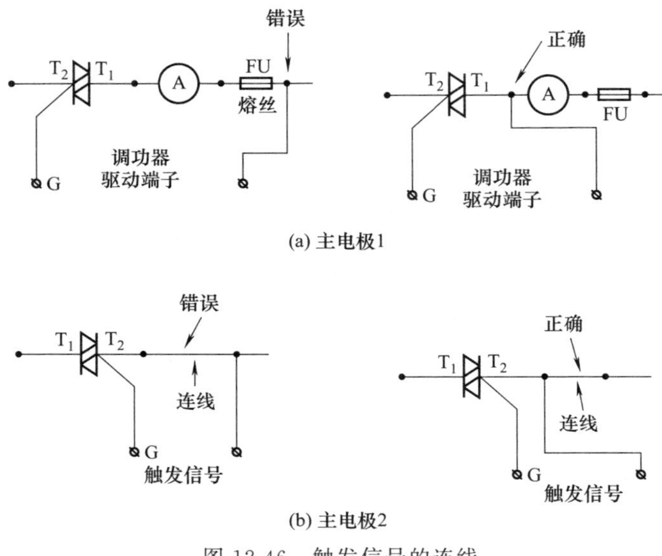


图 12-46 触发信号的连线

② 凡用三只仪表驱动三个双向晶闸管控制三相负载的调节系统，必须分清 U、V、W 三根相线的相序，严格按使用说明书接线，不可用同一相线为三块仪表供电。

③ 仪表的供电与其所控负载的供电必须取自同一电源。如对选用 220V 电压供电的仪表，同为 U 相和中线 N 或同为 V 相和中线 N；再如，对选用 380V 电压供电的仪表，同为 U 相和 W 相。否则，将导致系统工作不正常甚至烧毁仪表和晶闸管。

④ 仪表驱动双向晶闸管控制负载的调节系统，不提倡用专门变压器或稳压器单独对仪表供电。这样做可能会产生仪表与负载之间交流电源过零点的相移而使系统不能正常工作。若发生相移的问题，可在仪表的供电端子上并联一只 1～10μF/AC400V 的电容，电容的具体值要视相移量的大小而决定。

⑤ 在双向晶闸管的主电极 1 和主电极 2 两端就近并联接入一个吸收回路，此法将有助于系统的长期可靠工作。吸收回路由一只电阻和一只电容串联组成，电阻可选 1.5Ω/1W，电容可选 0.1μF/630V AC。

⑥ 采用双向晶闸管作控制器件时，要保证双向晶闸管器件有足够大的散热板。由于热空气是向上流动的，因此双向晶闸管的散热槽应呈垂直状，且有良好的通风条件，以保证在长期工作时，双向晶闸管的结温不超过 110℃，相当于散热板靠近双向晶闸管部分的温度不超过约 85℃。

⑦ 如果双向晶闸管散热器带电，安装时应充分考虑防止触电的措施及防止多个双向晶闸管之间相互短路的措施。

⑧ 当采用星形加中线接法时，双向晶闸管的峰值耐压下限值为 600V；当采用三角形接法或星形无中线接法时，双向晶闸管的耐压值为 1000V。双向晶闸管的额定电流的选取宜为实际使用电流的 1.5 倍以上。

⑨ 欲以双向晶闸管控制工频感应炉或降压变压器等电感性负载，必须配置专门的仪表。如使用常规仪表，极有可能导致仪表损坏和系统失控。

⑩ 由于多数单向晶闸管和双向晶闸管的外观相同，因此在选购时必须搞清需要的晶闸管类型和选购的晶闸管各项参数是否与实际需要相符。否则，既可能造成以脉动直流驱动负载，烧毁仪表内部的反馈变压器，也可能把原设计的半功率加热变成全功率加热，烧毁加热对象。

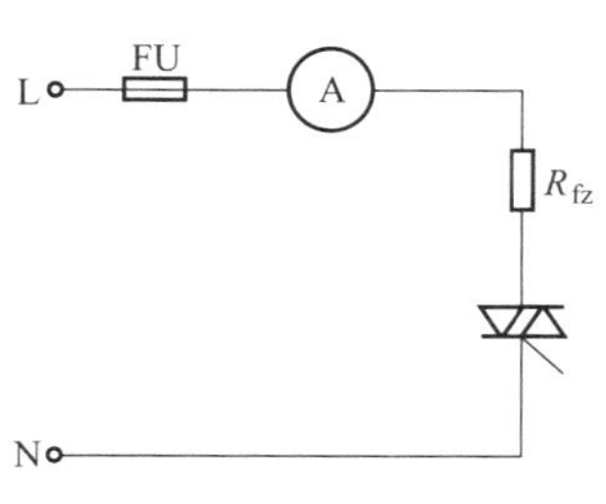

图 12-47　负载接于相线端

⑪ 为防止因负载对地短路而损坏双向晶闸管，一般应将负载接于相线端，使双向晶闸管处于低电位端，如图 12-47 所示。

### 12.2.8　二次仪表好坏的判断

在没有仪器甚至没有传感器的情况下，可按以下方法粗略判断一块二次仪表的好坏。

首先根据仪表型号和命名规则，判定该仪表的输入信号类别。

(1) 对于配接热电偶的仪表

① 先将接热电偶的两个接线端子用导线短接，通电后观察仪表的显示值。若显示值在室温附近，则说明仪表的测量功能基本

正常。

② 再把仪表的控制值分别设置在显示值的正反两个方向上，仪表的输出指示灯应有切换动作，则说明仪表的控制电路基本正常。

③ 把短接于输入端的导线断开，接通电源，仪表的显示值缓慢地上升，直至满刻度或出现“HH”符号。在显示值缓慢上升过程中观察仪表是否有数字缺笔画或指针卡阻现象。当显示值达到设置值附近时，输出指示灯的指示状态应有改变。若上述过程均正常，则可判定仪表的测量和控制电路基本正常。

④ 把不同输出类型的仪表分别按图 12-48（a）和图 12-48（b）接线，把仪表的控制值设置在 45℃左右的刻度上。通电后若仪表有周期性往复动作，可判定仪表的输出部分基本正常（晶闸管控制的仪表有时需要将两根控制输出线对调后再试）。

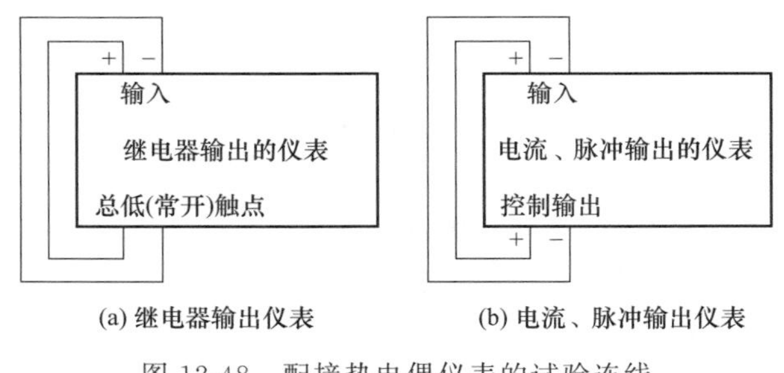


图 12-48 配接热电偶仪表的试验连线

(2) 对于配接热电阻的仪表

① 将接热电阻的“1”与“2”两个接线端子用导线短接，接通电源，在仪表的显示值上升至满刻度或出现“HH”符号的过程中，观察仪表是否有数字缺笔画或指针卡阻现象。当显示值达到设置值附近时，输出指示灯的指示状态应有改变。再将端子“3”也与“1”“2”连接，显示值应指向负温极限或出现“LL”符号，在此过程中，也不应有数字缺笔画和指针卡阻现象。若上述过程均正常，则可判定仪表的测量和控制电路基本正常。

② 把不同输出类型的仪表按图 12-49（a）和图 12-49（b）接线，把仪表的控制值设置在 10℃左右。通电后若仪表有周期性往

复动作，则可判定仪表的输出部分基本正常（晶闸管控制输出的仪表有时需要将两根控制输出线对调后再试）。

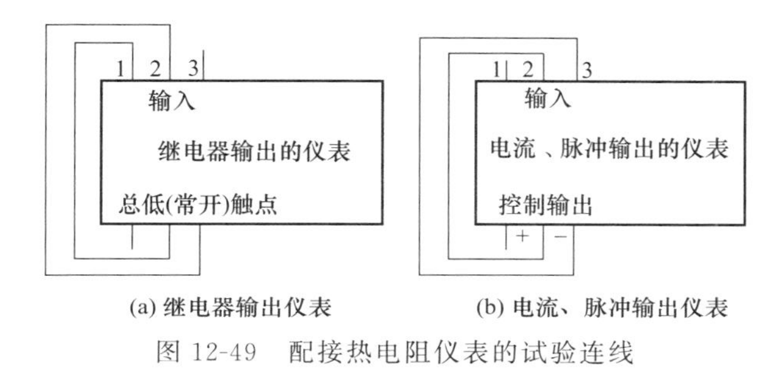


(a) 继电器输出仪表　　(b) 电流、脉冲输出仪表

图 12-49　配接热电阻仪表的试验连线

需指出，以上试验方法仅供在检测条件完全不具备的条件下，对仪表的测量、控制与输出部分是否正常做定性判别之用，并非适用于每一种产品。

## 12.2.9　自动化仪表接线的基本要求

① 根据待装仪表的全部型号标注信息，对照使用说明书中相对应的接线图进行接线。仪表壳体上附有接线图的，应按壳体上的接线图接线。

② 接线前先确认仪表的标称供电电压与待接入的电网电压相一致。

③ 接线时必须确认接入仪表输入端的信号（包括传感器的分度号、热电阻的端子排序、电压电流的正负极性等）与仪表所规定的输入信号完全相符，特别要防止在输入端误接入电网电压。

④ 当输入信号为电压或电流时，信号正极接入“1”端，负极接入“2”端；当输入信号为频率等数字信号时，高电位端接端子“1”，低电位端接端子“2”。所有的输入信号线与端子之间的接触均应保证良好。否则，可能因接触电阻不符合要求而影响仪表的测量精确度。

⑤ 不论何种型号仪表，所选购的品种不具备某报警功能时，端子图中相应的报警输出端子无效。

⑥ 仪表接线图中所有的空端子均应让其空置，严禁用作外部接线桩。

⑦ 热电偶与仪表之间的连线必须使用相对应的热电偶补偿导线或热电偶丝本体，且正负极性必须接对。

⑧ 热电偶与仪表之间的连线电阻值如在100Ω内，对系统精度的影响可忽略。但对于S、LL、B等高温小信号类热电偶，100Ω的连线电阻值可能对测量值会有0.05%左右的附加误差，而该误差可通过电表“调零”或启用智能型仪表的“误差修正”功能消除。

⑨ 为了抵消连线附加电阻对测量精度的影响，热电阻与仪表之间的连线应采用接线图规定的三线制或四线制接法，而不能用二线制接法。这是因为，仅用两根导线连接，每0.3Ω导线电阻即可发生1℃左右的测量误差。连线要用同一种截面积、同一种材料的铜导线，且其连接电阻应尽量小，一般不要超过3×2Ω（折合成连线长度约3×30m），以免影响仪表精度。当引线很长、电阻较大时，建议使用外接电阻，也可以启用智能型仪表的“误差修正”功能修正读数的偏差。

⑩ 不要把感温元件引线和仪表电源线、继电器控制线和其他导线捆扎或绞在一起，也不要放在同一根金属管内，这样可明显提高系统运行的稳定性。

⑪ 仪表及仪表输入端连线应尽可能地远离电火花发生区等强干扰源，不论负载是否接通，仪表的供电电压均应保证在技术要求范围内，要留意大的负载电流会在小的供电能力条件下产生可观的电压降，以致仪表运行于临界状态。因此仪表的供电应尽可能取自电网的输入端，或与负载分线供电，这样也可使系统工作得更为可靠。

⑫ 仪表的接地线应直接接入与传感器（如热电偶、热电阻等）外壳触地处的同一点大地；不能如此接入时，宁可让仪表的接地线端子空置或接仪表屏的金属壳，也不能违反电工作业规程，用电网的中线N代替接大地线。

⑬ 当仪表用内部继电器直接控制较大功率负载时，应使用相应截面积的导线。因仪表的接线板采用工程塑料制成，最高耐受温度在85℃左右，故所有流过数安培电流的负载连线与端子之间的接触均应保证良好，否则可能因接触处电阻产生热量而导致事故。

# 12.3 互感器的选择

## 12.3.1 计量用电流互感器的选择及实例

计量用电流互感器的正确选择关系到计量的准确性。具体选择如下。

① 额定电压 电流互感器的一次额定电压应与安装母线额定电压相一致。

② 一次额定电流

$$I_{1e} \geqslant 1.25 I_{e}, I_{1e} \geqslant 1.5 I_{ed}$$

式中 $I_{1e}$——电流互感器一次额定电流，A；

$I_{e}$——电气设备的额定电流，A；

$I_{ed}$——异步电动机额定电流，A。

③ 二次额定电流 电流互感器二次额定电流，一般有1A、5A及0.5A等几种，应根据二次回路中所带负荷电流的大小来选择。

④ 按准确级选用 测量用电流互感器，一般应选用比所配用仪表高1～2个准确级的电流互感器。例如，1.5级、2.5级仪表可分别选用0.5级、1.0级电流互感器。用于功率或电能计量的电流互感器则应不低于0.5级。

⑤ 容量 电流互感器的容量与准确度有关，容量似乎大一些好。但仅作为电流的测量，没有必要用过大容量的产品，常用的容量为5V·A、25V·A等。

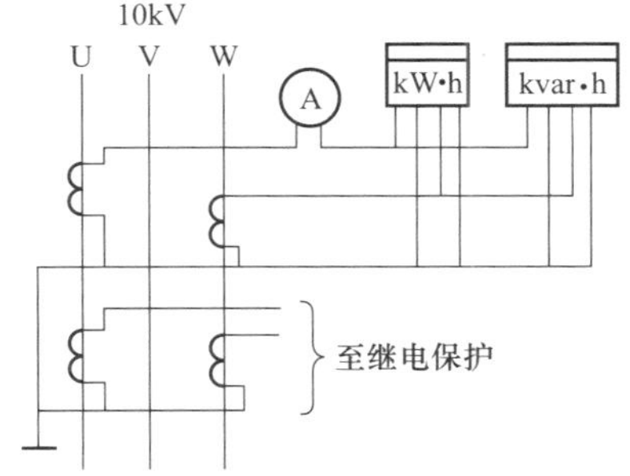

图12-50 电流互感器与测量仪表接线

⑥ 二次回路导线截面积的选择 二次回路导线截面积粗略估计如下：如果二次侧仅一只电流表，则连接导线均为2.5mm$^2$铜芯线。要保证规定的准确度，5A系统的电流表安装在距电流互感器10m左右，而1A系统的电流表可安装在

距电流互感器 250m 左右。

【例 12-1】 某厂变电所的出线电压 $U_e$ 为 10kV，出线容量 $S_e$ 为 1200kV·A，测量仪表二次线圈负荷见表 12-5，电流互感器采用不完全星形接线（如图 12-50 所示），试选择电流互感器。

表 12-5 测量仪表二次线圈负荷

| 仪表名称 | 二次线圈负荷/V·A | |
|---|---|---|
| | U 相 | W 相 |
| 电流表 | 3 | — |
| 有功电能表 | 0.5 | 0.5 |
| 无功电能表 | 0.5 | 0.5 |
| 共计 | 4 | 1 |

**解：** 有功电能计量用电流互感器的准确度应取 0.5 级。

工作电流 $I_g$ 为

$$I_g=\frac{S_e}{\sqrt{3}U_e}=\frac{1200}{\sqrt{3}\times 10}\text{A}=69.3\text{A}$$

因此，暂选择 100A、10kV、LQJ-10-0.5/3-100 型电流互感器。其 0.5 级铁芯的额定负荷为 0.4Ω，额定容量 $S_{2e}$ 为

$$S_{2e}=I_{2e}^2 Z_2=5^2\times 0.4\text{V}\cdot\text{A}=10\text{V}\cdot\text{A}$$

查表 12-5 知，测量仪表二次线圈 U 相负荷最大：$\sum Z_m I_{2e}^2=4\text{V}\cdot\text{A}$，未超过额定容量 10V·A，故电流互感器额定容量满足要求。

## 12.3.2 计量用电压互感器的选择及实例

电压互感器根据实际需要，对额定电压、装置种类、构造形式、准确度级、副边负荷等参数进行选择。

① 一次侧额定电压。电压互感器一次侧额定电压应大于接入的被测电压的 0.9 倍，小于接入的被测电压的 1.1 倍；二次侧电压按表 12-6 选择。

表 12-6　电压互感器二次侧电压的选择

| 线圈 | 二次线圈 | | 接零序电压过滤器的三次线圈（辅助二次线圈） | |
|---|---|---|---|---|
| 高压侧接法 | 接入一次侧线电压 | 接入一次侧相电压 | 在中性点直接接地系统 | 在中性点与地绝缘或经消弧线圈接地系统 |
| 二次侧电压/V | 100 | $100/\sqrt{3}$ | | |

② 准确度等级。电能计量用的电压互感器的准确度等级应选择 0.5 级。

③ 额定容量。额定容量应满足

$$S_{2e} \geqslant S_2$$

$$S_2 = \sqrt{(\sum S_i \cos\varphi_{2i})^2 + (\sum S_i \sin\varphi_{2i})^2}$$

$$= \sqrt{(\sum P_i)^2 + (\sum Q_i)^2}$$

式中　$S_{2e}$——电压互感器在给定准确度等级下的二次侧额定容量，即额定容量，V·A；

$S_2$——电压互感器二次侧负荷的总容量，V·A；

$S_i$、$P_i$、$Q_i$、$\varphi_{2i}$——互感器二次侧连接各仪表的视在容量、有功容量、无功容量和功率因数角。

**【例 12-2】** 某厂变电所 3kV 进线母线上欲装 2 只单相电压互感器，接成 V 形，负荷为有功电能表、无功电能表和有功功率表各 2 只，无功功率表 1 只，以及电压表 2 只，试选择电压互感器。

**解：**①将所有仪表的消耗功率等数据列于表 12-7 中。

表 12-7　例 12-2 中所有仪表的有关数据

| 仪表名称 | 仪表中电压线圈数 | 仪表数目 | 每只线圈的功率/V·A | | 仪表的 $\cos\varphi_2$ | 仪表的 $\sin\varphi_2$ | UV 相 | | VW 相 | |
|---|---|---|---|---|---|---|---|---|---|---|
| | | | 每只仪表 | 小计 | | | $P_{UV}$/W | $Q_{UV}$/var | $P_{VW}$/W | $Q_{VW}$/var |
| 有功电能表 DS1 | 2 | 2 | 1.5 | 3 | 0.38 | 0.952 | 1.14 | 2.86 | 1.14 | 2.86 |
| 无功电能表 DX1 | 2 | 2 | 1.5 | 3 | 0.38 | 0.952 | 1.14 | 2.86 | 1.14 | 2.86 |
| 有功功率表 1D1-W | 2 | 2 | 0.75 | 1.5 | 1 | 0 | 1.5 | 0 | 1.5 | 0 |

续表

| 仪表名称 | 仪表中电压线圈数 | 仪表数目 | 每只线圈的功率/V·A | | 仪表的 $\cos\varphi_2$ | 仪表的 $\sin\varphi_2$ | UV 相 | | VW 相 | |
|---|---|---|---|---|---|---|---|---|---|---|
| | | | 每只仪表 | 小计 | | | $P_{UV}$/W | $Q_{UV}$/var | $P_{VW}$/W | $Q_{VW}$/var |
| 无功功率表 1D1-var | 2 | 1 | 0.75 | 0.75 | 1 | 0 | 0.75 | 0 | 0.75 | 0 |
| 电压表 1T1 | 1 | 2 | 4.5 | 9 | 1 | 0 | 0.45 | — | 0.45 | — |
| 总计 | | | | | | | 9.03 | 5.72 | 9.03 | 5.72 |

② 由表 12-7 得电压互感器最大一相负载为

$$S_{UV}=S_{UV}=\sqrt{P_{UV}^2+Q_{UV}^2}$$
$$=\sqrt{9.03^2+5.72^2}\text{V}\cdot\text{A}=10.69\text{V}\cdot\text{A}$$

试选准确度为 0.5 级的 JDJ-6 型电压互感器，其额定容量为 30V·A，能满足仪表所需的要求。

### 12.3.3 计费用电能表和互感器准确度的选择

计费用有功电能表的准确度应选用 0.5 级、1.0 级，无功电能表选用 2.0 级。有条件时优先采用 0.5 级的全功能带分时计费的电子电能表（有功/无功/分时一块表即可），电流 1.5A，4～6 倍量程。用于测量功率因数宜选用双向计费宽量程（4～6 倍）2.0 级的无功电能表，以免在功率因数自动控制器故障和人为手动过补偿时，无功电能表出现倒转的虚假高功率因数现象。

计费应选用 0.2 级电流互感器。如果不能满足启动功率要求，应考虑采用 S 型高动稳定和热稳定、宽量程、0.2 级电流互感器（如 LAZBJ 型）。

测量用电压互感器，一般应选用比所配仪表高 1～2 个准确级的电压互感器。例如，1.5 级、2.5 级仪表可分别选用 0.5 级、1.0 级的电压互感器。用于功率或电能计量的电压互感器，则应不低于 0.5 级。

# 参考文献


[1] 方大千等. 电气设备维护与故障处理速查手册. 北京：人民邮电出版社，2007.

[2] 方大千，方亚敏. 电气设备安装与使用速查手册. 南京：江苏科学技术出版社，2010.

[3] 方大千，诸葛建纲等. 小水电实用控制电路详解. 北京：化学工业出版社，2012.

[4] 方大千，朱征涛等. 实用电动机速查速算手册. 北京：化学工业出版社，2013.

[5] 方大千，方成，方立等. 高低压电器维修技术手册. 北京：化学工业出版社，2013.

[6] 方大千，朱丽宁等. 变频器、软启动器及 PLC 实用技术手册. 北京：化学工业出版社，2014.

[7] 方大千，方欣等. 简明实用电工查算手册. 北京：机械工业出版社，2014.

[8] 方大千，方懿等. 电子及晶闸管实用技术 300 问. 北京：化学工业出版社，2016.

[9] 方大千，李松柏等. 变电所及变压器实用技术 250 问. 北京：化学工业出版社，2016.

[10] 安勇. 电气设备故障诊断与维修手册. 北京：化学工业出版社，2014.

# 化学工业出版社电气类图书推荐

| 书号 | 书　　名 | 开本 | 装订 | 定价/元 |
|---|---|---|---|---|
| 19148 | 电气工程师手册(供配电) | 16 | 平装 | 198 |
| 21527 | 实用电工速查速算手册 | 大32 | 精装 | 178 |
| 21727 | 节约用电实用技术手册 | 大32 | 精装 | 148 |
| 20260 | 实用电子及晶闸管电路速查速算手册 | 大32 | 精装 | 98 |
| 22597 | 装修电工实用技术手册 | 大32 | 平装 | 88 |
| 18334 | 实用继电保护及二次回路速查速算手册 | 大32 | 精装 | 98 |
| 25618 | 实用变频器、软启动器及PLC实用技术手册(简装版) | 大32 | 平装 | 39 |
| 19705 | 高压电工上岗应试读本 | 大32 | 平装 | 49 |
| 22417 | 低压电工上岗应试读本 | 大32 | 平装 | 49 |
| 20493 | 电工手册——基础卷 | 大32 | 平装 | 58 |
| 21160 | 电工手册——工矿用电卷 | 大32 | 平装 | 68 |
| 20720 | 电工手册——变压器卷 | 大32 | 平装 | 58 |
| 20984 | 电工手册——电动机卷 | 大32 | 平装 | 88 |
| 21416 | 电工手册——高低压电器卷 | 大32 | 平装 | 88 |
| 23123 | 电气二次回路识图(第二版) | B5 | 平装 | 48 |
| 22018 | 电子制作基础与实践 | 16 | 平装 | 46 |
| 22213 | 家电维修快捷入门 | 16 | 平装 | 49 |
| 20377 | 小家电维修快捷入门 | 16 | 平装 | 48 |
| 19710 | 电机修理计算与应用 | 大32 | 平装 | 68 |
| 20628 | 电气设备故障诊断与维修手册 | 16 | 精装 | 88 |
| 21760 | 电气工程制图与识图 | 16 | 平装 | 49 |
| 21875 | 西门子S7-300PLC编程入门及工程实践 | 16 | 平装 | 58 |
| 18786 | 让单片机更好玩:零基础学用51单片机 | 16 | 平装 | 88 |
| 21529 | 水电工问答 | 大32 | 平装 | 38 |
| 21544 | 农村电工问答 | 大32 | 平装 | 38 |
| 22241 | 装饰装修电工问答 | 大32 | 平装 | 36 |
| 21387 | 建筑电工问答 | 大32 | 平装 | 36 |
| 21928 | 电动机修理问答 | 大32 | 平装 | 39 |
| 21921 | 低压电工问答 | 大32 | 平装 | 38 |
| 21700 | 维修电工问答 | 大32 | 平装 | 48 |
| 22240 | 高压电工问答 | 大32 | 平装 | 48 |
| 12313 | 电厂实用技术读本系列——汽轮机运行及事故处理 | 16 | 平装 | 58 |
| 13552 | 电厂实用技术读本系列——电气运行及事故处理 | 16 | 平装 | 58 |
| 13781 | 电厂实用技术读本系列——化学运行及事故处理 | 16 | 平装 | 58 |

| 书号 | 书　名 | 开本 | 装订 | 定价/元 |
| --- | --- | --- | --- | --- |
| 14428 | 电厂实用技术读本系列——热工仪表及自动控制系统 | 16 | 平装 | 48 |
| 17357 | 电厂实用技术读本系列——锅炉运行及事故处理 | 16 | 平装 | 59 |
| 14807 | 农村电工速查速算手册 | 大 32 | 平装 | 49 |
| 14725 | 电气设备倒闸操作与事故处理 700 问 | 大 32 | 平装 | 48 |
| 15374 | 柴油发电机组实用技术技能 | 16 | 平装 | 78 |
| 15431 | 中小型变压器使用与维护手册 | B5 | 精装 | 88 |
| 16590 | 常用电气控制电路 300 例(第二版) | 16 | 平装 | 48 |
| 15985 | 电力拖动自动控制系统 | 16 | 平装 | 39 |
| 15777 | 高低压电器维修技术手册 | 大 32 | 精装 | 98 |
| 15836 | 实用输配电速查速算手册 | 大 32 | 精装 | 58 |
| 16031 | 实用电动机速查速算手册 | 大 32 | 精装 | 78 |
| 16346 | 实用高低压电器速查速算手册 | 大 32 | 精装 | 68 |
| 16450 | 实用变压器速查速算手册 | 大 32 | 精装 | 58 |
| 16883 | 实用电工材料速查手册 | 大 32 | 精装 | 78 |
| 17228 | 实用水泵、风机和起重机速查速算手册 | 大 32 | 精装 | 58 |
| 18545 | 图表轻松学电工丛书——电工基本技能 | 16 | 平装 | 49 |
| 18200 | 图表轻松学电工丛书——变压器使用与维修 | 16 | 平装 | 48 |
| 18052 | 图表轻松学电工丛书——电动机使用与维修 | 16 | 平装 | 48 |
| 18198 | 图表轻松学电工丛书——低压电器使用与维护 | 16 | 平装 | 48 |
| 18943 | 电气安全技术及事故案例分析 | 大 32 | 平装 | 58 |
| 18450 | 电动机控制电路识图一看就懂 | 16 | 平装 | 59 |
| 16151 | 实用电工技术问答详解(上册) | 大 32 | 平装 | 58 |
| 16802 | 实用电工技术问答详解(下册) | 大 32 | 平装 | 48 |
| 17469 | 学会电工技术就这么容易 | 大 32 | 平装 | 29 |
| 17468 | 学会电工识图就这么容易 | 大 32 | 平装 | 29 |
| 15314 | 维修电工操作技能手册 | 大 32 | 平装 | 49 |
| 17706 | 维修电工技师手册 | 大 32 | 平装 | 58 |
| 16804 | 低压电器与电气控制技术问答 | 大 32 | 平装 | 39 |
| 20806 | 电机与变压器维修技术问答 | 大 32 | 平装 | 39 |
| 19801 | 图解家装电工技能 100 例 | 16 | 平装 | 39 |
| 19532 | 图解维修电工技能 100 例 | 16 | 平装 | 48 |
| 20463 | 图解电工安装技能 100 例 | 16 | 平装 | 48 |
| 20970 | 图解水电工技能 100 例 | 16 | 平装 | 48 |
| 20024 | 电机绕组布线接线彩色图册(第二版) | 大 32 | 平装 | 68 |
| 20239 | 电气设备选择与计算实例 | 16 | 平装 | 48 |
| 21702 | 变压器维修技术 | 16 | 平装 | 49 |

| 书号 | 书　　名 | 开本 | 装订 | 定价/元 |
|---|---|---|---|---|
| 21824 | 太阳能光伏发电系统及其应用(第二版) | 16 | 平装 | 58 |
| 23556 | 怎样看懂电气图 | 16 | 平装 | 39 |
| 23328 | 电工必备数据大全 | 16 | 平装 | 78 |
| 23469 | 电工控制电路图集(精华本) | 16 | 平装 | 88 |
| 24169 | 电子电路图集(精华本) | 16 | 平装 | 88 |
| 24306 | 电工工长手册 | 16 | 平装 | 68 |
| 23324 | 内燃发电机组技术手册 | 16 | 平装 | 188 |
| 24795 | 电机绕组端面模拟彩图总集(第一分册) | 大 32 | 平装 | 88 |
| 24844 | 电机绕组端面模拟彩图总集(第二分册) | 大 32 | 平装 | 68 |
| 25054 | 电机绕组端面模拟彩图总集(第三分册) | 大 32 | 平装 | 68 |
| 25053 | 电机绕组端面模拟彩图总集(第四分册) | 大 32 | 平装 | 68 |
| 25894 | 袖珍电工技能手册 | 大 64 | 精装 | 48 |
| 25650 | 电工技术 600 问 | 大 32 | 平装 | 68 |
| 25674 | 电工制作 128 例 | 大 32 | 平装 | 48 |
| 29117 | 电工电路布线接线一学就会 | 16 | 平装 | 68 |
| 28158 | 电工技能现场全能通(入门篇) | 16 | 平装 | 58 |
| 28615 | 电工技能现场全能通(提高篇) | 16 | 平装 | 58 |
| 28729 | 电工技能现场全能通(精能篇) | 16 | 平装 | 58 |
| 27253 | 电工基础 | 16 | 平装 | 48 |
| 27146 | 维修电工 | 16 | 平装 | 48 |
| 28754 | 电工技能 | 16 | 平装 | 48 |
| 29467 | 电子元器件及应用电路 | 16 | 平装 | 48 |
| 29957 | 电工线路安装与调试 | 16 | 平装 | 48 |
| 30519 | 电工识图 | 16 | 平装 | 48 |
| 29258 | 电工技术问答 | 32 | 平装 | 58 |
| 27870 | 图解家装电工快捷入门 | 大 32 | 平装 | 28 |
| 27878 | 图解水电工快速入门 | 大 32 | 平装 | 28 |